山东省高等教育名校建设工程课程改革教材

电工电子技术

主　编　时会美　殷镜波
副主编　许　峰　宋凡峰
主　审　季尚建

黄河水利出版社
·郑州·

内容提要

本书是山东省高等教育名校建设工程课程改革教材，是本着高职教育的特色，依据中央财政支持专业建设方案和山东省特色名校建设方案要求进行编写的。全书共分5个项目，主要内容包括电路分析与测试、变压器应用、异步电动机及其控制、模拟电子线路分析与测试及数字电路分析与测试等。

本书可作为高等职业院校、高等专科学校的机电一体化技术、数控技术、模具设计与制造、机械设计与制造等专业的教材，也可作为有关专业工程技术人员的学习参考用书。

图书在版编目(CIP)数据

电工电子技术/时会美，殷镜波主编. —郑州：黄河水利出版社，2015.8

· 山东省高等教育名校建设工程课程改革教材

ISBN 978-7-5509-1216-8

Ⅰ.①电… Ⅱ.①时… ②殷… Ⅲ.①电工技术-高等学校-教材②电子技术-高等学校-教材 Ⅳ.①TM②TN

中国版本图书馆CIP数据核字(2015)第207462号

组稿编辑：王路平　电话：0371-66022212　E-mail：hhslwlp@163.com

出 版 社：黄河水利出版社

地址：河南省郑州市顺河路黄委会综合楼14层　邮政编码：450003

发行单位：黄河水利出版社

发行部电话：0371-66026940、66020550、66028024、66022620(传真)

E-mail：hhslcbs@126.com

承印单位：河南承创印务有限公司

开本：787 mm×1 092 mm　1/16

印张：16.25

字数：370千字　印数：1—1 500

版次：2015年8月第1版　印次：2015年8月第1次印刷

定价：36.00元

前 言

本书是依据中央财政支持提升社会服务能力重点建设专业和山东省高等教育名校建设工程重点建设专业人才培养方案和课程建设目标要求，并按照国家及行业有关电工电子技术的新规范、新标准编写完成的。在吸收有关教材和技术文献资料精华的基础上，充实了新思想、新理论、新方法和新技术；以“工学结合”为主线，以培养学生的实践能力为目标，注重学生职业能力训练和综合素质培养，体现了高等职业教育的特点，突出了适用性、实践性、创新性的教材特色。

本书充分贯彻国家及行业最新的标准、规范，保证了知识的实效性；每个学习项目按教学任务组织编排教学内容，每个教学任务按照任务描述—任务目标—知识链接—任务实施的顺序将知识、技能融合重组，让学生在完成工作任务的过程中学习相关知识，培养综合能力；每个学习项目配有项目检测，检查反馈学生的学习情况，强化项目知识和技能，便于教—学—做一体化教学模式的实施。

本书由山东水利职业学院主持编写工作，编写人员及编写分工如下：时会美编写项目一，殷镜波编写项目二，许峰编写项目三，宋凡峰编写项目四任务一、任务二、任务三，山东五征集团有限公司徐万东编写项目四任务四，淄博三品电子科技有限公司刘涛编写项目五。本书由时会美、殷镜波担任主编，时会美负责全书统稿；由许峰、宋凡峰担任副主编；由山东同泰集团股份有限公司季尚建担任主审。

本书在编写过程中，参考了其他院校和专家的一些著作和教材，得到了山东五征集团有限公司、淄博三品电子科技有限公司、山东同泰集团股份有限公司及黄河水利出版社等单位的大力支持，在此一并表示感谢！

由于编者水平有限，编写时间仓促，书中难免存在不足之处，恳请读者批评指正，并提出宝贵意见。

编 者

2015 年 5 月

目 录

项目一 电路分析与测试

电在日常生活、生产和科研工作中得到了广泛应用。在电视机、录像机、音响设备、计算机、通信系统和电力网络中可以看到各种各样的电路。这些电路的特性和作用各不相同。电路的一种作用是实现电能的传输和转换。例如,电力网络将电能从各发电厂输送到各工厂、农村和千家万户,供各种电气设备使用。电路的另外一种作用是实现电信号的传输、处理和存储。例如,电视接收天线将含有声音和图像的高频电视信号通过高频传输线送到电视机中,这些信号经过选择、变频、放大和检波等一系列处理,恢复出原来的声音和图像信息,在扬声器中发出声音并在屏幕上呈现图像。

根据电路中电源的种类不同,电路可以分为直流电路和交流电路。

研究电路的一种方法是用电气仪表对实际电路进行测量。另一种更重要的方法是将实际电路抽象为电路模型,用电路理论的方法分析计算出电路的特性。运用现代电路理论,借助于计算机,可以模拟各种实际电路的特性和设计出性能良好的电路系统。

本项目完成以下任务:

(1)直流电路分析与测试。

(2)单相交流电路分析与测试。

(3)三相交流电路分析与测试。

任务一 直流电路分析与测试

【任务描述】

直流电路是由直流电源供电的电路。本任务以图 1-1 所示直流电路为例,了解组成电路的基本元器件的特点、测量方法,分析每个元器件中电压、电流大小,判断电压、电流的方向和电路的工作状态,测量电路的基本电量,运用基尔霍夫定律、叠加原理和戴维南定理与诺顿定理分析计算电路参数。

【任务目标】

知识目标:

1. 掌握电路的基本概念和基本物理量。

2. 掌握基尔霍夫定律、叠加原理和戴维南定理,会运用这些原理和方法分析直流电路。

3. 掌握电压源、电流源及其等效变换。

能力目标:

1. 学会分析、计算直流电路。

2. 能正确使用万用表、电压表、电流表测量电路的基本电量。

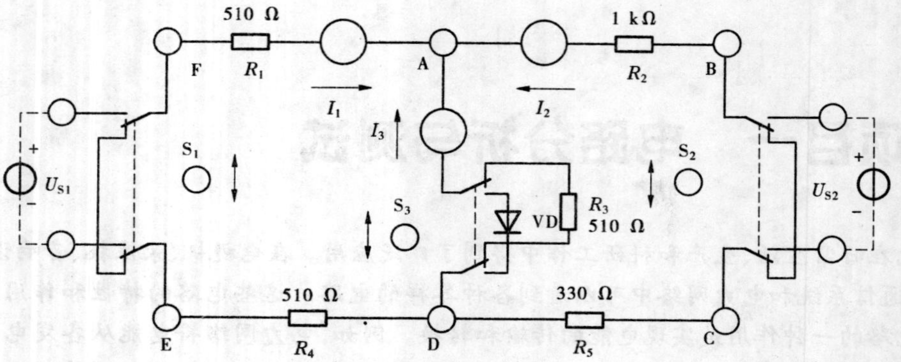

图 1-1　直流电路

【知识链接】

一、电路的基本物理量

(一)电流

单位时间内流过导体截面面积的电荷量定义为电流强度,用以衡量电流的大小。电工技术中,常把电流强度简称为电流,用 i 表示。随时间而变化的电流定义为

$$i = \frac{dq}{dt} \tag{1-1}$$

式中,q 为随时间 t 变化的电荷量。

在电场力的作用下,电荷有规律地定向移动,形成了电流。规定正电荷的移动方向为电流的实际方向。

当 $\frac{dq}{dt}$ = 常数时,称这种电流为恒定电流,通常称作直流电流,简称直流。用大写字母 I 表示电流为恒定量,大小和方向不随时间变化。用小写字母 i 表示电流随时间变化。

在国际单位制(SI)中规定,1 s 内通过导体横截面的电荷量为 1 库仑(C)时,其电流为 1 安培(A)。

电流的方向可用箭头表示,也可用字母的顺序表示,如图 1-2 中用双下标表示 i_{ab}。

(二)电压与电动势

电场力把单位正电荷从电场中的 a 点移到 b 点所做的功称为 a、b 间的电压,用 u_{ab}(U_{ab})表示。

$$u_{ab} = \frac{dW}{dq} \tag{1-2}$$

习惯上把电位降低的方向作为电压的实际方向,可用 +、- 号表示,也可用字母的双下标表示,有时也用箭头表示,如图 1-3 所示。

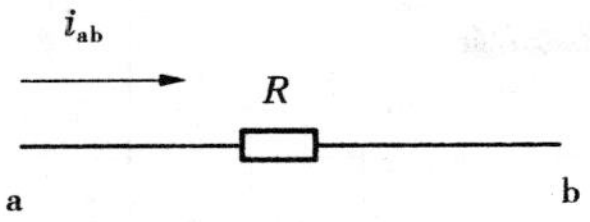

图 1-2　电流的方向

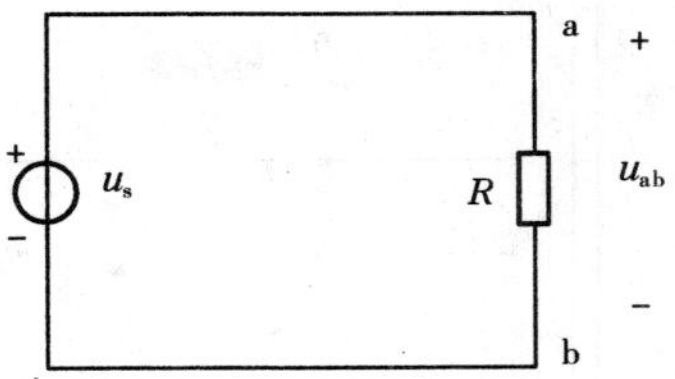

图 1-3　电压的方向

在国际单位制中规定，当电场力把 1 C 的正电荷(量)从一点移到另一点所做的功为 1 J，则这两点间的电压为 1 V。

非电场力(局外力)把单位正电荷在电源内部由低电位 b 端移到高电位 a 端所做的功，称为电动势，用字母 e(或 E)表示

$$e(t) = \frac{dW}{dq} \tag{1-3}$$

电动势的实际方向在电源内部从低电位指向高电位，单位与电压相同，用伏特(V)表示。

在图 1-4 中，电压 u_{ab} 是电场力把单位正电荷由外电路从 a 点移到 b 点所做的功，由高电位指向低电位。电动势 e_s 是非电场力在电源内部克服电场阻力把单位正电荷从 b 点移到 a 点所做的功。在图 1-5 中所示的直流电源在没有与外电路连接的情况下，电动势 E 与两端电压 U 大小相等、方向相反。

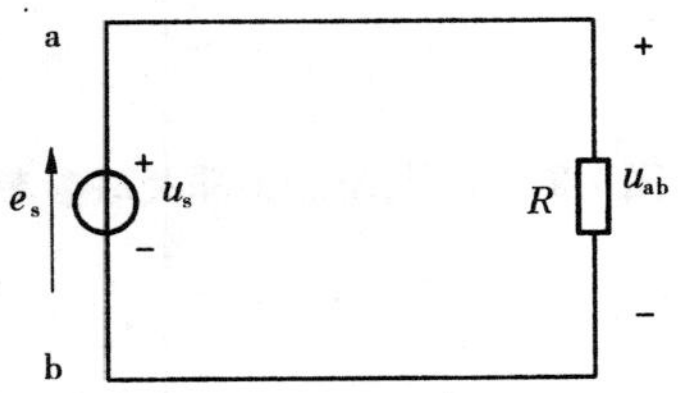

图 1-4　电压与电动势

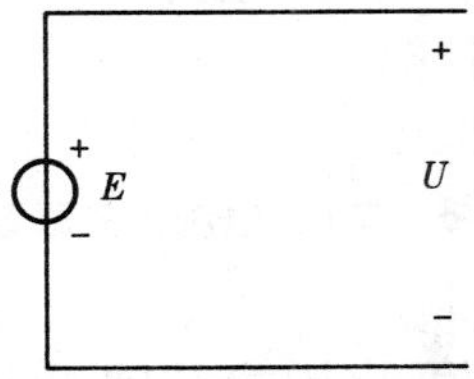

图 1-5　开路电压与电动势

(三)电流、电压的参考方向

在分析和计算电路时，常用数学式表示电流、电压等物理量之间的关系，因此需要知道电流、电压等的方向。但分析之前无法知道它们的实际方向，就需要任意设定一个方向作为参考，这个任意设定的方向称为参考方向(正方向)，并用符号在电路中标出。

1. 电流的参考方向

图 1-6(a)中电流的参考方向与实际方向一致，$i>0$，图 1-6(b)中电流的参考方向与实际方向相反，$i<0$。

2. 电压的参考方向

图 1-7(a)中电压的参考方向与实际方向一致取正，$u>0$，图 1-7(b)中电压的参考方向与实际方向相反取负，$u<0$。可见电流、电压都是代数量。

若电流的参考方向与电压的参考方向选取一致时，则为关联参考方向，如图 1-8 所

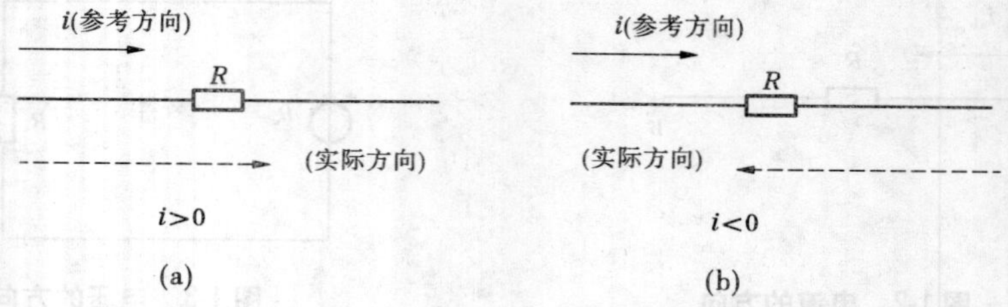

图 1-6 电流的参考方向与实际方向

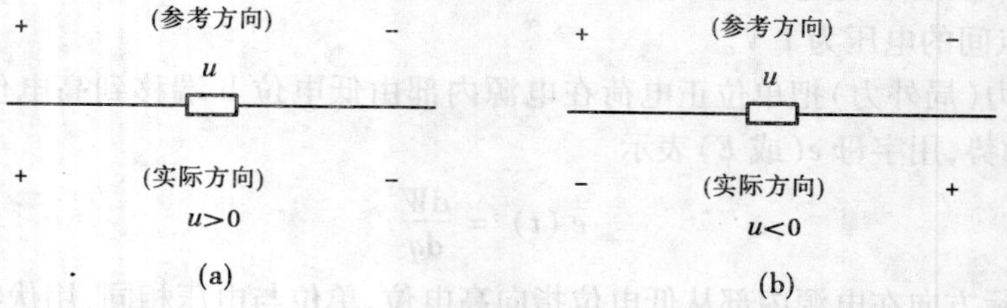

图 1-7 电压的参考方向与实际方向

示;若选取的不一致,则为非关联参考方向,如图 1-9 所示。

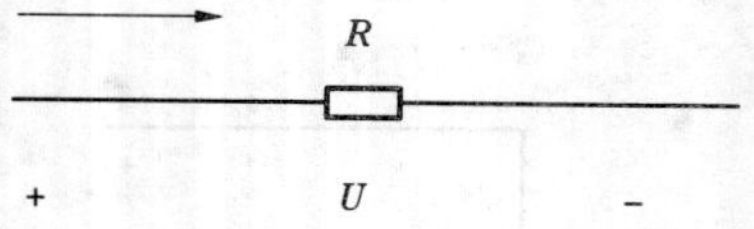

图 1-8 电压、电流为关联参考方向

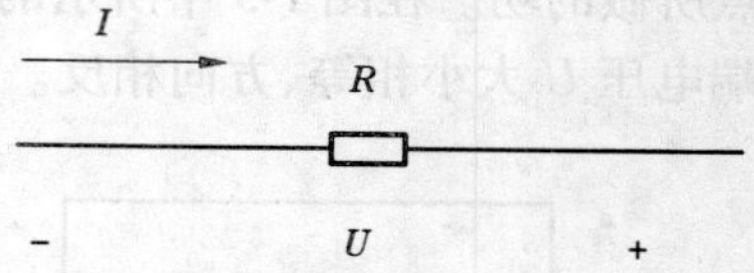

图 1-9 电压、电流为非关联参考方向

关于电流、电压参考方向的几点说明:

(1)电流、电压的参考方向可以任意选定。但一经选定,在电路分析计算过程中不应改变。

(2)计算电路时,一般要先标出参考方向再进行计算。在电路图中,所有标有方向的电流、电压均可认为是电流、电压的参考方向,而不是指实际方向。

(3)一般来讲,同一段电路的电流和电压的参考方向可以各自选定,不必强求一致。但为了分析方便,常选定同一元件的电流的参考方向与电压的参考方向一致,即电流从正极性端流入该元件而从负极性端流出。

(四)电位

为了分析电路方便,常指定电路中的任一点为参考点。我们定义:电场力把单位正电荷从电路中某点移到参考点所做的功,称为该点的电位,用大写字母 V 表示。电路中某点的电位,即该点与参考点(规定电位能为零的点)之间的电压,也可理解为单位正电荷在该点(相对于参考点)所具有的位能。电位的单位与电压的单位相同,用 V 表示。

由此,电路中两点之间的电压也可用两点间的电位差来表示,即

$$U_{ab} = V_a - V_b \tag{1-4}$$

电场中两点间的电压是不变的，电位随参考点（零电位点）选择的不同而不同。

（五）功率和电能

电能量对时间的变化率称为功率，即电场力在单位时间内所做的功。

$$p = \frac{dW}{dt} \tag{1-5}$$

在图 1-8 所示电路中电阻两端的电压是 U，流过是电流是 I，电压、电流为关联参考方向，则电阻吸收的功率分别为

$$P = UI \tag{1-6}$$

电阻在 t 时间内所消耗的电能为

$$W = Pt \tag{1-7}$$

在国际单位制中，电压的单位为 V，电流的单位为 A，时间的单位为 s，功的单位为 J，功率的单位为 W，1 kW = 10^3 W。

我们平时所说的消耗 1 度电就是当一段电路（某一电器）功率为 1 kW 时在 1 h 内消耗的电能，即 1 kWh。

电场力做功所消耗的电能是由电源提供的。在 t 时间内，电场力将电荷 Q 从电源负极经电源内部移到电源正极，它所做的功和功率分别为

$$W_{ba} = EQ = EIt \tag{1-8}$$

$$P_{ba} = EI \tag{1-9}$$

根据能量守恒定律，在忽略电源内部能量损耗的条件下：

$$W_{ab} = W_{ba} \tag{1-10}$$

但是，端电压 U 和电动势 E 的作用方向相反。

从以上分析还可以看出：根据电流和电压的实际方向可以确定电路元件的功率性质。

图 1-8 中，元件两端电压和流过的电流在关联参考方向下时：

$P = UI > 0$，元件吸收功率；

$P = UI < 0$，元件发出功率。

图 1-9 中，元件两端电压和流过的电流在非关联参考方向下时：

$P = UI > 0$，元件发出功率；

$P = UI < 0$，元件吸收功率。

对任一个电路元件，当流经元件的电流实际方向与元件两端电压的实际方向一致时，元件吸收功率；反之，元件发出功率。

【例 1-1】 试判断图 1-10（a）、（b）中元件是发出功率还是吸收功率。

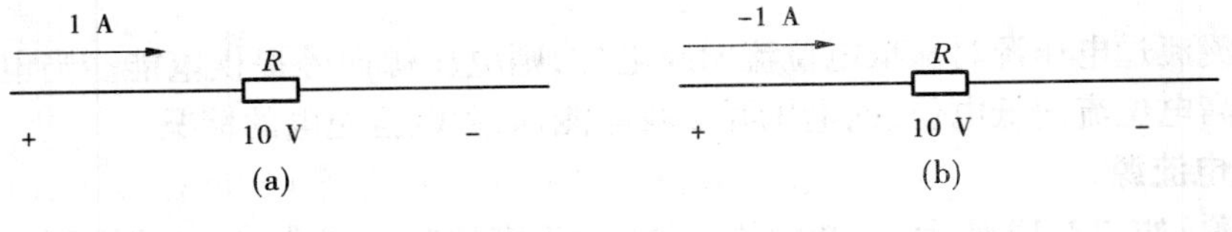

图 1-10 例 1-1 图

解：在图 1-10(a) 中电压、电流是关联参考方向，且 $P = UI = 10\ \text{W} > 0$，元件吸收功率。

在图 1-10(b) 中电压、电流是关联参考方向，且 $P = UI = -10\ \text{W} < 0$，元件发出功率。

二、电压源、电流源及其等效变换

(一) 电压源

电压源（如图 1-11 所示）具有以下特点：电压源两端的电压 $u_s(t)$ 为确定的时间函数，与流过的电流无关。当 $u_s(t)$ 为直流电源时，两端电压 $u_s(t)$ 不变，$u_s(t) = U$。直流电压源的伏安特性如图 1-12 所示。

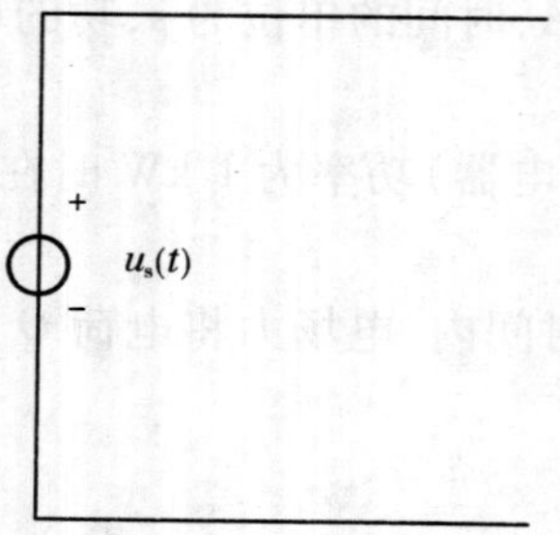

图 1-11 电压源

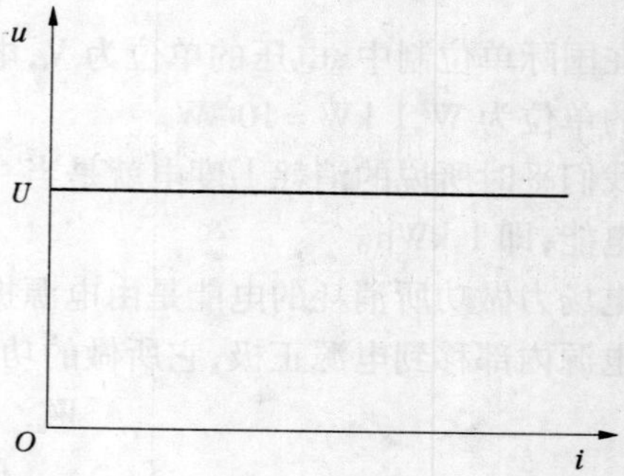

图 1-12 直流电压源的伏安特性

从图 1-13 中可以看出，电压源两端的电压不随外电路的改变而改变。

直流电源也可用图 1-14 中的符号表示。长线表示正极（高电位），短线表示负极（低电位）。

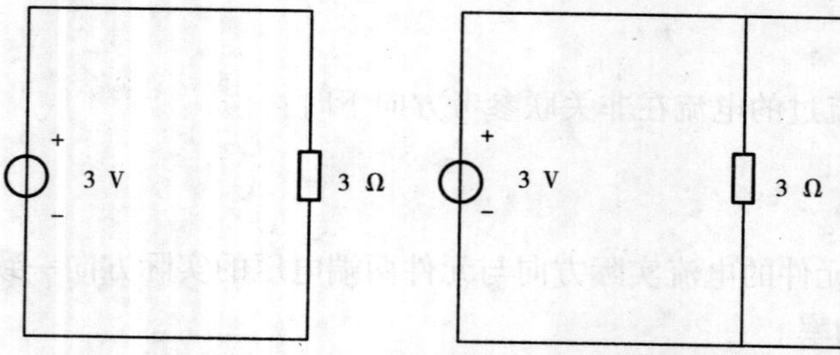

图 1-13 电压源两端电压与外电路的关系

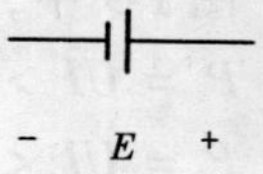

图 1-14 直流电源的表示符号

当电流流过电压源时从低电位流向高电位，则电压源向外提供电能。当电流流过电压源时从高电位流向低电位，则电压源吸收电能，如蓄电池充电的情况。

(二) 电流源

电流源（如图 1-15 所示）是指电流 $i_s(t)$ 为确定的时间函数，与电流源两端的电压无关。在直流电流源的情况下，发出的电流是恒定值，$i_s(t) = I$。直流电流源的伏安特性如图 1-16 所示。

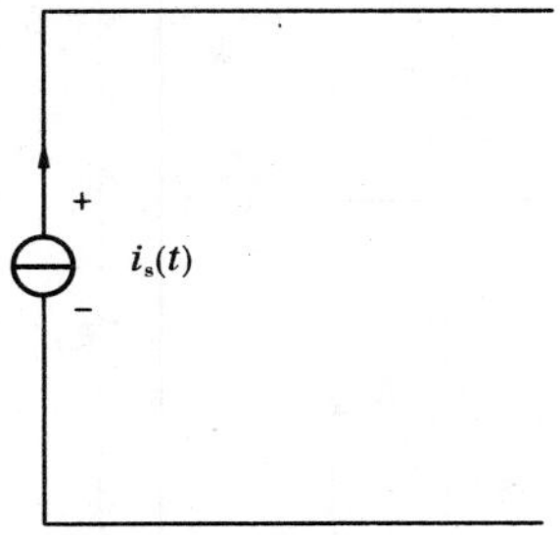

图 1-15　电流源

图 1-16　直流电流源的伏安特性

从图 1-17 中可以看出,电流源发出的电流不随外电路的改变而改变。

对电流源的电流和电压取非关联参考方向时,如图 1-18 所示,在这种情况下,如果 $P>0$,则表示电流源发出功率,若 $P<0$,则表示电流源吸收功率。

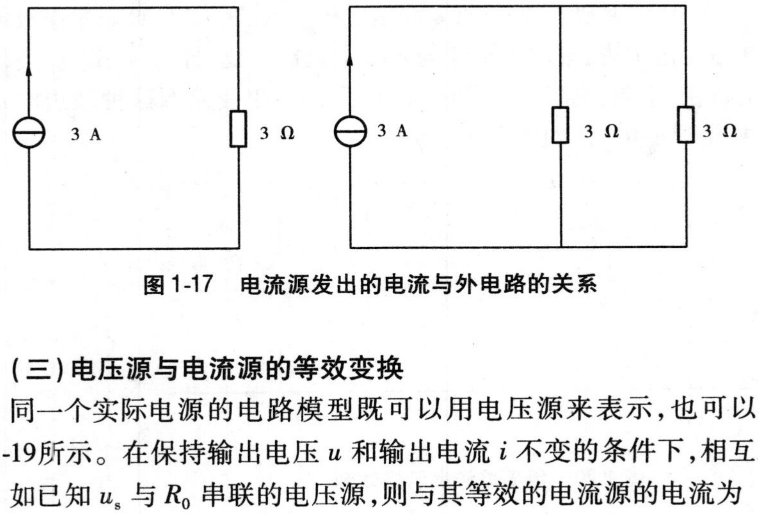

图 1-17　电流源发出的电流与外电路的关系

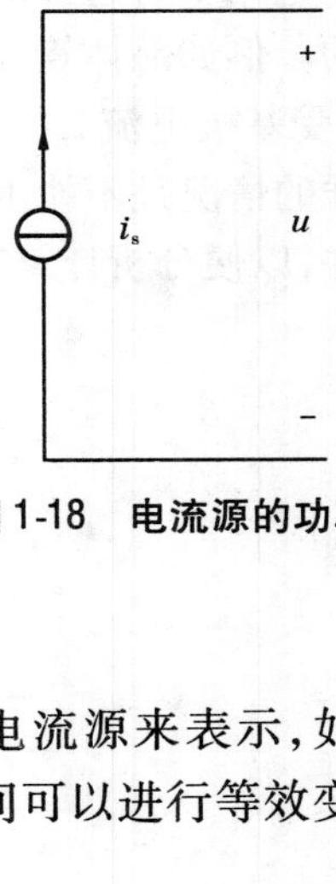

图 1-18　电流源的功率

(三)电压源与电流源的等效变换

同一个实际电源的电路模型既可以用电压源来表示,也可以用电流源来表示,如图 1-19所示。在保持输出电压 u 和输出电流 i 不变的条件下,相互之间可以进行等效变换。如已知 u_s 与 R_0 串联的电压源,则与其等效的电流源的电流为

$$i_s = \frac{u_s}{R_0} \tag{1-11}$$

而 R_0 与 i_s 并联;若已知 R_0 与 i_s 并联的电流源,则与之等效的电压源的电动势为

$$u_s = R_0 i_s \tag{1-12}$$

在进行电压源与电流源的等效变换时,应注意以下几点:

(1)所谓等效,只是对外电路而言,即两个电源外电路的电压、电流相等,对电源内部则是不等效的。例如在图 1-19(a)中,当外电路开路时,$i=0$,则电压源内阻上 R_0 不消耗功率,而图 1-19(b)中电流源内部仍有电流,故 R_0 损耗功率。

(2)理想电压源和理想电流源不能等效变换,因为理想电压源的输出电压是恒定不变的,电流却取决于外电路负载,是不恒定的;而理想电流源的输出电流是恒定的,电压 u

取决于外电路负载，是不恒定的，故两者不等效。

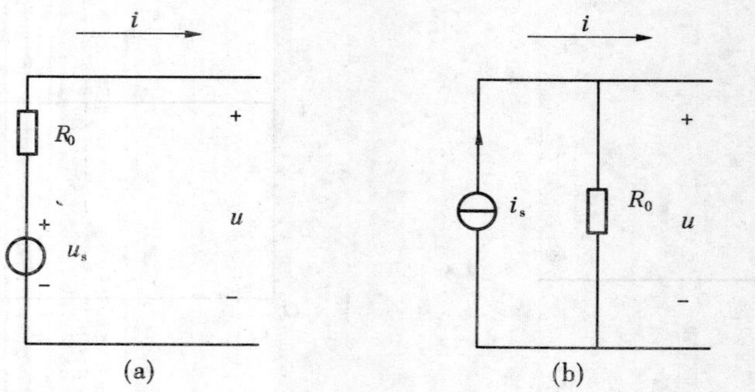

图 1-19 电压源电路和电流源电路的等效变换

（四）受控源

1. 受控源

受控源是一种理想电路元件，主要用来构成电子器件的电路模型，分析电子电路。实际电路中有这样的情况：一个支路的电流（或电压）是受另一个支路的电流（或电压）控制的。例如晶体管，它有三个电极：基极 b、发射极 e 和集电极 c，见图 1-20（a）。集电极电流 i_c 受基极电流 i_b 控制，在一定范围内，集电极电流与基极电流成正比，即 $i_c = \beta i_b$。类似这样的情况是不能由电压源、电流源、电阻来模拟的，因此人们引出受控源这种理想电路元件，以便分析计算有这样情况的电路，如图 1-20（b）所示。

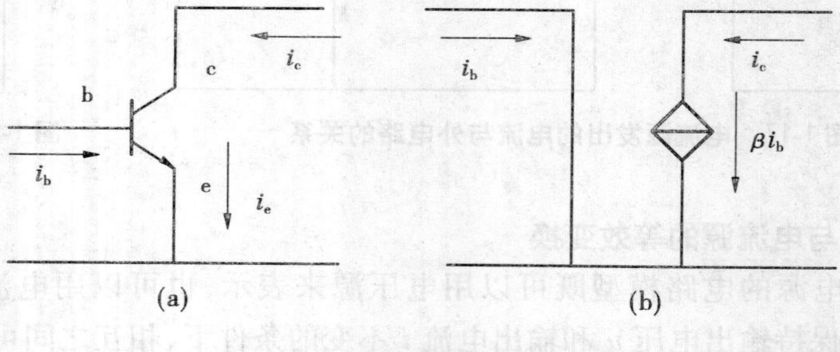

图 1-20 用受控源表示晶体管

受控源的定义如下：一个受控源由两个支路组成，一个支路是短路（或是开路）；另一个支路如同电流源（或电压源），而其电流（或电压）受短路支路的电流（或开路支路的电压）控制。按照定义，有四种受控源，如图 1-21 所示。图 1-21（a）中控制支路是短路支路，控制量为电流 αi_1，这类受控源叫电流控制电流源。图 1-21（b）表示电压控制电流源，图 1-21（c）表示电流控制电压源，图 1-21（d）表示电压控制电压源。

与控制量成正比的受控量，即图 1-21 中 α、g、γ、μ 为常数的受控量叫线性受控量，以下只讨论线性受控源，并简称受控源。例如，上述晶体管便可用电流控制电流源构成其电路模型，如图 1-20（b）所示。

电压源的电压不受其外部的影响，电流源的电流也不受其外部的影响，它们是独立存在的。受控源则不能独立存在，因为当控制量为零时，受控支路的电流或电压也为零。

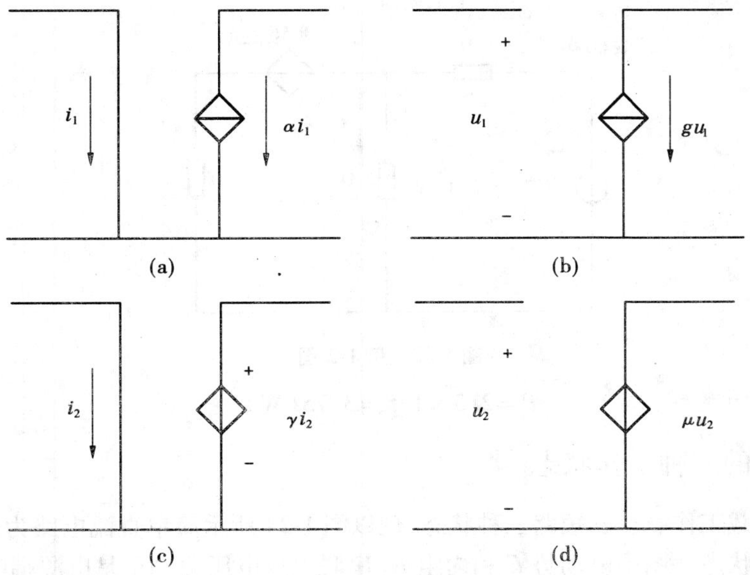

图 1-21 受控源的四种类型

如图 1-20(b)所示的受控源,如果它还没有接入电路,或者虽然接入电路但 $i_b=0$,则 $\beta i_b=0$,因此受控源属于非独立源。在电路图中独立源用圆形符号表示,受控源用菱形符号表示,以示区别。

在电路图中,受控源的控制支路都不画出,只是注明受控量。

2. 含有受控源电路的分析计算

使用和分析受控源电路时,应注意以下几个问题:

(1)受控电压源、电阻串联组合和受控电流源、电阻并联组合仍可等效互换,但变换中要保留控制量所在支路,也就是保留控制量。

(2)含受控源的二端电阻网络,其等效电阻可能为负值,这表明该网络向其外部发出能量。

(3)用叠加定理求每个独立源单独作用下的响应时,受控源要像电阻那样保留。同样,用等效电源定理求网络除源后的等效电阻时,受控源也要全部保留。

【例 1-2】 试求图 1-22 所示电路中电压源 U_s 的大小及受控源的功率。

解: 由 2 Ω 电阻的电压为 10 V,可得受控电压源的控制量

$$I=\frac{10}{2}=5(\mathrm{A})$$

受控源的电压 $0.5I=0.5\times5=2.5(\mathrm{V})$

5 Ω 电阻的电压、电流分别为

$$10-2.5=7.5(\mathrm{V}),\frac{7.5}{5}=1.5(\mathrm{A})$$

6 Ω 电阻的电流为 $5+1.5=6.5(\mathrm{A})$

所以 $U_s=6\times6.5+10=49(\mathrm{V})$

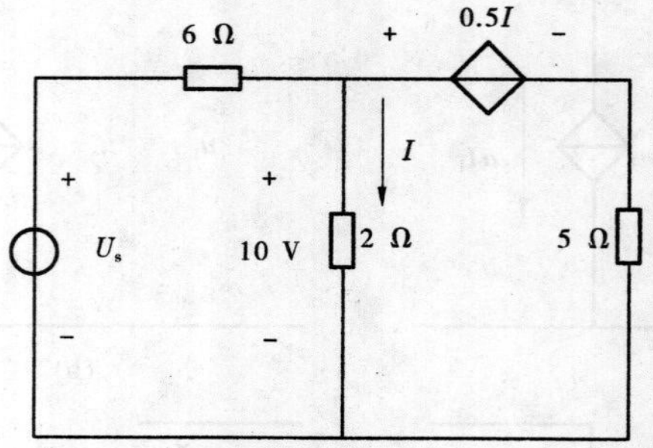

图 1-22　例 1-2 图

受控源的功率为　　　$P = 2.5 \times 1.5 = 3.75(\mathrm{W})$

三、电路的三种工作状态

电路有有载工作、空载、短路三种状态，现以图 1-23 所示简单直流电路为例来分析电路的各种工作状态。图中电动势 E 和内阻 R_0 串联组成电压源，U_1 是电源端电压，开关 S 和连接导线是中间环节，U_2 是负载端电压，R_L 是负载等效电阻。

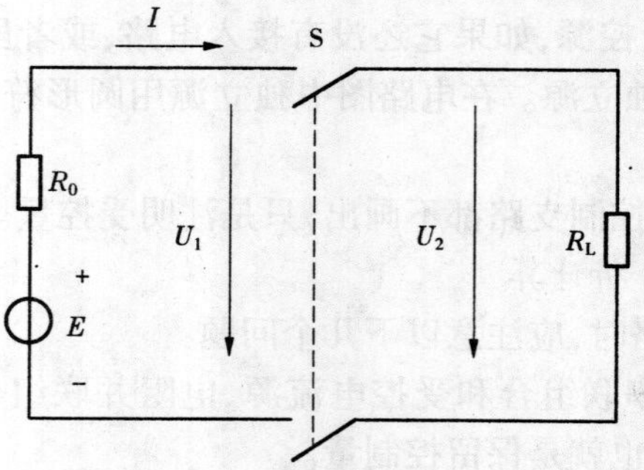

图 1-23　电路工作状态分析

（一）有载工作状态

当开关 S 闭合时，电路中有电流流过，电源输出电功率，负载取用电功率，称为有载工作状态。这时电路中的电流为

$$I = \frac{E}{R_0 + R_L} \tag{1-13}$$

式(1-13)说明，当电源（E、R_0）一定时，电路工作电流 I 取决于负载电阻 R_L，R_L 减小，I 增大。电源的端电压为

$$U_1 = E - R_0 I \tag{1-14}$$

若忽略连接导线的电阻，则负载端电压 $U_2 = U_1$。当电源（E、R_0）一定时，若负载增加（R_L 增大、I 减小），则电压 U_1 和 U_2 都将减小。

电源的输出功率为

$$P_1 = U_1 I \tag{1-15}$$

将式(1-14)代入式(1-15)得

$$P_1 = EI - R_0I^2 \tag{1-16}$$

负载消耗的功率为

$$P_2 = U_2I = R_LI^2 \tag{1-17}$$

由式(1-14)可得

$$E = R_0I + R_LI \tag{1-18}$$

式(1-18)两边都乘以 I,则有

$$EI = R_0I^2 + R_LI^2 \tag{1-19}$$

式中,EI 是电源非电能量所产生的电功率,R_0I^2 是实际电源内电阻所消耗的功率。此式说明整个电路功率是平衡的,即由电源发出的电功率等于电路各部分所消耗的功率。

电源内电阻 R_0 及负载电阻 R_L 上所损耗的电能转换成热能散发出来,使电源设备和各种用电设备的温度升高。电流越大,温度越高。当电流过大时,设备的绝缘材料会因过热而加速老化,缩短使用寿命,甚至损坏。另外,当设备和器件上的电压过高时,一方面会使电流增大而发热,另外也可能使设备的绝缘被击穿而损坏。反之,如电压过低,则将使设备不能正常工作,如电灯不亮,日光灯不能起辉,电动机转速下降或无法启动等。

为了保证电气设备和器件能安全、可靠和经济地工作,制造厂规定了每种设备和器件在工作时所允许的最大电流、最高电压和最大功率,这称为电气设备和器件的额定值,常用下标符号 N 表示,如额定电流 I_N 、额定电压 U_N 和额定功率 P_N 。这些额定值常标注在设备的铭牌上。

电气设备和器件应尽量工作在额定状态,这种状态又称为满载;其电流和功率低于额定值的工作状态叫轻载;高于额定值的工作状态叫过载。一类电气设备如电灯、电炉等,只要在额定电压的条件下使用,其电流和功率就会符合额定值,故只标明 U_N 和 P_N 。另一类电气设备如变压器、电动机,在加上额定电压后,其电流和功率取决于它所带负载的大小。例如,电动机所带机械负载过大,将会使电动机因电流过大而严重发热,甚至烧毁。故在一般条件下,电气设备不应过载运行。在电路中常安装自动开关、热继电器,用来在过载时自动断开电源,确保设备安全。

【例1-3】 阻值为 2 kΩ、额定功率为 0.25 W 的电阻器,在使用时其最大工作电流和电压是多少?

解:由公式 $P = I^2R$ 可求出其最大工作电流为

$$I = \sqrt{\frac{P}{R}} = \sqrt{\frac{0.25}{2\times10^3}} = 0.011\,2(\text{A}) = 11.2(\text{mA})$$

其最大工作电压为

$$U = IR = 11.2 \times 2 = 22.4(\text{V})$$

【例1-4】 有一只 220 V、100 W 的电灯泡,接到 220 V 电源上,求它工作时的电流和电阻。

解:工作时的电流为 $I = \frac{P}{U} = \frac{100}{220} = 0.455(\text{A})$

电阻为 $R = \frac{U^2}{P} = \frac{220^2}{100} = 484(\Omega)$

(二)空载状态

在图 1-23 所示的电路中,当开关 S 断开时,电路电流为零。这称为空载,也称开路。开路时电源的端电压称为开路电压,用 U_{oc} 表示,等于电源电动势,而负载端电压为零。显然开路时电源不输出电能,电路的功率等于零。

如上所述,电路空载状态的特点是

$$\left.\begin{aligned} I &= 0 \\ U_1 &= U_{oc} = E \\ U_2 &= 0 \\ P_1 &= P_2 = 0 \end{aligned}\right\} \tag{1-20}$$

(三)短路状态

在图 1-23 所示的电路中,当电源两端的导线由于某种事故而直接相连时,电源输出电流不经过负载,只经过连接导线直接流回电源。这种状态称为短路状态,简称短路。短路时的电流称为短路电流,用 I_{SC} 表示。因电源内阻 R_0 很小,故 I_{SC} 很大。短路时外电路的电阻为零,故电源和负载的端电压均为零。这时,电源所产生的电能全部被电源内阻消耗转变为热能,故电源输出的功率和负载取用的功率均为零。

如上所述,电路短路状态的特征是

$$\left.\begin{aligned} I &= I_{SC} = \frac{E}{R_0} \\ U_1 &= U_2 = 0 \\ P_1 &= P_2 = 0 \end{aligned}\right\} \tag{1-21}$$

此时,电源内阻 R_0 消耗的功率为 $P_E = I^2 R_0 = \frac{E^2}{R_0}$。

因为 I_{SC} 很大,短路时电源本身及 I_{SC} 所流过的导线温度剧增,将会损坏绝缘,烧毁设备,甚至引起火灾。因此,电路短路是一种严重的事故,应尽力避免。为防止短路所产生的严重后果,通常在电路中接入熔断器或自动开关,以能在短路时迅速切除故障电路,而确保电源和其他电气设备的安全运行。

四、直流电路的分析方法

(一)支路电流法

1. 基尔霍夫定律

由若干电路元件按一定的连接方式构成电路后,电路中各部分的电压、电流必然受到两类约束,其中一类约束来自元件本身,即元件的伏安关系;另一类约束来自元件的相互连接方式,即基尔霍夫定律。基尔霍夫定律又分为电流定律和电压定律,是分析电路的重要基础。

电路中每一个含有电路元件的分支称为支路。同一支路上的各元件流过相同的电流,即为支路电流。电路中三条或三条以上支路的连接点称为节点。

图 1-24 所示电路中有三条支路,支路电流为 I_1、I_2 和 I_3。此电路有两个节点,即节点 a 和 b。

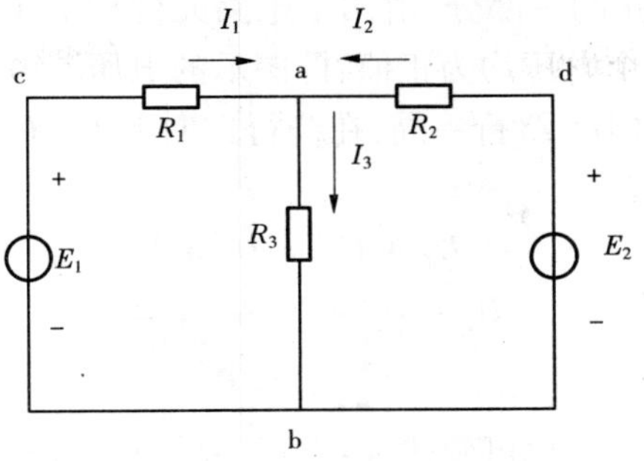

图 1-24 电路中的支路和节点

1)基尔霍夫电流定律(KCL)

基尔霍夫电流定律描述了连接同一节点上的各支路电流之间的约束关系,反映了电流的连续性,即在任一瞬时,流入任一节点的电流之和必等于流出该节点的电流之和。或叙述为:在任一瞬时,电路中流入任一节点的所有电流的代数和等于零。规定式中流入节点的电流取正号,流出节点的电流取负号。表达式为

$$\sum I_{入} = \sum I_{出} \quad 或 \quad \sum I = 0 \tag{1-22}$$

基尔霍夫电流定律中所提及的电流方向,本应指电流的实际方向,但对电流的参考方向也同样适用。因此,在应用该定律列写方程时,首先要标出每条支路电流的参考方向。如计算某支路电流的结果是负值,则说明该支路电流的参考方向与实际方向相反。

基尔霍夫电流定律不仅适用于电路的节点,还可推广应用于电路中任一假设的封闭面。例如,对于图 1-25 所示晶体三极管,可以作一封闭面(虚线所示)包围此晶体管,而把封闭面看成一个广义的节点,则流入此封闭面的电流代数和等于零,即

$$I_B + I_C - I_E = 0 \tag{1-23}$$

$$I_E = I_B + I_C \tag{1-24}$$

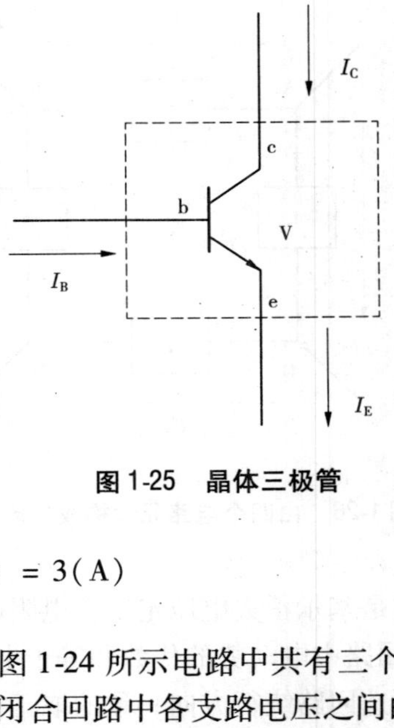

图 1-25 晶体三极管

【例 1-5】 如图 1-24 所示电路中已知 $I_1 = 5\ A$、$I_2 = -2\ A$,求 I_3。

解:根据图示电流参考方向,应用基尔霍夫电流定律有

$$I_3 = I_1 + I_2 = 5 + (-2) = 3(A)$$

2)基尔霍夫电压定律(KVL)

电路中由支路所组成的闭合路径称为回路。在图 1-24 所示电路中共有三个闭合回路,即 abca、adba、adbca。基尔霍夫电压定律描述了闭合回路中各支路电压之间的关系。若沿着闭合回路绕行,将会遇到电位升降的变化。由于电位的单值性,如果沿闭合回路绕行一周,回到原出发点,其电位的变化量应等于零。基尔霍夫电压定律指出:在任一瞬时,沿闭合回路绕行一周,在绕行方向上的电位升之和必等于电位降之和。

图 1-26 是某直流电路的一部分，由四个电路元件构成了闭合回路，回路中各电压的参考方向如图所示，设四个电压均为正值，即图示的电压参考方向也就是实际方向。若按顺时针方向沿着回路 ABCDA 绕行一周，在绕行方向上 U_2、U_3 为电位降，U_1、U_4 为电位升，应用基尔霍夫电压定律有

$$U_1 + U_4 = U_2 + U_3$$

上式可写成

$$U_1 - U_2 - U_3 + U_4 = 0$$

即

$$\sum U = 0 \tag{1-25}$$

因此，基尔霍夫电压定律也可叙述为：在任一瞬时，沿任一闭合回路绕行一周，回路中各部分电压的代数和恒等于零。若规定电位升取正号，则电位降就取负号。

在应用该定律列写方程时，首先要在电路图上标出各条支路电流、电压或电动势的参考方向，并任意选定回路的绕行方向，再按规定列写方程。所列方程式中各电压的正、负号都是由相应的参考方向决定的。而在代入各电压的具体数值时，应考虑其本身电压值的正、负号。

图 1-27 所示闭合回路是由电动势和电阻构成的，电阻上的电压降是电流和电阻的乘积。若沿电路图 ABCDA 回路绕行一周，应用基尔霍夫电压定律，可以列出

$$E_1 - E_2 - I_1R_1 - I_2R_2 + I_3R_3 = 0$$

或

$$E_1 - E_2 = I_1R_1 + I_2R_2 - I_3R_3$$

即

$$\sum E = \sum (IR) \tag{1-26}$$

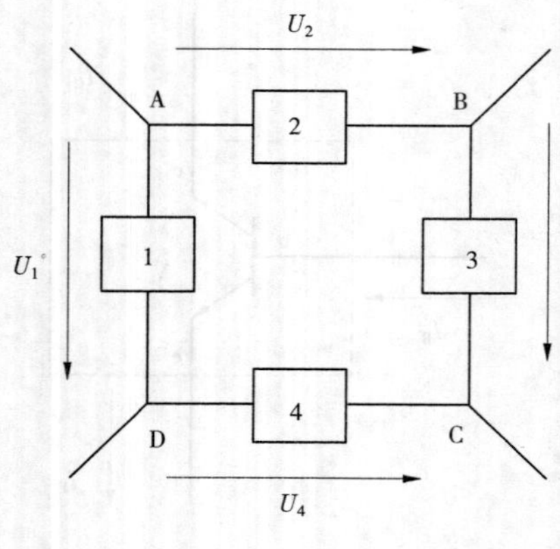

图 1-26 由四个电路元件构成的闭合回路

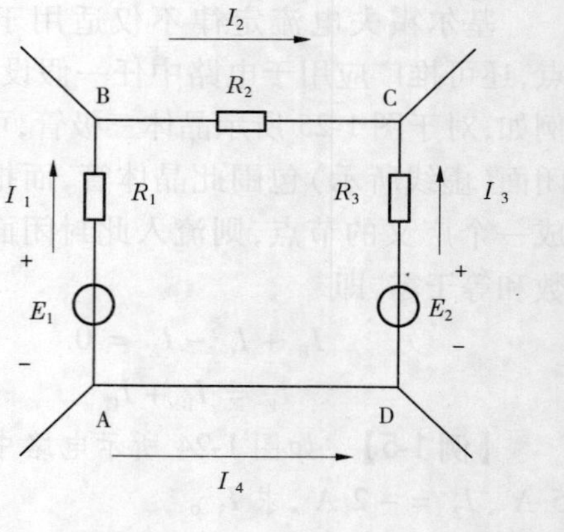

图 1-27 由电动势和电阻构成的闭合回路

这是基尔霍夫电压定律在电阻电路中的另一种表达式。即在任一闭合回路的绕行方向上，回路中电动势的代数和等于电阻上电压降的代数和。在这里凡是电动势的参考方向与所选回路绕行方向一致的取正号；反之，则取负号。凡是电阻上电流的参考方向与回路绕行方向一致的，该电阻的压降取正号；反之，则取负号。

基尔霍夫电压定律不仅适用于闭合回路，还可推广到非闭合回路中求两点间的电压。例如图 1-26 所示电路的 BCDB 为非闭合回路，应用基尔霍夫电压定律有

$$\sum U = -U_3 + U_4 + U_{BD} = 0 \tag{1-27}$$

$$U_{BD} = U_3 - U_4 \tag{1-28}$$

【例 1-6】　如图 1-28 所示有源支路，已知 $E = 12$ V、$U = 8$ V、$R = 5\ \Omega$，求电流 I。

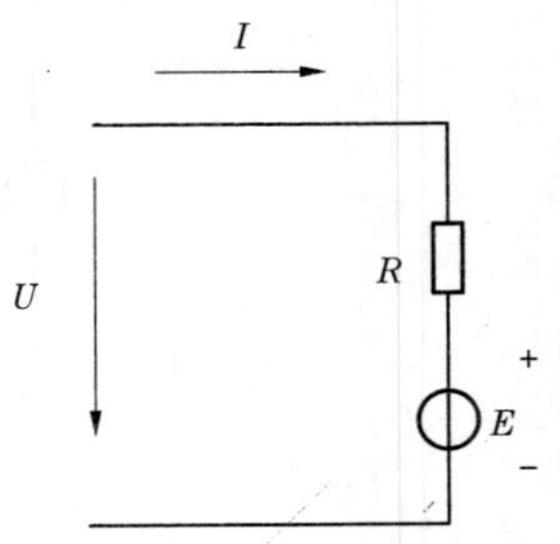

图 1-28　例 1-6 图

解：沿闭合回路顺时针绕行一周，应用基尔霍夫电压定律有

$$-E - RI + U = 0$$

所以　$I = \dfrac{U - E}{R} = \dfrac{8 - 12}{5} = -0.8(\mathrm{A})$

电流是负值，即其实际方向与参考方向相反。

2. 支路电流法

电路的结构多种多样，那些不能用串、并联等效变换化简成单一回路再进行计算的电路，称为复杂电路。如图 1-29 所示的电桥电路和具有两个以上含源支路的电路都是复杂电路。

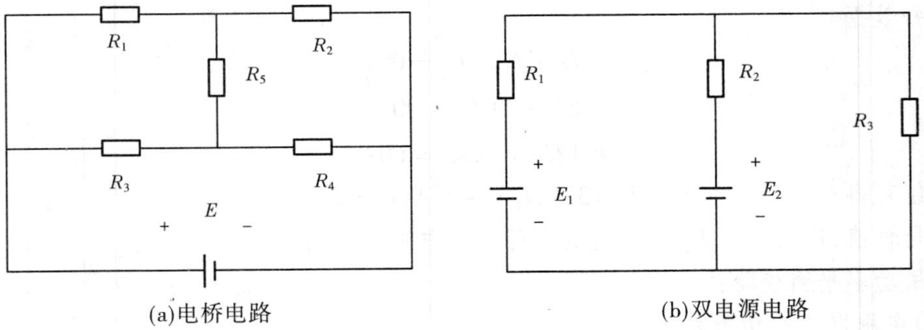

图 1-29　复杂电路

应用基尔霍夫定律分析计算复杂电路最基本的一种方法，即支路电流法。支路电流法是以电路中客观存在的各支路电流为未知数，应用欧姆定律和基尔霍夫定律，直接列出电路中的节点电流方程和回路电压方程，联立求解方程组，得出各支路的电流。

应用支路电流法求解电路（n 个节点、b 条支路）的步骤如下：

(1) 判断电路的支路数 b 和节点数 n。

(2) 在电路图上任意标出各支路电流的参考方向，用基尔霍夫电流定律（KCL）列 $(n-1)$ 个节点电流方程。

(3) 标出各独立回路的绕行方向，用基尔霍夫电压定律（KVL）列出 $[b-(n-1)]$ 个回路电压方程。

(4) 解联立方程组，求得各支路电流，若 I 为负值，说明 I 的实际方向与参考方向相反。

(5) 应用功率平衡对所得结果进行校验。

【例 1-7】　在图 1-30 所示的电路中，已知 $E_1 = 90$ V、$E_2 = 60$ V、$R_1 = 6\ \Omega$、$R_2 = 12\ \Omega$、$R_3 = 36\ \Omega$，试用支路电流法求各支路电流。

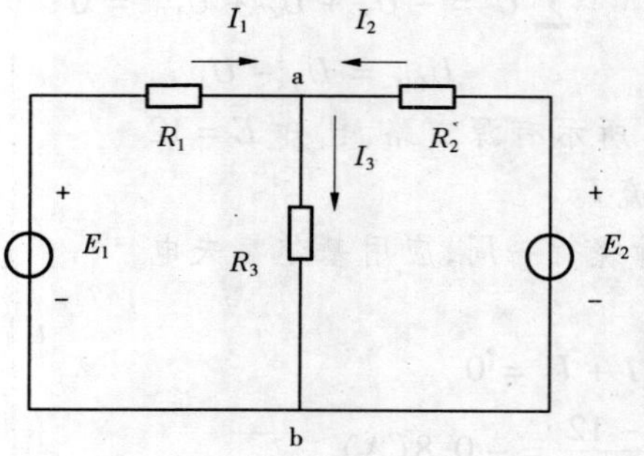

图 1-30　例 1-7 图

解:

$$\left.\begin{aligned}I_1+I_2-I_3&=0\\R_1I_1+R_3I_3&=E_1\\R_2I_2+R_3I_3&=E_2\end{aligned}\right\}$$

代入已知数据

$$\left.\begin{aligned}I_1+I_2-I_3&=0\\6I_1+36I_3&=90\\12I_2+36I_3&=60\end{aligned}\right\}$$

解方程组可得　　　$I_1=3\ \text{A}, I_2=-1\ \text{A}, I_3=2\ \text{A}$

I_2 是负值,说明电阻 R_2 上电流的实际方向与参考方向相反。

应用功率平衡校验:

(1)电源发出的功率为

$$P_1+P_2=E_1I_1+E_2(-I_2)=90\times3+60\times(-1)=210(\text{W})$$

(2)电阻吸收的功率为

$$P_1+P_2+P_3=I_1^2R_1+I_2^2R_2+I_3^2R_3=3^2\times6+(-1)^2\times12+2^2\times36=210(\text{W})$$

电路中发出的功率与吸收的功率相同,计算结果正确。

(二)叠加原理

叠加原理是反映线性电路基本性质的一条重要原理。它的内容是:在有多个电源共同作用的线性电路中任一支路的电流(或电压),等于各个电源分别单独作用时在该支路中产生的电流(或电压)的代数和。用叠加原理分析计算复杂电路,就是把一个多电源的线性复杂电路简化为几个单电源电路,然后进行分析计算。

【例 1-8】　已知 $E=12\ \text{V}$、$I_s=3\ \text{A}$、$R_1=4\ \Omega$、$R_2=10\ \Omega$、$R_3=20\ \Omega$。试用叠加原理计算图 1-31(a)中电流 I_2 和电压 U_{ab}。

解:先画出 I_s 和 E 分别单独作用时的电路图,如图 1-31(b)、(c)所示。当 I_s 单独作用时,将 E 短路;当 E 单独作用时,将 I_s 开路。

在图 1-31(b)中　　$I_2'=I_s\dfrac{R_3}{R_2+R_3}=3\times\dfrac{20}{10+20}=2(\text{A})$

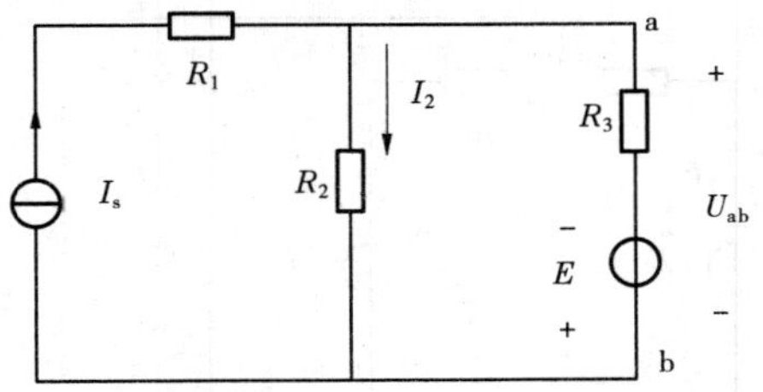

(a)

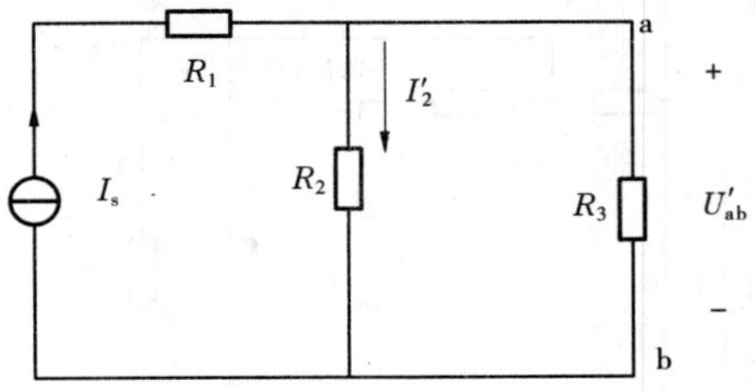

(b)

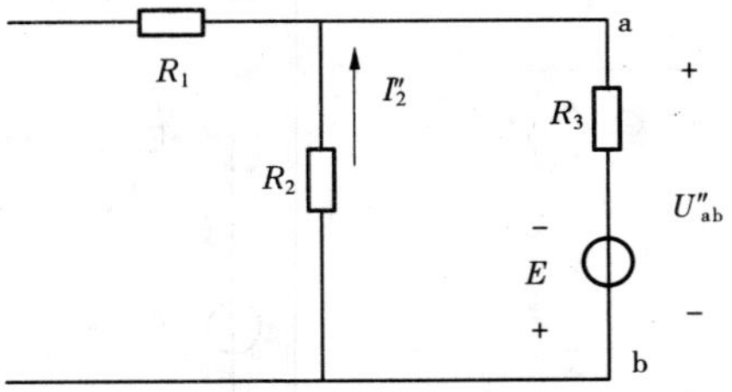

(c)

图 1-31　例 1-8 图

$$U'_{ab} = I_s \frac{R_2R_3}{R_2 + R_3} = 3 \times \frac{10 \times 20}{10 + 20} = 20(\mathrm{V})$$

在图 1-31(c)中　$I''_2 = \dfrac{E}{R_2 + R_3} = \dfrac{12}{10 + 20} = 0.4(\mathrm{A})$

$$U''_{ab} = -E\frac{R_2}{R_2 + R_3} = -12 \times \frac{10}{10 + 20} = -4(\mathrm{V})$$

或　$U''_{ab} = -R_2I''_2 = -10 \times 0.4 = -4(\mathrm{V})$

根据叠加原理：

$$I_2 = I'_2 - I''_2 = 2 - 0.4 = 1.6(\mathrm{A})$$

$$U_{ab} = U'_{ab} + U''_{ab} = 20 + (-4) = 16(\mathrm{V})$$

(三)戴维南定理和诺顿定理

1. 戴维南定理

对于一个比较复杂的电路，如果只需要计算某一条支路的电流或电压，常应用等效电源的方法(戴维南定理或诺顿定理)，把需要计算电流或电压的支路单独划出进行计算，而电路其余部分就成为一个有源二端网络。所谓有源二端网络，就是具有两个出线端且含有电源的部分电路。戴维南定理的内容是：含独立源的线性二端网络，对其外部而言，都可用一个理想电压源与电阻串联组合等效代替；该电压源的电压等于二端网络的开路电压，该电阻等于网络内部所有独立源作用为零情况下的网络的等效电阻。

【例 1-9】　已知：$E_1 = 90$ V、$E_2 = 60$ V、$R_1 = 6$ Ω、$R_2 = 12$ Ω、$R_3 = 36$ Ω，试计算图 1-32(a)所示中 R_3 上的电流 I_3。

解：(1)将 R_3 支路单独画出，然后求有源二端网络的戴维南等效电路。

(2)由图 1-32(b)求开路电压 U_{oc}。

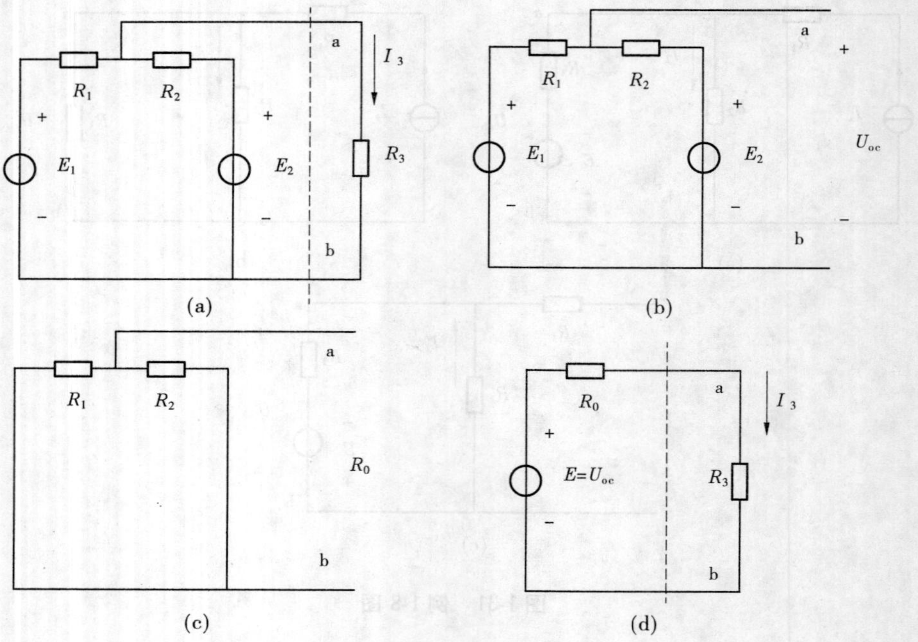

图 1-32　例 1-9 图

因为

$$I = \frac{E_1 - E_2}{R_1 + R_2} = \frac{90 - 60}{6 + 12} = \frac{5}{3}(\text{A})$$

所以
$$U_{oc} = E_1 - R_1 I = 90 - 6 \times \frac{5}{3} = 80(\text{V})$$

(3)求等效电阻 R_0。去源二端网络如图 1-32(c)所示。

$$R_0 = \frac{R_1 R_2}{R_1 + R_2} = \frac{6 \times 12}{6 + 12} = 4(\Omega)$$

(4)由等效电路计算电流 I_3。戴维南等效电路如图 1-32(d)所示,其中 $E = U_{oc} = 80$ V,所以

$$I_3 = \frac{E}{R_0 + R_3} = \frac{80}{4 + 36} = 2(\text{A})$$

2. 诺顿定理

诺顿定理同样是用来解决含源单口网络的对外等效电路的,其内容是:任一线性含源二端单口网络,对其外部而言,都可用电流源与电阻并联组合等效代替;该电流源的电流等于原单口网络端口处短路时的短路电流,该电阻等于原单口网络去掉内部独立电源后,从端口处得到的等效电阻。

【例 1-10】　试计算图 1-33(a)所示电路中的电流 I。

解:(1)由图 1-33(b)求短路电流 I_{sc} 得

$$I_{sc} = \frac{14}{20} + \frac{9}{5} = 2.5(\text{A})$$

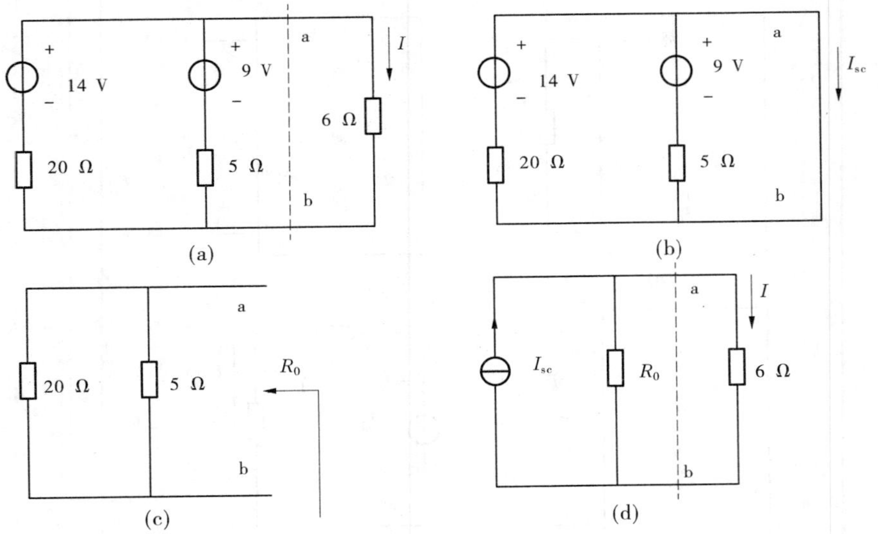

图 1-33　例 1-10 图

(2)由图 1-33(c)求等效内电阻得

$$R_0 = \frac{1}{\frac{1}{20} + \frac{1}{5}} = 4(\Omega)$$

(3)作出 ab 以左电路的诺顿等效电路后并联 6 Ω 电阻如图 1-33(d)所示,可得

$$I = 2.5 \times \frac{4}{4+6} = 1(\text{A})$$

戴维南定理和诺顿定理总称等效电源定理。由于戴维南定理,电压源电阻串联组合有戴维南等效电路之称;由于诺顿定理,电流源与电阻并联组合有诺顿等效电路之称。

等效电源定理的基础是叠加定理,所以只适用于线性网络,而其外部则不限是线性还是非线性。

3. 最大功率输出条件

电阻负载接在含独立源的二端网络,二端网络向负载输出功率,负载从网络接收功率。负载不同,其电流及功率也不同,如图 1-34(a)所示。负载电阻为多大时,从网络获得的功率最大呢?

设电阻 R 所接网络的开路电压为 U_{oc},除电源后的等效电阻为 R_i,其戴维南等效电路如图 1-34(d)所示,可得流过 R 的电流 I,以及 R 的功率 P 分别为

$$I = \frac{U_{oc}}{R_i + R} \tag{1-29}$$

$$P = I^2 R = \frac{U_{oc}^2 R}{(R_i + R)^2} \tag{1-30}$$

求 P 对 R 的一阶导数

$$\frac{dP}{dR} = \frac{R_i - R}{(R_i + R)^2} U_{oc}^2 \tag{1-31}$$

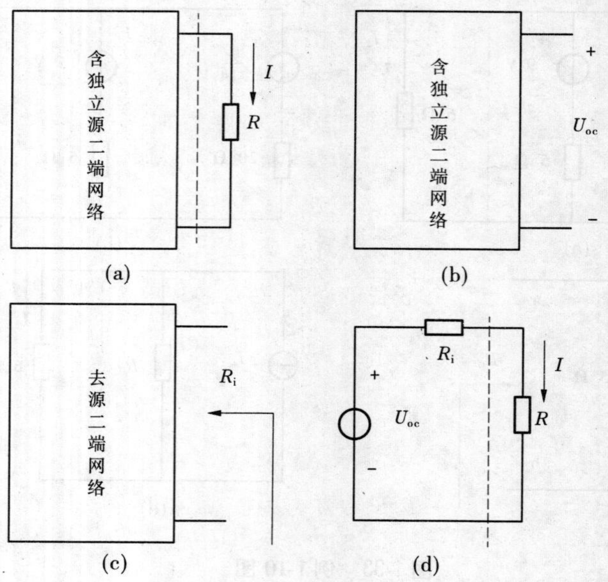

图 1-34　最大功率输出分析

令 $\frac{dP}{dR}=0$，可得 $R=R_i$ 时 P 最大。故知：负载电阻 R 等于网络的 R_i 时，从网络获得的功率最大。

$R=R_i$ 叫作负载与网络"匹配"。匹配时的负载电流为

$$I=\frac{U_{oc}}{R_i+R}=\frac{U_{oc}}{2R_i} \tag{1-32}$$

负载获得的功率最大，为

$$P_m=\left(\frac{U_{oc}}{2R_i}\right)^2 R_i=\frac{U_{oc}^2}{4R_i} \tag{1-33}$$

规定负载功率 P 与网络的 $U_{oc}I$ 的比值为网络的效率，用 η 表示，则

$$\eta=\frac{P}{U_{oc}I}=\frac{I^2R}{(R_i+R)I\times I}=\frac{R}{R_i+R} \tag{1-34}$$

由式(1-34)可见，$R=R_i$，即网络输出最大功率时的效率只为 50%；负载电阻 $R\gg R_i$ 时，效率比才会高。

电力网络中，传输的功率大，要求效率高，否则能量损耗太大，所以工作在不匹配状态。电信网络中，输送的功率很小，不需要考虑效率问题，常设法达到匹配状态，使负载获得最大功率。

(四)电路暂态分析

在自然界中，各种事物的运动过程通常都存在稳定状态和过渡状态。在一定条件下的稳定状态简称为稳态。当条件改变时，它将从一种稳态转变到另一种新的稳态，这是需要一定时间的，这个转变过程称为过渡过程。例如，电动机从接通电源开始启动，其转速

逐渐增加，需要经过一段时间才能达到正常的稳定运行状态。

电路的情况也是这样，当电路中的电源、元件参数及连接方式一定时，电路中的电压和电流也稳定不变，即电路处于稳态。如果电路中含有储能元件（电感或电容），当电路与电源接通或断开，或电路参数发生变化时，电路将从一种稳态变化到另一种稳态，并将伴随发生电压和电流变化的过渡过程。电路过渡过程的时间往往很短暂，故又称为暂态过程。暂态过程的工作状态称为暂态。

具有储能功能的电感和电容元件之所以存在暂态过程，是因为电感和电容元件中所存储的能量不能跃变。因为 $p = \frac{dw}{dt}$，能量的跃变意味着其功率为无限大，这实际上是不可能的。电感 L 的储能为 $w_L = \frac{1}{2}Li^2$，电容 C 的储能为 $w_C = \frac{1}{2}Cu^2$，因为能量不能跃变，所以电感电流 i 和电容电压 u 不能跃变。

1. 换路定则

电路的暂态过程是由于电路状态的改变如电路的接通或断开、电源的变化、电路参数的变化等原因而产生的，我们常把这种电路状态的变化称为换路。在换路瞬间，电感电流和电容电压不能跃变，称为换路定则。如果设 $t = 0$ 时换路，并用 $t = 0_-$ 表示换路前的终了瞬间，$t = 0_+$ 表示换路后的开始瞬间，则换路定则可表示为

$$i_L(0_+) = i_L(0_-)$$
$$u_C(0_+) = u_C(0_-)$$

利用换路定则，可以确定换路后的初始瞬间 $t = 0_+$ 时，电路中储能元件的电压、电流值，即暂态过程的初始值。

【例 1-11】 电路如图 1-35 所示，在 $t = 0$ 时合上开关，求 $u_C(0_+)$，$i_L(0_+)$，$u_L(0_+)$，$u_R(0_+)$，已知：$u_C(0_-) = 0, i_L(0_-) = 0$。

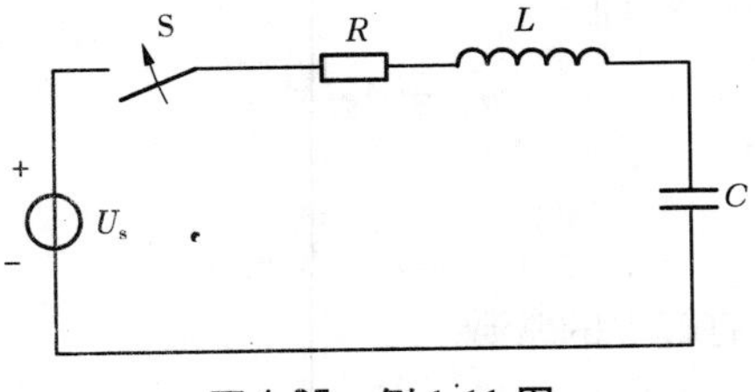

图 1-35　例 1-11 图

解：根据换路定则，开关合上瞬间有：$u_C(0_+) = u_C(0_-) = 0$，电容相当于短路，$i_L(0_+) = i_L(0_-) = 0$，电感相当于断开，$u_L(0_+) = U_s$，通过电阻 R 的电流为 0，$u_R(0_+) = 0$。

2. *RC* 电路的充放电过程

电容两端电压的变化意味着电容器极板上电荷量的变化。若换路后电容电压增大，则电容器有一个充电的过程；若换路后电容电压减小，则电容器有一个放电的过程。*RC* 电路的充放电过程主要讨论电容电压如何从初始值 $u_C(0_+)$ 逐渐变化到新的稳态值。

对于图 1-36 所示 *RC* 串联电路，已知电源电压 U、电容 C 和电阻 R 的值，在 $t = 0$ 时闭

合开关 S，换路前电容电压 $u_C(0_-) = U_0$，下面应用微分方程法分析换路后（$t \geq 0$）电容电压 u_C 的变化规律。

(1)应用电路基本定律，对换路后的电路建立以 $u_C(t)$ 为求解对象的微分方程。如图 1-36 所示电路，当开关 S 闭合后，应用基尔霍夫电压定律有

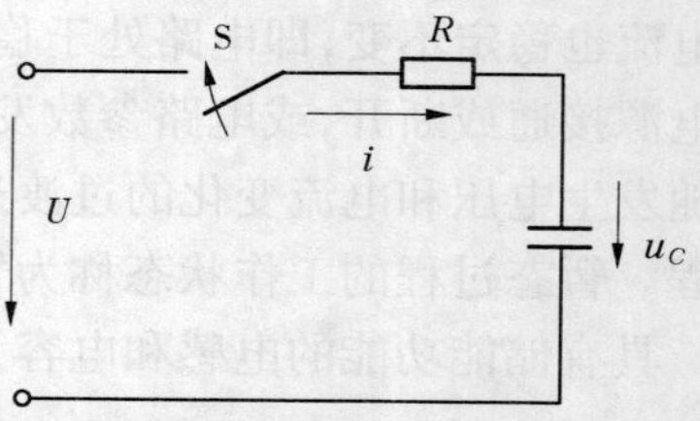

图 1-36　RC 电路接通直流电压

$$u_R + u_C = U$$

根据各元件的电压、电流关系有

$$u_R = Ri$$

$$i = C\frac{\mathrm{d}u_C}{\mathrm{d}t}$$

所以

$$RC\frac{\mathrm{d}u_C}{\mathrm{d}t} + u_C = U \tag{1-35}$$

(2)求微分方程的通解。

式(1-35)是一阶线性常系数非齐次微分方程，由高等数学知识可知，其通解 u_C 由两部分组成，即一个特解 u'_C 和一个它所对应的齐次方程

$$RC + \frac{\mathrm{d}u_C}{\mathrm{d}t} = 0 \tag{1-36}$$

的通解 u''_C。所以

$$u_C = u'_C + u''_C$$

可以把电路暂态过程结束后的稳态值作为式(1-35)的一个特解，它是由电路暂态过程结束，$t = \infty$时的值来确定的。图 1-36 所示电路，开关 S 闭合后电路达到稳态值时，其电流 $i = 0$，电容电压 $u_C = U$，故式(1-35)的一个特解是

$$u'_C = u_C(\infty) = U$$

u''_C 是一个时间的指数函数，即

$$u''_C = A\mathrm{e}^{-\frac{t}{RC}}$$

所以式(1-35)的通解是

$$u_C = u'_C + u''_C = U + A\mathrm{e}^{-\frac{t}{RC}}$$

(3)利用初始条件确定通解中的常数。

由换路定则 $u_C(0_+) = u_C(0_-) = U_0$，当 $t = 0$ 时

$$u_C(0_+) = U + A$$

$$A = u_C(0_+) - U = U_0 - U$$

由此可得 u_C 的表达式为

$$u_C = U + (U_0 - U)\mathrm{e}^{-\frac{t}{RC}}$$

令 $\tau = RC$，则

$$u_C = U + (U_0 - U)\mathrm{e}^{-\frac{t}{\tau}}$$

式中，τ 称为时间常数，决定了 RC 电路暂态分量变化的速度。

当 $U_0 = 0$，即换路前 $t = (0_-)$ 时，电路中的储能元件未储能。由换路定则 $u_C(0_-) =$

$u_C(0_+)$，换路后，电容电压的初始值为零，则 u_C 为

$$u_C = U(1 - e^{-\frac{t}{\tau}})$$

同理

$$u_R = Ue^{-\frac{t}{\tau}}$$

$$i = \frac{U}{R}e^{-\frac{t}{\tau}}$$

换路前，电路中储能元件未储能，初始值为零的状态，称为零状态。

【例 1-12】 电路如图 1-36 所示，已知 $U = 10$ V，$R = 10$ kΩ，$C = 1$ μF，$u_C(0_-) = 0$，在 $t = 0$ 时闭合开关 S，求电路的时间常数 τ 及 u_C。

解：时间常数 $\tau = RC = 10 \times 10^3 \times 1 \times 10^{-6} = 10 \times 10^{-3}(\text{s}) = 10$ ms

因电容电压的初始值为零，所以

$$u_C = U(1 - e^{-\frac{t}{\tau}})$$

代入已知数据

$$u_C = 10 \times (1 - e^{-\frac{t}{10 \times 10^{-3}}}) = 10(1 - e^{-100t})$$

3. 三要素法

只包含一个储能元件，或用串、并联方法化简后只包含一个储能元件的电路称为一阶电路，其暂态过程可以用一阶线性微分方程来描述。图 1-36 所示电路就是一个一阶电路，列式和求解微分方程比较麻烦，现在介绍一种求解一阶电路暂态过程的简便方法——三要素法。

如果用 $u_C(\infty)$ 表示电容电压在 $t = \infty$ 时的 u_C 值（稳态值），用 $u_C(0_+)$ 表示初始值，则 u_C 可以表示成

$$u_C = u_C(\infty) + [u_C(0_+) - u_C(\infty)]e^{-\frac{t}{\tau}} \tag{1-37}$$

对于直流电源作用下的一阶 RC 电路，只要求得初始值 $u_C(0_+)$、稳态值 $u_C(\infty)$ 和时间常数 τ，就可以写出 u_C 的表达式。

可以证明，对于直流电源作用下的任何一阶电路中的电压和电流，均可用三要素法来进行分析，写成一般形式为

$$f(t) = f(\infty) + [f(0_+) - f(\infty)]e^{-\frac{t}{\tau}} \tag{1-38}$$

【例 1-13】 如图 1-37 所示电路，$t = 0$ 时，开关闭合前，电路已达稳态，求开关闭合后的电压 $u_C(t)$。

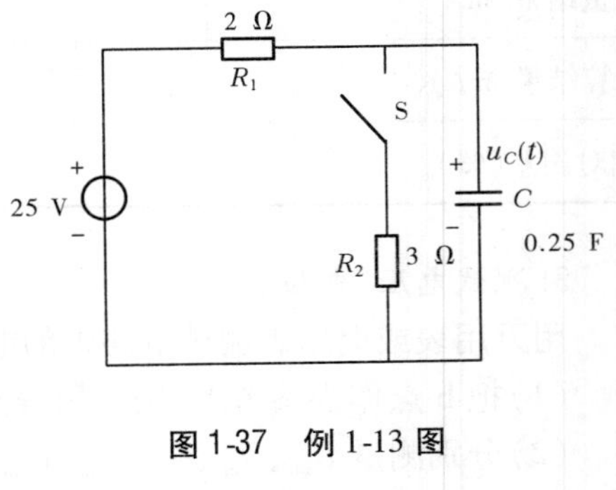

图 1-37　例 1-13 图

解：用三要素法求解。

开关 S 闭合前电路已达稳态

$$u_C(0_-) = 25 \text{ V}$$

开关闭合瞬间

$$u_C(0_+) = u_C(0_-) = 25 \text{ V}$$

电路在开关闭合后 $t=\infty$ 时

$$u_C(\infty)=\frac{25}{5}\times3=15(\mathrm{V})$$

用戴维南定理求电路等效电阻为

$$R=\frac{2\times3}{5}=1.2(\Omega)$$

$$\tau=RC=1.2\times0.25=0.3(\mathrm{s})$$

所以

$$u_C(t)=15+10\mathrm{e}^{-3.33t}(\mathrm{V})$$

【任务实施】

1. 搭建复杂直流电路

搭建复杂直流电路如图 1-38 所示，电路中各参数分别为 $E_1=8\ \mathrm{V}$，$E_2=4\ \mathrm{V}$，$E_3=6\ \mathrm{V}$，$R_1=1\ \mathrm{k\Omega}$，$R_2=2\ \mathrm{k\Omega}$，$R_3=3\ \mathrm{k\Omega}$，$R_4=4\ \mathrm{k\Omega}$。

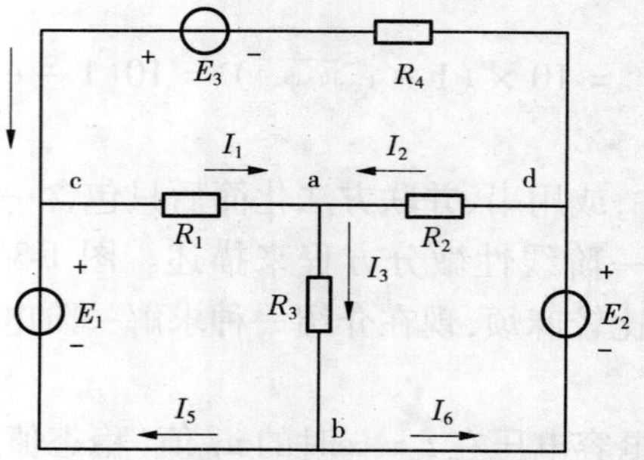

图 1-38 复杂直流电路

2. 测试电路电流

用电流表测试图 1-38 中各支路电流，填写到表 1-1 中。

表 1-1 支路电流的测量与计算

支路电流	I_1	I_2	I_3	I_4	I_5	I_6
测量结果(mA)						
计算结果(mA)						
相对误差(%)						

3. 测试电压、电位

用万用表或电压表测试电路中的电压、电位，测量结果填写到表 1-2 中。

(1) 把 b 点作为参考点，用万用表测量电路中各点的电位。

(2) 分别测量 U_{ab}、U_{ac}、U_{ad}、U_{bc}、U_{bd}、U_{cd} 的电压。

(3) 比较分析电位与电压的关系。

(4) 根据测量结果和理论计算结果，计算电压测量相对误差。

表 1-2 电压和电位的测量与计算

电位	V_a	V_b	V_c	V_d	—	—
测量结果(V)					—	—
电压	U_{ab}	U_{ac}	U_{ad}	U_{bc}	U_{bd}	U_{cd}
测量结果(V)						
计算结果(V)						
相对误差(%)						

4. 注意事项

(1)测电流时,万用表应选择合适的电流挡位,串联到要测量的支路中,注意表笔的接入方向。

(2)测电压时,万用表应选择合适的电压挡位,并联到要测量的支路中,注意表笔的接入方向。

(3)相对误差的计算方法:

$$相对误差 = \left|\frac{理论值 - 试验值}{理论值}\right| \times 100\%$$

任务二 单相交流电路分析与测试

【任务描述】

正弦交流电路是指含有正弦电源而且电路各部分所产生的电压和电流均按正弦规律变化的电路。交流发电机中所产生的电动势和正弦信号发生器所输出的信号电压,都是随时间按正弦规律变化的,它们是常用的正弦电源。在生产和日常生活中所用的交流电一般都是指正弦交流电。分析和计算正弦交流电路,主要是确定不同参数和不同结构的各种正弦交流电路中电压与电流之间的关系和功率。

【任务目标】

知识目标:

1. 掌握正弦交流电的三要素,理解正弦交流电的相量表示法。

2. 掌握单相交流电路的分析计算方法,理解串联谐振和并联谐振电路的条件和特征。

能力目标:

1. 会分析计算单相正弦交流电路。

2. 能正确连接单相交流电路,能够熟练使用交流电压表、电流表、功率表及功率因数表测量电路的基本电学量。

【知识链接】

一、正弦交流电的表示方法

（一）正弦交流电的瞬时值表示法

一个直流理想电压源作用于电路时，电路中的电压和电流是不随时间变化的，即电压的大小和极性、电流的大小和方向都是不随时间变化的，这种恒定的电压和电流统称为直流电量。如果一个随时间按正弦规律变化的理想电压源作用于电路，则电路中的电压和电流也将随时间按正弦规律变化。这种随时间按正弦规律周期性变化的电压（电流）称为正弦交流电压（电流），正弦交流电压和电流常统称为正弦电量，简称正弦量。电路中各部分的电压和电流都是同一频率的正弦量，这种电路称为正弦交流电路。正弦量在电力、电子和电信工程中都得到了广泛的应用。正弦交流电路的基本理论和基本分析方法是学习交流电机、电器及电子技术的重要基础。

正弦交流电可以用解析式（表达式）和波形图来表示。幅值、频率、初相位是确定一个正弦量的三要素。

1. 正弦量的数学表达式

正弦量在任意瞬时的值称为瞬时值，用小写字母 e、u、i 分别表示正弦电动势、电压和电流的瞬时值。

表达交流电随时间按正弦规律变化的数学表达式称为解析式，正弦交流电动势、电压和电流的一般表达式为

$$\left.\begin{aligned} e &= E_{\mathrm{m}}\sin(\omega t+\psi_e) \\ u &= U_{\mathrm{m}}\sin(\omega t+\psi_u) \\ i &= I_{\mathrm{m}}\sin(\omega t+\psi_i) \end{aligned}\right\} \tag{1-39}$$

表达交流电随时间按正弦规律变化的图像称为波形图，图 1-39 就是交流电动势 $e = E_{\mathrm{m}}\sin\omega t$ 的波形图。

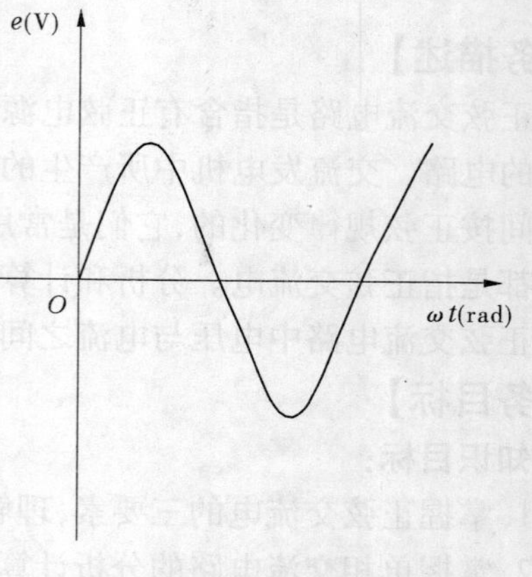

图 1-39　正弦电动势波形图

2. 正弦交流电的三要素

现以电压为例说明正弦交流电的三要素。图 1-40 给出了电压 $u = U_{\mathrm{m}}\sin(\omega t+\psi_u)$ 的波形图。

波形图中 T 为电压 u 变化一周所用的时间，称为周期，其单位为 s。电压 u 每秒变化的周期数为 $\frac{1}{T}$，称为频率，用 f 表示，其单位为 Hz。我国和大多数国家都采用 50 Hz 作为电力系统的供电频率，有些国家（如美国、日本等）采用 60 Hz，这种频率习惯上称为工频。音频信号的频率为 20 Hz ~ 20 kHz。无线广播电台的发射频率比较高，中波段为 500 Hz ~ 1 600 kHz，短波段可高达 20 MHz。

由电压的表达式 $u = U_{\mathrm{m}}\sin(\omega t+\psi_u)$ 可知，如果 U_{m}、ω、ψ_u 为已知，则电压 u 与时

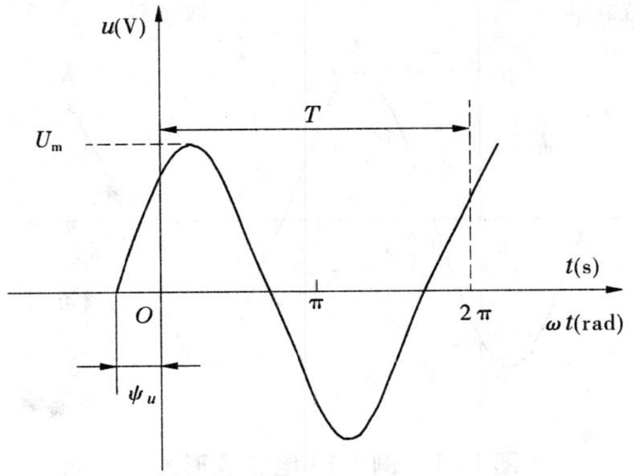

图 1-40 正弦电压波形图

间 t 的函数关系就是唯一确定的，因此 U_m（幅值）、ω（角频率）、ψ_u（初相位）称为正弦电压 u 的三要素。

1）最大值（幅值）

正弦交流电在变化过程中出现的最大瞬时值称为最大值，规定用大写字母并加下标 m 表示，如 E_m、U_m、I_m 分别表示电动势最大值、电压最大值、电流最大值。

2）角频率

正弦交流电在单位时间内变化的电角度称为角频率，用 ω 表示，单位为弧度/秒（rad/s）。ω 与 T、f 的关系为

$$\omega = \frac{2\pi}{T} = 2\pi f \tag{1-40}$$

式（1-40）表明了正弦量的角频率 ω 与周期 T、频率 f 之间的关系。ω、T、f 都是表示正弦量变化快慢的物理量，只要知道其中的一个，另外两个就可以求出。

3）初相位

解析式 $u = U_m\sin(\omega t + \psi_u)$ 中辐角 $(\omega t + \psi_u)$ 称为正弦量的相位角，简称相位。当 $t = 0$ 时的相位角 ψ_u 称为初相角或初相位。初相位的单位为 rad，有时为方便也可以用度（°）表示。习惯上把初相位的取值范围定为 $-\pi \sim +\pi$。

由上述可知，某一个正弦量，只要求出它的最大值、角频率（或频率）与初相位，就可以写出它的解析式、画出它的波形图。

【例 1-14】 已知正弦量电流 i 的最大值 $I_m = 10$ A，频率 $f = 50$ Hz，初相位 $\psi = -45°$。

（1）求此电流的周期和角频率；

（2）写出电流 i 解析式，并画出波形图。

解：（1）周期为 $T = \frac{1}{f} = \frac{1}{50} = 0.02(\text{s})$

角频率为 $\omega = 2\pi f = 2 \times 3.14 \times 50 = 314(\text{rad/s})$

（2）解析式为 $i = I_m\sin(\omega t + \psi) = 10\sin(314t - 45°)(\text{A})$

波形图如图 1-41 所示。

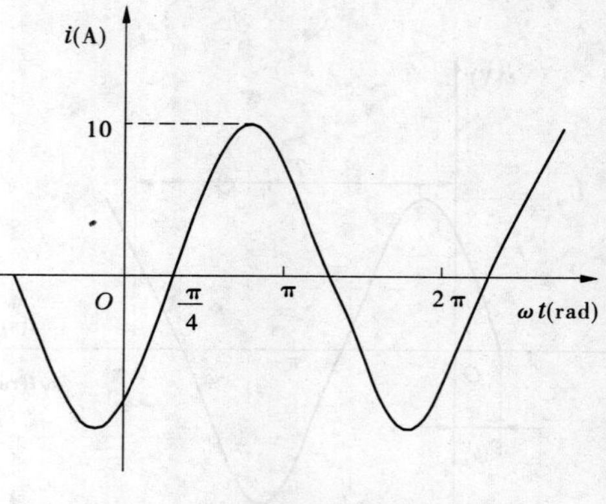

图 1-41 例 1-13 电流波形图

3. 相位差

线性电路中,两个正弦交流量在任一瞬间的相位之差称为相位差,用 φ 表示。例如,两个正弦交流电流分别为:$i_1 = I_{1m}\sin(\omega t + \psi_1)$、$i_2 = I_{2m}\sin(\omega t + \psi_2)$,则其相位差 φ 为

$$\varphi = (\omega t + \psi_2) - (\omega t + \psi_1) = \psi_2 - \psi_1 \tag{1-41}$$

不同频率正弦交流量的相位差是随时间变化的。但同频率正弦交流量的相位差是不随时间变化的,等于它们的初相位之差。两个正弦交流量的相位差不为零,则说明它们不同时到达零值或最大值,规定 φ 的取值范围是:$|\varphi| \leqslant \pi$。

如果两个同频率正弦交流量的相位差等于零,即 $\varphi = \psi_2 - \psi_1 = 0$,则称它们同相位。如果它们的相位差为 π,即 $\varphi = \psi_2 - \psi_1 = \pm\pi$,则称这两个正弦量反相位,简称反相。反相的特点是:当一个正弦量为正的最大值时,另一个正弦量刚好为负的最大值,在图 1- 42 中 i_2 与 i_3 反相。如果 $\varphi = \psi_2 - \psi_1 > 0$,则说明 i_2 比 i_1 随时间变化时先到达零值或正的最大值,则称 i_2 超前 i_1 φ,或称 i_1 滞后 i_2 φ。如果两个同频率正弦交流量的相位差 $\varphi = \psi_2 - \psi_1 = \pm\dfrac{\pi}{2}$,则称 i_2 与 i_1 正交。正交的特点是:当一个正弦量的值为最大值时,另一个正弦量刚好为零。

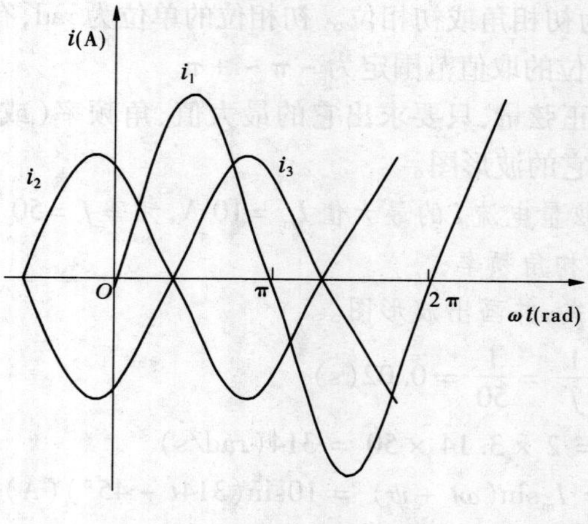

图 1-42 相位差

【例 1-15】 某电路中，电流、电压的表达式分别为 $i = 8\cos(\omega t + 30°)$ A 、$u_1 = 120\sin(\omega t + 60°)$ V 、$u_2 = 90\sin(\omega t + 45°)$ V 。

(1)求 i 与 u_1 及 i 与 u_2 的相位关系；

(2)如果选择 i 为参考正弦量，写出 i 、u_1 与 u_2 的瞬时值表达式。

解： $i = 8\cos(\omega t + 30°) = 8\sin(\omega t + 30° + \frac{\pi}{2}) = 8\sin(\omega t + 120°)$ A

(1) i 与 u_1 的相位差为

$$\varphi_1 = 120° - 60° = 60°$$

取 φ_1 在 π 与 $-\pi$ 之间，$\varphi_1 = 60° > 0$，i 超前 u_1 60°。

u_2 与 i 的相位差为

$$\varphi_2 = 45° - 120° = -75° < 0$$

则 u_2 滞后 i 75°。

(2)设 i 为参考正弦量，则 $\psi_1 = 0°$、$\psi_{u1} = -60°$ 、$\psi_{u2} = -75°$。所以

$$i = 8\sin\omega t \text{ A}$$

$$u_1 = 120\sin(\omega t - 60°) \text{ V}$$

$$u_2 = 90\sin(\omega t - 75°) \text{ V}$$

4. 有效值

在工程技术中用瞬时值或波形图表示正弦电压、电流常常是不方便的，需要用一个特定值表示周期电压、电流，这就是有效值。它是按能量等效的概念定义的。以电流为例，设两个相同的电阻 R，分别通入周期电流 i 和直流电流 I，周期电流 i 通过 R 在一个周期内消耗的能量为

$$\int_0^T p\mathrm{d}t = \int_0^T i^2 R\mathrm{d}t = R\int_0^T i^2 \mathrm{d}t$$

直流电流 I 通过 R 在相同时间 T 内产生的能量为

$$PT = I^2 RT$$

如果以上两种情况下的能量相等，即

$$I^2 RT = R\int_0^T i^2 \mathrm{d}t$$

则有

$$I = \sqrt{\frac{1}{T}\int_0^T i^2 \mathrm{d}t} \tag{1-42}$$

式(1-42)是有效值定义式。它表明，周期电流有效值等于它的瞬时值的平方在一个周期内的积分取平均值后再开平方，因此有效值又称为方均根值。

类似地，可以定义周期电压有效值为

$$U = \sqrt{\frac{1}{T}\int_0^T u^2 \mathrm{d}t}$$

将周期电流有效值的定义用于正弦电流。设 $i = I_m \sin\omega t$，则其有效值为

$$I = \sqrt{\frac{1}{T}\int_0^T I_m^2 \sin^2\omega t\mathrm{d}t} = \sqrt{\frac{I_m^2}{T}\int_0^T \frac{1 - \cos 2\omega t}{2}\mathrm{d}t}$$

$$= \sqrt{\frac{I_m^2}{T} \times \frac{T}{2}} = \frac{I_m}{\sqrt{2}} \approx 0.707 I_m$$

或表示为

$$I_m = \sqrt{2} I \tag{1-43}$$

类似地，正弦电压有效值与最大值（振幅）间的关系为

$$U = \frac{U_m}{\sqrt{2}} \quad E = \frac{E_m}{\sqrt{2}} \tag{1-44}$$

总之，正弦量的有效值等于其幅值（最大值）除以$\sqrt{2}$。

在交流电路中，一般所讲的电压或电流的大小都指的是有效值。例如交流电压220 V，指这个正弦交流电压的有效值为220 V，其最大值为$220\sqrt{2}=310$ V。一般交流电压表或电流表的读数均指有效值，电气设备铭牌标注的额定值也都是指有效值。电气设备和器件有击穿电压或绝缘耐压所指的电压都是最大值。电容器的额定电压值，指振幅（最大值）电压。

【例1-16】 已知某正弦交流电压在$t=0$时，其值$u_{(0)}=110\sqrt{2}$ V，初相为30°，求有效值。

解：此正弦交流电压的表达式为

$$u = U_m \sin(\omega t + 30°)\ (\mathrm{V})$$

当$t=0$时，有

$$u_{(0)} = U_m \sin 30°$$

所以

$$U_m = \frac{u_{(0)}}{\sin 30°} = \frac{110\sqrt{2}}{\frac{1}{2}} = 220\sqrt{2}\ (\mathrm{V})$$

则其有效值为

$$U = \frac{U_m}{\sqrt{2}} = \frac{220\sqrt{2}}{\sqrt{2}} = 220\ (\mathrm{V})$$

（二）正弦量的相量表示

正弦交流电可以用解析式（瞬时值表达式）和波形图来表示，但这两种表示方法不便于对电路中的正弦量进行分析计算。例如两个同频率的正弦电流瞬时值表达式为

$$i_1 = I_{1m}\sin(\omega t + \psi_1)$$

$$i_2 = I_{2m}\sin(\omega t + \psi_2)$$

这两个电流之和为

$$i = i_1 + i_2 = I_{1m}\sin(\omega t + \psi_1) + I_{2m}\sin(\omega t + \psi_2)$$

可以运用三角运算公式对i计算得出合成电流的最大值、初相位，还可以运用波形图求和，这两种方法都比较麻烦。为了便于分析计算，在电工技术中，正弦量常用相量表示。

正弦量的相量表示就是用一个复数来表示正弦量。在分析正弦交流电路时，由于电

路中所有的电压和电流都是同一频率的正弦量，而且它们的频率与正弦电源的频率相同，往往是已知的，因此我们只要分析另外两个要素——有效值（幅值）及初相位就可以了。例如，正弦电压 $u = U_m \sin(\omega t + \psi_u)$，我们构成这样一个复数，它的模为 U_m，辐角为 ψ_u。这个复数就称为电压 u 的幅值（最大值）相量，记作 $\dot{U}_m$，即

$$\dot{U}_m = U_m e^{j\psi_u}$$

或

$$\dot{U}_m = U_m \angle \psi_u \tag{1-45}$$

复数 $\dot{U}_m$ 就是表示正弦电压的相量。

相量 $\dot{U}_m$ 在复平面上可以用长度为 U_m 与实轴正向夹角为 ψ_u 的矢量表示，如图 1-43 所示。为简便起见，实轴和虚轴可以省去不画。这种表示相量的图称为相量图。

相量 $\dot{U}_m$ 也可以表示成实部与虚部之和的形式，即

$$\dot{U}_m = U_m \cos\psi_u + j\sin\psi_u$$

一个正弦量与它的相量是一一对应的，而且这种对应关系非常简单。如果已知正弦量 $u = U_m \sin(\omega t + \psi_u)$，可以方便地构成它的相量 $\dot{U}_m = U_m \angle \psi_u$；反之，若已知相量和频率，即可以写出正弦量的函数表达式。应该注意，$\dot{U}_m \neq u$。

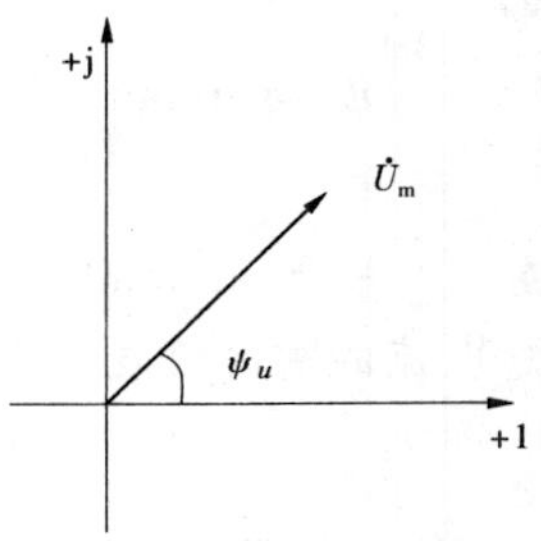

图 1-43　$\dot{U}_m$ 的相量图

在图 1-44 中，$\dot{I}_m$ 表示电流的最大值相量，$\dot{I}$ 表示电流的有效值相量。同频率的几个正弦交流电的相量可以画在同一个图上，这样的图称为相量图。在相量图中能清晰地看出各正弦交流电的大小和相位关系。逆时针方向为超前，顺时针方向为滞后。作相量图时应注意，当交流电的初相位为正时，相量应沿逆时针方向旋转一个角度；当初相位为负时，相量应沿顺时针方向旋转一个角度。如图 1-45 所示，$\dot{U}_m$ 和 $\dot{I}_m$ 分别是电压 $u = U_m \sin(\omega t + 45°)$ V 和电流 $i = I_m \sin(\omega t - 20°)$ A 的相量，电压 u 超前电流 i65°。

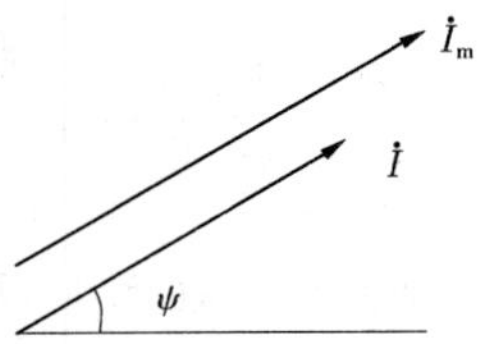

图 1-44　正弦量的相量表示

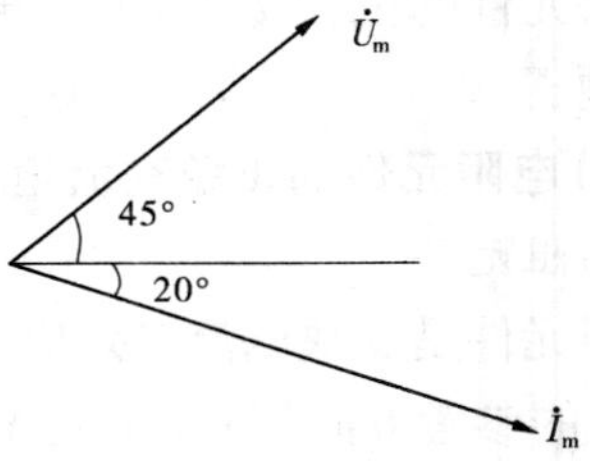

图 1-45　相量图

值得注意的是：只有正弦交流电才能用相量表示。相量不能表示非正弦量；相量仅是正弦交流量的一种表示方法，相量不等于正弦交流量；只有同频率的正弦交流量的相量才

能画在同一图上；同一相量图上可以进行相量的加减运算。

【例 1-17】 已知 $i_1 = 8\sin(314t + \frac{\pi}{3})\text{A}$，$i_2 = 6\sin(314t - \frac{\pi}{6})\text{A}$，求 $i = i_1 + i_2$。

解：作 i_1 的相量 $\dot{I}_{1m}$ 和 i_2 的相量 $\dot{I}_{2m}$（如图 1-46 所示），以此两个相量为邻边，作出平行四边形，连接从原点出发的对角线，即为两相量之和，也就是总电流的相量 $\dot{I}_m$，其幅值 $I_m = \sqrt{I_{1m}^2 + I_{2m}^2} = \sqrt{8^2 + 6^2} = 10(\text{A})$，总电流的初相位 ψ 为

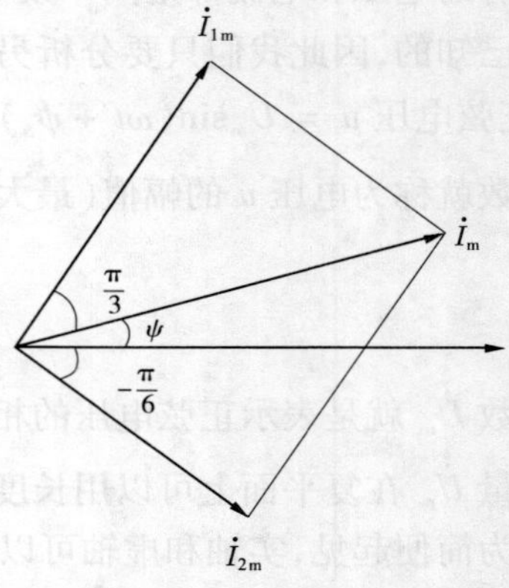

图 1-46 例 1-17 图

$$\psi = \arctan\frac{I_{1m}\sin\frac{\pi}{3} - I_{2m}\sin\frac{\pi}{6}}{I_{1m}\cos\frac{\pi}{3} + I_{2m}\cos\frac{\pi}{6}} = \arctan\frac{8 \times 0.866 - 6 \times 0.5}{8 \times 0.5 + 6 \times 0.866}$$

$$= \arctan 0.427 = 23.1°$$

所以，总电流的瞬时值表达式为

$$i = 10\sin(314t + 23.1°)\text{A}$$

二、单一参数的正弦交流电路分析

在任务一中介绍过电路的三种参数，即电阻、电容和电感。严格来说，只包含单一参数的理想电路元件是不存在的。但当一个实际元件中只有一个参数起主要作用时，可以近似把它看成是单一参数的理想元件。例如，电阻炉和白炽灯可以看成理想电阻元件，介质损耗小的电容器可以看成理想电容元件。一个实际电路可能比较复杂，但一般来说除电源外，其余部分可以用单一电路参数电路元件组成其电路模型。因此，我们先讨论单一参数电路元件的正弦交流电路，分析电路中的电压、电流关系，讨论电路中的功率和能量转换问题。

（一）电阻元件的正弦交流电路

1. 电阻元件

电阻元件是反映电流热效应这一物理现象的理想电路元件。在图 1-47(a) 中电压 U 和电流 I 的参考方向相同，R 是线性电阻元件，其伏安特性是

$$U = RI \tag{1-46}$$

这个关系称为欧姆定律，它表示线性电阻元件的端电压与流过它的电流成正比。比例常数 R 称为电阻，是表示电阻元件特性的参数。图 1-47(b) 是其伏安特性曲线。

电阻的计量单位是欧姆，简称欧(Ω)，较大的计量单位有千欧(kΩ)、兆欧(MΩ)。

习惯上我们常把电阻元件称为电阻，故“电阻”这个名词既表示电路元件，又表示元件的参数。电阻元件取用的功率为

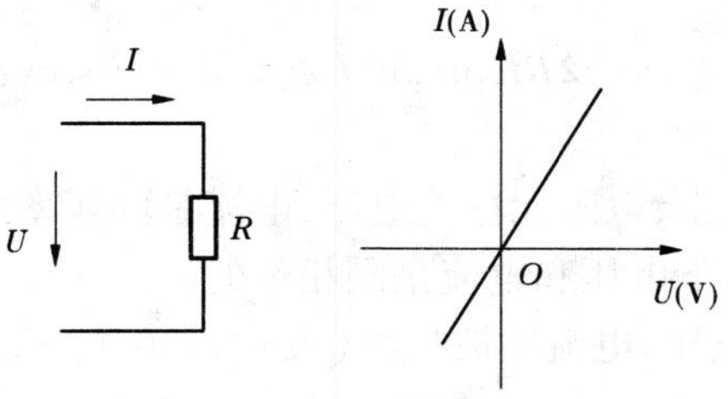

(a)电路图 (b)伏安特性曲线

图 1-47 电阻元件

$$P = UI = RI^2 = \frac{U^2}{R} = U^2G \qquad (1\text{-}47)$$

式中 G——电导，$G = \frac{1}{R}$。

式(1-47)表明，不论 U、I 是正值或负值，P 总是大于零，电阻元件总是取用电功率，与电压、电流的实际方向无关，因而电阻元件是一种消耗电能，并把电能转变为热能的元件。

工程上常利用电阻器来实现限流、降压、分压，如各种碳膜电阻、金属膜电阻及绕线电阻等。对各种电热器件如电烙铁、电熨斗、电阻炉及白炽灯等，常忽略电感、电容的性质，而认为它们是只具有消耗电能特性的电阻元件。

2. 电压与电流的关系

图 1-48(a)是一个线性电阻的正弦交流电路，电阻元件的电压与电流关系由欧姆定律确定，当 u、i 参考方向一致时，两者的关系为

$$u = Ri$$

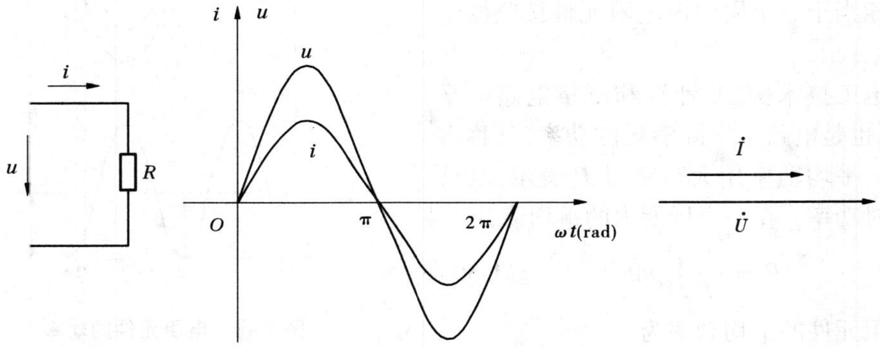

(a)电路图 (b)波形图 (c)相量图

图 1-48 电阻元件的交流电路

设电阻元件的正弦电流

$$i = \sqrt{2}I\sin(\omega t + \psi_i)$$

则电阻元件的电压

$$u_{(t)} = Ri_{(t)} = \sqrt{2}RI\sin(\omega t + \psi_i) = \sqrt{2}U\sin(\omega t + \psi_u)$$

式中，$U = RI$；$\psi_u = \psi_i$。

可见，在正弦交流电路中，电阻元件的电压、电流是同频率的正弦量，最大值之间符合欧姆定律，在关联参考方向下电压和电流是同相位的。

在图1-48(b)中画出电压、电流的波形图(设 $\psi_i = 0$)。

若电流相量为

$$\dot{I} = I\angle\psi_i$$

则电压相量为

$$\dot{U} = U\angle\psi_u = R\dot{I} = RI\angle\psi_i \tag{1-48}$$

图1-48(c)是电阻元件的电流、电压的相量图。

3. 功率

电阻元件的电流、电压在关联参考方向下，$p = ui$ 为该元件取用的功率，在正弦交流电路中功率 p 随时间而变化，称为瞬时功率。

在正弦交流电路中，电阻元件的瞬时功率为

$$p(t) = ui = U_m I_m \sin^2\omega t = \frac{U_m I_m}{2}(1 - \cos2\omega t) = UI(1 - \cos2\omega t) \tag{1-49}$$

由式(1-49)可知，瞬时功率 p 的变化频率是电源频率的2倍，其波形图如图1-49所示。

由瞬时功率 $p(t)$ 的波形图(见图1-49)可知，它是随时间以2倍于电流的频率变化的，但 $p(t)$ 的值总是正的，因为电阻元件的电压和电流方向总是一致的，总是接收能量转变为热能。图中曲线 p 和时间轴 t 所包围的面积相当于一个周期内电阻元件接收的电能。

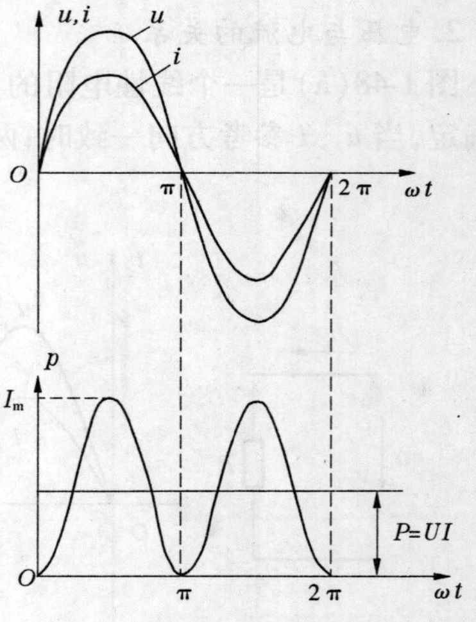

图1-49　电阻元件的功率

在电工技术中，要计算和测量电路的平均功率，也是电路中实际消耗的功率，又称有功功率。平均功率用大写字母 P 表示，其值等于瞬时功率 p 在一个周期内的平均值，即

$$P = \frac{1}{T}\int_0^T p\mathrm{d}t \tag{1-50}$$

电阻元件的平均功率为

$$P = \frac{1}{T}\int_0^T p\mathrm{d}t = \frac{1}{T}\int_0^T UI(1 - \cos2\omega t)\mathrm{d}t = UI$$

电阻元件的平均功率等于电压、电流有效值的乘积。由于电压有效值 $U = RI$，所以

$$P = UI = RI^2 = \frac{U^2}{R} = U^2G \tag{1-51}$$

【例1-18】 已知白炽灯工作时的电阻为484 Ω，其两端的正弦电压为 $u_{(t)} =$

$311\sin(314t-60°)$ V。试求：

(1)通过白炽灯电流的相量 $\dot{I}$ 及瞬时值表达式 $i_{(t)}$；

(2)白炽灯工作时的功率。

解：(1)电压相量为

$$\dot{U}=U\angle\psi_u=\frac{311}{\sqrt{2}}\angle-60°=220\angle-60°(\text{V})$$

电流相量为

$$\dot{I}=\frac{\dot{U}}{R}=\frac{220\angle-60°}{484}=\frac{5}{11}\angle-60°\approx0.45\angle-60°(\text{A})$$

瞬时值表达式为

$$i_{(t)}=\sqrt{2}I\sin(\omega t+\psi_i)=0.45\sqrt{2}\sin(314t-60°)\text{A}$$

(2) 白炽灯工作时的功率即平均功率为

$$P=UI=220\times\frac{5}{11}=100\ (\text{W})$$

(二)电感元件的正弦交流电路

1. 电感元件

图 1-50 所示为一个忽略电阻不计的纯电感线圈，由此称它为电感元件。设线圈中通过的电流为 i，其产生的自感磁通 Φ 和自感磁链 $\psi=N\Phi$。电流愈强，电感磁链也愈大。将自感磁链与电流的比值定义为电感线圈的自感系数，简称电感，用 L 表示。即

$$L=\frac{\psi}{i}$$

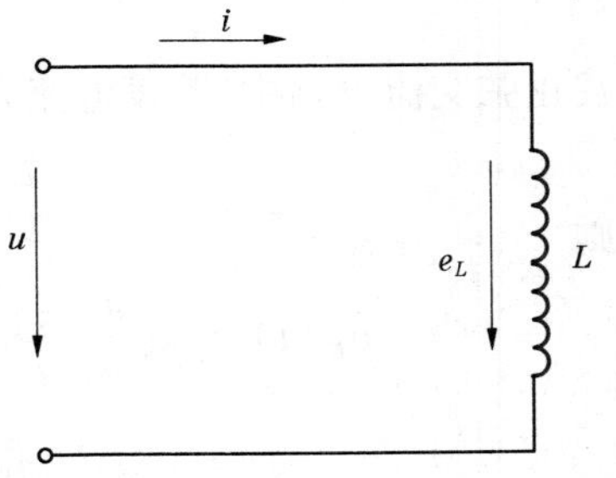

图 1-50　电感元件

式中，ψ 的单位为 Wb，i 的单位为 A，L 的单位为 H，且 1 H = 10^3 mH，1 mH = 10^3 μH。电感的大小取决于线圈的尺寸、匝数和线圈所包围材料的性质。电感元件是反映电流周围存在磁场、储存磁场能这一物理现象的理想电路元件。

根据电磁感应定律，电流 i 通过电感元件 L 时，将在线圈周围产生磁场，当电流 i 变化时，磁场也随之变化，并在线圈中产生自感电动势 e_L，如图 1-50 所示。在各电量关联的参考方向下

$$e_L=-L\frac{\mathrm{d}i}{\mathrm{d}t}\tag{1-52}$$

故

$$u=-e_L=L\frac{\mathrm{d}i}{\mathrm{d}t}\tag{1-53}$$

式(1-53)表明，电感元件两端的电压与它的电流对时间的变化率成正比。故比例常数 L (电感)是表征电感元件特性的参数。

习惯上常把电感元件称为电感，故“电感”这个名词既表示电路元件，又表示元件的

参数。

从式(1-53)还可以看到,电感元件中的电流 i 不能跃变,因为如果 i 跃变,$\frac{di}{dt}$ 为无穷大,电压 u 也为无穷大,而这实际上是不可能的。

当 u 、i 参考方向一致时,电感元件的功率为

$$p = ui = Li\frac{di}{dt} \tag{1-54}$$

在 t 时刻电感元件中储存的磁场能量为

$$w_L = \int_0^t p\mathrm{d}t = \int_0^t ui\mathrm{d}t = \int_0^t Li\mathrm{d}i = \frac{1}{2}Li^2 \tag{1-55}$$

式中,w_L 的单位是焦耳(J)。

在工程上,各种实际的电感线圈,如日光灯上用的镇流器、电子线路中的扼流线圈等,当忽略其线圈导线的电阻及匝间电容时,便可认为它们是理想电感元件。

2. 电压、电流的关系

在图 1-51(a)中,当 u 、i 参考方向一致时,电感元件电压电流的关系为

$$u(t) = L\frac{di}{dt}$$

在正弦交流电路中,若设电流 i 为参考正弦量,即

$$i_L = \sqrt{2}I_L\sin(\omega t + \psi_i)$$

则

$$u_L(t) = L\frac{d}{dt}\sqrt{2}I_L\sin(\omega t + \psi_i) = \sqrt{2}\omega LI_L\cos(\omega t + \psi_i)$$

$$= \sqrt{2}\omega LI_L\sin(\omega t + \psi_i + \frac{\pi}{2}) = \sqrt{2}U\sin(\omega t + \psi_u)$$

式中,$U = \omega LI_L$;$\psi_u = \psi_i + \frac{\pi}{2}$。

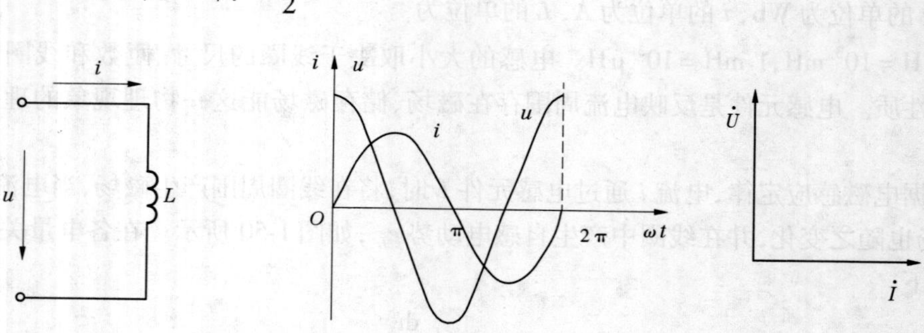

(a)电路图 (b)波形图 (c)相量图

图 1-51 电感元件的交流电路

可见,在正弦交流电路中,电感元件的电压、电流是同频率的正弦量,其有效值及最大值的关系是

$$\frac{U}{I}=\frac{U_{m}}{I_{m}}=\omega L=2\pi fL=X_{L} \tag{1-56}$$

在关联参考方向下,电压比电流超前 $\frac{\pi}{2}$。

式(1-56)中的 X_L 叫感抗。在同样的 U 下 X_L 越大,I 越小,所以感抗反映了电感元件对正弦电流的限制能力。感抗和频率成正比,是因为电流大小一定时,频率越高,电流变化越快,感应电动势越大;感抗又和电感成正比,是因为电流一定时,电感越大,感应电动势越大。在直流电路中 $\omega=0$,感抗为零,电感元件如同短路。感抗的单位和电阻单位相同,即 X_L 单位为 Ω。

由于 $u=L\frac{\mathrm{d}i}{\mathrm{d}t}$,若电感元件的电流量为 $\dot{I}$,则其电压相量为

$$\dot{U}=\mathrm{j}\omega L\dot{I}=\mathrm{j}X_{L}\dot{I} \tag{1-57}$$

式(1-57)既包含了电感元件电压与电流有效值之比 X_L 的关系,又包含了电压比电流超前 $\frac{\pi}{2}$ 的关系。

图 1-51(c)是电感元件的电流、电压的相量图。

3. 功率和能量

电感元件上 u、i 参考方向一致时,设

$$i(t)=\sqrt{2}I\sin\omega t$$

$$u(t)=\sqrt{2}U\sin(\omega t+\frac{\pi}{2})$$

电感元件接收的瞬时功率为

$$\begin{aligned}p(t)&=u(t)i(t)\\&=\sqrt{2}U\sin(\omega t+\frac{\pi}{2})\times\sqrt{2}I\sin\omega t\\&=2UI\cos\omega t\times\sin\omega t\\&=UI\sin2\omega t=I^{2}X_{L}\sin2\omega t\end{aligned} \tag{1-58}$$

由式(1-58)可知,电感元件接收的瞬时功率是以两倍电流的频率按正弦规律变化的,最大值为 I^2X_L(或 UI)。

瞬时功率 $p(t)$ 波形如图 1-52 所示。

在 $\omega t=0\sim\frac{\pi}{2}$ 和 $\omega t=\pi\sim\frac{3}{2}\pi$ 期间,$p>0$,电感元件相当于负载,从电源取用功率。在此期间 $|i|$ 增大,线圈中的磁场增强,电感元件的储能 $\frac{1}{2}Li^2$ 增加,电感元件是把电能转变为磁场能量而存储于线圈的磁场中。

在 $\omega t=\frac{1}{2}\pi\sim\pi$ 和 $\omega t=\frac{3}{2}\pi\sim2\pi$ 期间,$p<0$,电感元件实际上是发出电功率。在此期间 $|i|$ 减小,线圈磁场减弱,电感元件的储能 $\frac{1}{2}Li^2$ 减小,电感元件是把它存储的磁场

能量转变为电能送还给电源。

电感元件的平均功率为瞬时功率在一周期内的平均值，即

$$P = \frac{1}{T}\int_0^T p(t)\,dt = \frac{1}{T}\int_0^T UI\sin 2\omega t\,dt = 0 \tag{1-59}$$

从以上分析可知，电感元件接收的平均功率为零，它是储能元件，不消耗能量，只与外部进行能量的交换。瞬时功率的大小反映了这种能量交换的速率。交流电路与电源之间进行能量交换的最大速率称为无功功率，把电感元件瞬时功率的最大值定义为无功功率。即

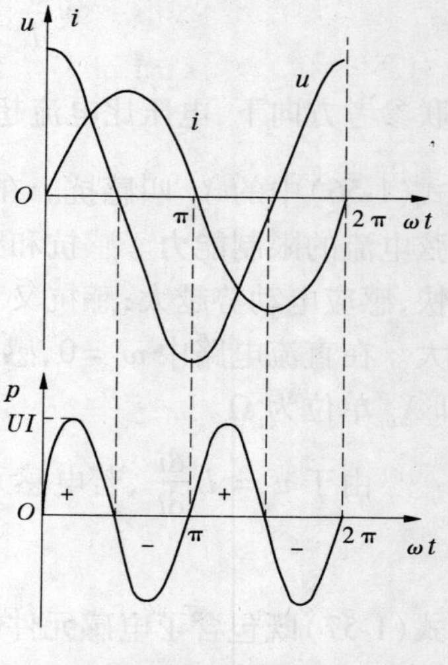

图 1-52　电感元件的功率

$$Q_L = U_L I_L = I^2 X_L = \frac{U_L^2}{X_L} \tag{1-60}$$

无功功率的单位为乏(var)或千乏(kvar)，$1\ \text{kvar} = 10^3\ \text{var}$。

【例 1-19】　已知一电感元件，$L = 7.01\ \text{H}$，接入电源电压 $u_{L(t)} = 220\sqrt{2}\sin(314t + 30°)\ \text{V}$，频率 $f = 50\ \text{Hz}$ 的交流电路中。试求：

(1) 通过电感元件的电流，并写出电流的瞬时值表达式 $i_{(t)}$；

(2) 求电路中的无功功率。

解：(1) $X_L = 2\pi fL = 2 \times 3.14 \times 50 \times 7.01 \approx 2\,200(\Omega)$

$$I_L = \frac{U_L}{X_L} = \frac{220}{2\,200} = 0.1(\text{A})$$

或

$$\dot{I}_L = \frac{\dot{U}}{jX_L} = \frac{220\angle 30°}{j2\,200} = 0.1\angle -60°\ \text{A}$$

$$i_{(t)} = 0.1\sqrt{2}\sin(314t - 60°)\ \text{A}$$

(2) 电路中的无功功率为

$$Q_L = U_L I_L = 220 \times 0.1 = 22\ (\text{var})$$

或

$$Q_L = I_L^2 X_L = 0.1^2 \times 2\,200 = 22\ (\text{var})$$

(三) 电容元件的正弦交流电路

1. 电容元件

电容元件存储电荷而在其内部产生电场，是存储电场能量的理想电路元件。在图 1-53 中，电容器 C 是由绝缘非常良好的两块金属极板构成的。当在电容元件两端施加电压时，两块极板上将出现等量的异性电荷，并在两极板间形成电场。电容器极板所储存的电量 q 与外加电压 u 成正比，即

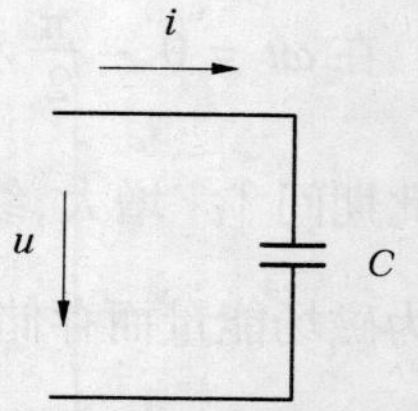

图 1-53　电容元件

$$q = Cu \tag{1-61}$$

式(1-61)中比例常数 C 称为电容,是表征电容元件特性的参数。当电压的单位为 V,电量的单位为 C 时,则电容的计量单位为法拉(F),较小的计量单位为微法(μF),或皮法(pF),$1\ \mathrm{F}=10^6\ \mu\mathrm{F}=10^{12}\ \mathrm{pF}$。电容元件简称电容,电容既表示电路元件,又表示元件的参数。

当电压 u 和电流 i 的参考方向一致时,有

$$i=\frac{\mathrm{d}q}{\mathrm{d}t}=C\frac{\mathrm{d}u}{\mathrm{d}t} \tag{1-62}$$

式(1-62)表明,只有当电容元件两端的电压发生变化时,电路中才有电流通过,电压变化越快,电流越大。当电容元件两端施加直流电压 U 时,因 $\frac{\mathrm{d}u}{\mathrm{d}t}=0$,故电流 $i=0$,因此电容元件对于直流稳态电路相当于断路,即电容有隔断直流的作用。

从式(1-62) 还可以看到,电容元件两端的电压不能跃变,因为如果电压跃变,$\frac{\mathrm{d}u}{\mathrm{d}t}$ 为无穷大,电流 i 也为无穷大,对实际电容器来说,这当然是不可能的。

在 u 、i 关联参考方向下,电容元件的功率为

$$p=ui=Cu\frac{\mathrm{d}u}{\mathrm{d}t} \tag{1-63}$$

在 t 时刻电容元件存储的电场能量为

$$w_C=\int_0^t p\mathrm{d}t=\int_0^t ui\mathrm{d}t=\int_0^u Cu\mathrm{d}u=\frac{1}{2}Cu^2 \tag{1-64}$$

式中,w_C 的单位是 J。

在工程上,各种实际的电容器常以空气、云母、绝缘纸、陶瓷等材料作为极板间的绝缘介质,当忽略其漏电阻和引线电感时,可以认为它是只具有存储电场能量特性的电容元件。

2. 电压、电流的关系

在图 1-54(a)中,当 u 、i 的参考方向一致时,电容元件的电压、电流的关系为

$$i=C\frac{\mathrm{d}u}{\mathrm{d}t}$$

在正弦交流电路中,若设电压 u 为参考正弦量,即

$$u(t)=\sqrt{2}U\sin(\omega t+\psi_u)$$

$$\begin{aligned} i(t)&=C\frac{\mathrm{d}u}{\mathrm{d}t}=C\frac{\mathrm{d}}{\mathrm{d}t}\sqrt{2}U\sin(\omega t+\psi_u)=\sqrt{2}\omega CU\sin(\omega t+\psi_u+\frac{\pi}{2}) \\ &=\sqrt{2}I\sin(\omega t+\psi_i) \end{aligned} \tag{1-65}$$

式中,$U=\frac{1}{\omega C}I$,$\psi_u=\psi_i-\frac{\pi}{2}$。

由式(1-65)可看出,u 、i 为同频率的正弦量,电压、电流的有效值及最大值的关系为

$$\frac{U}{I}=\frac{U_\mathrm{m}}{I_\mathrm{m}}=\frac{1}{\omega C}=\frac{1}{2\pi fC}=X_C \tag{1-66}$$

$$I_\mathrm{m}=\omega CU_\mathrm{m}\quad 或\quad U_\mathrm{m}=\frac{1}{\omega C}I_\mathrm{m}$$

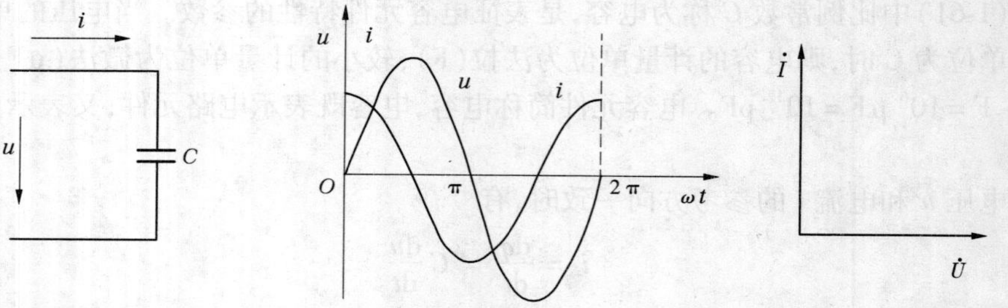

(a)电路图　　(b)波形图　　(c)相量图

图 1-54　电容元件的交流电路

在 u 、i 为关联参考方向下,电压比电流超前 $-\frac{\pi}{2}$。

由式(1-62)可看出,电容元件电流的大小不取决于电压的大小,而是和电压的变化率成正比。所以,在正弦交流电路中的电容元件,电压为零的瞬间电流达到最大值,电压达到最大值时电流为零。这样,在关联参考方向下,电流达到零值比电压早 $\frac{1}{4}$ 周期,所以电流比电压超前 $\frac{\pi}{2}$,或者说电压比电流超前 $-\frac{\pi}{2}$,如图 1-54(b)所示。

式(1-66)中的 X_C 叫容抗。在同样电压 U 的作用下,X_C 越大,电流 I 越小,所以容抗反映了电容元件对正弦电流的限制能力。容抗与频率成反比,这是因为电压大小一定时,频率越高,电压的变化越快,电流越大。容抗与电容成反比,这是因为电压一定时,电容越大,电流越大。在直流即 $\omega=0$ 的情况下,容抗为无限大,电容元件如同开路。容抗的单位与电阻的单位相同。

容抗的倒数叫容纳,单位为 S(西),即

$$B_C=\frac{1}{X_C}=\omega C \tag{1-67}$$

图 1-54(c)是电容元件的电流、电压的相量图。

3. 功率和能量

电容元件上 u 、i 参考方向一致时,设

$$u(t)=\sqrt{2}U\sin\omega t$$

$$i(t)=\sqrt{2}I\sin(\omega t+\frac{\pi}{2})$$

电容元件接收的瞬时功率为

$$\begin{aligned}p(t)&=u(t)i(t)=\sqrt{2}U\sin\omega t\cdot\sqrt{2}I\sin(\omega t+\frac{\pi}{2})\\&=2UI\sin\omega t\cos\omega t\\&=UI\sin2\omega t\\&=I^2X_C\sin2\omega t\end{aligned} \tag{1-68}$$

由式(1-68)可知,电容元件接收的瞬时功率 $p(t)$ 是以 2 倍的电流的频率、按正弦规

律变化的，最大值为 I^2X_C（或 UI）。

瞬时功率 $p(t)$ 的波形如图 1-55 所示。

当 ωt 在 $0 \sim \frac{\pi}{2}$ 和 $\pi \sim \frac{3\pi}{2}$ 时，$p>0$，电容元件相当于负载，从电源取用功率。在此期间电压值增大，电容器中的电场增强，电容元件的储能（$\frac{1}{2}Cu^2$）增加，电容元件是把从电源取用的电能存储在它的电场中。

当 ωt 在 $\frac{\pi}{2} \sim \pi$ 和 $\frac{3}{2}\pi \sim 2\pi$ 时，$p<0$，电容元件实际上是发出电功率。在此期间的电压值减小，电容器中的电场减弱，电容元件的储能减小，电容元件是把它存储的电场能量送还给电源。

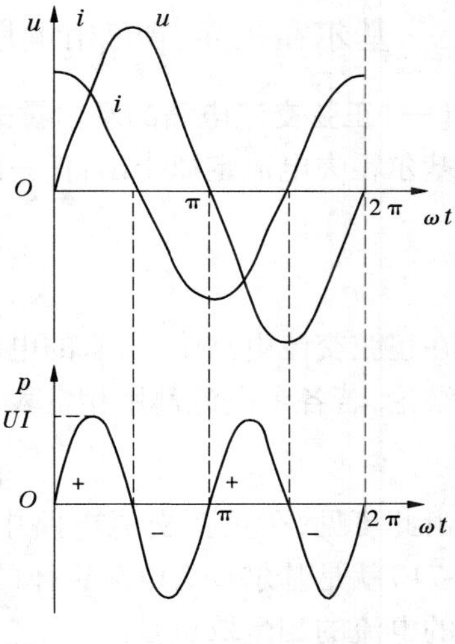

图 1-55　电容元件的功率

电容元件的平均功率为

$$P = \frac{1}{T}\int_0^T p(t)\,\mathrm{d}t = \frac{1}{T}\int_0^T UI\sin 2\omega t\,\mathrm{d}t = 0 \tag{1-69}$$

在正弦交流电路中，电容元件与电源之间不停地有能量的往返交换，在一个周期内电容元件从电源取用的能量等于它送还给电源的能量。电容元件不消耗能量，因此平均功率为零。

我们也把电容元件瞬时功率的最大值定义为无功功率，用 Q_C 表示，即

$$Q_C = UI = X_C I^2 \tag{1-70}$$

无功功率的单位为乏(var)或千乏(kvar)，1 kvar = 10^3 var。

【例 1-20】　在电容电路中，已知：$C = 4.7\ \mu\text{F}$、$f = 50$ Hz、$i = 0.2\sqrt{2}\sin(\omega t + 60°)$A，试求：

(1) $\dot{U}$；

(2)若电流的有效值不变，电源的频率改为 1 000 Hz，求电路中的 $u(t)$。

解：(1) $X_C = \frac{1}{2\pi fC} = \frac{1}{2\times 3.14\times 50\times 4.7\times 10^{-6}} = 677.3(\Omega)$

$\dot{I} = 0.2\angle 60°\text{A}$

$\dot{U} = -\mathrm{j}X_C\dot{I} = 677.3\angle -90° \times 0.2\angle 60° = 135.5\angle -30°\ \text{V}$

(2) $X_C = \frac{1}{2\pi fC} = \frac{1}{2\times 3.14\times 1\,000\times 4.7\times 10^{-6}} = 33.87(\Omega)$

或

$$X_C = 677.3 \div \frac{1\,000}{50} = 33.87(\Omega)$$

$$\dot{U} = -\mathrm{j}X_C\dot{I} = 33.87\angle -90° \times 0.2\angle 60° = 6.77\angle -30°\ \text{V}$$

$$u(t) = \sqrt{2}\times 6.77\sin(\omega t - 30°) = \sqrt{2}\times 6.77\sin(2\,000\pi t - 30°)\ \text{V}$$

三、基尔霍夫定律的相量形式

(一)正弦交流电路的基尔霍夫电流定律

基尔霍夫电流定律指出:任一瞬时,电路中流入任一节点的电流瞬时值的代数和等于0,即

$$\sum i = 0$$

在正弦交流电路中,所有的电流都是同频率的正弦量。根据同频率的正弦量求和运算的结论,若各个电流都用相量表示,则有

$$\sum \dot{I} = 0 \tag{1-71}$$

由此可见,在正弦交流电路中,流入任一节点的各支路电流的相量代数和等于0。式(1-71)就是基尔霍夫电流定律的相量形式。若流入节点的电流的相量取正号,则流出节点的电流的相量取负号。

(二)正弦交流电路的基尔霍夫电压定律

基尔霍夫电压定律指出:任一瞬时,电路中任一闭合回路上各部分的电压瞬时值的代数和等于0,即

$$\sum u = 0$$

在正弦交流电路中,所有的电压都是同频率的正弦量。根据同频率的正弦量求和运算的结论,若各个电压都用相量表示,则有

$$\sum \dot{U} = 0 \tag{1-72}$$

由此可见,在正弦交流电路中,任一闭合回路上各部分电压相量代数和等于0。式(1-72)就是基尔霍夫电压定律的相量形式,对参考方向与回路的绕行方向一致的电压的相量取正号;反之,取负号。

四、电阻、电感、电容元件的串联电路

(一)电阻、电感、电容元件串联电路的电压、电流关系

电阻 R 、电感 L 、电容 C 串联电路如图1-56(a)所示,图中标出了各电压、电流的参考方向。为了方便起见,选电流为参考正弦量,即设电流的相量为

$$\dot{I} = I\angle 0°$$

则各元件的电压相量分别为

$$\dot{U}_R = R\dot{I},\dot{U}_L = \mathrm{j}X_L\dot{I},\dot{U}_C = -\mathrm{j}X_C\dot{I}$$

由基尔霍夫电压定律,端口电压相量为

$$\begin{aligned}\dot{U} &= \dot{U}_R + \dot{U}_L + \dot{U}_C = [R + \mathrm{j}(X_L - X_C)]\dot{I} \\ &= (R + \mathrm{j}X)\dot{I} = |Z|\mathrm{e}^{\mathrm{j}\varphi}\dot{I} = Z\dot{I}\end{aligned} \tag{1-73}$$

式(1-73)便是电路的端口电压、电流相量的关系式,其中包含了电压、电流的有效值关系,也包含了相位关系,这两方面的关系都包含在 Z 这一复数中。

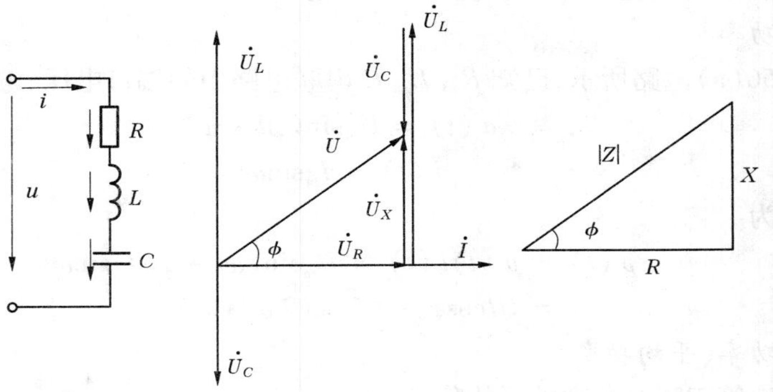

图 1-56 *RLC* 串联电路

设 $\dot{I} = Ie^{j\psi_i}$ 、$\dot{U} = Ue^{j\psi_u}$ ，则

$$\frac{\dot{U}}{\dot{I}} = \frac{Ue^{j\psi_u}}{Ie^{j\psi_i}} = \frac{U}{I}e^{j(\psi_u-\psi_i)} = Z = |Z|e^{j\varphi} = R + jX \tag{1-74}$$

式(1-74)中，Z 称为复阻抗，它是关联参考方向下二端网络的电压相量与电流相量的比值，单位为 Ω，Z 只是一个复数，与相量的区别是，代表它的字母 Z 上不加圆点。

复阻抗 Z 的实部为电路的电阻 R ，Z 的虚部为 $X = X_L - X_C$ ，叫电抗，单位为 Ω 。X 为有正负的代数量，$X_L > X_C$ 时 X 为正值，$X_L < X_C$ 时 X 为负值。

复阻抗 Z 的模叫阻抗，单位为 Ω，即

$$|Z| = \sqrt{R^2 + X^2} = \sqrt{R^2 + (X_L - X_C)^2} \tag{1-75}$$

阻抗 $|Z|$ 就是端口电压与电流有效值的比值，即

$$|Z| = \frac{U}{I}$$

复阻抗 Z 的辐角 φ 叫阻抗角，表达式为

$$\varphi = \arctan\frac{X}{R} = \arctan\frac{X_L - X_C}{R} \tag{1-76}$$

阻抗角 φ 就是关联参考方向下端口电压超前电流的相位差，即

$$\varphi = \psi_u - \psi_i$$

X 为正值时 φ 为正值，X 为负值时 φ 为负值。

由图 1-56(b)可知

$$U_R = RI; U_X = XI; U = |Z|I$$

所以，组成一个与电压三角形相似的，以 $|Z|$ 为斜边的直角三角形叫作阻抗三角形，见图 1-56(c)。

已知 R 、X_L 、X_C ，可求出 Z，再由 Z、$\dot{I}$ 可求得 $\dot{U} = Z\dot{I}$ ，或由 Z、$\dot{U}$ 求得 $\dot{I} = \dfrac{\dot{U}}{Z}$ ，所以，$\dot{U} = Z\dot{I}$ 这一关系是相量形式的欧姆定律。

(二)电阻、电感、电容元件串联电路中的功率

1. 瞬时功率

由图 1-56(a)电路所示,已知 R 、L 、C 串联电路中的端口电压、电流分别为

$$u(t) = U_{\mathrm{m}}\sin(\omega t + \varphi)$$

$$i(t) = I_{\mathrm{m}}\sin\omega t$$

则瞬时功率为

$$\begin{aligned} p(t) &= u(t)i(t) = U_{\mathrm{m}}\sin(\omega t + \varphi)I_{\mathrm{m}}\sin\omega t \\ &= UI\cos\varphi - UI\cos(2\omega t + \varphi) \end{aligned}$$

2. 有功功率(平均功率)

有功功率等于瞬时功率的平均值,即

$$\begin{aligned} P &= \frac{1}{T}\int_0^T p(t)\,\mathrm{d}t = \frac{1}{T}\int_0^T [UI\cos\varphi - UI\cos(2\omega t + \varphi)]\,\mathrm{d}t \\ &= UI\cos\varphi \end{aligned} \tag{1-77}$$

从电压三角形可知:$UI\cos\varphi = U_R = IR$,于是 $P = UI\cos\varphi = U_RI = I^2R = \frac{U^2}{R}$,这说明,在交流电路中只有电阻元件消耗电能,交流电路有功功率的大小不但与总电压和电流两者有效值的乘积有关,还与电压和电流的相位差 φ 的余弦 $\cos\varphi$ 成正比。$\cos\varphi$ 称为电路的功率因数,φ 称为功率因数角。

3. 无功功率、视在功率和功率三角形

RLC 串联电路中,感性无功功率 $Q_L = U_LI$,容性无功功率 $Q_C = U_CI$,由于 $\dot{U}_L$ 与 $\dot{U}_C$ 反相,因此总无功功率为

$$Q = Q_L - Q_C = (U_L - U_C)I = UI\sin\varphi$$

U 和 I 的乘积称为视在功率,用 S 表示,即

$$S = UI$$

视在功率 S 虽具有功率的形式,但并不表示交流电路实际消耗的功率,而只表示电源可能提供的最大有功功率或电路可能消耗的最大有功功率。其单位用伏安(VA)或千伏安(kVA)表示,1 kVA = 1 000 VA。

由于

$$P = UI\cos\varphi = S\cos\varphi$$

所以功率因数可写成

$$\cos\varphi = \frac{P}{S}$$

交流电源设备的额定电压 U_{N} 与额定电流 I_{N} 的乘积称为额定视在功率 S_{N} ,即 $S_{\mathrm{N}} = U_{\mathrm{N}}I_{\mathrm{N}}$,又称额定容量,它表明电源设备允许提供的最大有功功率。

由于 $$P^2 + Q^2 = (S\cos\varphi)^2 + (S\sin\varphi)^2 = S^2$$

即 $$S = \sqrt{P^2 + Q^2}$$

$$\varphi = \arctan\frac{Q}{P}$$

所以 P 、Q 、S 可构成直角三角形,称为功率三角形,如图 1-57(a)所示。在同一个 RLC 串联电路中,阻抗、电压、功率三个三角形是相似三角形,如图 1-57(b)所示。

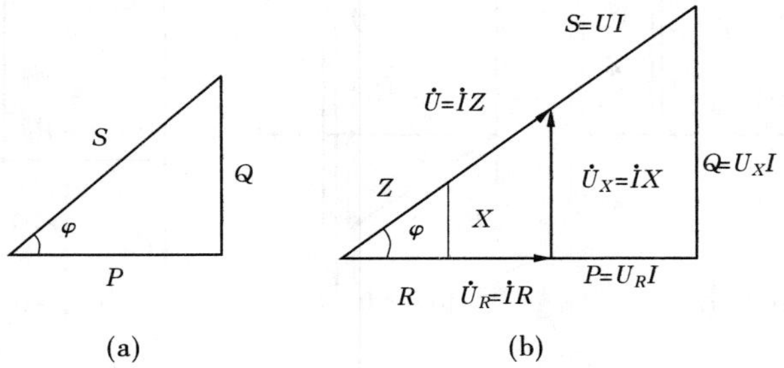

图 1-57 阻抗、电压、功率三角形

【例 1-21】 设有电阻 $R = 30\ \Omega$ 、电感 $L = 31.53$ mH 和电容 $C = 79.6\ \mu$F 三个元件串联接入频率 $f = 50$ Hz ,电压 $U = 220$ V 的交流电源上,试计算:

(1)电路中的电流 I ;

(2)各元件两端的电压 U_R 、U_L 、U_C ;

(3)电路的功率因数 $\cos\varphi$ 及电路中的功率 P 、Q 、S 。

解:(1)
$$X_L = 2\pi fL = 2 \times 3.14 \times 50 \times 31.53 \times 10^{-3} = 10(\Omega)$$

$$X_C = \frac{1}{2\pi fC} = \frac{10^6}{2 \times 3.14 \times 50 \times 79.6} = 40(\Omega)$$

$$Z = R + \mathrm{j}(X_L - X_C) = 30 + \mathrm{j}(10 - 40) = 30 - \mathrm{j}30 = 42.42\angle -45^\circ(\Omega)$$

$$I = \frac{U}{|Z|} = \frac{220}{42.42} = 5.19(\mathrm{A})$$

(2)
$$U_R = IR = 5.19 \times 30 = 155.7(\mathrm{V})$$
$$U_L = IX_L = 5.19 \times 10 = 51.9(\mathrm{V})$$
$$U_C = IX_C = 5.19 \times 40 = 207.6(\mathrm{V})$$

(3)
$$\cos\varphi = \cos(-45^\circ) = 0.707$$
$$P = U_R I = 155.7 \times 5.19 = 808(\mathrm{W})$$
$$Q = (U_L - U_C)I = (51.9 - 207.6) \times 5.19 = -808(\mathrm{var})$$
$$S = UI = 220 \times 5.19 = 1\,142(\mathrm{VA})$$

(三)电路的三种情况

图 1-57(b)是按 $X_L > X_C$ 作出的,随着 ω 、L 、C 的值不同, RLC 串联电路有三种情况:

(1)当 $X_L > X_C$ 时,电抗 $X = X_L - X_C$ 为正值,电感电压的有效值大于电容电压的有效值, $\dot{U}_X = \dot{U}_L + \dot{U}_C$,$\dot{U}$ 比 $\dot{I}$ 超前 φ ,阻抗角 φ 为正值,端口电压比电流超前,这种情况的电路呈感性,其相量图如图 1-58(a)所示。

就能量方面而言,当 $X_L > X_C$ 时, $Q_L > Q_C$, $Q = Q_L - Q_C > 0$,这样的 RLC 串联电路,除电阻 R 耗能外,电路与其外部进行着磁场能量的交换。

(2)当 $X_L < X_C$ 时,电抗 X 为负值, $U_L < U_C$, $\dot{U}$ 比电流滞后 φ , φ 为负值,端口电压

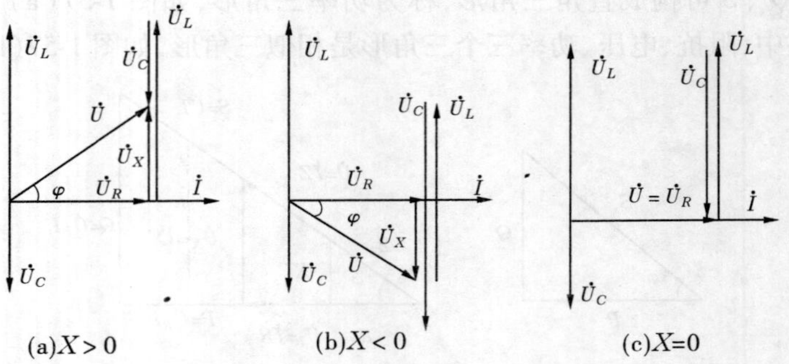

图 1-58 *RLC* 串联电路的三种情况

滞后电流，电路除电阻的耗能外，与其外部进行着电场能量的交换，这种电路呈容性，其相量图如图 1-58(b)所示。

(3)当 $X_L = X_C$ 时，$X=0$，$U_L = U_C$，$U_X=0$，$\varphi=0$，$Z=R$，$\dot U = \dot U_R$，电感、电容自给自足地交换储能，这样的电路叫谐振，相量图如图 1-58(c)所示。

五、阻抗的串联和并联

(一)阻抗的串联电路

图 1-59(a)所示是两个复阻抗 Z_1 和 Z_2 串联的电路，根据基尔霍夫定律，可得

$$\dot U = \dot U_1 + \dot U_2 = Z_1\dot I + Z_2\dot I = (Z_1 + Z_2)\dot I = Z\dot I$$

式中，Z 为电路的等效复阻抗，如图 1-59(b)所示。

$$Z = Z_1 + Z_2$$

若 n 个阻抗串联，则其等效阻抗的一般式为

$$Z = \sum_{i=1}^{n} Z_i$$

各个阻抗上的电压分配为

$$\dot U_i = \frac{Z_i}{Z}\dot U$$

式中，$\dot U$ 为总电压，$\dot U_i$ 为第 i 个复阻抗 Z_i 上的电压。

【例 1-22】 图 1-59 中，已知 $Z_1 = (2 + \mathrm{j}9)\Omega$，$Z_2 = (4 - \mathrm{j}17)\Omega$，接在电压 $u = 220\sqrt{2}\sin(18\,000t - 45°)\mathrm{V}$ 的电压上，求：

(1)等效复阻抗。

(2)电流 i 的瞬时值表达式。

(3)阻抗 Z_1 和 Z_2 上的电压 u_1 和 u_2 的瞬时值表达式。

解：(1)等效复阻抗：

$$Z = Z_1 + Z_2 = (2 + \mathrm{j}9) + (4 - \mathrm{j}17) = 6 - \mathrm{j}8 = 10\mathrm{e}^{\mathrm{j}(-53.1°)}\ \Omega$$

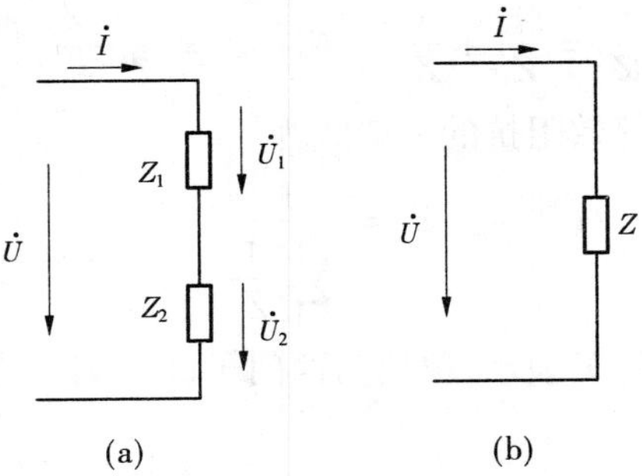

图 1-59 阻抗的串联

(2)电流 i 的瞬时值表达式：

$$\dot{I} = \frac{\dot{U}}{Z} = \frac{220e^{j(-45°)}}{10e^{j(-53.1°)}} = 22e^{j8.1°}$$

$$i = 22\sqrt{2}\sin(18\,000t + 8.1°)\,A$$

(3)电压 u_1 和 u_2 的瞬时值表达式为

$$Z_1 = 2 + j9 = 9.22e^{j77.5°}\,\Omega$$

$$Z_2 = 4 - j17 = 17.5e^{j(-76.8°)}\,\Omega$$

$$\dot{U}_1 = \dot{I}Z_1 = 22e^{j8.1°} \times 9.22e^{j77.5°} = 203e^{j85.6°}\,V$$

$$\dot{U}_2 = \dot{I}Z_2 = 22e^{j8.1°} \times 17.5e^{j(-76.8°)} = 385e^{j(-68.7°)}\,V$$

$$u_1 = 203\sqrt{2}\sin(18\,000t + 85.6°)\,V$$

$$u_2 = 385\sqrt{2}\sin(18\,000t - 68.7°)\,V$$

(二)阻抗并联的电路

图 1-60(a)是两个复阻抗的并联电路，根据基尔霍夫定律可得

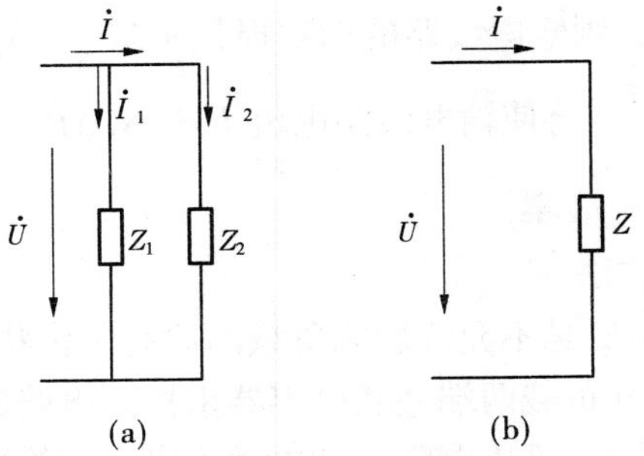

图 1-60 阻抗的并联

$$\dot{I} = \dot{I}_1 + \dot{I}_2 = \frac{\dot{U}}{Z_1} + \frac{\dot{U}}{Z_2} = \dot{U}\left(\frac{1}{Z_1} + \frac{1}{Z_2}\right) = \frac{\dot{U}}{Z}$$

式中，Z 为并联电路的等效复阻抗，如图 1-60(b)所示。

$$\frac{1}{Z}=\frac{1}{Z_1}+\frac{1}{Z_2} \quad 或 \quad Z=\frac{Z_1Z_2}{Z_1+Z_2}$$

若 n 个阻抗并联,则其等效阻抗的一般式为

$$Z=\frac{1}{\sum_{i=1}^{n}\frac{1}{Z_i}}$$

阻抗的倒数称为导纳,用 Y 表示,单位为西门子(S),若 n 个导纳并联,则其等效导纳为

$$Y=Y_1+Y_2+\cdots+Y_n=\sum_{i=1}^{n}Y_i$$

式中,$Y_1=\frac{1}{Z_1}$,$Y_2=\frac{1}{Z_2}$,…,$Y_n=\frac{1}{Z_n}$,$Y=\frac{1}{Z}$。

各导纳的电流分配为

$$\dot{I}_i=\frac{Y_i}{Y}\dot{I} \quad (i=1,2,\cdots,n)$$

式中,$\dot{I}$ 是总电流,$\dot{I}_i$ 是第 i 个导纳 Y_i 的电流。

六、功率因数的提高

(一)提高功率因数的意义

(1)提高功率因数能充分利用电源设备容量。每台发电设备都有一定的额定容量 $S_N=U_NI_N$,发电设备输出的有功功率取决于 $\cos\varphi$,$\cos\varphi$ 越大,输出的有功功率 P 值越大,设备容量利用率越高。例如额定容量为 1 000 kVA 的发电机,如果 $\cos\varphi=1$,表明能发出的有功功率为 1 000 kW。而 $\cos\varphi=0.5$ 时,则只能发出 500 kW 的有功功率,只是额定容量的 1/2。显然提高负载的功率因数,有利于充分利用电源的容量。

(2)提高功率因数能减小供电线路的功率损耗,提高供电效率。由于输电线路有一定的电阻值 R_i,电流 I 越大,则输电线路的功率损耗($\Delta P=R_LI^2$)越大,供电效率($\eta=\frac{P}{P+R_LI^2}$)越低。而 $\cos\varphi$ 提高将使输电线路电流 I 减小,$\Delta P=R_LI^2$ 减小,输电线路的功率损耗减小,从而提高了供电效率。

(二)提高功率因数的方法

提高负载功率因数的前提是不允许影响负载的原有工作状态。提高功率因数的方法很多,常用的方法是在电感性负载两端并联电容器来提高电路的功率因数。

大多数负载都是电感性的,可用电阻 R 和电感 L 串联的等效电路来代替,采用并联电容 C 的方法来提高功率因数。如图 1-61(a)所示电路,由于实际电容器基本上不消耗有功功率,接近于理想电容,故在一般情况下,不计其电阻。以电压相量为参考相量作相量图,如图 1-61(b)所示,由相量图可以看出,在未并联电容前,负载的功率因数为 $\cos\varphi_1$,负载消耗的有功功率 $P=UI\cos\varphi_1$,总电流 $\dot{I}=\dot{I}_1$。并联电容后,电路总电流 $\dot{I}=\dot{I}_1+\dot{I}_C$,$\dot{I}$ 与 $\dot{U}$ 的相位差角 $\varphi<\varphi_1$,所以 $\cos\varphi>\cos\varphi_1$,即电路的功率因数提高了,总电流 I 比 I_1

(并联电容前的总电流)也减小了。并联电容后电路中的总电流之所以会减小,可以理解为电容器的无功功率抵偿了感性负载的部分无功功率,从而减小了电源与负载之间互换的能量,如图1-61(c)所示。由于电容器不消耗有功功率,即 $P_C = 0$,因而 $P = UI\cos\varphi = UI_1\cos\varphi_1$ 并未受影响。由于电容器与负载并联,对负载的工作状态也无影响。并联电容器的电容量 C 应选择适当,如果 C 过大,增加了投资,且 $\cos\varphi > 0.9$ 以后,再增大 C 值意义不大。下面通过例子来说明并联电容的计算方法。

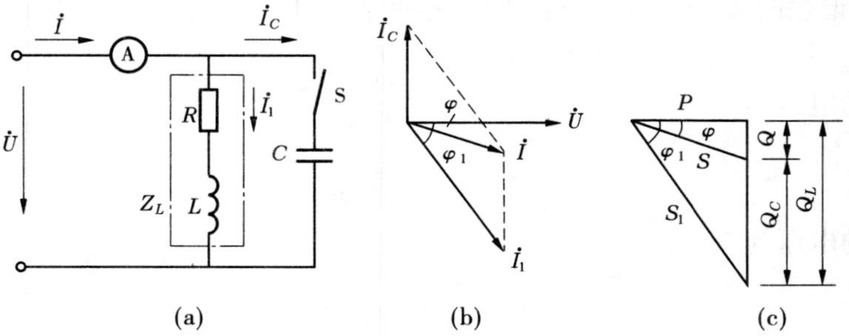

图1-61　功率因数的提高

【例1-23】　一个220 V、40 W的日光灯,功率因数 $\cos\varphi_1 = 0.5$,与 $f = 50$ Hz、$U = 220$ V的正弦电源连接,要求把功率因数提高到 $\cos\varphi = 0.95$,计算所需并联电容器的电容量 C 值。

解: 因为 $\cos\varphi_1 = 0.5$, $\cos\varphi = 0.95$, $\tan\varphi_1 = \sqrt{3} = 1.732$, $\tan\varphi = 0.329$

$$Q_C = P(\tan\varphi_1 - \tan\varphi) = 40 \times (1.732 - 0.329) = 56.12(\text{var})$$

$$C = \frac{Q_C}{\omega U^2} = \frac{56.12}{314 \times 220^2} = 3.69(\mu\text{F})$$

七、正弦交流电路中的谐振现象

在具有 R 、L 、C 元件的正弦交流电路中,电路两端的电压与电流,一般是不同相位的。如果改变电路的参数值或调节电源频率,促使电压与电流同相位,则电路呈纯电阻性质。这种现象称为谐振现象。处于谐振状态的电路,称为谐振电路。

(一)串联谐振

在具有 R 、L 、C 元件的串联正弦交流电路中,当 $X_L = X_C$ 时,则阻抗角 $\varphi = 0$,即电源电压和电路中的电流同相位,这时电路产生串联谐振。因此,串联谐振时的条件为

$$X_L = X_C, \omega L = \frac{1}{\omega C}, 2\pi f L = \frac{1}{2\pi f C}$$

可得谐振时的频率为

$$f_0 = \frac{1}{2\pi\sqrt{LC}} \tag{1-78}$$

式(1-78)中,f_0 称为谐振电路的固有频率,它由电路的参数决定。当改变电源频率 f、电路参数 L 和 C 三个量中的任意一个,电路都能产生谐振,这个调节过程称为调谐。

串联谐振电路的特点：

(1)谐振时的阻抗值最小，即

$$|Z_0| = \sqrt{R^2 + (X_L - X_C)^2} = R$$

(2)谐振时的电流最大，即

$$I_0 = \frac{U}{|Z_0|} = \frac{U}{R}$$

(3)串联谐振时 $\dot{U}_L = -\dot{U}_C$，相加时互相抵消，所以电阻上的电压等于电源电压，即

$$U_R = U$$

电感上的电压为

$$U_L = I_0 X_L = \frac{X_L}{R} U$$

电容上的电压为

$$U_C = I_0 X_C = \frac{X_C}{R} U$$

若 $X_L = X_C \gg R$，$U_L = U_C \gg U$，可能会出现电感元件的电压和电容元件上的电压远远大于电源电压的现象，所以串联谐振又称为电压谐振。

电力工程中应尽量避免串联谐振现象，因为串联谐振时，电感或电容元件上的电压增高，可能导致电感线圈或电容绝缘被击穿的危险。在无线电工程中，串联谐振现象得到了广泛的应用。

【例 1-24】 某线圈 $R = 10\ \Omega$、$L = 10$ mH，将它与电容 $C = 0.1\ \mu$F 串联。试求：

(1)电路的谐振频率。

(2)若电路发生谐振，电源电压为 10 V，则电路中的电流 I，电压 U_R、U_L、U_C 的值为多少？

解：(1) $$f_0 = \frac{1}{2\pi\sqrt{LC}} = \frac{1}{2\pi\sqrt{10 \times 10^{-3} \times 0.1 \times 10^{-6}}} = 5\,035(\text{Hz})$$

(2) $$I = \frac{U}{R} = \frac{10}{10} = 1(\text{A})$$

$$U_R = U = 10(\text{V})$$

$$U_L = U_C = I_0 \frac{1}{2\pi f_0 C} = I_0 2\pi f_0 L = 1 \times 2 \times 3.14 \times 5\,035 \times 10 \times 10^{-3} = 316.2(\text{V})$$

(二)并联谐振

在 RLC 并联电路中，当电源电压 u 与电路中的电流 i 同相时，这时电路发生谐振，称为并联谐振。在并联电路中有如下关系式：

$$\dot{I} = \dot{I}_R + \dot{I}_L + \dot{I}_C = \left[\frac{1}{R} + \mathrm{j}\left(\omega C - \frac{1}{\omega L}\right)\right]\dot{U}$$

在上式中，若要使电压与电流同相位，虚部必须为零，即

$$\omega C - \frac{1}{\omega L} = 0$$

谐振角频率和谐振频率分别为

$$\omega_0 = \frac{1}{\sqrt{LC}}\ , \quad f_0 = \frac{1}{2\pi\sqrt{LC}}$$

与电路串联谐振时的表达式相同。

电路处于并联谐振状态时，具有下列特征：

（1）电路端电压与电流同相位，电路呈电阻性。

（2）阻抗最大，等于电阻值。因此，当电压一定时，电路中的总电流最小。

（3）电感电流与电容电流的幅值大小相等，相位相反，互相补偿，电路总电流等于电阻支路的电流。

（4）各并联支路的电流为

$$\dot{I}_L = \frac{\dot{U}}{\mathrm{j}\omega_0 L} = \frac{R}{\mathrm{j}\omega_0 L}\dot{I}$$

$$\dot{I}_C = \mathrm{j}\omega_0 C\dot{U} = \mathrm{j}\omega_0 CR\dot{I}$$

电路并联谐振时，$I_L = I_C$，它们比并联总电流可以大许多倍。因此，并联谐振也称为电流谐振。

【任务实施】

1. 简单照明电路的安装

用塑料槽板装接两地控制一盏白炽灯并有一个插座的线路。

（1）选取工具及材料。

绝缘导线，塑料槽板，拉线开关，白炽灯及灯座（220 V、40 W），单相三孔插座，配线板，电工工具一套。

（2）绘制配线电路，如图 1-62 所示。

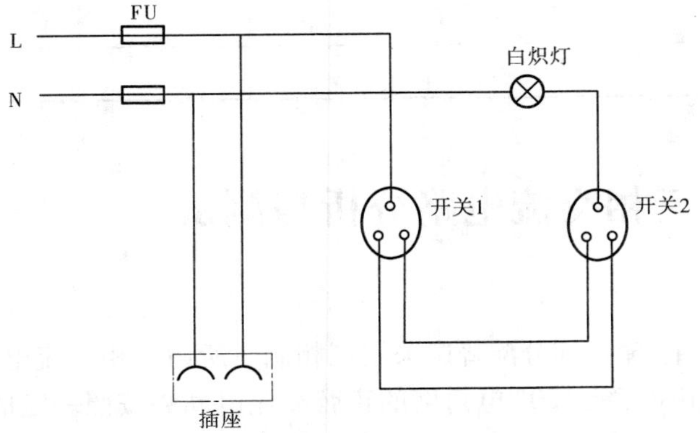

图 1-62　简单照明电路

（3）确定安装位置。按照实际安装位置，确定两地开关插座及白炽灯的安装位置并做好标记。

（4）定位画线。按照开关及插座等已确定好的位置，进行画线，遵循横平竖直的原则。

(5)截取塑料槽板。根据实际画线的位置及尺寸,量取并切割塑料槽板。

(6)打孔并固定槽板。

(7)装接开关和插座。

(8)连接白炽灯并进行通电试验。用万用表检测线路的绝缘及通断情况,无误后接入电源,合闸试灯。

2.日光灯电路功率因数的提高

用一盏220 V/40 W日光灯(相当于感性负载R、L串联),接在交流220 V、50 Hz的单相电源上,如图1-63所示。

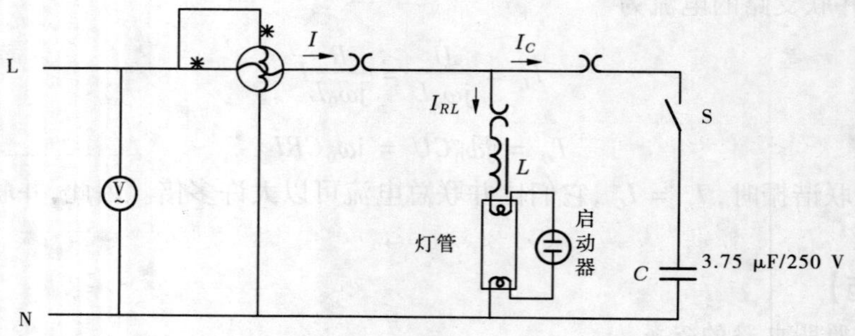

图1-63　简单照明电路

(1)测量电压值、电流值和$\cos\varphi$值。

(2)在日光灯两端并联电容C,按表1-3测量所需数据。

表1-3　日光灯电路功率因数提高

C(μF)	U(V)	I(A)	I_C(A)	I_{RL}(A)	P(W)	$\cos\varphi$
S断开						
3.75						

任务三　三相交流电路分析与测试

【任务描述】

目前,电能的产生、输送和分配普遍采用三相制。所谓三相交流电路,是指由三个频率相同、幅值相等、相位互差120°电角度的正弦交流电动势按照一定的方式连接而成的电源,接上三相负载后形成的三相电路的统称。由于三相交流电在发电、输电、配电、用电等方面具有明显的优点,所以三相制在电力工程中得到了广泛的应用。本任务重点讨论负载在三相电路中的连接与使用。

【任务目标】

知识目标:

1.理解三相交流电路中各电量之间的关系。

2. 掌握对称三相交流电路的分析计算方法。

能力目标：

1. 会分析计算三相正弦交流电路。

2. 能正确连接三相交流电路，能够熟练使用交流电压表、电流表、功率表及功率因数表测量三相交流电路的基本电学量。

【知识连接】

一、三相电源及其连接

（一）三相电源

对称的三相电源是由三个频率相同、值幅相等、初相位依次相差 120°的正弦电源，按一定方式（星形或三角形）连接组成的。

在图 1-64 中，三个正弦电源正极性端记为 L1、L2、L3，负极性端记为 L′1、L′2、L′3，图中每一个电压源称为三相电源的一相，依次为 1 相、2 相、3 相，三个相电压分别记为 u_1、u_2、u_3，则有

$$u_1 = U_m \sin\omega t$$

$$u_2 = U_m \sin(\omega t - 120°)$$

$$u_3 = U_m \sin(\omega t - 240°) = U_m \sin(\omega t + 120°)$$

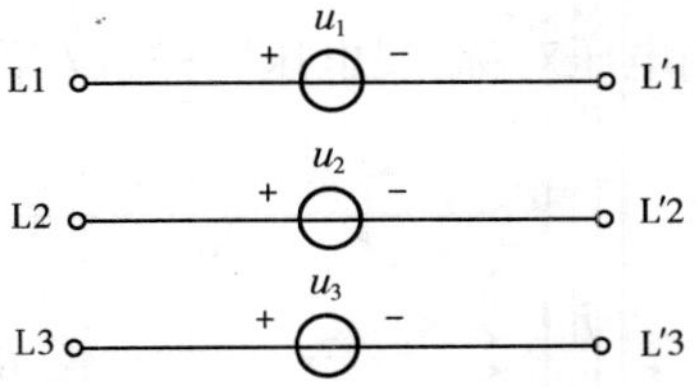

图 1-64 三相电源

对应的相量为

$$\dot{U}_1 = U\angle 0°$$

$$\dot{U}_2 = U\angle -120°$$

$$\dot{U}_3 = U\angle -240° = U\angle 120°$$

对称三相电源的波形图、相量图如图 1-65 所示。

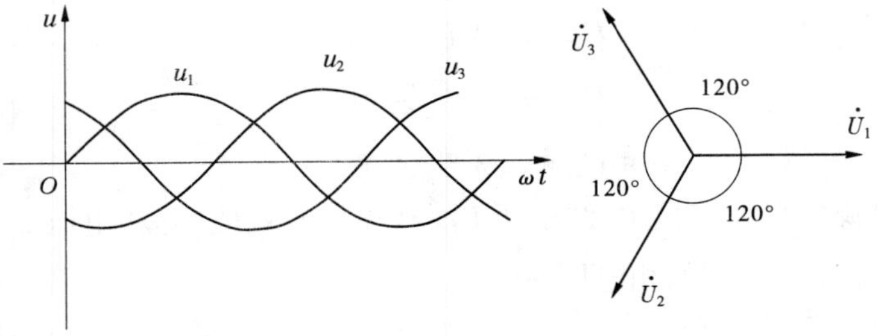

图 1-65 对称三相电源的波形图、相量图

通过对三相电源的波形图、相量图分析可得，在任何瞬间对称三相电源的电压之和为 0，即

$$u_1 + u_2 + u_3 = 0$$

$$\dot{U}_1 + \dot{U}_2 + \dot{U}_3 = 0$$

1 相超前 2 相、2 相超前 3 相，1—2—3 相序称为顺序；反之，为逆序。在电力系统中一般用黄、绿、红三种颜色区别 1、2、3 三相。

(二)三相电源的连接

1. 三相电源的星形连接

若将电源的三相定子绕组末端 U2、V2、W2 连在一起,分别由三个首端 U1、V1、W1 引出三条输电线,称为星形连接。这三条输电线称为相线或端线,俗称火线,用 L1、L2、L3 表示;U2、V2、W2 的连接点称为中性点,从中性点引出的导线称为中性线(或零线)。在图 1-66 中,每相上的电压 $\dot{U}_1$、$\dot{U}_2$、$\dot{U}_3$ 方向从始端指向末端,称为相电压;端线之间的电压 $\dot{U}_{12}$、$\dot{U}_{23}$、$\dot{U}_{31}$ 称为线电压。

由图 1-66 可知,线电压和相电压有如下的关系式,即

$$\dot{U}_{12} = \dot{U}_1 - \dot{U}_2$$
$$\dot{U}_{23} = \dot{U}_2 - \dot{U}_3$$
$$\dot{U}_{31} = \dot{U}_3 - \dot{U}_1$$

可见相电压对称,线电压同样也对称。用图 1-67 表示线电压与相电压之间的关系。

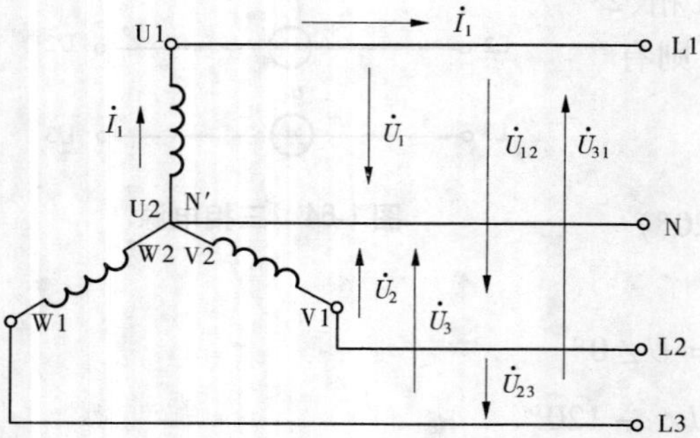

图 1-66　电源的星形连接

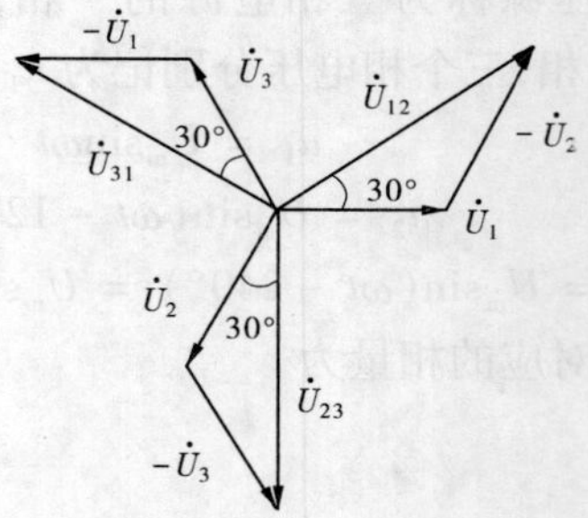

图 1-67　星形连接电压相量图

从图 1-67 中可以得到

$$\dot{U}_{12} = \sqrt{3}\,\dot{U}_1\angle 30°$$
$$\dot{U}_{23} = \sqrt{3}\,\dot{U}_2\angle 30°$$
$$\dot{U}_{31} = \sqrt{3}\,\dot{U}_3\angle 30°$$

在对称三相电源的星形连接中,线电压 U_l(线电压有效值)是相电压 U_p(相电压有效值)的 $\sqrt{3}$ 倍,线电压超前对应的相电压 30°。

2. 三相电源的三角形连接

在图 1-68 中,电源的三相绕组还可以将一相的末端与相应的另一相的始端依次相连接成三角形,并从连接点引出三条相线 L1、L2、L3 给用户供电,称为三角形连接。

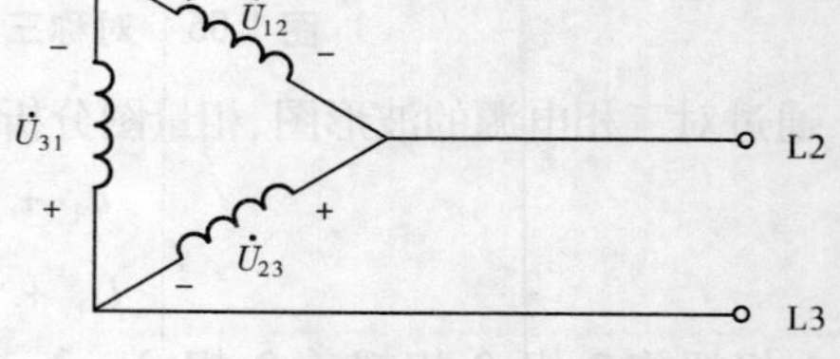

图 1-68　电源的三角形连接

三角形连接时,每相的正负不能接错,如果接错,$\dot{U}_{12} + \dot{U}_{23} + \dot{U}_{31} \neq 0$,引起环流

把电源损坏,这点要引起注意。在三角形连接中,线电压等于电源的相电压。

二、三相负载及其连接

交流电气设备种类繁多,其中有些设备必须接到三相电源上才能正常工作,如三相交流电动机、大功率的三相电炉等,这些设备统称三相负载。三相负载的连接方式有两种——星形连接和三角形连接。采用何种连接方式取决于三相电源和每相负载的额定电压,应使每一相负载承受的电压等于其额定电压。

(一)三相负载的星形连接

假定把三相负载 Z_1、Z_2、Z_3 的一端连接在一起,用N′来表示,这个点称为负载的中性点,三相负载 Z_1、Z_2、Z_3 的另一端及中性点用导线分别与三相电源及电源的中性点N相连接(见图1-69),组成的供电系统,叫作三相四线制电路。如果不接中性线NN′的供电系统,叫作三相三线制电路。电压和电流的方向如图1-69所示。

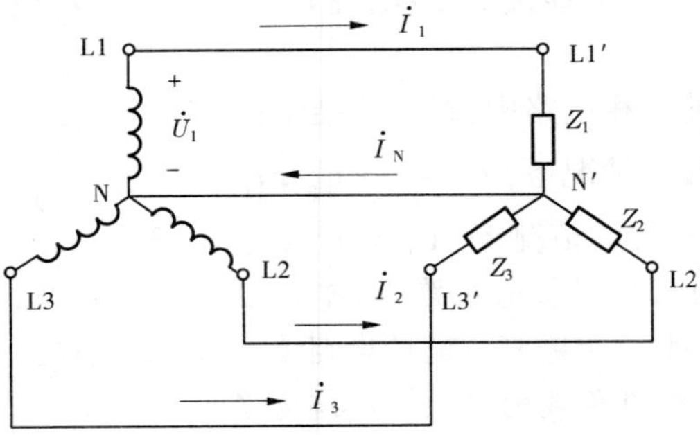

图1-69　负载的星形连接

在三相四线制电路中,通过每相负载的电流称为相电流,用 I_p 表示,通过每根相线的电流称为线电流,用 I_l 表示。当负载采用星形连接时,各个负载的电流就是对应的线电流,即

$$I_l = I_p$$

三相负载相同,即 $Z_1 = Z_2 = Z_3 = Z$,叫作对称的三相负载。如果三相电源对称,三相负载对称,相线的复阻抗相等,由此组成的供电系统称为对称的三相电路。在对称的三相电路中,各相电流也是对称的,此时中性线电流 $I_N = 0$。

(二)三相负载的三角形连接

假定三相负载对称,都等于 Z,连接成三角形,如图1-70所示。设线电流为 $\dot{I}_1$、$\dot{I}_2$、$\dot{I}_3$,相电流为 $\dot{I}_{12}$、$\dot{I}_{23}$、$\dot{I}_{31}$,可得

$$\dot{I}_1 = \dot{I}_{12} - \dot{I}_{31}$$

$$\dot{I}_2 = \dot{I}_{23} - \dot{I}_{12}$$

$$\dot{I}_3 = \dot{I}_{31} - \dot{I}_{23}$$

通过相量图(见图1-71)分析可得

$$\dot{I}_1 = \sqrt{3}\,\dot{I}_{12}\angle -30°$$

$$\dot{I}_2 = \sqrt{3}\,\dot{I}_{23}\angle -30°$$

$$\dot{I}_3 = \sqrt{3}\,\dot{I}_{31}\angle -30°$$

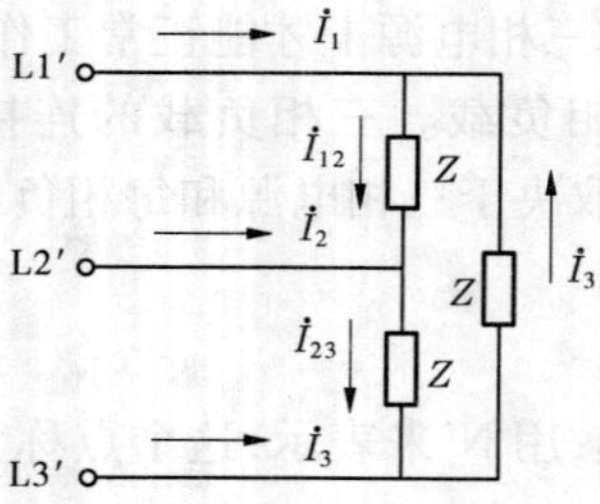

图 1-70　负载的三角形连接

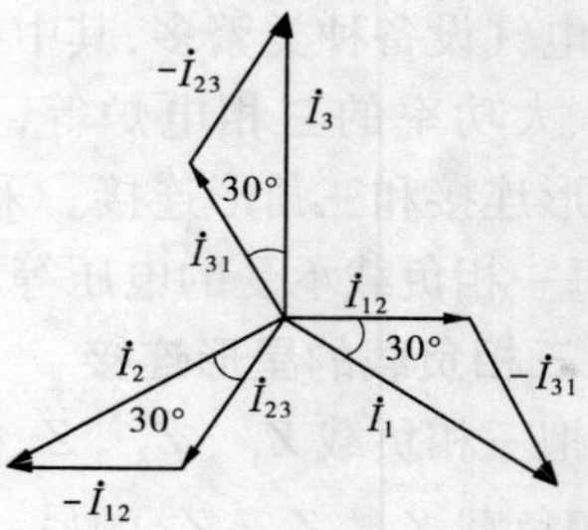

图 1-71　负载的三角形连接相量图

在对称三相负载的三角形连接中，线电流 I_l 等于相电流 I_p 的 $\sqrt{3}$ 倍，线电流滞后于对应的相电流 30°。

综上所述，在对称的三相电路中，有如下结论：

(1) 在星形(Y)连接的情况下，$U_l = \sqrt{3}\,U_p$，$I_l = I_p$。

(2) 在三角形(△)连接的情况下，$U_l = U_p$，$I_l = \sqrt{3}\,I_p$。

【例 1-25】　某三相三线制供电线路上，接入三相电灯负载，接成星形，如图 1-72 所示。设线电压为 380 V，每一组电灯负载的电阻是 400 Ω，试求：

(1) 在正常工作时，电灯负载的电压和电流为多少？

(2) 如果 1 相断开，其他两相负载的电压和电流为多少？

(3) 如果 1 相发生短路，其他两相负载的电压和电流为多少？

(4) 如果采用三线四相制(加了中性线)供电(见图 1-73)，试重新计算 1 相断开时或 1 相短路时，其他各相负载的电压和电流。

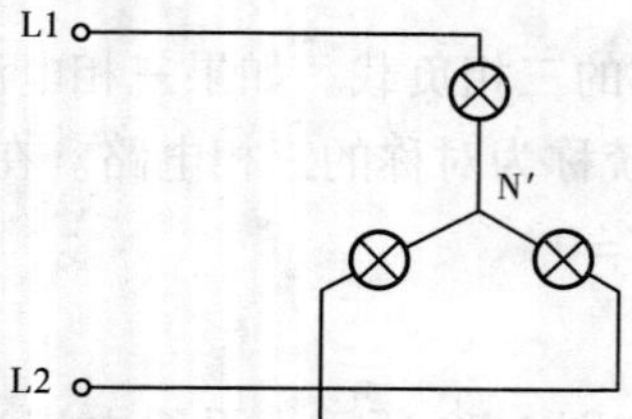

图 1-72　例 1-25 电路图

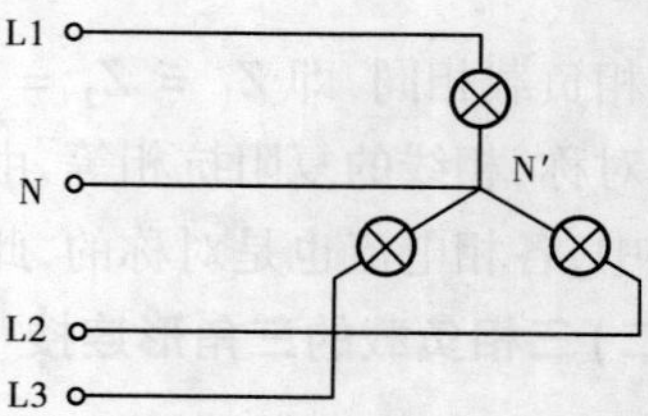

图 1-73　例 1-25 中第(4)问电路图

解：(1) 在正常情况下，三相负载对称，则

$$U_{L1N'} = U_{L2N'} = U_{L3N'} = \frac{380}{\sqrt{3}} = 220(\text{V})$$

$$I_1 = U_{L1N'} = \frac{220}{400} = 0.55(\text{A})$$

$$I_2 = I_3 = 0.55(\text{A})$$

(2)1 相断开，如图 1-74 所示，有

$$U_{\text{L2N}'} = U_{\text{L3N}'} = \frac{380}{2} = 190(\text{V})$$

$$I_2 = I_3 = \frac{190}{400} = 0.475(\text{A})(\text{灯暗})$$

$$I_1 = 0$$

2 相和 3 相每组电灯两端电压低于额定电压，电灯不能正常工作。

(3)1 相短路，如图 1-75 所示，有

$$U_{\text{L2N}'} = U_{\text{L3N}'} = 380(\text{V})$$

$$I_2 = I_3 = \frac{380}{400} = 0.95(\text{A})(\text{灯亮})$$

2 相和 3 相每组电灯两端电压超过额定电压，电灯将会被损坏。

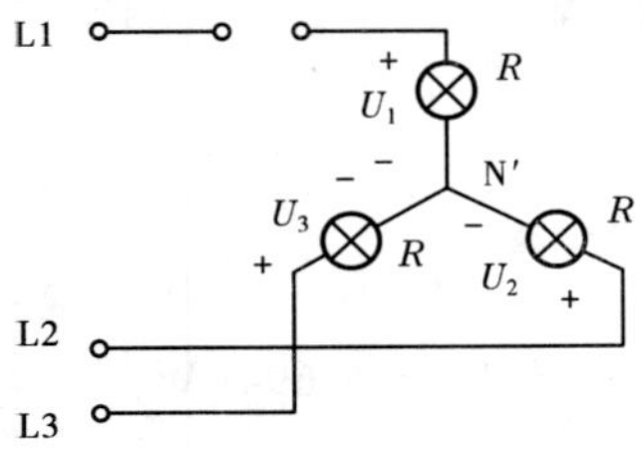

图 1-74　例 1-25 第(2)问电路图

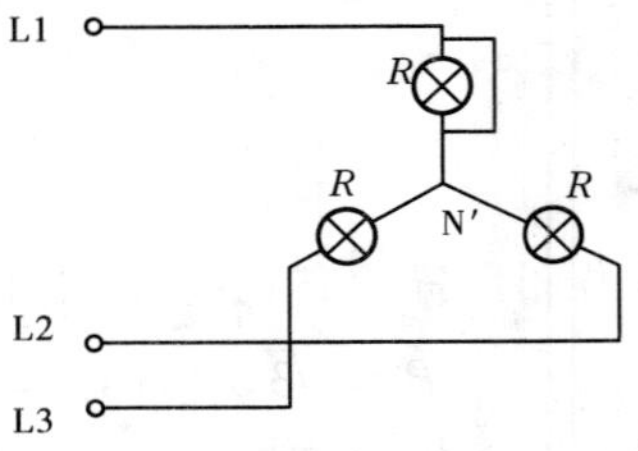

图 1-75　例 1-25 第(3)问电路图

(4)采用三相四线制，见图 1-73。

1 相断开，其余两相 $U_{\text{L2N}'} = U_{\text{L3N}'} = 220\ \text{V}$

$$I_2 = I_3 = \frac{220}{400} = 0.55(\text{A})$$

当 1 相短路时，其余两相 $U_{\text{L2N}'} = U_{\text{L3N}'} = 220\ \text{V}$，$I_2 = I_3 = 0.55\ \text{A}$。

采用三相四线制供电，当 1 相断开或 1 相短路时，其余两相仍能正常工作，这就是三相四线制的优点。为了保证每相负载正常工作，中性线不能断开。中性线是不允许接入开关或保险丝的。

三、三相电路的功率

在三相电路中，三相负载吸收的有功功率等于各相有功功率之和，即

$$P = P_1 + P_2 + P_3 = U_{\text{p1}}I_{\text{p1}}\cos\varphi_1 + U_{\text{p2}}I_{\text{p2}}\cos\varphi_2 + U_{\text{p3}}I_{\text{p3}}\cos\varphi_3$$

式中，φ_1、φ_2、φ_3 分别是 1 相、2 相、3 相的相电压与相电流之间的相位差。

如果三相负载对称，电路吸收的有功功率为

$$P = 3U_{\text{p}}I_{\text{p}}\cos\varphi$$

式中，φ 为相电压与相电流的相位差。

一般为方便起见，常用线电压和线电流来计算三相对称负载的有功功率。在对称三

相负载的三角形连接中，$U_l = U_p, I_l = \sqrt{3} I_p$。在对称三相负载的星形连接中，$U_l = \sqrt{3} U_p, I_l = I_p$。

从而对称三相负载的有功功率为

$$P = \sqrt{3} U_l I_l \cos\varphi$$

值得注意的是,上式中 φ 仍为相电压与相电流之间的相位差。

同理,对称三相负载的无功功率和视在功率分别为

$$Q = \sqrt{3} U_l I_l \cos\varphi$$

$$S = \sqrt{3} U_l I_l$$

【例 1-26】 对称三相三线制的线电压为 380 V,每相负载阻抗为 $Z = 10\angle 53.1°\Omega$,求负载为 Y 连接和△连接时的三相功率。

解:当负载为 Y 连接时,有

相电压 $$U_p = \frac{U_l}{\sqrt{3}} = \frac{380}{\sqrt{3}} = 220 \text{ V}$$

线电流 $$I_l = I_p = \frac{220}{10} = 22 \text{ A}$$

相电压与相电流的相位差为 53.1°,则三相功率为

$$P = \sqrt{3} U_l I_l \cos\varphi = \sqrt{3} \times 380 \times 22 \times \cos 53.1° = 8\ 694(\text{W})$$

当负载为△连接时,有

相电流 $$I_p = \frac{380}{10} = 38(\text{A})$$

线电流 $$I_l = \sqrt{3} I_p = 38\sqrt{3}(\text{A})$$

相电压与相电流的相位差为 53.1°,则三相功率为

$$P = \sqrt{3} U_l I_l \cos\varphi = \sqrt{3} \times 380 \times \sqrt{3} \times 38 \times \cos 53.1° = 26\ 010(\text{W})$$

通过上面例题的分析可得,在电源电压一定的情况下,三相负载连接形式不同,负载的有功功率不同,所以一般三相负载在电源电压一定的情况下,都有确定的连接形式(Y 连接或△连接),不能任意连接。如有一台三相电动机,当电源线电压为 380 V 时,电动机要求接成 Y 形,如果错接成△会造成功率过大而损坏电动机。

【任务实施】

1. 练习三相负载的星形连接和三角形连接

用三相调压器调压输出作为三相交流电源,用三组白炽灯作为三相负载,连接三相电路。

2. 三相电路线电压与相电压,线电流与相电流的测试

(1)测量负载星形连接时的电压、电流。

负载采用 100 W、220 V 白炽灯泡组成的灯箱,电源选用 380/220 V 电源,根据表 1-4 所列参数,完成各项测量任务。

表 1-4 三相负载的星形连接

类型		每相灯数			测量参数												
		U	V	W	相电压			线电压			相电流			线电流			I_N
对称负载	有中性线	2	2	2													
	无中性线	2	2	2													
不对称负载	有中性线	2	2	断													
	无中性线	2	2	断													

(2)测量负载三角形连接时的电压、电流。

将负载接成三角形,按表 1-5 各测量参数,完成各项测量任务。

表 1-5 三相负载的三角形连接

每相灯数			测量参数											
U	V	W	相电压			线电压			相电流			线电流		
2	2	2												
2	2	断												

3. 注意事项

(1)每次接线完毕,同组同学应自查一遍,然后由指导教师检查后,方可接通电源,必须严格遵守"先接线,后通电;先断电,后抓线"的操作原则。

(2)星形负载做短路试验时,必须首先断开中性线,以免发生短路事故。

项目检测

1-1 图 1-76 所示的是部分直流电路,已知电路 A 吸收 15 mW 的功率,电路 B 发出 5 mW 的功率,试求电流 I_A 和电压 U_B。

1-2 求图 1-77 所示电路 A 点的电位。

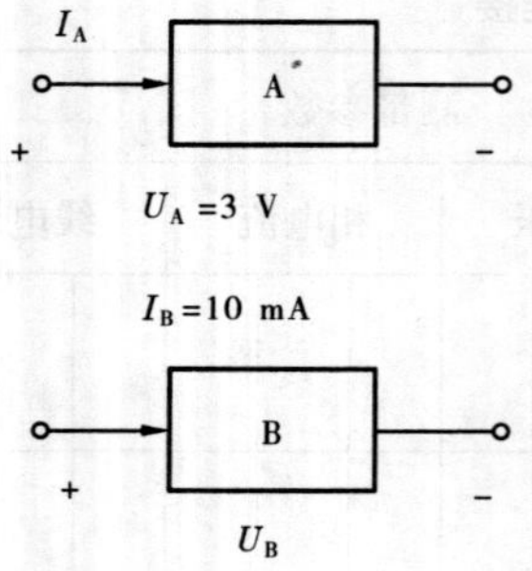

图 1-76 题 1-1 图

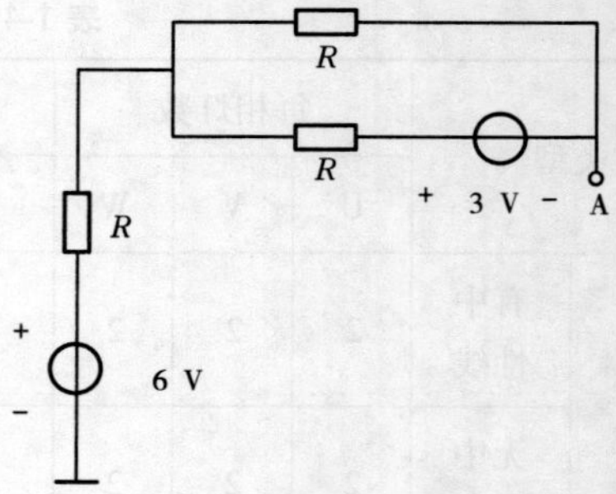

图 1-77 题 1-2 图

1-3 求图 1-78 所示电路的戴维南等效电路。

1-4 求图 1-79 所示电路的开路电压 U_{ab}。

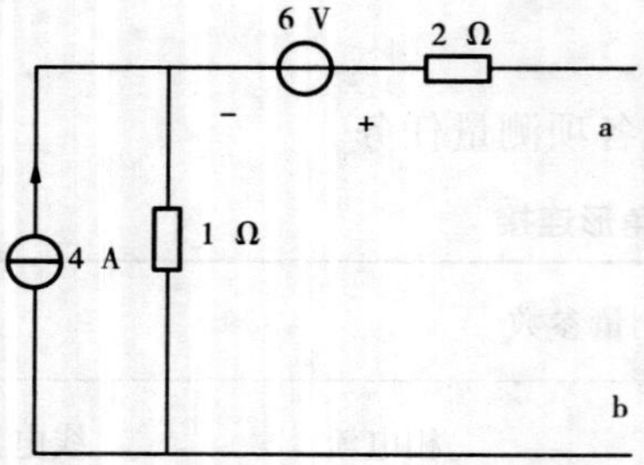

图 1-78 题 1-3 图

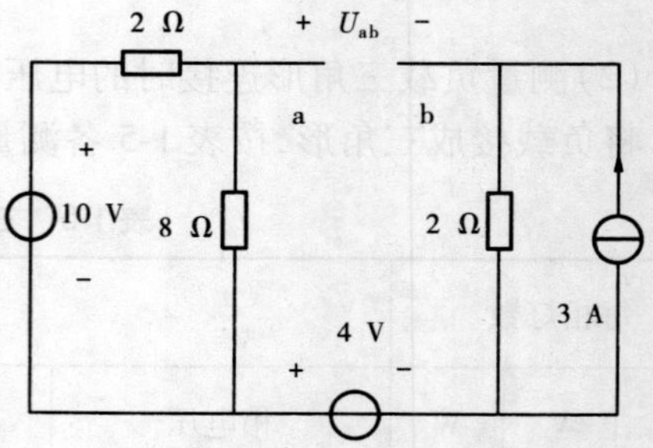

图 1-79 题 1-4 图

1-5 用戴维南定理求图 1-80 所示电路中负载电流 I。

1-6 分别用支路电流法、叠加原理求图 1-81 所示电路中各支路的电流 I_1、I_2、I_3。

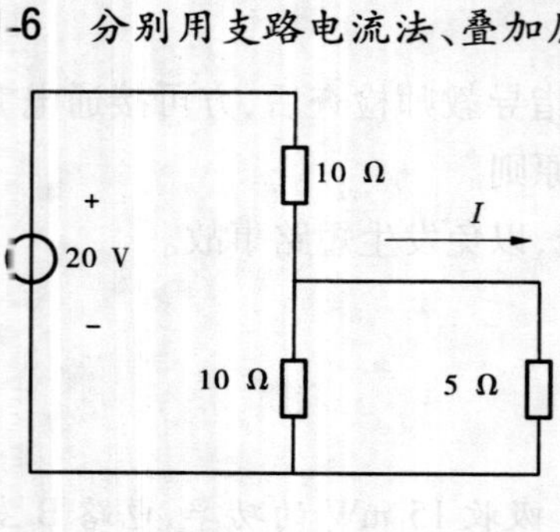

图 1-80 题 1-5 图

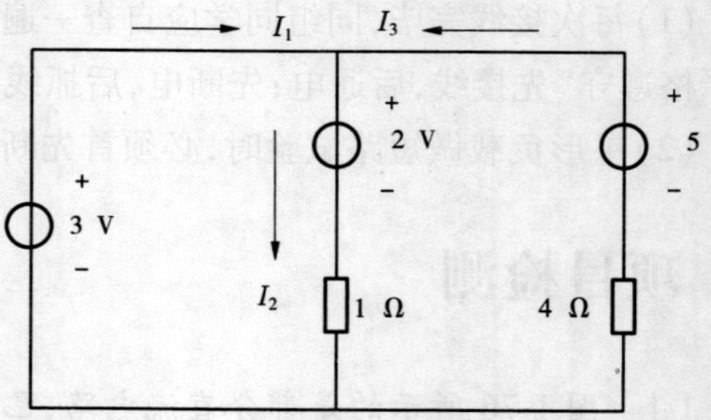

图 1-81 题 1-6 图

1-7 求图 1-82 所示电路中的 I_1、I_2 和各电源产生的功率及各电阻吸收的功率。

1-8 求图 1-83 所示电路中的 I。

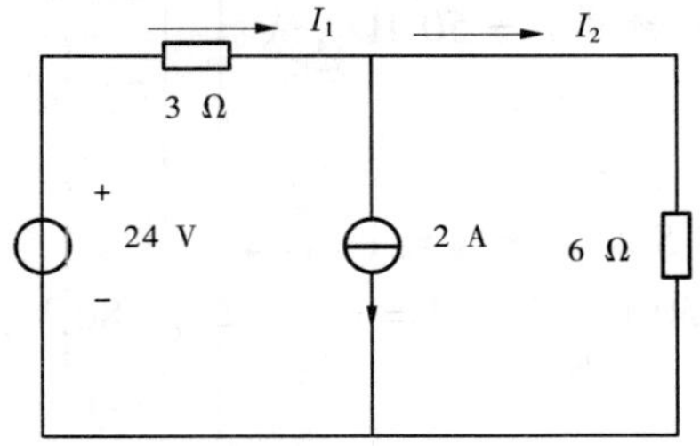

图 1-82 题 1-7 图

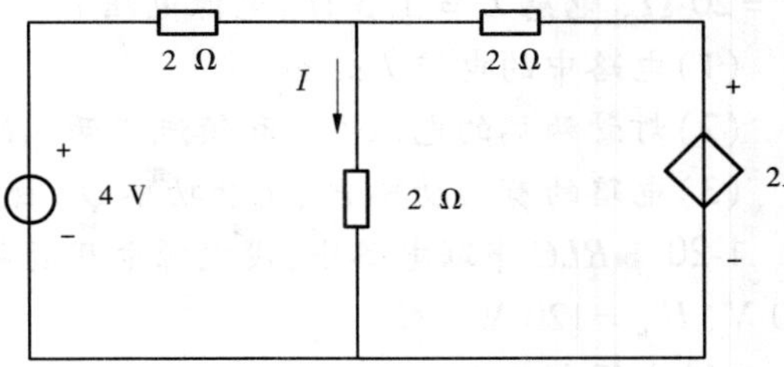

图 1-83 题 1-8 图

1-9 如图 1-84 所示电路，$R = 10\ k\Omega, C = 10\ \mu F, E = 10\ V$，在 $t = 0$ 时闭合开关 S，且 $u_C(0_-) = 0$。试求：

(1)电路的时间常数 τ；

(2) $t \geqslant 0$ 时的 u_C, u_R, i。

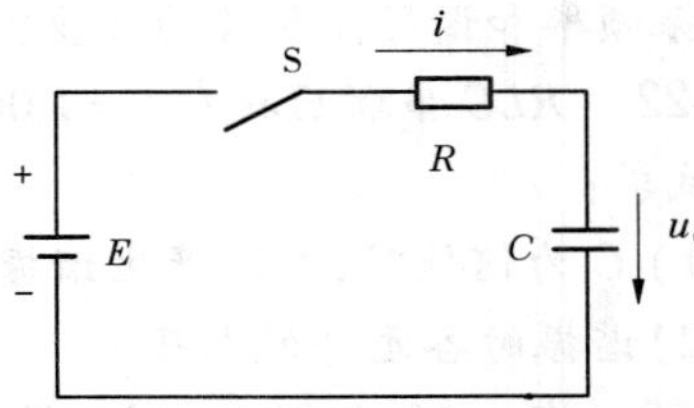

图 1-84 题 1-9 图

1-10 从正弦交流电的瞬时值表达式中，能获得交流电的三要素吗？

1-11 交流电的有效值的意义是什么？

1-12 若 i_1 超前 i_2，则 i_1 的幅值一定比 i_2 的幅值大吗？

1-13 已知正弦电压 $u = 100\sin(100\pi t - 30°)$ V，试求：

(1)它的幅值、有效值和初相位；

(2)角频率和频率；

(3)当 $t = 0$ s、$t = 0.01$ s 时电压的瞬时值各为多少？

1-14 已知三个电流的瞬时值分别为 $i_1 = 5\sin(\omega t + 30°)$ A；$i_2 = 10\sin(\omega t + 60°)$ A；$i_3 = 3\sin\omega t$ A。画出这三个电流的相量图。判断 i_1 与 i_2 是超前或滞后？i_3 与 i_2 是超前或滞后？

1-15 把一个 $L = 100$ mH 的电感线圈接在电压 $U = 220$ V，$f = 50$ Hz 的电源上，求：

(1)线圈的感抗 X_L；

(2)通过线圈中的电流 I，无功功率 Q_L；

(3)若把电源频率改为 $f = 500$ Hz，其他条件不变，问：X_L、I 各为多少？

(4)以电流为参考相量，画出其相量图。

1-16 已知加在 $C = 50\ \mu F$ 电容上的电压为 $u_C = 100\sqrt{2}\sin 200t$ V，求电流有效值 I 和无功功率 Q。

1-17 一个交流电磁铁线圈(电路模型为 R、L 串联)，额定电压为 380 V，电源频率为 50 Hz，工作时通过线圈的电流为 50 mH 测得线圈的电阻为 2 kΩ，求线圈的电感 L。

1-18 R、L 串联电路接于 50 Hz、100 V 正弦电源上，测电流 $I = 2$ A，功率 $P = 100$ W，求电路参数 R、L 值。

1-19 日光灯电路，灯管和镇流器串联，灯管的等效电阻 $R_1 = 300\ \Omega$，镇流器的电阻

R_2 =20 Ω、电感 L = 1.5 H，电源电压 U = 220 V，频率 f = 50 Hz，试求：

(1)电路中的电流 I；

(2)灯管两端的电压 U_{R1} 和镇流器两端的电压 U_{RL}；

(3)电路的有功功率 P、无功功率 Q、视在功率 S 及功率因数 $\cos\varphi$。

1-20　RLC 串联电路中，设电源电压的频率为 50 Hz，电流 I =10 A，U_R =80 V、U_L = 180 V、U_C =120 V。求：

(1)电源电压 U；

(2)电源电压与电流的相位差 φ；

(3)电路的有功功率 P、无功功率 Q、视在功率 S 及功率因数 $\cos\varphi$。

1-21　RLC 串联电路中，R =500 Ω、L =60 mH、C =0.053 μF。当电路中发生谐振时，谐振频率和谐振阻抗各为多少？

1-22　RLC 串联后接在 f =1 000 Hz、U =10 V 交流电源上，若已知 R =5 Ω，L =25 mH。试求：

(1) C 为何值时，电路产生谐振现象？

(2)谐振时各元件的电压。

1-23　有一 60 W 的日光灯，接在 50 Hz、220 V 交流电源上，通过的电流是 0.55 A，求其功率因数 $\cos\varphi$。在日光灯两端并联一个 5 μF 电容器，问功率因数变为多少？

1-24　有一感性负载，其额定电压为 220 V，额定功率为 10 kW，功率因数 $\cos\varphi_1$ = 0.6，接在 220 V、50 Hz 的交流电源上，如果将功率因数提高到 $\cos\varphi$ =0.95，试计算与负载并联的电容 C 大小和补偿的无功功率 Q_C。

1-25　一对称三相电源向对称 Y 连接的负载供电，如图 1-85 所示。当中性线开关 S 闭合时，电流表读数为 2 A。试说明：

(1)如开关 S 打开，电流表读数是否改变？为什么？

(2)若 S 闭合，1 相负载 Z 断开，电流表读数是否改变？为什么？

1-26　如图 1-86 所示，电路为对称三相四线制电路，电源线电压有效值为 380 V，Z = (6 + j8) Ω，求线电流 $\dot{I}_1$、$\dot{I}_2$、$\dot{I}_3$。

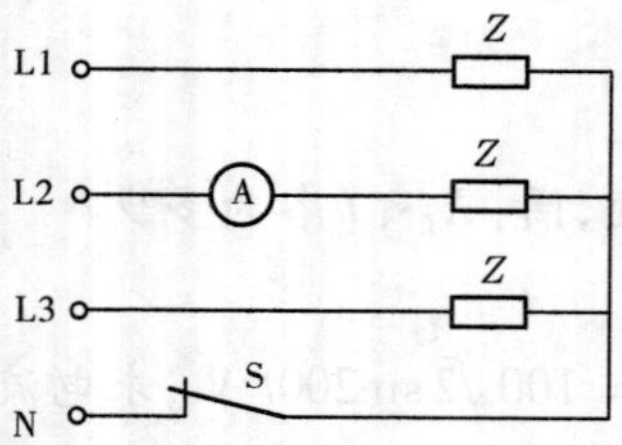

图 1-85　题 1-25 图

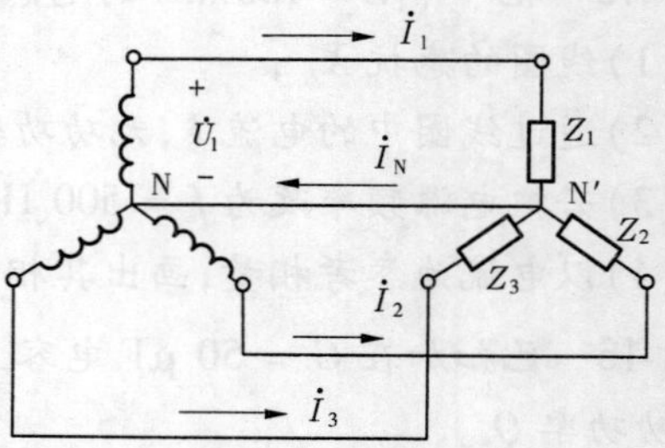

图 1-86　题 1-26 图

1-27　一对称三相电源向三角形连接的负载供电，如图 1-87 所示，已知三相负载对称，$Z_1 = Z_2 = Z_3$，各电流表读数均为 1.73 A，突然负载 Z_3 断开，此时三相电源不变，问各电流表读数如何变化？是多少？

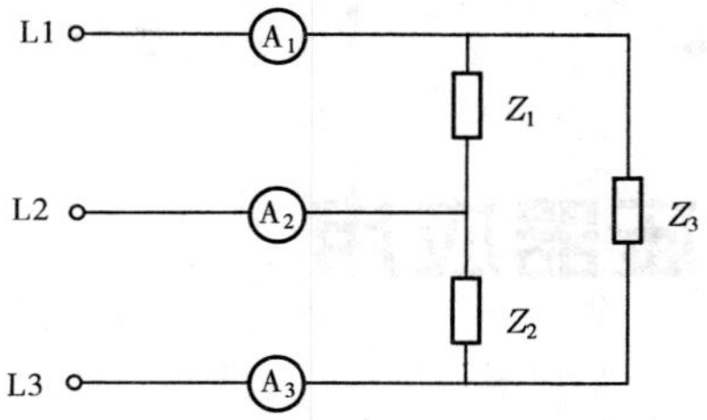

图 1-87　题 1-27 图

1-28　当使用工业电阻炉时，常常采取改变电阻丝的接法来调节加热温度，今有一台三相电阻炉，每相电阻为 8.68 Ω，试计算：

(1) 当线电压为 380 V 时，电阻炉为△连接和 Y 连接的功率各是多少？

(2) 当线电压为 220 V 时，电阻炉为△连接的功率是多少？

项目二 变压器应用

变压器是一种常见的电气设备,在电力系统和电子线路中应用广泛。

在输电方面,当输送功率 $P = UI\cos\varphi$ 及负载功率因数 $\cos\varphi$ 一定时,电压 U 越高,则输电线路电流 I 越小。这不仅可以减小输电线的截面面积,节省材料,同时还可以减小线路的功率损耗。因此,在输电时必须利用变压器将电压升高。在用电方面,为了保证用电安全和满足用电设备的电压要求,还要利用变压器将电压降低。

在电子线路方面,除电源变压器外,变压器还用来耦合电路,传递信号,并实现阻抗匹配。

此外,还有自耦变压器、互感器及各种专用变压器(常用于电焊、电炉及整流等)。变压器种类很多,但是它们的基本构造和工作原理是相同的。

本项目完成以下任务:

(1)掌握磁路基本定律和铁磁性材料性能。

(2)变压器应用。

任务一 磁路基本定律和铁磁性材料性能

【任务描述】

在很多电工设备(如变压器、电机、电磁铁)中,不仅有电路的问题,同时还有磁路的问题,只有同时掌握了电路和磁路的基本知识,才能对各种电工设备做全面分析。本任务主要介绍磁场的基本物理量、磁性材料的磁性能、磁路及其基本定律、铁芯线圈的工作原理及特性等。

【任务目标】

知识目标:

1. 理解描述磁场的基本物理量和磁性材料的磁性能。

2. 了解磁路基本定律和磁路的分析计算。

能力目标:

1. 了解铁磁性材料的基本特性。

2. 理解电磁线圈的特点。

【知识链接】

一、磁路的基本知识

(一)磁场的基本物理量

1. 磁感应强度

电流产生磁场,磁感应强度 B 是描述磁场内某点的磁场强弱和方向的物理量,它是矢量。磁场中,不同点的磁感应强度一般不同,常用磁力线的分布来描述磁场的强弱及方向,用它的疏密描述大小,磁力线上任何一点的切线就是该点磁感应强度 B 的方向。磁感应强度也可用通以单位电流的导线的电流方向与磁场垂直时,导线所受的磁场力的大小来表示。它与电流(电流产磁场)之间的方向关系可用右手螺旋定则来确定,其大小定义为

$$B = \frac{F}{Il} \tag{2-1}$$

式中 F——导线所受的力,N·m;

l——导线的长度,m;

I——导线中通过的电流,A。

如果磁场内各点的磁感应强度的大小相等,方向相同,这样的磁场则称为均匀磁场。

图 2-1 为几种不同形状的导体通入电流后产生的磁力线的分布情况,

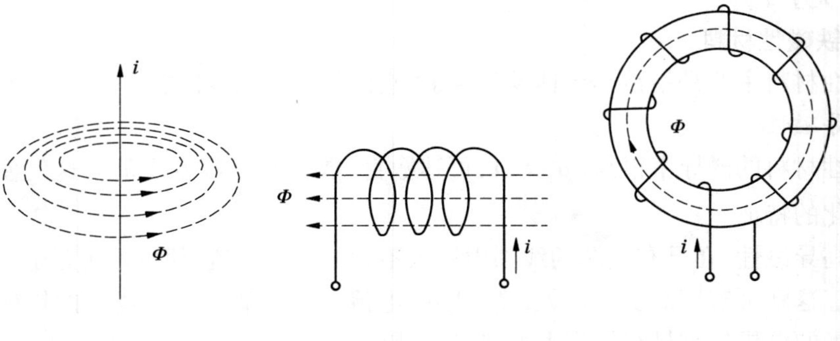

(a)直导线　(b)螺线管　(c)环形线圈

图 2-1 磁力线图

磁感应强度 B 的 SI 单位是特[斯拉](T),在电磁单位制中也用高斯(Gs)作单位,1 T = 10^4 Gs。

2. 磁通

磁通可以用通过与磁感线相垂直的某一截面的磁感线总数来表示。磁感应强度 B(如果不是均匀磁场,则取 B 的平均值)与垂直于磁场方向的面积 S 的乘积,称为通过该面积的磁通 Φ,即

$$\Phi = BS \quad 或 \quad B = \frac{\Phi}{S} \tag{2-2}$$

由式(2-2)可见,磁感应强度在数值上可以看成是与磁场方向相垂直的单位面积所通

过的磁场，故又称为磁通密度，简称磁密。

磁通的单位为韦[伯]（Wb），即伏·秒（V·s），Φ 在电磁单位制中也用麦克斯韦 Mx 作单位，1 Wb = 10^8 Mx。

3. *磁场强度*

磁场强度 H 是计算磁场时所引用的另一个物理量，也是矢量，通过它来确定磁场与电流之间的关系。

磁场强度的单位是安[培]每米（A/m）。

4. *磁导率*

磁导率 μ 是一个用来表示磁场媒质磁性的物理量，也就是用来衡量物质导磁力的物理量。它与磁场强度的乘积就等于磁感应强度，即

$$B = \mu H \tag{2-3}$$

磁导率 μ 的单位是亨[利]每米（H/m）。

各种物质都有自己的磁导率，由试验测出，真空的磁导率 $\mu_0 = 4\pi \times 10^{-7}$ H/m，是个常数，空气的磁导率与之接近。任意一种物质的磁导率 μ 和真空的磁导率 μ_0 的比值，称为该物质的相对磁导率 μ_r，即

$$\mu_r = \frac{\mu}{\mu_0} \tag{2-4}$$

对于非磁性材料，如铜、铝、纸张、空气等，其磁导率小于或接近于1，而磁性材料的磁导率 μ_r 远大于1。

（二）铁磁性材料

铁磁性材料主要是指铁、镍、钴及其合金，它们具有下列磁性能。

1. *高导磁性*

铁磁性材料的磁导率很高，$\mu_r \gg 1$，可达数百、数千乃至数万之值。这就使它们具有被强烈磁化的特征。

由于高导磁性，在具有铁芯的线圈中通入不大的励磁电流，便可产生足够大的磁通和磁感强度。这就可解决既要磁通大，又要励磁电流小的矛盾。利用优质的铁磁性材料可使同一容量的电机的重量和体积大大减轻和减小。

2. *磁饱和性*

将铁磁性材料放入磁场强度为 H 的磁场（常为线圈的励磁电流产生）内，会受到强烈的磁化，其磁化曲线（B—H）如图2-2所示。开始时 B 与 H 近于比例增加。而后，随着 H 的增加，B 的增加缓慢下来，最后趋于磁饱和。

磁性物质的磁导率 $\mu = \dfrac{B}{H}$，由于 B 与 H 不成比例，所以 μ 不是常数，随 H 变化而变化。

由于磁通 Φ 与 B 成正比，产生磁通的励磁电流 I 与 H 成正比，因此存在磁性物质的情况下，Φ 与 I 也不成正比。

3. *磁滞性*

当铁芯线圈中通有交流电时，铁芯就受到交变磁化。在电流变化一周期时，磁感应强

度 B 随磁场强度 H 而变化的关系如图 2-3 所示。

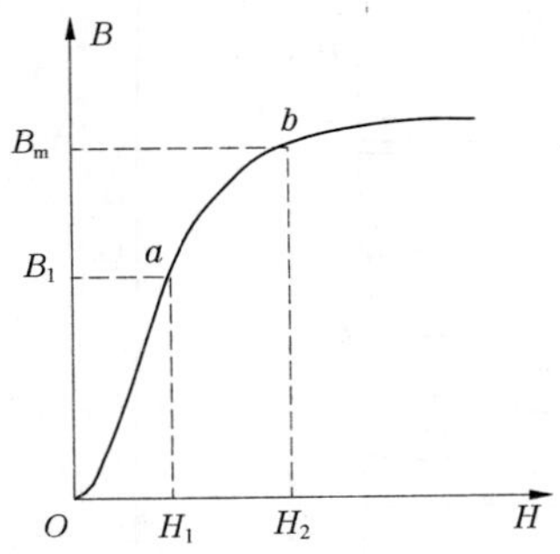

图 2-2　磁化曲线

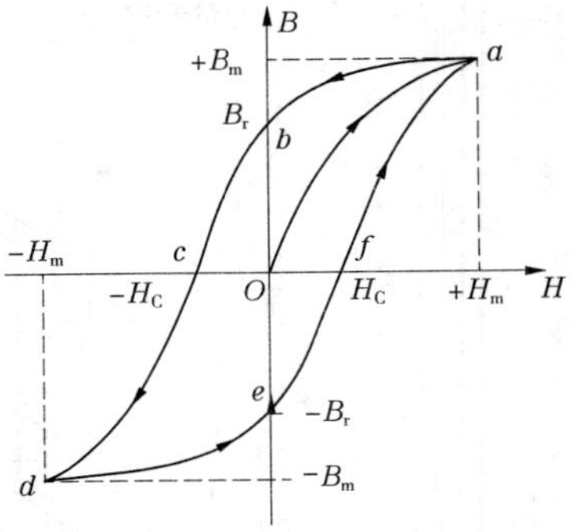

图 2-3　磁滞回线

由图可见，当 H 减到零值时，B 并未回到零值。这种磁感应强度滞后于磁场强度变化的性质称为磁性物质的磁滞性。所以，图 2-3 所示的曲线也就称为磁滞回线。

当线圈中电流减到零（$H=0$）时，铁芯在磁化时所获得的磁性还未完全消失。这时铁芯中所保留的磁感应强度称为剩磁感应强度 B_r，简称剩磁。永久磁铁的磁性就是由剩磁产生的。但对剩磁的作用也要一分为二，有时它是有害的。例如，当工件在平面磨床上加工完毕后，由于电磁吸盘有剩磁，会将工件吸住。为此，要通入反方向去磁电流，去掉剩磁，才能将工件取下。再如，有些工件（如轴承）在平面磨床上加工后得到的剩磁也必须去掉。

如果要使铁芯的剩磁消失，通常改变线圈中励磁电流的方向，也就是改变磁场强度 H 的方向来进行反向磁化。使 $B=0$ 的 H 值，称为矫顽磁力 H_C。

磁性物质不同，其磁滞回线和磁化曲线也不同（由试验得出）。图 2-4 中示出了几种磁性材料的磁化曲线。

按磁性物质的磁性能，磁性材料可以分成以下三种类型：

（1）软磁材料。

具有较小的矫顽磁力，磁滞回线较窄，磁滞损耗较小，如图 2-5 所示。一般用来制造电机、电器及变压器等铁芯。常用的有铸铁、硅钢、坡莫合金及铁氧体等。铁氧体在电子技术中应用也很广泛，例如可做计算机的磁芯、磁鼓，以及录音机的磁带、磁头。

（2）永磁材料。

具有较大的矫顽磁力，磁滞回线较宽，磁滞损耗较大，如图 2-5 所示。一般用来制造永久磁铁。常用的有碳钢及铁镍铝钴合金等。近年来，稀土永磁材料发展得很快，像稀土钴、稀土钕铁硼等，其矫顽磁力更大。

（3）矩磁材料。

具有较小的矫顽磁力和较大的剩磁，磁滞回线接近矩形，稳定性也很好，如图 2-6 所示。在计算机和控制系统中可用作记忆元件、开关元件和逻辑元件。常用的有镁锰铁氧体及 1J51 型铁镍合金等。

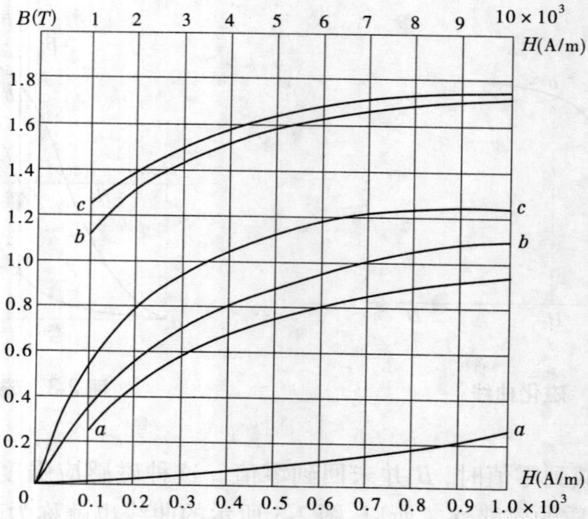

a—铸铁；b—铸钢；c—硅钢片

图 2-4　磁化曲线

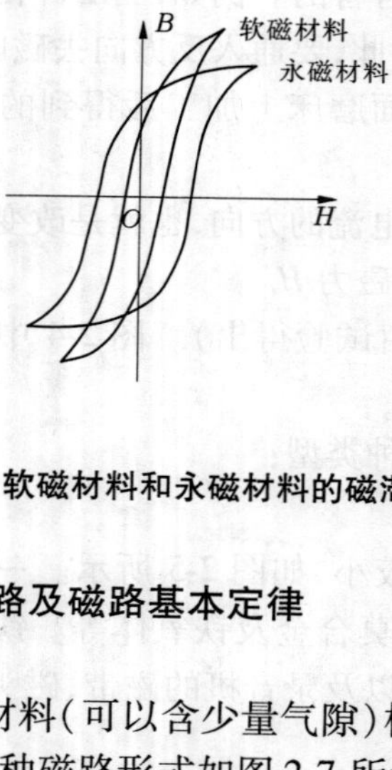

图 2-5　软磁材料和永磁材料的磁滞回线

图 2-6　矩磁材料的磁滞回线

（三）磁路及磁路基本定律

1. *磁路*

由磁性材料（可以含少量气隙）构成，并能使绝大部分磁力线通过的闭合路径称为磁路，常见的几种磁路形式如图 2-7 所示。

2. *环路安培定律*

在磁路中，沿任一闭合路径，磁场强度的线积分等于与该闭合路径相交链的电流的代数和，即

$$\oint H\mathrm{d}l = \sum I \tag{2-5}$$

它反映了磁场强度与励磁电流之间的矢量关系。对于环形线圈磁路，如果磁场是均匀的，式（2-5）可表示为

$$Hl = \sum I = NI \tag{2-6}$$

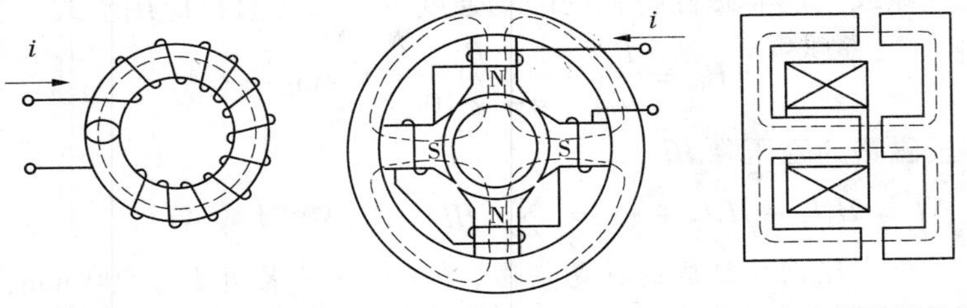

(a)环形线圈电流的磁路　(b)直流电机的磁路　(c)交流接触器的磁路

图 2-7　磁路

式中,N 为线圈的匝数;l 为磁路(闭合回线)的平均长度;H 为磁路铁芯的磁场强度。

线圈匝数与电流的乘积 NI 称为磁动势,用字母 F 来表示,即

$$F = NI$$

磁通就是由磁动势产生的,它的单位是 A。

3. 磁路欧姆定律

将 $H = B/\mu$ 和 $B = \Phi/S$ 代入式(2-6),得

$$\Phi = \frac{NI}{\frac{l}{\mu S}} = \frac{F}{R_m} \tag{2-7}$$

式中,R_m 称为磁路的磁阻,S 为磁路的截面面积。式(2-7)与电路的欧姆定律在形式上相似,所以称为磁路的欧姆定律。但是必须注意,因为 R_m 不是常数,所以它主要用于磁路的定性分析。

关于磁路的计算简单介绍如下。在计算电机、电器等的磁路时,往往预先给定铁芯中的磁通(或磁感应强度),而后按照所给的磁通及磁路各段的尺寸和材料去求产生预定磁通所需的磁动势 F,$F = NI$。

如上所述,计算磁路不能应用磁路欧姆定律,而要应用环路安培定律,即

$$NI = Hl$$

上式是对均匀磁路而言的。如果磁路是由不同的材料或不同长度和截面面积的几段组成的,即磁路由磁阻不同的几段串联而成,则

$$NI = H_1 l_1 + H_2 l_2 + \cdots = \sum (Hl) \tag{2-8}$$

式(2-8)是计算磁路的基本公式,式中 $H_1 l_1$, $H_2 l_2$ …也常称为磁路各段的磁压降。

磁动势的具体计算步骤为:

(1)由于各段磁路的截面面积不同,但其中又通过同一磁通,因此各段磁路的磁感应强度也就不同,可分别按下列各式计算:

$$B_1 = \frac{\Phi}{S_1}, \quad B_2 = \frac{\Phi}{S_2}, \cdots$$

(2)根据各段磁路材料的磁化曲线 $B = f(H)$,找出与上述 B_1、B_2… 相对应的磁场强度 H_1、H_2、…,各段磁路的 H 也是不同的。

(3)计算空气隙或其他非磁性材料的磁场强度 H_0 时,可直接应用下式

$$H_0 = \frac{B_0}{\mu_0} = \frac{B_0}{4\pi \times 10^{-7}}\ \mathrm{A/cm}$$

(4)计算各段磁路的磁压降 Hl。

(5)应用式 $NI = H_1l_1 + H_2l_2 + \cdots = \sum(Hl)$,求出磁动势 NI。

【例 2-1】 一个由硅钢片制成的铁芯铁圈,磁路的平均长度 l 为 500 mm,其中含有 5 mm 的空气隙,使铁芯中的磁感应强度 B 为 1.17 T,问需要多大的磁动势?若线圈匝数 N 为 1 500,励磁电流 I 应为多大?

解:查图 2-4 所示的硅钢片磁化曲线,当 $B = 1.17$ T 时,$H = 600$ A/m。

空气隙磁导率近似取 μ_0,于是空气隙中的磁场强度为

$$H_0 = \frac{B_0}{\mu_0} = \frac{0.9}{4\pi \times 10^{-7}} = 7.2 \times 10^5 (\mathrm{A/m})$$

总磁动势为

$$F = NI = \sum(Hl) = Hl + H_0\delta = 297 + 4\ 650 = 4\ 947(\mathrm{A})$$

线圈的励磁电流为

$$I = \frac{Hl + H_0\delta}{N} = \frac{4\ 947}{1\ 500} \approx 3.3(\mathrm{A})$$

可见,当磁路中含有空气隙时,由于其磁阻较大,磁动势差不多都用在空气隙上面。

计算这个例题的主要目的是要得出下面几个实际结论:

(1)如果要得到相等的磁感应强度,采用磁导率高的铁芯材料,可使线圈的用铜量大为降低。

(2)如果线圈中通有同样大小的励磁电流,要得到相等的磁通,采用磁导率高的铁芯材料,可使铁芯的用铁量大为降低。

(3)当磁路中含有空气隙时,由于其磁阻较大,要得到相等的磁感应强度,必须增大励磁电流(设线圈匝数一定)。

二、铁芯线圈

铁芯线圈分为两种:直流铁芯线圈和交流铁芯线圈。直流铁芯线圈用直流来励磁;交流铁芯线圈用交流来励磁。关于铁芯线圈,既有电路问题,又有磁路问题。

(一)直流铁芯线圈

对于直流铁芯线圈,由于是直流励磁,铁芯中产生的磁通是恒定的,线圈中无感应电动势,线圈的电流决定于电源电压和线圈的内阻,功率损耗也只有线圈电阻上的铜损。当电源电压和线圈内阻一定时,励磁电流就恒定不变,磁动势也就不变。

(二)交流铁芯线圈

交流铁芯线圈的励磁电流是交变的,它所产生的磁场也是交变的,因此它在电磁关系、电压电流关系及功率损耗等方面和直流铁芯线圈有所不同。

1. 电磁关系

图 2-8 是交流铁芯线圈电路,线圈的匝数为 N,当线圈两端加上正弦交流电压 u 时,

就形成了交变的磁动势 Ni，于是在铁芯中产生了交变的磁通，其绝大部分通过铁芯而闭合，称为主磁通 Φ，此外还有很少一部分磁通从附近的空气中通过，称为漏磁通 Φ_σ。这两种磁通都在线圈中感应电动势，分别称作主磁电动势 e 和漏磁电动势 e_σ，它们与磁通的参考方向之间符合右手螺旋关系。该电磁关系如下：

$$u \rightarrow i(Ni) \begin{array}{l} \nearrow \Phi \rightarrow e \\ \searrow \Phi_\sigma \rightarrow e_\sigma \end{array}$$

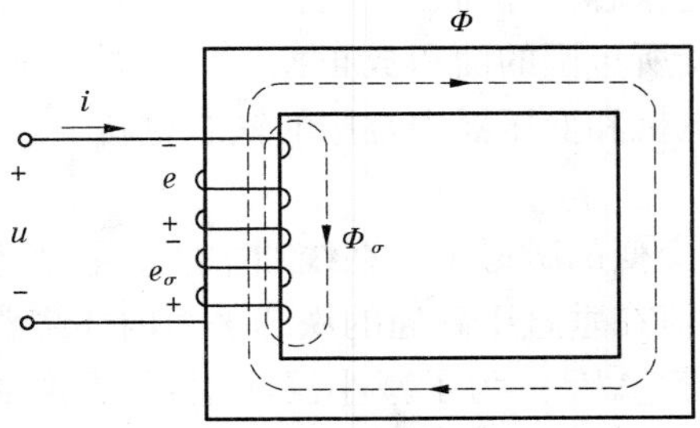

图 2-8 交流铁芯线圈电路

2. 电压电流关系

由基尔霍夫电压定律可得出铁芯线圈中的电压、电流和电动势之间的关系为

$$u + e + e_\sigma = Ri$$

由于漏磁通经过的路径主要是非磁性材料，其磁导率为一常数，可以认为 Φ_σ 与 i 之间是线性关系，故铁芯线圈的漏电感

$$L_\sigma = \frac{N\Phi_\sigma}{i} = 常数$$

但主磁通集中在铁磁物质内，其磁导率不是常数，所以 Φ 与 i 之间不存在线性关系，即铁芯线圈的主磁电感 L 不是常数，因此铁芯线圈是一个非线性的电感元件。主磁通在线圈中产生的感应电动势可用下述方法计算：

设主磁通 $\Phi = \Phi_m \sin\omega t$，则

$$e = -N\frac{d\Phi}{dt} = -N\frac{d(\Phi_m \sin\omega t)}{dt} = -N\omega\Phi_m \cos\omega t$$

$$= 2\pi fN\Phi_m \sin(\omega t - 90°) = E_m \sin(\omega t - 90°)$$

式中，$E_m = 2\pi fN\Phi_m$，是主磁电动势 e 的最大值，而其有效值为

$$E = \frac{E_m}{\sqrt{2}} = \frac{2\pi fN\Phi_m}{\sqrt{2}} = 4.44fN\Phi_m \qquad (2\text{-}9)$$

通常由于线圈的电阻和漏抗较小，它们上的电压降也较小，与主磁通比较起来可以忽略不计。于是

$$\dot{U} = -\dot{E}$$

所以

$$U = 4.44fN\Phi_m \qquad (2\text{-}10)$$

式(2-10)给出了铁芯线圈在正弦交流电压作用下的电压有效值与铁芯中磁通最大值之间的关系，它对于分析电机、电器及变压器的工作原理非常重要。

3. 功率损耗

在交流铁芯线圈电路中，除在线圈电阻中有功率损耗外，在铁芯中也有功率损耗。线圈上损耗的功率 I^2R 称为铜损，用 ΔP_{Cu} 表示；铁芯中损耗的功率称为铁损，用 ΔP_{Fe} 表示。铁损包括磁滞损耗和涡流损耗两部分。

1）磁滞损耗 ΔP_h

铁磁材料交变磁化的磁滞现象产生的铁损称为磁滞损耗，用 ΔP_h 表示。它是由铁磁材料内部磁畴反复磁化引起铁芯发热而产生的损耗。可以证明，铁芯单位体积内每周期产生的磁滞损耗与磁滞回线所包围的面积成正比。为了减小磁滞损耗，交流铁芯均由软磁材料制成。如硅钢就是电机和变压器中常用的铁芯材料。

2）涡流损耗 ΔP_e

当线圈通有交流电时，交变的磁通不仅在线圈中感应电动势，而且在铁芯内也要感应电动势和电流，这种感应电流在垂直于磁通的铁芯平面内环绕着，故称为涡流。涡流也会引起铁芯发热，产生涡流损耗 ΔP_e。为了减小涡流损耗，在顺磁场方向铁芯可由彼此绝缘的硅钢片叠制而成。这样可把涡流限制在较小的截面内流动，从而减小涡流损耗，如图 2-9所示。所以，各种交流电机、电器和变压器的铁芯普遍用硅钢片叠成。

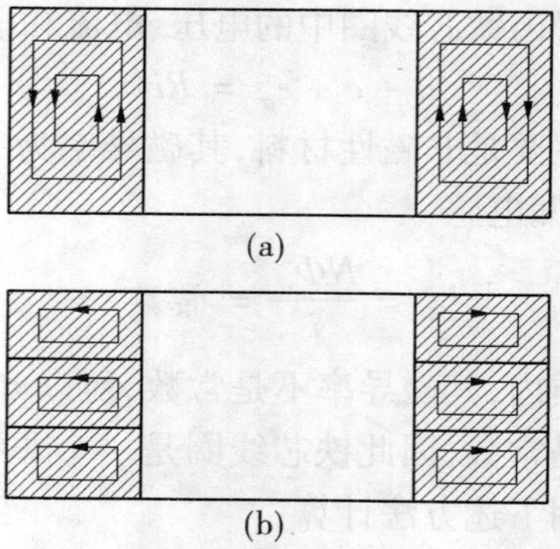

图 2-9 铁芯中的涡流减小

综上所述，交流铁芯线圈电路的功率损耗为

$$\Delta P = \Delta P_{Cu} + \Delta P_{Fe} = I^2R + \Delta P_{Fe}$$

任务二 变压器应用

【任务描述】

本任务主要介绍变压器的基本结构，掌握变压器变换电压、变换电流和变换阻抗的基本原理，理解变压器的额定值，了解变压器的运行特性、变压器在实践中的应用。

【任务目标】

知识目标：

1. 了解变压器的基本结构。
2. 理解变压器的工作原理。
3. 掌握互感线圈的同名端概念。

能力目标：

1. 了解变压器在实践中的应用。
2. 会测试互感线圈的同名端。

【知识链接】

一、变压器的结构

变压器的一般结构如图 2-10 所示，它由闭合铁芯和高压绕组、低压绕组等几个主要部分构成。通常铁芯由相互绝缘的硅钢片叠加而成，线圈由漆包铜线绕制而成。

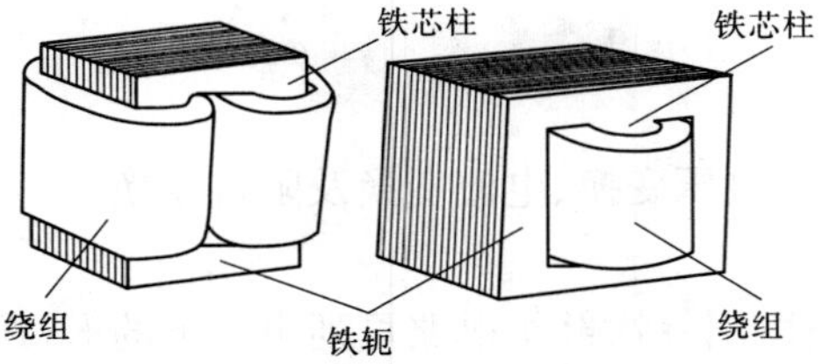

(a)心式　　(b)壳式

图 2-10　变压器的结构示意图

二、变压器的工作原理

如图 2-11 所示的是变压器的原理图。为了便于分析，将高压绕组和低压绕组分别画在两边。与电源相连的称为一次绕组（或称初级绕组、原绕组），与负载相连的称为二次绕组（或称次级绕组、副绕组）。一、二次绕组的匝数分别用 N_1 和 N_2 表示。下面说明变压器的工作原理。

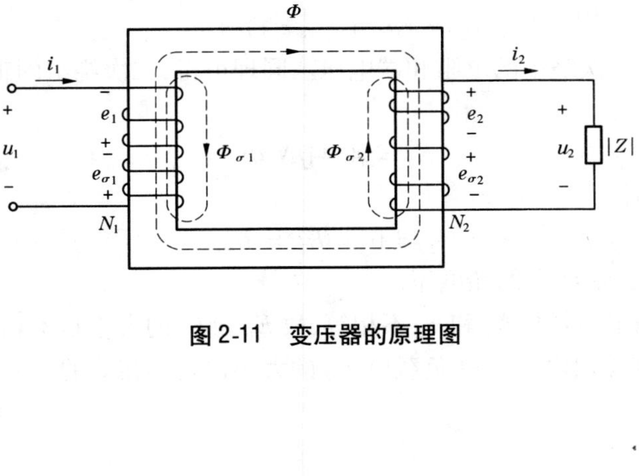

图 2-11　变压器的原理图

当一次绕组接上交流电压 u_1 时，便有电流 i_1 通过。一次绕组的磁动势 $N_1 i_1$ 产生的磁通绝大部分通过铁芯而闭合，从而在二次绕组中感应出电动势。如果二次绕组接有负载，那么二次绕组中就有电流 i_2 通过。二次绕组的磁动势 $N_2 i_2$ 也产生磁通，其绝大部分也通过铁芯而闭合。因此，铁芯中的磁通是一个由一、二次绕组的磁动势共同产生的合成磁通，称为主磁通，用 Φ 表示。主磁通穿过一次绕组和二次绕组而在其中感应出的电动势分别为 e_1 和 e_2 。此外，一、二次绕组的磁动势还分别产生漏磁通 $\Phi_{\sigma 1}$ 和 $\Phi_{\sigma 2}$（仅与本绕组相连），从而在各自的绕组中分别产生漏磁电动势 $e_{\sigma 1}$ 和 $e_{\sigma 2}$ 。

上述的电磁关系可表示如下：

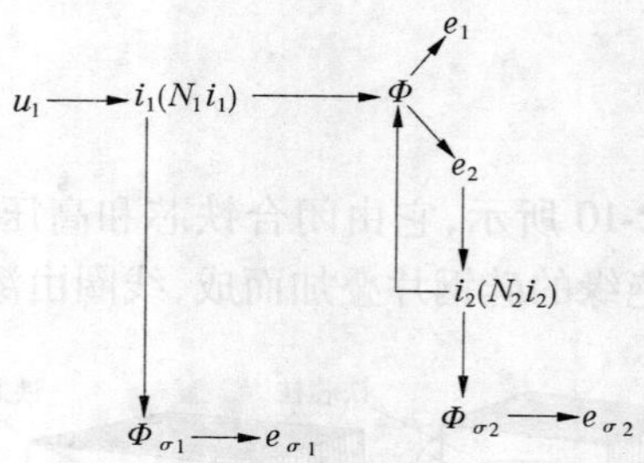

下面分别讨论变压器的电压变换、电流变换及阻抗变换。

（一）变换电压

根据基尔霍夫电压定律，对一次绕组电路可列出如下的 KVL 方程，即

$$u_1 = r_1 i_1 + (-e_{\sigma 1}) + (-e_1) \tag{2-11}$$

其中，r_1 为一次绕组线圈电阻，通常，由于一次绕组的电阻 r_1 和 $\Phi_{\sigma 1}$ 较小，因而它们两端的电压降也较小，与主磁电动势 e_1 比较起来，可以忽略不计。于是

$$U_1 \approx -E_1$$

当电源电压 u_1 正弦交变时，Φ 也按正弦变化，即 $\Phi = \Phi_{\mathrm{m}} \sin\omega t$ ，根据法拉第电磁感应定律式 $e_1 = N_1 \dfrac{\mathrm{d}\Phi}{\mathrm{d}t}$，$e_1$ 的有效值为

$$E_1 = 4.44 f N_1 \Phi_{\mathrm{m}} \approx U_1 \tag{2-12}$$

同理，对二次绕组电路可列出

$$e_2 = r_2 i_2 + (-e_{\sigma 2}) + u_2 \tag{2-13}$$

式中，r_2 、u_2 分别为二次绕组的电阻和端电压。同理可得，二次绕组的感应电动势 e_2 的有效值为

$$E_2 = 4.44 f N_2 \Phi_{\mathrm{m}} \tag{2-14}$$

在变压器空载时

$$I_2 = 0, \quad E_2 = U_{20}$$

式中，U_{20} 是空载时二次绕组的端电压。

由于一、二次绕组的匝数 N_1 和 N_2 不相等，故 E_1 和 E_2 的大小是不相等的，因而输入电压 U_1（电源电压）和输出电压 U_2（负载电压）的大小也是不相等的。一、二次绕组的电压之比为

$$\frac{U_1}{U_2} \approx \frac{E_1}{E_2} = \frac{N_1}{N_2} = K \tag{2-15}$$

式中，K 称为变压器的变比，亦即一、二次绕组的匝数比。$K>1$ 时，为降压变压器；$K<1$ 时，为升压变压器。可见，当电源电压 U_1 一定时，只要改变匝数比，就可得出不同的输出电压 U_2。

变比在变压器的铭牌上注明，它表示一、二次绕组的额定电压之比，例如“6 000/400 V”（$K=15$）。这表示一次绕组的额定电压（即一次绕组上应加的电源电压）$U_{1N}=6\ 000$ V，二次绕组的额定电压 $U_{2N}=400$ V。所谓二次绕组的额定电压，是指一次绕组加上额定电压时二次绕组的空载电压。由于变压器有内阻抗压降，所以二次绕组的空载电压一般应较满载时的电压高 5% ~10%。

（二）变换电流

由 $U_1 \approx E_1 = 4.44fN_1\Phi_m$ 可见，当电源电压 U_1 和频率 f 不变时，E_1 和 Φ_m 也都接近于常数。也就是说，铁芯中主磁通的最大值在变压器空载或有负载时几乎是恒定的。因此，有负载时产生主磁通的一、二次绕组的合成磁动势（$N_2i_1+N_2i_2$）应该和空载时产生主磁通的一次绕组的磁动势 N_1i_0 差不多相等，即

$$N_2i_1 + N_2i_2 \approx N_1i_0 \tag{2-16}$$

变压器的空载电流 i_0 是励磁用的。由于铁芯的磁导率高，空载电流是很小的。它的有效值 I_0 在一次绕组额定电流 I_{1N} 的 10% 以内。因此，N_1I_0 与 N_1I_1 相比，常可忽略。于是式(2-16)可写成

$$N_1I_1 \approx -N_2I_2 \tag{2-17}$$

由式(2-17)可知，一、二次绕组的电流关系为

$$\frac{I_1}{I_2} \approx -\frac{N_2}{N_1} = \frac{1}{K} \tag{2-18}$$

式(2-18)表明变压器一、二次绕组的电流之比近似等于它们的匝数比的倒数。可见，变压器中的电流虽然由负载的大小确定，但是一、二次绕组中电流的比值几乎是不变的；因为当负载增加时，I_2 和 N_2I_2 随着增大，而 I_1 和 N_1I_1 也必须相应增大，以抵偿二次绕组的电流和磁动势对主磁通的影响，从而维持主磁通的最大值基本不变。

变压器的额定电流 I_{1N} 和 I_{2N} 是指按规定工作方式（长时间连续工作或短时工作或间歇工作）运行时一、二次绕组允许通过的最大电流，它们是根据绝缘材料允许的温度确定的。

二次绕组的额定电压与额定电流的乘积称为变压器的额定容量，即

$$S_N = U_{2N}I_{2N} \approx U_{1N}I_{1N}$$

它是视在功率（单位是 VA），与输出功率（单位是 W）不同。

（三）变换阻抗

上面讲过变压器有变换电压和变换电流的作用。此外，它还有变换负载阻抗的作用，以实现“阻抗匹配”。

在图 2-12(a)中，负载阻抗 Z_L 接在变压器二次侧，而图中的点画线框部分可以用一个阻抗模 $|Z'_L|$ 来等效代替，如图 2-12(b)所示。所谓等效，就是输入电路的电压、电流和

功率不变。也就是说，直接接在电源上的阻抗 Z_L 和接在变压器二次侧的负载阻抗 Z'_L 是等效的。两者的关系可通过下面计算得出。

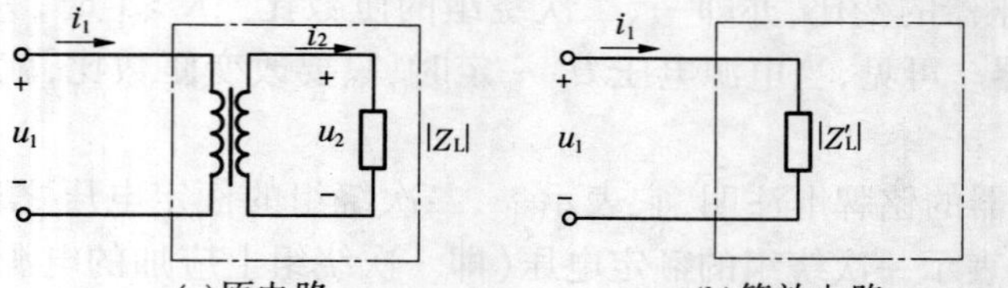

(a)原电路　　(b)等效电路

图 2-12　负载阻抗的等效变换

根据式(2-15)和式(2-18)可得出

$$\frac{U_1}{I_1}=\frac{\frac{N_1}{N_2}U_2}{\frac{N_2}{N_1}I_2}=K^2\frac{U_2}{I_2}$$

由图 2-12 可知

$$\frac{U_1}{I_1}=|Z'_L|,\frac{U_2}{I_2}=|Z_L|$$

代入则有

$$|Z'_L|=K^2|Z_L| \tag{2-19}$$

匝数比不同，负载阻抗模 $|Z_L|$ 折算到一次侧的等效阻抗模 $|Z'_L|$ 也不同。可以采用不同的变比，把负载阻抗模变换为所需要的、比较合适的数值。这种做法通常称为阻抗匹配。

【例 2-2】　在图 2-13 中，交流信号源的电动势 $E=120$ V，内阻 $R_0=800\ \Omega$，负载电阻 $R_L=8\ \Omega$。

(1)当 R_L 折算到一次侧的等效电阻 $R'_L=R_0$ 时，求变压器的匝数比和信号源输出的功率；

(2)当将负载直接与信号源连接时，信号源输出多大功率？

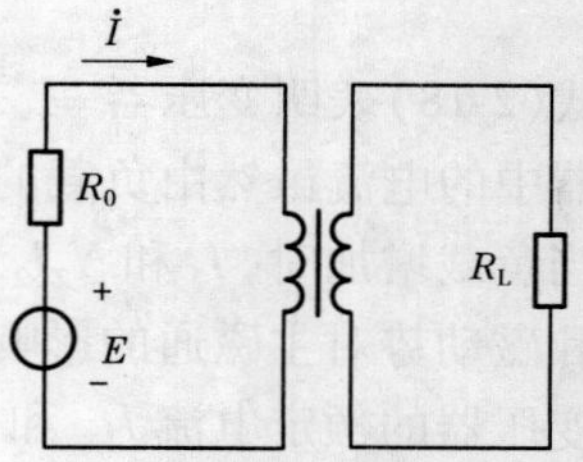

图 2-13　例 2-2 图

解：(1)变压器的匝数比应为

$$\frac{N_1}{N_2}=\sqrt{\frac{R'_L}{R_L}}=\sqrt{\frac{800}{8}}=10$$

信号源的输出功率为

$$P=\left(\frac{E}{R_0+R'_L}\right)^2R'_L=\left(\frac{120}{800+800}\right)^2\times800=4.5(\mathrm{W})$$

(2)当将负载直接接在信号源上时

$$P=\left(\frac{120}{800+8}\right)^2\times8=0.176(\mathrm{W})$$

三、变压器的额定值和运行特性

(一) 变压器的外特性

当电源电压 U_1 和负载功率因数 $\cos\varphi_2$ 为常数时，U_2 和 I_2 的变化关系曲线称作变压器的外特性曲线，如图 2-14 所示。对电阻性负载和电感性负载而言，电压 U_2 随电流 I_2 的增加而下降。通常希望电压 U_2 的变动愈小愈好。从空载到额定负载，二次绕组电压的变化程度用电压变化率 ΔU 表示，即

$$\Delta U = \frac{U_{20} - U_2}{U_{20}} \times 100\% \tag{2-20}$$

在一般变压器中，由于其电阻和漏磁感抗均甚小，电压变化率是不大的，约为 5%。

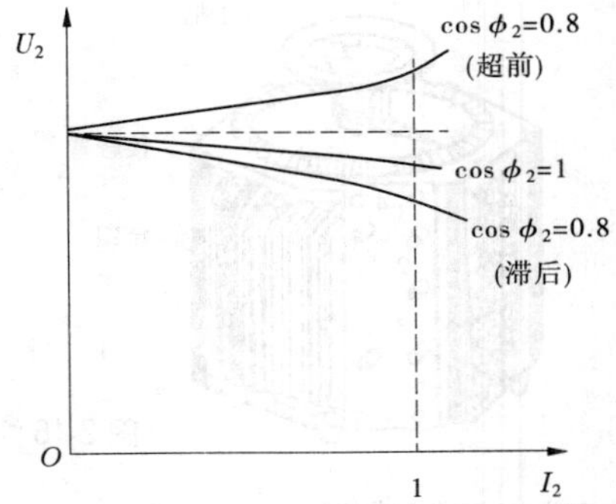

图 2-14 变压器的外特性曲线

(二) 变压器的效率

变压器工作时是有损耗的，损耗由两部分组成，一部分是导线电阻产生的铜损，另一部分是由于铁芯发热而产生的铁损。

1. 铜损 p_{Cu}

变压器一、二次绕组的线圈都有电阻，通过电流时就会有损耗，这部分损耗称为铜损 p_{Cu}。

$$p_{\mathrm{Cu}} = I_1^2 r_1 + I_2^2 r_2 \tag{2-21}$$

由式(2-21)可知，p_{Cu} 随 I_1 和 I_2 的变化而变化，所以称作可变损耗。

2. 铁损 p_{Fe}

铁损是由交变的磁通在铁芯中产生的，包括磁滞损耗和涡流损耗。p_{Fe} 的大小与铁芯内磁感应强度的最大值 B_{m} 有关，与负载的大小无关，当电源电压 U_1 和电源频率 f 一定时，主磁通 Φ_{m} 及磁感应强度 B_{m} 基本不变，所以铁损又称不变损耗。

3. 效率

变压器的输出功率 P_2 和输入功率 P_1 之比称为变压器的效率，通常用百分比来表示。

$$\eta = \frac{P_2}{P_1} \times 100\% = \frac{P_2}{P_2 + p_{\mathrm{Fe}} + p_{\mathrm{Cu}}} \times 100\% \tag{2-22}$$

式中，P_2 为变压器的输出功率，P_1 为输入功率。因变压器的功率损耗很小，所以效率很高，通常在 95% 以上。在一般电力变压器中，当负载为额定负载的 50% ~70% 时，效率达到最大值。$\eta = f(P_2)$ 的变化曲线如图 2-15所示。

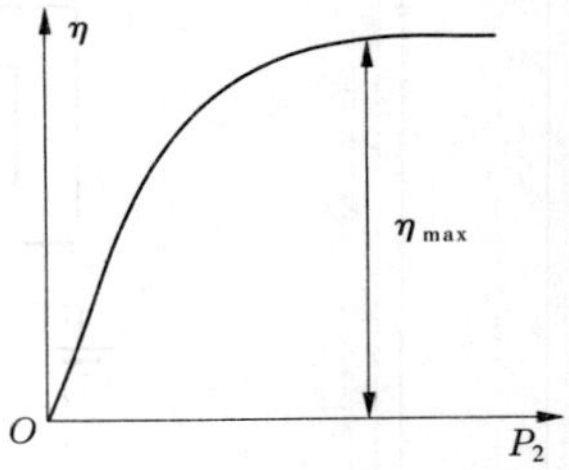

图 2-15 变压器的效率曲线

四、特殊用途变压器

(一)自耦变压器

自耦变压器的结构特点是二次绕组是一次绕组的一部分。一、二次绕组电压之比和电流之比分别是

$$\frac{U_1}{U_2}=\frac{N_1}{N_2}=K \quad , \quad \frac{I_1}{I_2}=\frac{N_2}{N_1}=\frac{1}{K}$$

实验室中常用的调压器就是一种可改变二次绕组匝数的自耦变压器,其外形和电路如图 2-16 所示。

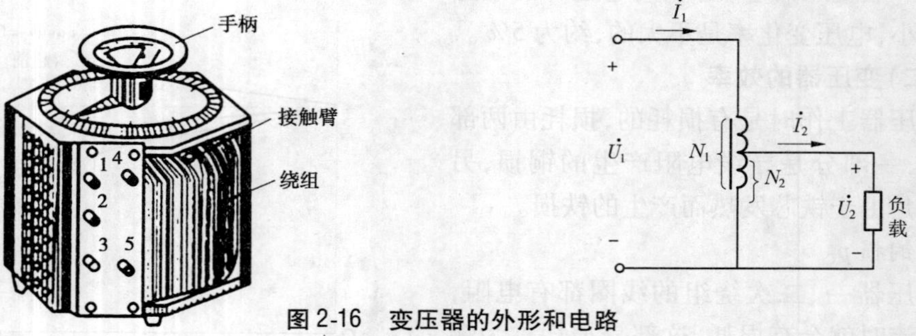

图 2-16 变压器的外形和电路

(二)电流互感器

电流互感器是根据变压器的原理制成的,它主要是用来扩大测量交流电流表的量程。因为要测量交流电路的大电流时(如测量容量较大的电动机、工频炉、焊机等的电流时),通常电流表的量程是不够的。

此外,使用电流互感器也是为了使测量仪表与高电流电路隔开,以保证人身与设备的安全。

电流互感器的接线图及其符号如图 2-17 所示。一次绕组的匝数很少(只有一匝或几匝),它串联在被测电路中。二次绕组的匝数较多,它与电流表或其他仪表及继电器的电流线圈相连接。

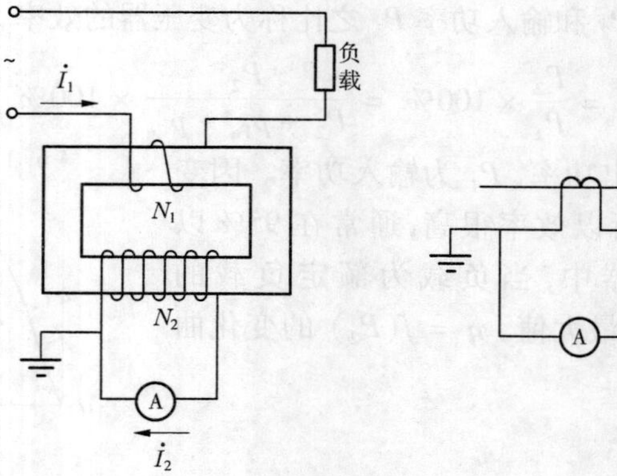

图 2-17 电流互感器的接线图及符号

根据变压器原理,可以认为

$$\frac{I_1}{I_2} = \frac{N_2}{N_1} = K_i \quad \text{或} \quad I_1 = \frac{N_2}{N_1}I_2 = K_iI_2 \tag{2-23}$$

式中,K_i 是电流互感器的变换系数。

由式(2-23)可见,利用电流互感器可将大电流变换为小电流。电流表的读数 I_2 乘以变换系数 K_i 即为被测的大电流 I_1(在电流表的刻度上可直接标出被测电流值)。通常电流互感器二次绕组的额定电流都规定为5 A或1 A。

另外,测流钳是电流互感器的一种变形。它的铁芯如同一钳子,用弹簧压紧。测量时将钳压口张开而引入被测导线。这时该导线就是一次绕组,二次绕组绕在铁芯上并与电流表接通,利用测流钳可以很方便地测量出线路中的电流。测流钳的结构图如图2-18所示。

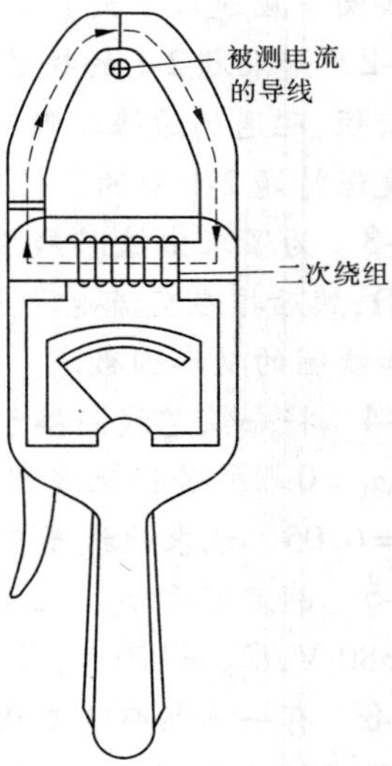

图2-18 测流钳的结构图

在使用电流互感器时,二次绕组电路是不允许断开的。这点和普通变压器不一样。因为它的一次绕组是与负载串联运行的,其中电流 I_1 的大小取决于被测电路。所以,当二次绕组电路断开时,二次绕组的电流和磁动势立即消失,但是一次绕组的电流 I_1 未变。这时铁芯内的磁动势全由一次绕组的磁动势 N_1I_1 产生,结果造成铁芯内很大的磁通,这一方面使铁损大大增加,从而使铁芯发热到不能容许的程度;另一方面又使二次绕组的感应电动势增高到危险的程度。

此外,为了安全,电流互感器在使用时,其二次绕组的一端应该可靠接地。

【任务实施】

使用变压器拆装工具和相关检测仪表拆卸小型变压器。

1. 记录原始数据

在拆除变压器铁芯前,必须记录原始数据,作为重绕变压器的依据。所需记录的数据包括铭牌数据、绕组数据、铁芯数据等。

2. 拆装步骤

拆卸铁芯的步骤为:

(1)拆除外壳与接线柱。

(2)拆除铁芯夹板或铁轭。

(3)用螺丝刀把黏合在一起的硅钢片撬松。

(4)用钢丝钳将硅钢片一一拉出。

(5)对硅钢片进行表面处理。

(6)将硅钢片依次叠放并妥善保管。

3. 注意事项

具体拆卸时,可将铁芯夹持在台虎钳上。在卸掉铁芯夹板后,先用螺丝刀从芯片的叠缝中切入，沿铁芯四周切割一圈，切开前几片硅钢片的黏连物，然后用钢丝钳夹住硅钢片的中间位置并稍加左右摆动，即可将硅钢片一一钳出。

项目检测

2-1　有一线圈，其匝数 $N = 1\ 000$，绕在由铸钢制成的闭合铁芯上，铁芯的截面面积 $S_{Fe} = 20\ cm^2$，铁芯的平均长度 $l_{Fe} = 50\ cm$。如果要在铁芯中产生磁通 $\Phi = 0.002\ Wb$，试问线圈中应通入多大直流电流？

2-2　如果题 2-1 的铁芯中含有一长度 $\delta = 0.2\ cm$ 的空气隙（与铁芯柱垂直），由于空气隙较短，磁通的边缘扩散可忽略不计，试问线圈中的电流必须多大才可使铁芯中的磁感应强度保持题 2-1 中的数值？

2-3　为了求出铁芯线圈的铁损，先将它接在直流电源上，从而测得线圈的电阻为 1.75 Ω；然后接在交流电源上，测得电源电压 $U = 120$ V，功率 $P = 70$ W，电流 $I = 2$ A，试求铁损和线圈的功率因数。

2-4　将一铁芯线圈接于电压 $U = 100$ V、频率 $f = 50$ Hz 的正弦电源上，其电流 $I_1 = 5$ A，$\cos\varphi_1 = 0.7$。若将此线圈中的铁芯抽出，再接于上述电源上，则线圈中电流 $I_2 = 10$ A，$\cos\varphi_2 = 0.05$。试求此线圈在具有铁芯时的铜损和铁损。

2-5　额定容量 $S_N = 2$ kVA 的单相变压器，一次绕组、二次绕组的额定电压分别为 $U_{1N} = 380$ V，$U_{2N} = 110$ V，求一次、二次绕组的额定电流各为多少？

2-6　有一单相照明变压器，容量为 10 kVA，电压为 3 300/220 V，今欲在二次绕组接上 60 W、220 V 的白炽灯，如果要变压器在额定情况下运行，这种白炽灯可接多少个？并求一、二次绕组的额定电流。

2-7　有一电源变压器，一次绕组匝数 $N_1 = 550$，接 220 V 的交流电源。二次绕组有两个：一个电压为 36 V，负载为 36 W；一个电压为 24 V，负载为 24 W。两个均为纯阻性负载。试求一次侧电流 I_1 和两个二次绕组的匝数 N_{21} 和 N_{22}。

2-8　在图 2-13 中，将 $R_L = 8\ \Omega$ 的扬声器接在输出变压器的二次绕组，已知 $N_1 = 300$，$N_2 = 100$，信号源电动势 $E = 6$ V，内阻 $R_0 = 100\ \Omega$，试求信号源输出的功率。

2-9　有一变压器，其二次绕组有中间抽头，以便接 8 Ω 或 3.5 Ω 的扬声器，两者都能达到阻抗匹配。试求二次绕组两部分匝数之比 $\dfrac{N_{21}}{N_{22}}$。

项目三 异步电动机及其控制

异步电动机是应用最为广泛的动力机械。在工农业生产中如各种机床、水泵、通风机、锻压和铸造机械、传送带、起重机等都以三相异步电动机为动力,而医疗器械、家用电器及试验设备则使用单相异步电动机。本项目以三相异步电动机为重点,介绍异步电动机的结构、工作原理、特性、使用方法及主要技术数据。在此基础上介绍异步电动机的继电接触器控制电路和过载、短路、失压保护的常用方法。

本项目完成以下任务:

(1)认识三相异步电动机的结构和工作原理。

(2)理解三相异步电动机的电磁转矩与机械特性。

(3)掌握三相异步电动机的使用。

(4)掌握单相异步电动机的应用。

(5)掌握三相异步电动机继电接触器的控制。

任务一 认识三相异步电动机结构与工作原理

【任务描述】

异步电动机具有结构简单、价格低廉、坚固耐用、使用维护方便等优点。三相异步电动机根据转子结构不同,可以分为鼠笼型异步电动机和绕线型异步电动机。本任务重点学习三相异步电动机的结构特点、旋转磁场和转动原理等内容。

【任务目标】

知识目标:

1. 了解三相异步电动机的结构。
2. 理解三相异步电动机的工作原理。

能力目标:

会拆装三相异步电动机。

【知识链接】

一、三相异步电动机的结构

三相异步电动机的结构分为两大部分:一是固定不动的部分,称为定子;二是旋转部分,称为转子,如图 3-1 所示。

(一)定子

三相异步电动机的定子由机座和装在机座内的定子铁芯和定子绕组组成。机座由铸铁和铸钢组成,定子铁芯由相互绝缘的硅钢片叠制而成。铁芯的内圆心表面开有定子槽,

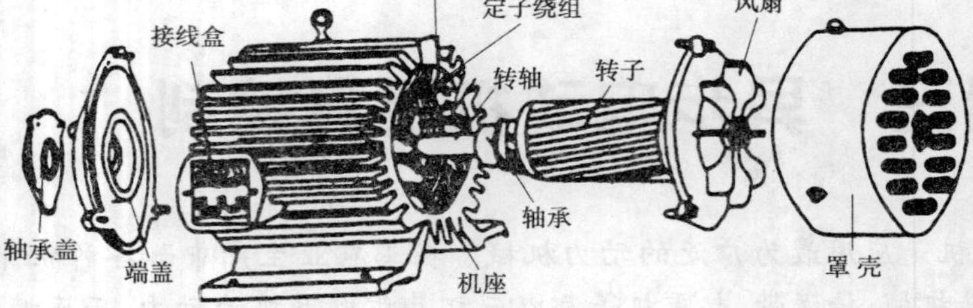

图 3-1 电动机的结构

用来放置三相对称的定子绕组(见图 3-2)。三相定子绕组有的采用星形连接,有的采用三角形连接。定子的作用是产生旋转磁场,并吸收电能。

(二)转子

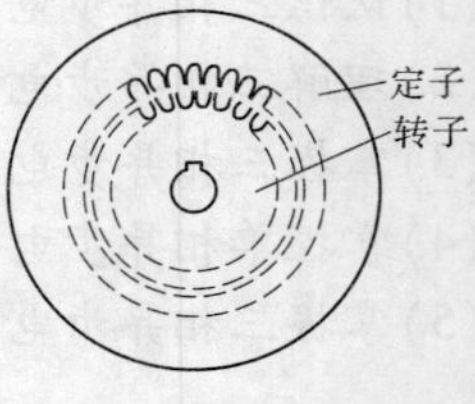

图 3-2 定子铁芯、转子

异步电动机的转子由转子铁芯、转子绕组和转轴等部件构成。转子铁芯是圆柱形的,由硅钢片叠制而成,外圆表面冲有转子槽,用来放置转子绕组(见图 3-2),铁芯装在转轴上,轴上加机械负载。根据转子绕组构造的不同,异步电动机的转子分为笼型转子和绕线型转子。

1. 笼型转子

笼型转子在形式上与定子绕组完全不同,在转子铁芯的每个槽中放置一根铜条。在铁芯两端的槽口处,用两个铜环短接成一个回路。如果去掉铁芯,绕组的形状就像一个笼子,如图 3-3(a)所示。目前中、小型笼型异步电动机的转子以及冷却风扇通常采用一次性浇注铝液而成,称为铸铝转子,如图 3-3(b)所示。大型笼型异步电动机的转子通常采用铜条,如图 3-3(c)所示。

(a)笼型绕组 (b)铸铝转子外形 (c)铜条转子外形

图 3-3 笼型转子

2. 绕线型转子

绕线型异步电动机的转子绕组和定子绕组一样,也是对称的三相绕组,连接成星形。星形绕组的三根端线,接到装有转轴的相互绝缘的三个铜制的滑环上,并通过一组碳制电刷引出与外电阻相连,通过外接电阻可以改善电动机的运行特性。通常就是根据绕线型异步电动机具有三个滑环的结构特点来辨认它的,其接线示意图如图 3-4 所示。

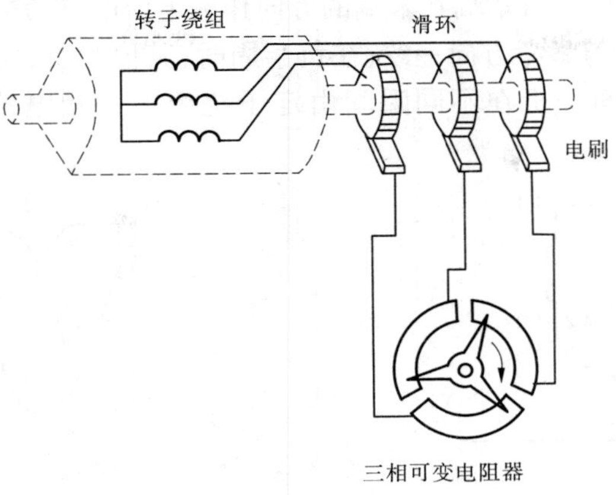

图 3-4　绕线型转子

二、三相异步电动机的工作原理

(一)三相异步电动机的转动原理

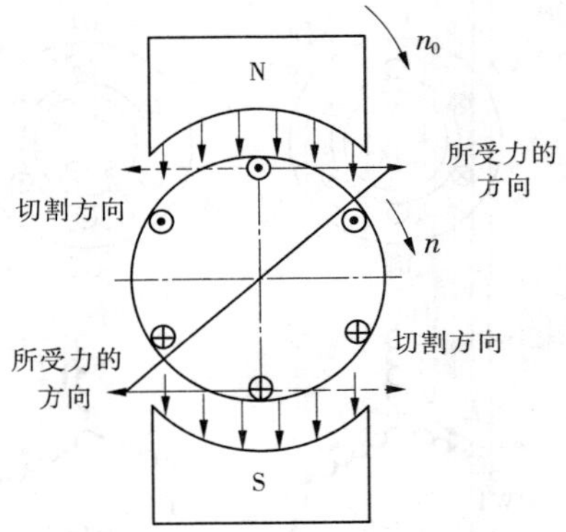

图 3-5　转动原理

三相异步电动机接上电源,就会转动。这是什么道理呢? 如图 3-5 所示,假如转子每相由单匝铜条组成,如果将其放在磁极中,并使得 N－S 极以 n_0 的速度顺时针旋转,由于转子是静止的,磁场旋转时,两者之间形成转速差 Δn ,转子的转动原理叙述如下:

转差率 Δn → 绕组切割磁力线 → 感应出电动势→ 绕组内形成感应电流 → 通电导线受磁场力的作用→ 形成电磁转矩 → 转子以 n (异步转速)的速度转动。

由此可以看出,只要存在旋转磁场,转子绕组就会转动而且转子转速永远低于旋转磁场的转速。异步就是由此而得名,而旋转磁场的转速称为同步转速。那么,定子中旋转的磁场又是如何产生的呢? 下面就来讨论这个问题。

(二)旋转磁场

1. *旋转磁场的产生*

三相异步电动机的定子槽中放有三相对称绕组 U1 － U2、V1 － V2 和 W1 － W2,其中 U1、V1、W1 是绕组的首端, U2、V2、W2 是绕组的尾端, 设将三相绕组星形连接(见图 3-6),接到电源线上,绕组中便通入三相对称电流:

$$i_1 = I_m \sin\omega t$$
$$i_2 = I_m \sin(\omega t - 120°)$$
$$i_3 = I_m \sin(\omega t + 120°)$$

其波形如图 3-7 所示。取绕组始端到末端的方向作为电流的参考方向。在电流的正半周时，其值为正，实际方向与参考方向一致；在负半周时，其值为负，实际方向与参考方向相反。根据这个条件，下面分析在不同瞬间由定子绕组中三相电流产生的磁场情况，如图 3-8所示。

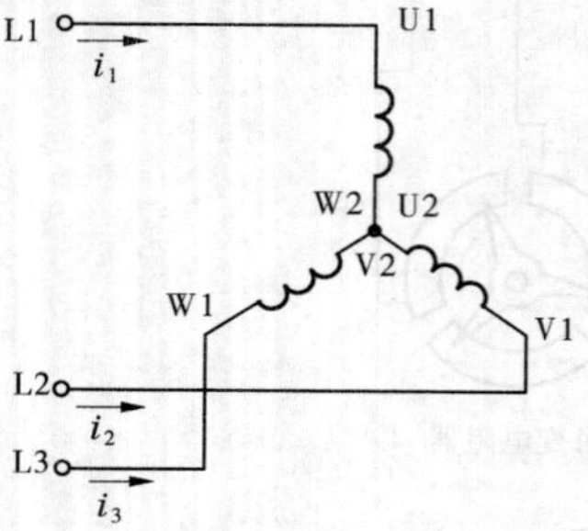

图 3-6　定子绕组的星形连接

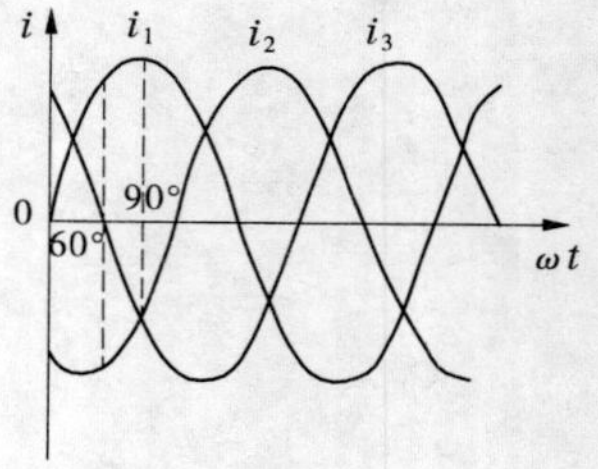

图 3-7　三相对称电流

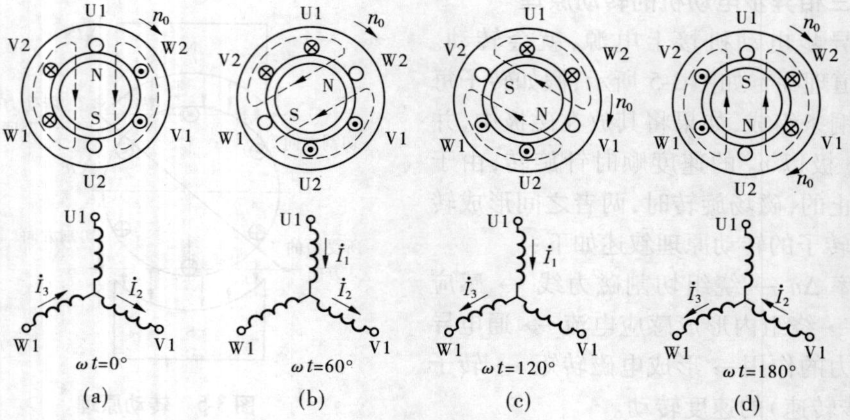

图 3-8　三相电流产生的旋转磁场

在图 3-8(a)中，$\omega t = 0°$ 时，由图 3-7 可知，此时 $i_1 = 0$；$i_2 < 0$，方向为 V2→V1；$i_3 > 0$，方向为 W1→W2。将每相电流所产生的磁场叠加，便得出三相电流的合成磁场，显然合成磁场轴线的方向是自上而下。

在图 3-8(b)中，$\omega t = 60°$ 时，根据图 3-7 可知，$i_1 > 0$；$i_2 < 0$，$i_3 = 0$。将每相电流所产生的磁场叠加，得出合成磁场，显然合成磁场轴线的方向也转过了 60°。

在图 3-8(c)、(d)中，结合图 3-7，同理可得在 $\omega t = 120°$ 和 $\omega t = 180°$ 时，合成磁场的方向也分别比前一位置转过了 60°。

由分析可见，当定子绕组中通入三相电流后，它们共同产生的合成磁场是随电流的交变而在空间不断地旋转着，这就是旋转磁场。

2. *旋转磁场的转向*

上述旋转磁场的转向是顺时针的，若将电源的任意两相对调再接入三相定子绕组，即相序为逆序,则合成磁场的方向为逆时针。因此,旋转磁场的方向是与通入三相绕组的三相电流的相序是一致的。

3. 旋转磁场的极对数

三相异步电动机的极对数就是旋转磁场的极对数。旋转磁场的极对数与三相绕组在空间的分布有关。在图 3-8 所示的情况下,每相绕组只有一个线圈,三相绕组的首端之间相差 120°空间角,则产生的旋转磁场只有一对极(2 极),即极对数 $p = 1$ 。

如果异步电动机的定子每相绕组有两个线圈串联,绕组的首端之间相差 60°空间角,则产生的旋转磁场具有两对磁极,即 $p = 2$ 。依此类推,则极对数 $p = \dfrac{120°}{空间角}$。

4. 旋转磁场的转速

三相异步电动机的转速 n 与旋转磁场的转速 n_0 有关,而旋转磁场的转速取决于磁场的极对数和电源频率。在 $p = 1$ 时,电流每交变一个周期,旋转磁场在空间就旋转一周。若电流的频率为 f_1 ,即电流每秒交变 f_1 次,旋转磁场就转过 f_1 周。显然,旋转磁场的转速为 $n_0 = 60f_1$(r/min) 。在 $p = 2$ 时,电流每交变一个周期,旋转磁场在空间只旋转半周。显然,旋转磁场的转速为 $n_0 = 60f_1/2$(r/min) 。这样,具有 p 对磁极的旋转磁场的转速 n_0 表示为

$$n_0 = \frac{60f_1}{p} \tag{3-1}$$

在我国,工频 $f_1 = 50$ Hz ,由式(3-1)可得对应于不同极对数 p 时的旋转磁场的转速,见表 3-1。

表 3-1 极对数与同步转速的关系

p	1	2	3	4	5	6
n_0(r/min)	3 000	1 500	1 000	750	600	500

(三)转差率

由转动原理可知,转子转速小于旋转磁场的转速是保证转子旋转的必要条件。常用转差率 s 来表示转子转速 n 与磁场转速 n_0 相差的程度,即

$$s = \frac{n_0 - n}{n_0} \tag{3-2}$$

或

$$n = n_0(1 - s) \tag{3-3}$$

转差率是异步电动机的一个重要的物理量。转子转速愈接近同步转速,则转差率愈小。由于三相异步电动机的额定转速与同步转速相近,所以它的转差率通常很小,为 1% ~9% 。当 $n = 0$ (启动瞬间)时, $s = 1$,这时转差率最大。

【例 3-1】 一台异步电动机,额定转速 $n_N = 1\,455$ r/min ,电源频率 $f_1 = 50$ Hz 。求电动机的极对数和额定转差率。

解:(1)求磁极对数 p 。

由于电动机的额定转速略低于同步转速 n_0 ,因此由 $n_N = 1\,455$ r/min ,可判断其同步转速 $n_0 = 1\,500$ r/min ,故得

$$p = 60f_1 / n_0 = 60 \times 50/1\ 500 = 2$$

(2)求额定转差率 s_N

$$s_N = (n_0 - n_N) / n_0 = (1\ 500 - 1\ 455)/1\ 500 = 0.03$$

任务二　三相异步电动机电磁转矩与机械特性

【任务描述】

电磁转矩和机械特性是三相异步电动机的重要物理量和主要特性，它表征一台电动机拖动生产机械能力的大小和运行性能。

【任务目标】

知识目标：

1. 理解三相异步电动机的电磁转矩公式。
2. 了解三相异步电动机的机械特性。

技能目标：

了解三相异步电动机的机械特性曲线及相关参数。

【知识链接】

一、三相异步电动机的电磁转矩

三相异步电动机的电磁转矩 T 是由旋转磁场的每极磁通 Φ 与转子电流 I_2 相互作用而产生的。但因转子电路是电感性的，转子电流比转子电动势滞后一定角度，所以电磁转矩 T 与磁通 Φ 和转子电流 I_2 的有功分量成正比，即

$$T = K_T \Phi I_2 \cos\varphi_2 \tag{3-4}$$

式中　K_T——与电机结构有关的常数。

三相异步电动机的电磁关系与变压器相似，它的定子电路和转子电路就相当于变压器的原绕组和副绕组，它的旋转磁场的主磁通将定子和转子交链在一起。它们的主要差别是：变压器是静止的，而异步电动机的转子电路是旋转的，变压器的主磁通通过铁芯而成闭合回路，而电动机的磁路中存在一个很小的空气隙。

电磁转矩的计算公式为

$$T = K \frac{sR_2 U_1^2}{R_2{}^2 + (sX_{20})^2} \tag{3-5}$$

式中　K——常数；

s——转差率；

R_2——转子每相绕组的电阻；

X_{20}——$n = 0$ 时转子每相绕组的感抗；

U_1——电源电压。

由式(3-5)可见，电磁转矩 T 不仅与 U_1 的平方成正比，还与转子电阻 R_2 有关。

二、三相异步电动机的机械特性

(一)机械特性曲线

当电动机定子外加电压 U_1 及其频率 f_1 一定时,转矩与转差率的关系曲线 $T = f(s)$ 如图 3-9 所示,转速与转矩的关系曲线 $n = f(T)$ 如图 3-10 所示,统称为电动机的机械特性曲线。

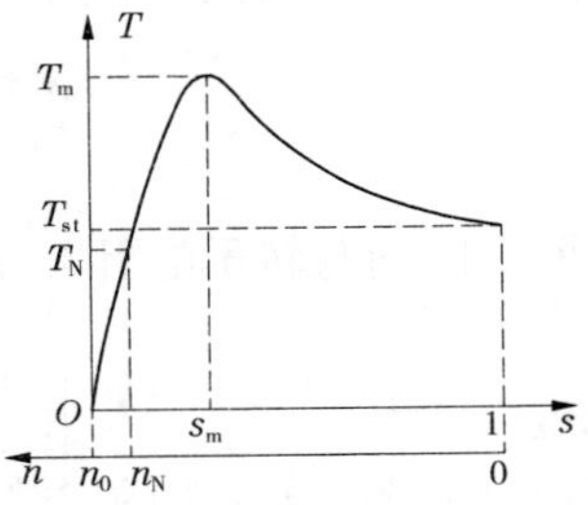

图 3-9　三相异步电动机的 $T = f(s)$ 曲线

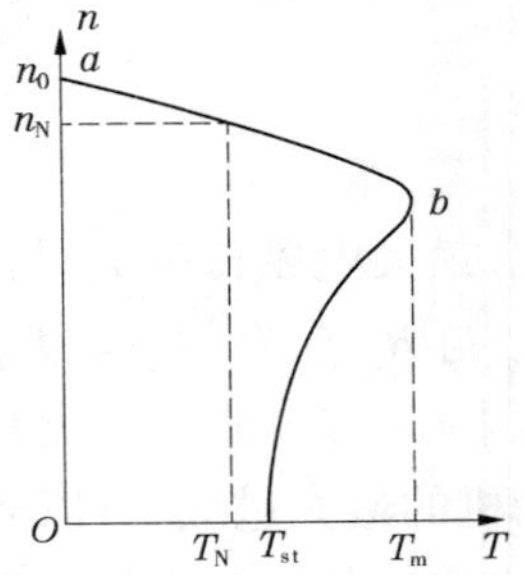

图 3-10　三相异步电动机的 $n = f(T)$ 曲线

机械特性是异步电动机的主要特性,它含有 4 个特征点,分析如下。

1. 理想空载与硬特性

由图 3-9 可见,当 $n = n_0$,即 $s = 0$ 时,$T = 0$,这种运行情况称为电动机的理想空载。当电动机的负载转矩从理想空载增加到额定转矩 T_N 时,它的转速相应地从 n_0 下降到额定转速 n_N。这时相应的转差率为 $s_N = 0.01 \sim 0.09$。显然 n_N 略低于 n_0。电动机转速 n 随着转矩的增加而稍微下降的这种特性,称为硬特性。以最大转矩为界限,机械特性分为两个区:左为电动机的稳定工作区,右为电动机的不稳定工作区。

2. 额定转矩 T_N

额定转矩 T_N 表示电动机在额定工作状态时的转矩。电动机的额定转矩可根据电动机铭牌上给出的额定输出功率 P_N 和额定转速 n_N 计算出来。

在图 3-10 中,$T = T_N$,$n = n_N$ 时对应的点为额定工作状态。如果忽略电动机本身的空载损耗,可以近似地认为,额定转矩 T_N 等于额定输出转矩 T_{2N}。根据动力学分析,旋转体功率 P 等于旋转体转矩 T 乘以角速度 ω,可得

$$P_2 = T_2\omega$$

$$T \approx T_2 = \frac{P_2 \times 10^3}{\frac{2\pi n}{60}} = 9\,550\,\frac{P_2}{n}$$

额定状态时:

$$T_N = T_{2N} = 9\,550\,\frac{P_{2N}}{n_N} \tag{3-6}$$

式中　P_{2N} ——电动机轴上的额定输出功率,也用 P_N 表示,kW;

n_N ——额定转速,r/min;

T_N ——额定转矩,N·m。

3. 最大转矩 T_m

T_m 表示电动机产生的最大电磁转矩,又称临界转矩。如图 3-10 中的 b 点($T = T_m$, $n = n_m$)。对应于 T_m 的转差率 s_m 称为临界转差率,如图 3-9 所示。

由式(3-5)可知,当 $s = s_m = \dfrac{R_2}{X_{20}}$ 时,电磁转矩最大,将其代入式(3-5),得

$$T_m = K\frac{U_1^2}{2X_{20}^2} \tag{3-7}$$

可见,最大电磁转矩 T_m 与电源电压 U_1 的平方成正比,而与转子电阻 R_2 无关;但临界转差率 s_m 与 R_2 有关, R_2 愈大, s_m 也愈大。

电源电压下降,将使最大转矩减小,影响电动机过载能力。

电动机的最大过载,可以接近最大转矩,但如果时间较短,电动机的发热不超过允许温升,这样的过载是允许的。当负载转矩超过最大转矩时,电动机将带不动负载,会发生“闷车”停转现象(又称“堵转”),这时应立即切断电源,并卸除过重负载。而最大转矩也表示电动机允许的短时的过载能力。

最大转矩 T_m 与额定转矩 T_N 的比值,即

$$\lambda = T_m/T_N \tag{3-8}$$

式中,λ 称为电动机的过载系数,代表电动机的过载能力,一般为 1.8 ~2.2。

4. 启动转矩 T_{st}

T_{st} 是表示电动机的转子启动瞬间,即 $n = 0$, $s = 1$ 时的电磁转矩。将 $s = 1$ 代入式(3-5),可得

$$T_{st} = K\frac{R_2U_1^2}{R_2^2 + X_{20}^2} \tag{3-9}$$

由式(3-9)可见, T_{st} 与转子电阻 R_2 和电源电压 U_1 等参数有关。当 U_1 降低时, T_{st} 减小;适当增大 R_2 ,会提高启动转矩 T_{st} 。

为了保证电动机能够启动,启动转矩必须大于电动机静止时的负载转矩。电动机一旦启动,会迅速进入机械特性的稳定区运行。通常 T_{st} / T_N 取 1.1 ~2.2。

显然,电源电压的下降,将使启动转矩和最大转矩都减小,直接影响电动机的启动性能和过载能力。通常在电动机的运行过程中,规定电网电压一般允许在 ±5 % 范围内波动。

【例 3-2】 有一台异步电动机的技术数据为:额定功率 $P_N = 40$ kW ,额定电压 $U_N = 380$ V,额定转速 $n_N = 1\,475$ r/min ,额定工作时的效率 $\eta_N = 90\%$,定子功率因数为 0.85,启动能力 T_{st} / $T_N = 1.2$,过载系数 $\lambda = 2.0$ 。试求:

(1)额定电流 I_N 、额定输入功率 P_{1N} ;

(2)额定转矩 T_N 、启动转矩 T_{st} 、最大转矩 T_m 。

解:(1)求 I_N 、P_{1N} :

$$P_{1N}=\frac{P_N}{\eta_N}=\frac{40}{0.9}\approx 44.4(\mathrm{kW})$$

由于对称三相负载的功率为　$P=\sqrt{3}U_NI_N\cos\varphi_N$

所以

$$I_N=\frac{P_{1N}}{\sqrt{3}U_N\cos\varphi_N}=\frac{44.4\times 10^3}{\sqrt{3}\times 380\times 0.85}\approx 79.36(\mathrm{A})$$

(2)求 T_N、T_{st}、T_m：

$$T_N=9\,550\frac{P_N}{n_N}=9\,550\times\frac{40}{1\,475}\approx 259(\mathrm{N\cdot m})$$

$$T_{st}=1.2T_N=1.2\times 259\approx 310.8(\mathrm{N\cdot m})$$

$$T_m=2T_N=2\times 259\approx 518.0(\mathrm{N\cdot m})$$

(二)电动机负载能力自适应分析

电动机拖动负载工作时，所产生的电磁转矩 T 的大小在一定范围内能根据负载的变化而自动调整。当负载转矩 T_2 增大时，电动机产生的电磁转矩自动增大；相反，当负载转矩 T_2 减小时，电动机产生的电磁转矩自动减小。电磁转矩能自动适应负载的需要而增减，这个特性称为自动适应负载能力。

根据电动机的特性曲线 $n=f(T)$，如图 3-11 所示，电动机的启动过程及负载变动时，它的电磁转矩自动适应负载情况分析如下。

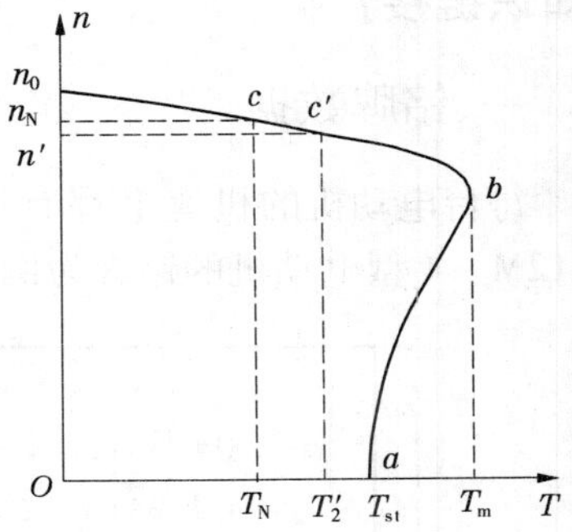

图 3-11　负载能力的自适应性

1. 电动机的启动过程

(1)若 T_{st} 大于负载转矩 T_2，电动机就转动起来，转速沿 $n=f(T)$ 曲线的 a—b 段开始上升，并且随着 n 的增大，电动机的电磁转矩 T 也在沿 a—b 段上升。

(2)当工作点到达曲线的 b 点时，$T=T_m$，随着 n 继续上升，T 开始减小。

(3)只要 T 仍然大于 T_2，电动机的转速 n 仍然继续上升，直到电磁转矩 T 与负载转矩 T_2 相等后，电动机转速不再升高，电动机稳定运行在 $n=f(T)$ 曲线上的某个工作点 c（假定 $T_2=T_N$）。

2. 电动机稳定运行时的自动适应负载能力（$T=T_N$）

(1)如果负载转矩 T_2 增加为 T_2'，则 $T<T_2'$，转速 n 开始下降。

(2)由于 n 的下降，使转差率 s 增加，电动机转子电流 I_2 也相应增大。

(3)转矩 T 随 I_2 上升而增加，这个过程要一直进行到 $T=T_2'$ 时为止，此时电动机在一个低于原来转速的新的转速 n' 下稳定运行。

实际上，电动机的负载转矩 T_2 增大到 T_2' 时，随着转子电流 I_2 增加，电动机的定子电流 I_1 也将增大，使输送的电动机的电功率 P_1 也随着增大，电动机取用的电能就增加了。上述过程是自动进行的，不需要人为控制。而当负载转矩变小时也是如此自动适应的。

任务三　三相异步电动机的使用

【任务描述】

三相异步电动机的使用，主要涉及两方面的问题，一是如何选用电动机，二是如何应用电动机拖动生产机械运行。本任务以电动机的机械特性为基础，分析三相异步电动机的启动、制动与调速问题，以及三相异步电动机的选用依据。

【任务目标】

知识目标：

1. 掌握三相异步电动机的铭牌数据及主要系列。
2. 了解三相异步电动机的启动和调速方法。

技能目标：

1. 能识别三相异步电动机型号。
2. 能正确识别三相异步电动机的绕组及其接线方式。
3. 会选用三相异步电动机。

【知识链接】

一、铭牌数据

每台电动机的机座上都有一块铭牌，上面标有电动机的主要额定技术数据。现以 Y112M－4 型电动机的铭牌为例，说明如图 3-12 所示。

三相异步电动机					
型号	Y112M-4	功率	4 kW	频率	50 Hz
电压	380 V	电流	8.8 A	接法	△
转速	1440 r/min	绝缘等级	E	工作方式	S1
温升	80 ℃	防护等级	IP44	质量	45 kg
××电机厂		××年××月××日			

图 3-12　电动机的铭牌

（一）型号

型号是电机类型、规格的代号。国产异步电动机的型号由汉语拼音字母以及国际通用符号和阿拉伯数字组成，如图 3-13 所示。

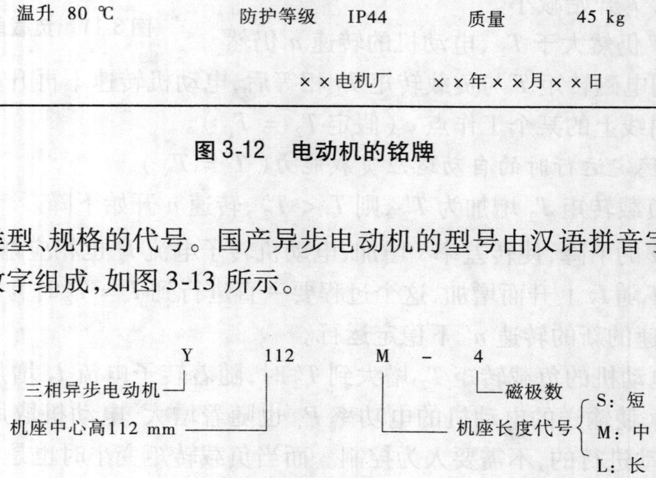

图 3-13　电动机的型号

三相异步电动机代号意义和适用场合如表3-2所示。

表3-2　三相异步电动机代号意义和适用场合

产品名称	代号	汉字意义	适用场合
异步电动机	Y	异	一般用途
绕线型异步电动机	YR	异绕	小容量电源场合
防爆型异步电动机	YB	异爆	石油、化工、煤矿井下
高起转矩异步电动机	YQ	异起	静负荷、惯性较大的机械

(二)定子绕组接法

一般笼型电动机的接线盒中有六个定子绕组引出线端子,标有:

U1、U2:第一相绕组的首尾两端;

V1、V2:第二相绕组的首尾两端;

W1、W2:第三相绕组的首尾两端。

这六个引出线端子在接电源之前,相互间必须正确连接,连接方法有星形(Y形)和三角形(△形)两种(见图3-14),通常三相异步电动机功率在4 kW以下者为星形连接;4 kW及其以上者为三角形连接。

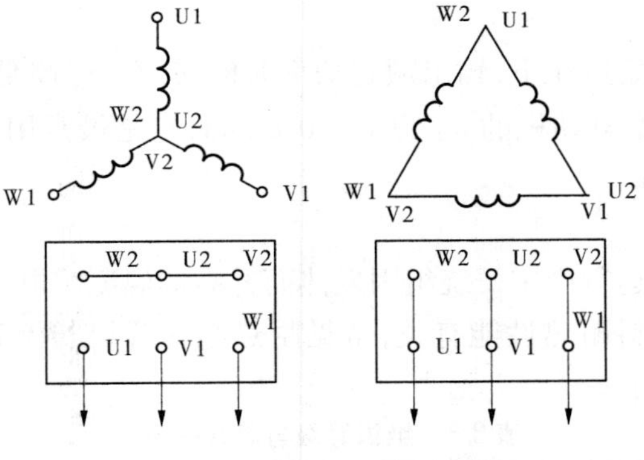

图3-14　定子绕组接线图

(三)额定值

1. 额定电压 U_N

额定电压指电动机在正常运行时,定子绕组上应加的线电压。它是由定子每相绕组所能承受电压的大小而确定的。电压过高,励磁电流增大,铁芯损耗也增大;电压过低,电动机的过载能力小,若带动额定负载,电流就会超过额定值,长期运行将导致电动机过热。一般规定,电动机的电压波动不超过额定电压值的±5%。

2. 额定电流 I_N

额定电流是指电动机在规定状态运行时,定子电路的最大允许线电流。它是由定子绕组所用导线的尺寸和材质所确定的。电动机运行若超过额定电流值,将使电动机绕组过热,绝缘材料的寿命缩短,甚至烧坏电动机。

当电动机空载时,转子转速接近旋转磁场转速,定子电流很小,称为空载电流。主要是用以建立旋转磁场的励磁电流，当负载增加时，转子电流和定子电流都随之增加。

3. 额定功率 P_N

额定功率是指在规定的环境温度下，按规定的工作方式，在额定运行时电动机轴上输出的机械功率。

4. 效率 η_N

铭牌或手册给出的效率，是指电动机在额定运行状态下，电动机轴上输出的机械功率 P_N 与定子输入电功率 P_{1N} 的比值，即

$$\eta_N = P_N / P_{1N}$$

值得提醒的是，异步电动机是三相对称负载，根据三相对称负载的功率计算方法，不管电动机是星形连接还是三角形连接，三相功率即为三相异步电动机的输入功率：

$$P_{1N} = \sqrt{3} U_N I_N \cos\varphi_N \tag{3-10}$$

一般额定运行时，效率为75% ～92% 。而当输出功率较小时，如空载或半载效率很低，使用电动机时尽量避免“大马拉小车”的情况。

5. 功率因数 $\cos\varphi_N$

铭牌或手册给出的功率因数，是指在额定运行状态下，电动机定子相电压与相电流相位差的余弦。电动机空载运行时，功率因数很低（0.2～0.3），随着输出功率的增加，$\cos\varphi_N$ 有所上升，一般额定负载时 $\cos\varphi_N$ 为0.7～0.9。

6. 额定转速 n_N

额定转速是指在额定电压下，输出额定功率时的转速。n_N 略低于相应极对数的同步转速，例如，Y112M－4 型电动机的 n_N 为 1 440 r/min，它是最常用的四极异步电动机，其同步转速为 1 500 r/min。

(四)温升

温升是指电动机在运行中定子绕组因发热而升高的温度。电动机在使用时容许的极限温度与绕组的绝缘材料耐热性能有关，常见耐热绝缘等级与温升允许值关系如表 3-3 所示。

表 3-3　绝缘等级与温升关系

绝缘等级	环境温度 40 ℃时的容许温升(℃)	最大允许温度(℃)
A	65	105
E	80	120
B	90	130
F	115	155
H	140	180

如电动机用的是 E 级绝缘，定子绕组的允许温度不能超过 40 ℃ +80 ℃ =120 ℃的极限值。

(五)工作方式及防护等级

异步电动机有以下三种工作方式：

(1)连续工作方式:用 S1 表示,允许在额定负载下连续长期运行。

(2)短时工作方式:用 S2 表示,在额定负载下只能在规定时间内运行。

(3)断续工作方式:用 S3 表示,可在额定负载下按规定周期性重复短时运行。

防护等级是指外壳防护型电机的分级,如图 3-15 所示。

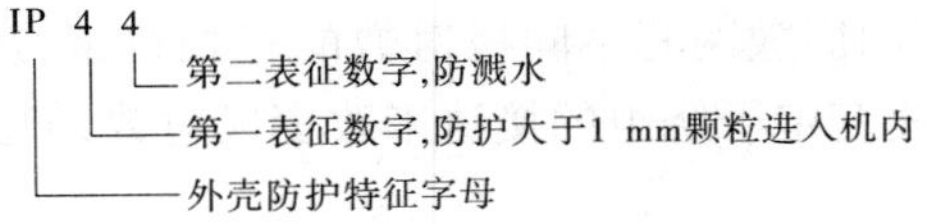

图 3-15 电动机防护等级

二、三相异步电动机的启动与调速分析

(一)启动特性分析

电动机的启动就是将电动机接通电源后,转速由零上升到某一稳定速度。在启动过程中电动机的启动性能,主要是指启动电流和启动转矩两方面的问题。

1. 启动电流

启动初始瞬间,$n = 0$ 即 $s = 1$,在转子绕组中感应产生的电动势和电流都很大,因此定子电流也随之增大。一般笼型电动机的启动电流 $I_{st} = (5 \sim 7)I_N$。如此大的启动电流对不频繁启动的电动机本身影响并不大。虽然启动电流很大,但是启动时间短(3 ~5 s),一旦启动,电流便很快减小,电动机本身来不及过热。然而,过大的启动电流会引起电网电压的显著降低,因而影响接在同一电网上的其他电气设备的正常运行,可能会使其他电动机速度降低甚至停止运行。

2. 启动转矩

刚启动时,$n = 0$ 即 $s = 1$,转子电流很大,但转子的漏电抗 X_2 也很大,所以转子功率因数 $\cos\varphi_2$ 很低,因而实际启动转矩并不大,通常 $T_{st}/T_N = 1.1 \sim 2.0$。

启动转矩如果太小,就不能带载启动,或者使启动时间延长;启动转矩过大,则会冲击负载,甚至造成机械负载设备的损坏。

显然,异步电动机的启动性能较差,即启动电流过大,启动转矩较小,这与生产实际要求有时不能适应。因此,为了限制启动电流并得到适当的启动转矩,对异步电动机要根据电网及电动机容量的大小、负载轻重等具体情况,采用不同的启动方法。

一般绕线型异步电动机的启动只要在转子电路中接入大小适当的启动电阻,即可达到减小启动电流、提高启动转矩的目的,常用于要求启动转矩较大的生产机械上,如启动机,而笼型异步电动机有直接启动和降压启动两种方法。

(二)异步电动机的调速

调速是在保持电动机电磁转矩(负载转矩)一定的情况下改变电动机的转动速度。

异步电动机的转速公式为

$$n = n_0(1 - s) \tag{3-11}$$

也可表示为 $$n = \frac{60f}{p}(1 - s) \tag{3-12}$$

由式(3-12)可知,对异步电动机的调速可以从以下几个方面进行。

1. 改变极对数 p

改变极对数 p 调速(简称变极调速)只在笼型电动机中采用。要改变电动机的极对数,当然可以在定子铁芯槽内嵌放两套不同极对数的三相绕组,从制造的角度看,这种方法很不经济。通常是利用改变定子绕组的接法来改变极对数,如图 3-16 所示。

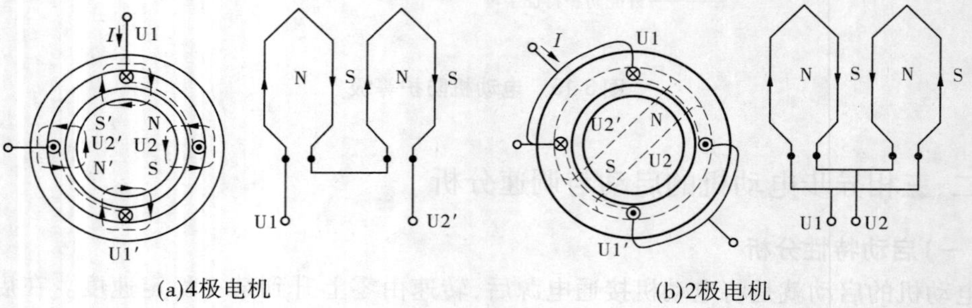

图 3-16 改变极对数的调速方法

图 3-16 中以 U 相绕组为例,图 3-16(a)为 4 极电机,图 3-16(b)为 2 极电机。这种调速方法,只能使电动机的转速成倍地变化,即变极调速,常见的双速电机就属于变极调速。双速电机在经济型数控机床中用得较多,如镗床、磨床、车床等。

2. 改变转差率 s

只要在绕线型异步电动机的转子回路中接入一个调速电阻,改变电阻大小,就改变了转子的电流和转矩,从而改变了转差率 s,可实现平滑调速。这种调速方法的优点是简单易行,常用在起重和运输等机械中;缺点是调速电阻能量损耗较大,机械特性软。

3. 改变供电电源频率 f

随着变频技术的发展,通过改变供电电源的频率 f 来改变电动机的转速(简称变频调速)得到了越来越多的应用。常用的变频调速装置结构框图如图 3-17 所示。它的工作原理如下:

图 3-17 变频调速装置结构框图

(1)基频以下调速:在基频以下调速时,只能使速度向低调。在调速过程中,必须配合着调节电源电压,否则电动机不能正常工作。从电动机的电动势电压平衡式 $U_1 \approx E_1 = 4.44 f_1 N \Phi_m$ 可知,当 f_1 下降时,如果 U_1 不变,势必使 Φ_m 增大,进而引起电动机磁路过饱和。所以,为了防止磁路过饱和,应使 Φ_m 保持不变,即应使 U_1/f_1 = 常数。这表明,在基频以下调速时,应保持 Φ_m 不变,使电动机定子电压随频率正比例变化。根据电磁转

矩公式 $T = K_T \Phi I_2 \cos\varphi_2$，可见这种调速属于恒转矩调速。

(2)基频以上调速：当频率上调时，也按比例升高电压是不行的。因为这样 U_1 将超过额定电压，由于受电动机绝缘等级的限制，可能会烧坏电动机。因此，频率上调时应保持电压不变，即 U_1 = 常数，这时 f_1 升高，Φ_m 下降，根据公式 $T = K_T \Phi I_2 \cos\varphi_2$ 和 $T = 9\ 550 P_N / n_N$，可知这种调速方式属恒功率调速。

三、三相异步电动机的选用

在生产上，三相异步电动机的使用非常广泛，正确地选择它的功率、种类、型式，以及正确选择它的保护电器和控制电器，是极为重要的。

(一)功率的选择

(1)连续运行电动机功率的选择：先计算出生产机械的功率，所选电动机的额定功率等于或稍大于生产机械的功率即可。

(2)短时运行电动机功率的选择：如机床中的夹紧电机、刀架电机、快速进给电机等都是短时运行的电动机。它们共同的特点是工作时间短，要求有一定的短时过载能力。通常要根据过载系数 λ 来选择短时运行电动机的功率。电动机的功率可以是生产机械要求的功率的 $1/\lambda$。

(二)种类和结构型式的选择

1. 种类的选择

选择电动机的种类是从交流或直流、机械特性、调速与启动性能、维护及价格等方面来考虑的。若没有特殊的要求，都应选择交流电动机，并尽可能选用笼型异步电动机。

绕线型异步电动机启动性能、调速性能较好，但价格贵，维护亦较不便，常用来作为起重机、卷扬机、锻压机及重型机床的横梁移动等不能采用笼型电动机的场合。

2. 结构型式的选择

电动机结构型式的选择应主要根据生产现场和工作环境。常见的结构类型如下：

(1)开启式：在构造上无特殊防护装置，用于干燥、无灰尘的场所，特点是通风良好。

(2)防护式：在机壳或端盖下面有通风罩，以防止杂物掉入。也有将外壳做成挡板状，以防止在一定角度内有雨水溅入。

(3)封闭式：电动机外壳严密封闭。电动机靠自身风扇或外部风扇冷却，并且外壳带有散热片。在灰尘多、潮湿或含有酸性气体的场所，可采用这种电动机。

(4)防爆式：整个电动机严密封闭，用于有爆炸性气体的场所，例如在矿井中。

此外，也要根据安装要求，采用不同的安装结构型式，如机座是否带底脚、端盖是否有凸缘。

(三)电压和转速的选择

1. 电压的选择

电动机电压等级的选择，要根据电动机的类型、功率及场所提供的电网电压来决定。我国企业提供的交流电压，低压为 380 V，高压一般为 3 000 V 和 6 000 V。Y 系列笼型电动机的额定电压为 380 V 一个等级。只有 100 kW 以上大功率异步电动机才用 3 000 V 或 6 000 V。

2. 转速的选择

电动机的转速应根据生产机械的要求来选定。但通常转速应不低于 500 r/min。因为当电动机的功率一定时,转速愈低,尺寸愈大,价格愈贵,而且效率也较低,此时就不如用一台高速电动机,再另配减速器来满足生产设备对速度的要求。异步电动机通常采用同步转速 n_0 = 1 500 r/min 的 4 极电机。

【任务实施】

使用电动机拆装工具和相关检测仪表拆装小型笼型异步电动机。

1. 拆装

(1)记录铭牌数据。

(2)拆卸:拆卸风扇或风罩、轴承和端盖,抽出转子。

(3)观察绕组形式,计算出绕组各数据。

(4)装配:与拆卸流程相反。

2. 装配后的检查

(1)机械检查,检查机械部件的装配质量。

①所有紧固螺钉是否拧紧。

②用手转动轴,查看转子转动是否灵活,有无扫膛,有无松动;轴承是否有杂声等。

(2)电气性能检查。

①直流电阻三相平衡。

②测量绕组的绝缘电阻,检测三相绕组每相对地的绝缘电阻和相间绝缘电阻,其阻值不得小于 0.5 MΩ。

③按铭牌接好电源线,在机壳上接好保护接地线,接通电源,用钳形电流表检测三相空载电流,看是否符合允许值。

(3)检查电动机温升是否正常,运转中有无异常响动。

任务四 单相异步电动机应用

【任务描述】

单相异步电动机常用于功率不大的电动工具(如电钻、搅拌机等)和众多的家用电器(如洗衣机、电冰箱、电风扇、抽油烟机等)。本任务介绍几种常用的单相异步电动机。

【任务目标】

知识目标:

了解常用的单相异步电动机的类型、结构特点。

技能目标:

能正确选用单相异步电动机。

【知识链接】

一、电容分相式异步电动机

图 3-18 所示的是电容分相式异步电动机。在它的定子中放置一个启动绕组 B,它与

工作绕组 A 在空间相隔 90°。绕组 B 与电容器串联，使两个绕阻中的电流在相位上近于相差 90°，这就是分相。这样，在空间相差 90°的两个绕组，分别通有在相位上相差 90°（或接近 90°）的两相电流，也能产生旋转磁场。设两相电流为

$$i_A = I_{Am}\sin\omega t$$
$$i_B = I_{Bm}\sin(\omega t + 90°)$$

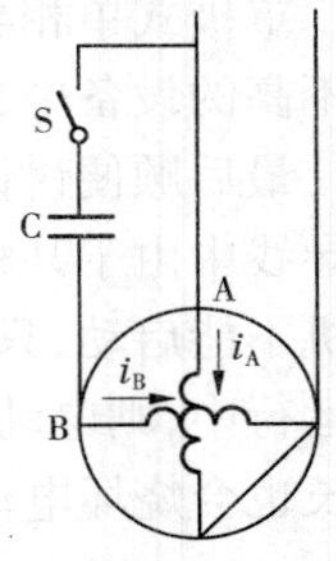

图 3-18　电容分相异步电动机

前面学习了三相电流是如何产生旋转磁场的，同理，两相电流所产生的旋转磁场也是在空间旋转的。在这个旋转磁场的作用下，电动机的转子就转动起来。在接近额定转速时，有的借助离心力的作用把启动开关断开（在启动时是靠弹簧使其闭合的），以切断启动绕组；有的采用启动继电器把它的吸引线圈串接在工作绕组的电路中。在启动时由于电流较大，继电器动作，其动合触点闭合，将启动绕组与电源接通。随着转速的升高，工作绕组中电流减小，当减小到一定值时，继电器复位，切断启动绕组。也有的在电动机运行时不切断启动绕组（或者仅切除部分电容）以提高功率因数和增大转矩。

除用电容来分相外，也可用电感和电阻来分相。工作绕组的电阻小、匝数多（电感大），启动绕组的电阻大、匝数小，以达到分相的目的。

改变电容器的串联位置（绕组 A 或绕组 B），就可改变旋转磁场的旋转方向，从而实现单相异步电动机反转。串联电容器的绕组电流比另一相绕组电流在相位上超前近 90°。洗衣机中的电动机就是由定时器的转换开关来实现这种自动切换的。

二、罩极式单相异步电动机

罩极式单相异步电动机的结构如图 3-19 所示。单相绕组绕在磁极上，在磁极的约 1/3部分套一短路铜环来引起移动磁场，如图 3-20 所示。

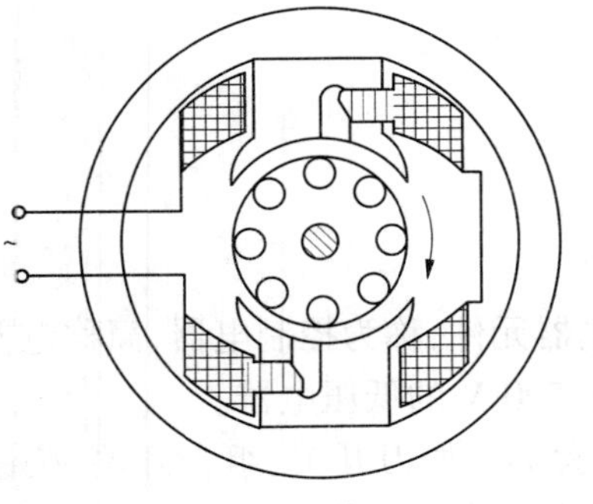

图 3-19　罩极式单相异步电动机的结构

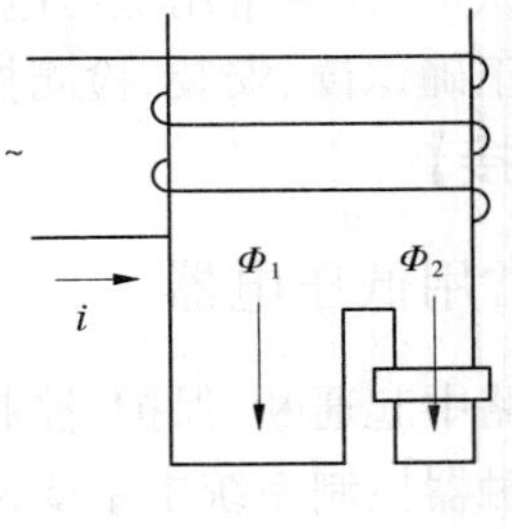

图 3-20　罩极式单相异步电动机的移动磁场

在图 3-20 中 Φ_1 是励磁电流 i 产生的一部分磁通，Φ_2 是励磁电流 i 产生的另一部分磁通（穿过短路铜环）和短路铜环中的感应电流所产生的磁通的合成磁通。由于短路环中的感应电流阻碍穿过短路环磁通的变化，Φ_1 和 Φ_2 之间产生相位差，Φ_2 滞后于 Φ_1 。当 Φ_1 达到最大值时，Φ_2 尚小；而当 Φ_1 减小时，Φ_2 才增大到最大值。这相当于在电动机内形成一个向被罩部分移动的磁场，它便使笼型转子产生转矩而启动。

罩极式单相异步电动机结构简单,工作可靠,但启动转矩较小,常用于对启动转矩要求不高的设备中,如风扇、吹风机等。

最后顺便讨论关于三相异步电动机的单相运行问题。三相异步电动机接到电源的三根导线中由于某种原因断开了一线,就成为电动机的单相运行。如果发生在启动时,则电动机不能启动,只听到"嗡嗡"声。这时电流很大,时间长了,电动机就会烧毁。如果发生在运行中,则电动机将继续转动。若此时还带动额定负载,则电流将超过额定电流,时间一长也会烧坏电动机。所以,三相异步电动机在使用时必须加有单相运行保护措施。

任务五 三相异步电动机继电接触器控制

【任务描述】

就现代机床或其他生产机械而言,它们的运动部件大多是由电动机带动的。因此,在生产过程中要对电动机进行自动控制,使生产机械部件的动作按顺序进行,保证生产过程和加工工艺满足预定要求。对电动机主要是控制它的启动、停止、正反转、调速、制动及顺序运行。

继电接触器控制电路是指由继电器、接触器、按钮等有触点的电器组成的控制电路,它是一种有触点的断续控制。任何复杂的控制电路,都是由一些元器件和单元电路组成的,因此本任务主要介绍常用控制电器及三相异步电动机常用控制线路。

【任务目标】

知识目标:

1. 了解常用低压电器的结构、工作原理及型号。
2. 理解三相异步电动机常用控制电路原理。

技能目标:

1. 会识别、检测常用低压电器元件。
2. 能正确识读、安装、检测控制电路。

【知识链接】

一、常用低压电器

在电路中起通断、保护、控制或调节作用的电器元件,称为控制电器,简称电器。在继电器-接触器控制系统中主要使用额定电压低于500 V的低压电器。

低压电器的种类繁多,可分为手动和自动两大类。如刀开关、组合开关、按钮等属于手动电器,而各种按指令、信号或某个物理量的变化而自动动作的电器,如低压断路器、接触器、继电器、行程开关等,则属于自动电器。

(一)开关电器

1. 刀开关和转换开关

刀开关和转换开关(QS)是常见的手动低压配电电器,用于接通或分断电路。

刀开关的结构、图形和符号如图3-21所示。由手柄、触刀、静插座和绝缘底板等组成。刀开关按极数分为单极、双极、三极;按转换方向分为单投和双投。

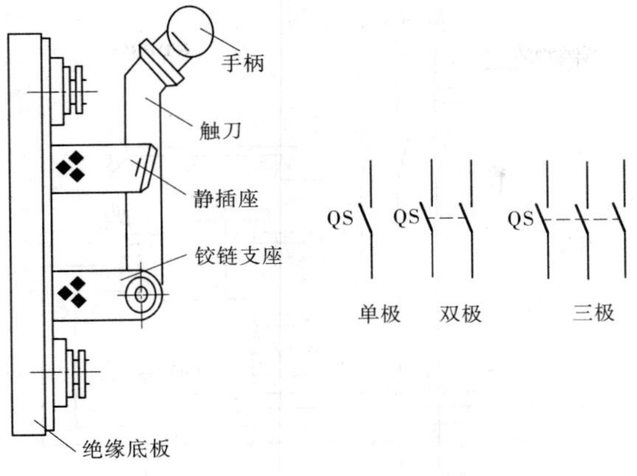

(a)　(b)

图 3-21　刀开关的结构、图形和文字符号

刀开关的额定电压通常为 250 V、500 V，额定电流为 10 ~ 500 A。用于控制电动机时，考虑到电动机较大的启动电流，其额定电流值应大于异步电动机额定电流的 3 倍。使用时应注意安全，只能手握绝缘手柄操作。

转换开关又称组合开关，它有多组成对的动触片和静触片，通过左右转动操作手柄，改变动触片和静触片的相应通断位置，实现电路的"通"与"断"。

转换开关是一种多极开关，组合性强，常用的有单极、双极、三极和四极等多种，额定电压通常为交流 380 V、直流 250 V 或 500 V，额定电流为 10 ~ 500 A。转换开关图形和文字符号如图 3-22 所示。

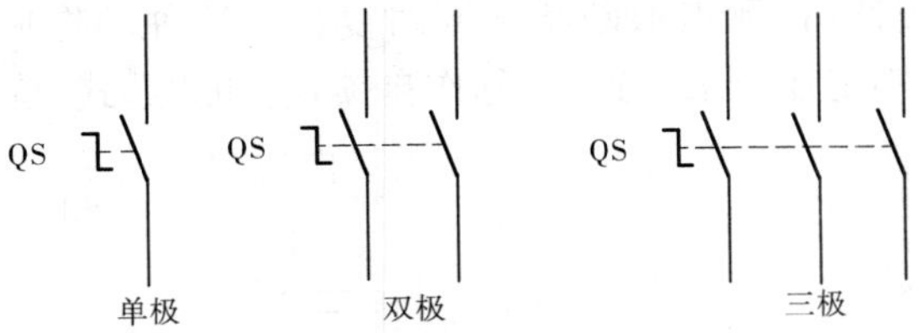

图 3-22　转换开关的图形、文字符号

2. 断路器

断路器俗称自动空气开关，用于低压配电电路不频繁的通断控制，在电路发生短路、过载或欠压等故障时，能自动切断电路，从而有效地保护用电设备。

断路器的种类繁多，按结构特点分为框架式（DW 系列）和塑料壳式（DZ 系列）等。图 3-23 是低压断路器的工作原理图。断路器的主触头是靠操作机构手动或电动合闸的，触头闭合后，自由脱扣器将触头锁在合闸位置上。当电路发生故障时，自由脱扣器在有关脱扣器的作用下脱扣跳闸，从而实现保护作用。其中，过流脱扣器（起短路保护）线圈和热脱扣器（起过载保护）热元件与主电路串联，失压脱扣器（起失压保护）线圈与电路并联。分励脱扣器作为远距离控制分断电路之用。

在选用低压断路器时，应考虑断路器的额定电压、额定电流、极数、脱扣器类型及其电

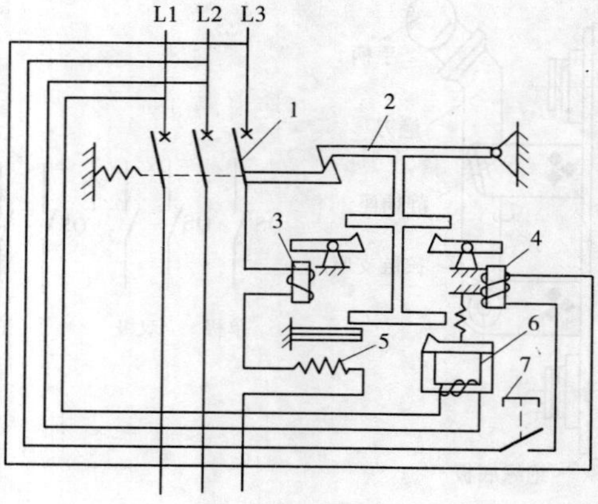

1—主触头;2—自由脱扣器;3—过流脱扣器;
4—分励脱扣器;5—热脱扣器;6—失压脱扣器;7—按钮

图 3-23 低压断路器的工作原理图

流整定范围、分断能力等技术指标。低压断路器的图形和文字符号如图 3-24 所示。

(二)主令电器

1. 按钮

按钮是一种主令电器,在控制系统中用于发布控制指令。其结构和符号如图 3-25 所示。按钮常用于接通、断开控制电路。其中,上面一对原来就由触桥(动触点)接通的静触点,称作常闭触点,也称作动断触点,而下面原来处于断开的一对静触点,称为常开触点,也称作动合触点。当按下按钮时,触桥随着推杆一起向下运动,从而使动断触点断开,动合触点闭合,松开按钮后,触点通断状况同时复位。这种动作形式的按钮称作自复位式;若松开手后,按钮锁定在原来位置,则称作自锁式,如钥匙式、旋转式等。

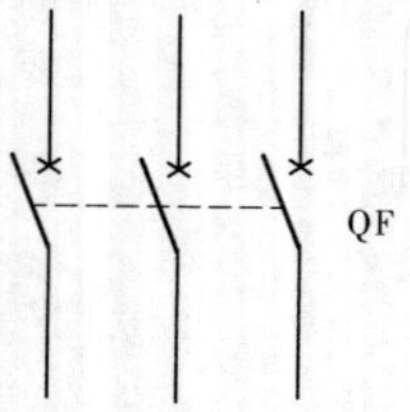

图 3-24 低压断路器的图形和文字符号

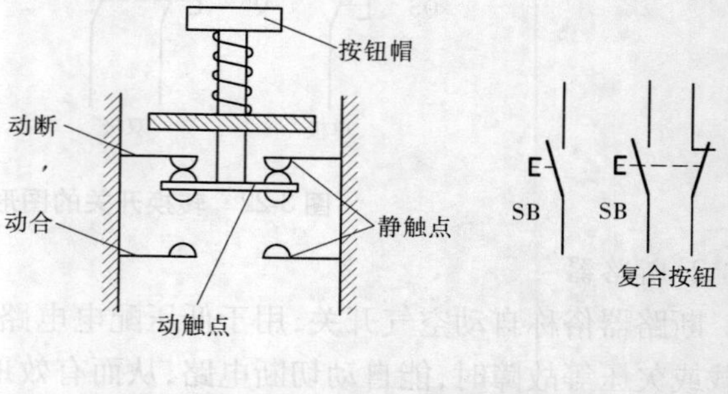

图 3-25 按钮的结构、图形和文字符号

目前常用的产品有 LA18、LA19、LA25、LAY3 等系列。其中,LAY3 采用组合式结构,可根据需要任意组合其触点数目,其结构形式有普通式、紧急式、钥匙式和旋转式等。

按钮帽有不同的颜色,一般用绿色表示启动按钮,红色表示停止按钮。

2. 行程开关

行程开关又称限位开关,是利用生产机械运动部件的撞块发出控制指令的主令电器。用来控制生产机械的运动方向、行程大小和位置保护,常见的有按钮式和滚轮式两种。

行程开关的结构可分为三部分:操作机构、触头系统和外壳,如图 3-26 所示。其图形和文字符号如图 3-27 所示。

目前,国内行程开关的品种、规格很多,常用的有 LXW5、LXW11、LX2、LX19、LX33 等。

行程开关在选用时,根据使用场合的不同,应满足额定电压、额定电流、复位方式和触点数量等方面的要求。

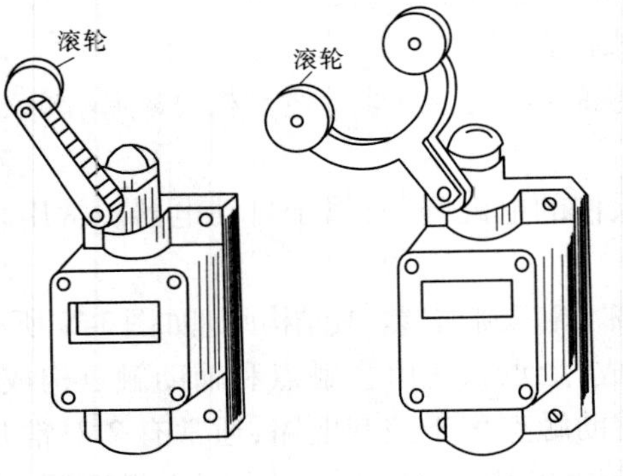

(a)单轮旋转式　(b)双轮旋转式

图 3-26　LX19 系列行程开关

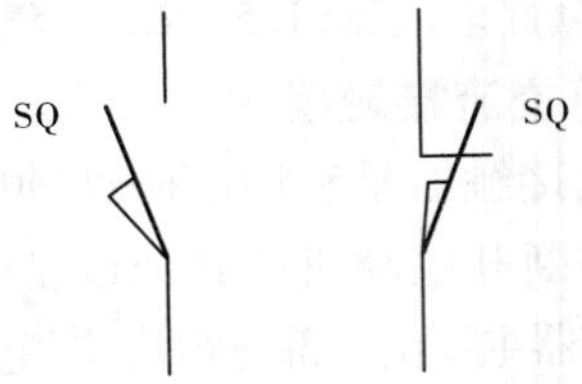

图 3-27　行程开关的图形和文字符号

(三)熔断器

熔断器是一种最简单有效的短路保护电器。当电路发生短路故障时能自动迅速地切断电源。常用的熔断器结构、类型和符号如图 3-28 所示。熔断器的核心部分是熔体(熔丝或熔片),用电阻率较高的易熔合金制成,如铅锡合金等;或用截面面积很小的良导体制成,如铜、银等。线路在正常工作情况下,熔断器中的熔体是线路的一部分,一旦发生短路或严重过载,熔体就应立即熔断。

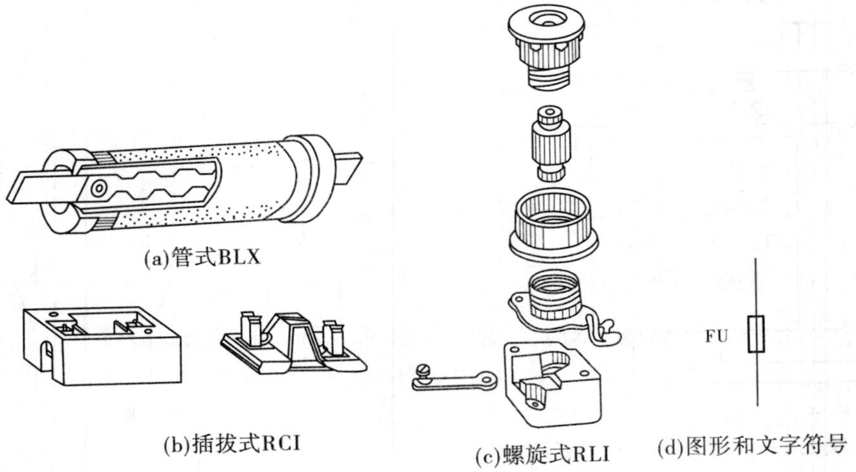

(a)管式BLX　(b)插拔式RCI　(c)螺旋式RLI　(d)图形和文字符号

图 3-28　熔断器的结构、图形和文字符号

目前的新型封闭管式熔断器 RT 系列,分为有填料、无填料和快速三种。

熔体额定电流的选择方法如下:

(1)电灯、电炉等无冲击电流负载的熔体,有

熔体的额定电流≥所有实际负载电流

(2)电动机负载线路的熔体,由于启动电流较大,为了避免启动瞬间烧断熔体,对不是频繁启动的单台电动机,一般取

熔体的额定电流≥(1.5~2.5)电动机的额定电流

(3)对多台电动机合用的熔体,则可按下式估算:

熔体的额定电流≥(1.5~2.5)容量最大的电动机的额定电流+其余电动机的额定电流之和

(四)交流接触器

交流接触器是利用电磁铁的电磁吸力来操作的电磁开关,属于自动电器。常用来频繁接通和断开电动机或其他设备的主电路。

接触器主要由三部分组成,即电磁系统、触点部分和灭弧装置。其结构原理如图 3-29 所示。

电磁系统由静铁芯、动铁芯和吸引线圈组成;触点系统由主触点和辅助触点构成,主触点用于通断主电路,通常有 3 对常开触点,辅助触点用于控制电路,通常有 2 对常开触点和 2 对常闭触点。当主触点分断时,会产生较大电弧,烧坏触点,并延长分断时间,严重时可能引起电源相间短路,因此接触器一般都有触点间绝缘隔层或灭弧罩。

在选用接触器时,注意主触点的额定电压、额定电流应与用电设备的额定电压和额定电流相符;线圈电压、触点数量以及操作频率则应根据实际需要选择。

常用的交流接触器有 CJ10、CJ20、CJ40(国产)和 3TB、3TD、3TF 系列(德国西门子公司),以及 LC1、LC2 系列(法国 TE 公司)等。

接触器的图形和文字符号如图 3-30 所示。

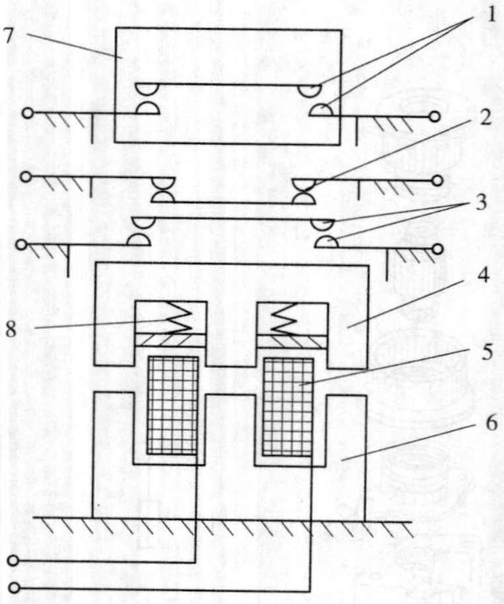

1—主触点;2—常闭辅助触点;3—常开辅助触点;
4—动铁芯;5—线圈;6—静铁芯;7—灭弧罩;8—弹簧

图 3-29　接触器结构图

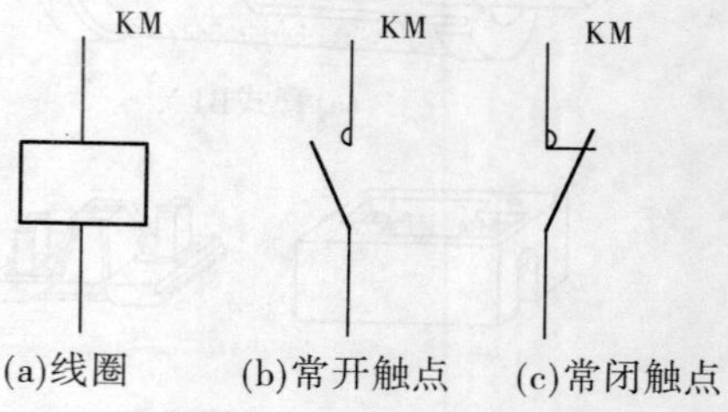

图 3-30　接触器的图形和文字符号

(五)中间继电器

中间继电器是一种用来转换控制信号的中间元件。通常用来传递信号和同时控制多个电路,也可直接用它来控制小容量的电动机或其他执行元件。常在其他继电器的触点数量和容量不够时,作扩展之用。

中间继电器的结构和交流接触器基本相同,只是电磁系统较小,触点多些。常用的中间继电器有 JZ7 系列(交流用)和 JZ8 系列(交、直流两用),触点的数量为 4 对动合触点、4 对动断触点,也可根据需要选择触点的形式,触点的额定电流均为 5 A。选用时还应考虑它们的线圈电压等级。

中间继电器的图形和文字符号如图 3-31所示。

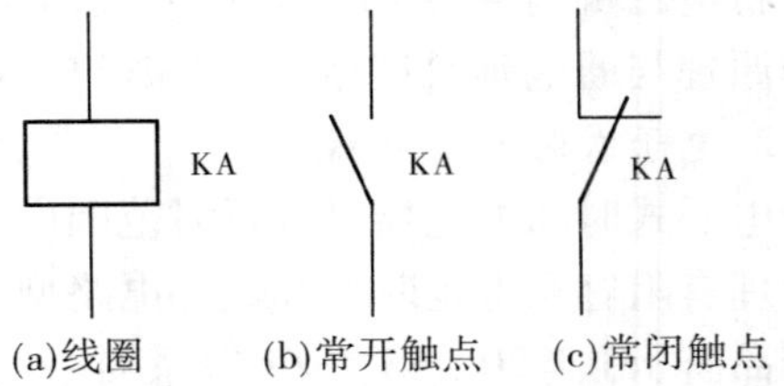

图 3-31 中间继电器的图形和文字符号

(六)时间继电器

时间继电器是一种触点延时接通或断开的控制电器,按其工作原理和结构的不同,分为电磁式、空气阻尼式、晶体管式和电子式等类型。在对时间精度要求不高的场合一般采用空气阻尼式。目前,电子式时间继电器获得了越来越广泛的应用。

1. 空气阻尼式时间继电器

空气阻尼式时间继电器,是利用空气的阻尼作用而延时的,有通电延时和断电延时两种类型,其型号分别为 JS7 - A 和 JS7 - N 系列。图 3-32 是 JS7 系列时间继电器动作原理图,主要由电磁系统、延时机构和触点三部分构成。其工作原理如下:

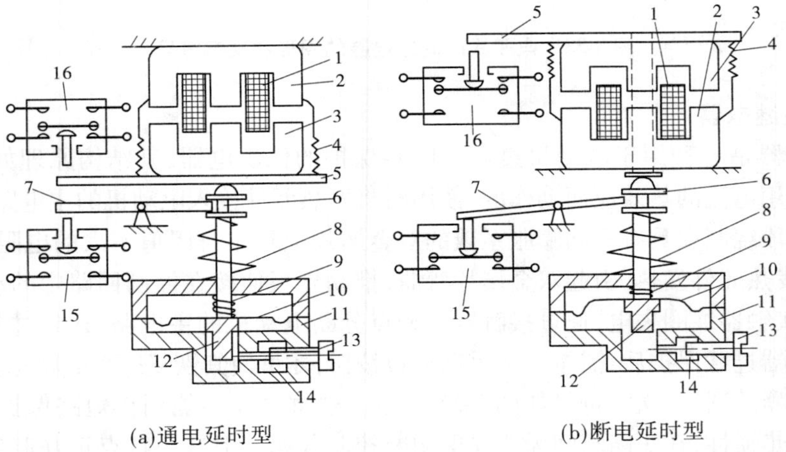

1—线圈;2—铁芯;3—衔铁;4—复位弹簧;5—推板;6—活塞杆;
7—杠杆;8—塔形弹簧;9—弱弹簧;10—橡皮膜;11—空气室壁;
12—活塞;13—调节螺杆;14—进气孔;15、16—微动开关

图 3-32 JS7 系列时间继电器动作原理图

在图 3-32(a)中,当线圈 1 通电后,衔铁 3 吸合,微动开关 16 立即动作,活塞杆 6 在塔形弹簧 8 的作用下,带动活塞 12 及橡皮膜 10 向上移动,但由于橡皮膜下方空气室内空气稀薄,形成负压,活塞杆不能迅速上移,当空气由进气孔 14 进入时,活塞杆才逐渐上移,其移动速度由进气孔大小而定,可通过调节螺杆 13 进行调整。活塞杆移至最上端时,杠杆 7 压动微动开关 15 动作。可见延时时间即为从电磁线圈得电到微动开关 15 动作的这段时间。

当线圈 1 断电后时,衔铁 3 在复位弹簧 4 的作用下释放,将活塞 12 推向下端,这时橡皮膜 10 下方空气室内的空气通过橡皮膜 10、弱弹簧 9 和活塞 12 肩部所形成的单向阀,从橡皮膜上方的空气室缝隙中顺利排掉,微动开关 15、16 迅速复位。

将电磁机构翻转 180°安装,可得到如图 3-32(b)所示的断电延时型时间继电器。其工作原理与通电延时型相似,大家可自行分析。

2. 电子式时间继电器

电子式时间继电器具有延时范围广、时间精度高、调节方便、使用寿命长等优点,按延时原理有阻容充电延时型和数字电路型,按输出形式分类有有触点式和无触点式。常用的产品有 JSJ、JS20、JSS、JSZ7 等系列。

电子式时间继电器的图形和文字符号如图 3-33 所示。时间继电器在选用时应根据控制要求选择线圈的额定电压等级、延时形式、延时范围和精度等。

图 3-33　电子式时间继电器的图形和文字符号

(七)热继电器

热继电器是一种用于电动机过载和断相保护的保护电器,其结构原理如图 3-34 所示。它是利用电流的热效应而动作的,使用时将发热元件接入电动机的主电路中,由于发热元件是一段绕制在具有不同膨胀系数的双金属片上且本身阻值不大的电阻丝,当电动机过载时,发热元件发热,引起双金属片弯曲,推动导板使接在控制回路中的动断触点分断,从而使接触器线圈失电,通过接触器主触点分断电动机的主电路,达到过载保护的目的。热继电器过载保护后,需按一下手动复位按钮,才可使其恢复原来的状态。

热继电器的图形、文字符号如图 3-35 所示。热继电器不能用作短路保护,这是由于双金属片的热惯性,在短路瞬间无法立即切断控制线路。但这一特点正好避免了电动机启动瞬间电流较大和短时过载而引起不必要的停车。

常用热继电器类型有 JR10、JR16、3UA、LR1 等系列。选用时主要考虑热继电器的整定电流应与电动机的额定电流基本一致,整定电流在一定范围内是可以设定的。

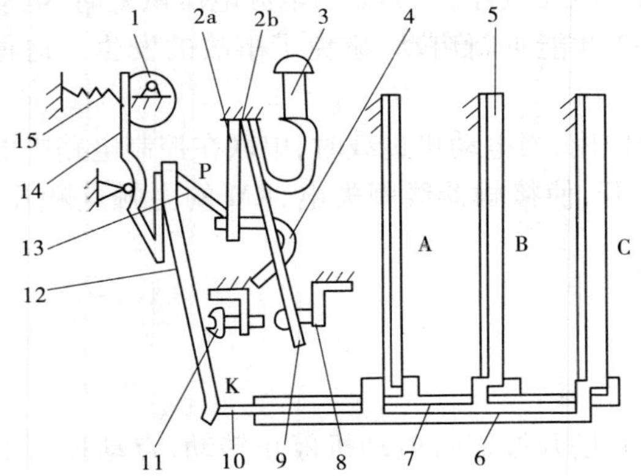

1—电流调节凸轮;2a、2b—簧片;3—手动复位按钮;4—弓簧;
5—主双金属片;6—外导板;7—内导板;8—常闭静触头;
9—动触头;10—杠杆;11—复位调节螺钉;12—补偿双金属片;
13—推杆;14—连杆;15—压簧

图 3-34　JR16 系列热继电器结构原理图

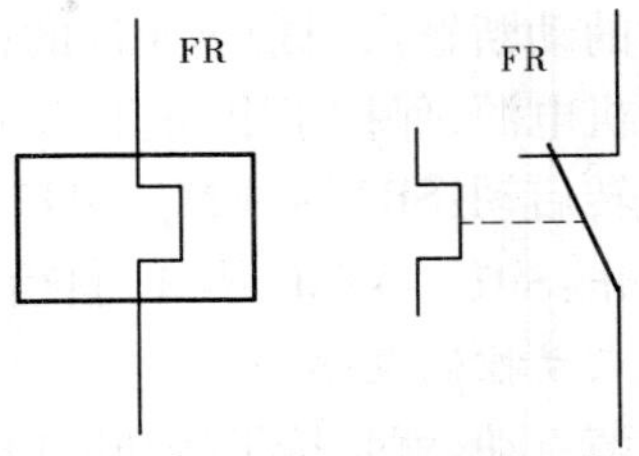

(a)热元件　(b)常闭触点

图 3-35　热继电器的图形、文字符号

二、笼型异步电动机控制

(一)直接启动控制电路

直接启动即全压启动。启动时,把电动机的定子绕组直接接入电网,加上额定电压,这种启动方法简单、方便、经济。一般来说,电动机的容量不大于直接供电变压器容量的20% ~30% ,都可以直接启动。

1. 长动控制电路

如图 3-36 所示,该线路是具有短路保护的长动控制电路,同时具有失压保护和过载保护,一旦启动,三相电源直接加在电动机三相定子绕组上。

启动时,按下启动按钮 SB2,接触器 KM 线圈得电,一方面使主触点闭合,电动机得电运转,同时与 SB2 并联的接触器的辅助常开触点 KM 闭合,这样即使按钮 SB2 释放,接触器的线圈仍然得电,使电动机保持运转。这种依靠接触器自身的辅助常开触点使其线圈保持通电的作用称为自锁。

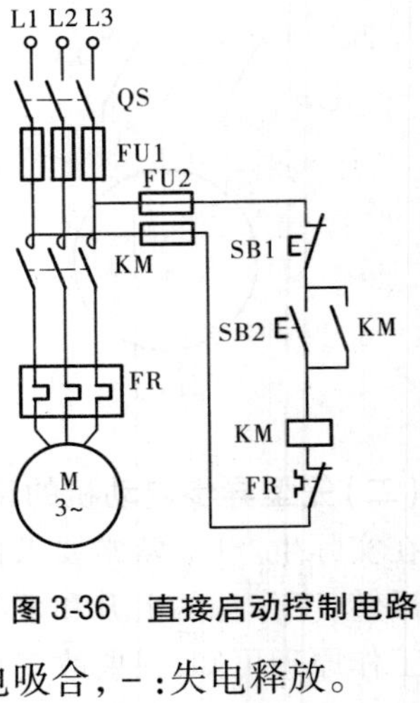

图 3-36　直接启动控制电路

要使电动机停止工作,只要按下停止按钮 SB1 即可。工作原理符号法表示为:这里 ± 号的含义对于机械动作,+:压合动作,-:松开动作;对于电磁线圈,+:得电吸合,-:失电释放。

启动:$SB2^{+} \rightarrow KM^{+}_{自} \rightarrow M^{+}$ 长动。

停止:$SB1^{+} \rightarrow KM^{-} \rightarrow M^{-}$ 自由停车。

如果因电源暂时停电使处在运转状态的电动机停转，那么当电源电压恢复时，电动机不会自行启动，仍然需要按下启动按钮 SB2 才能重新启动，避免了事故的发生。这种作用称作失压保护。

图 3-36 中的热继电器 FR 起过载保护作用，当电动机过载时，串联在控制电路中的热继电器的动断触点因发热元件的推动而断开，使接触器线圈失电，KM 的主触点断开，切断电动机电源，保护了电动机。

正转启动：SB2^{+}→KM$^{+}_{自}$→M^{+}长动。

停止：SB1^{+}→KM^{-}→M^{-}自由停车。

2. 点动控制电路

所谓点动，就是按下按钮时电动机转动，松开按钮时电动机停止转动，点动控制多用于机床刀架、横梁等的快速移动或生产机械的调整。

图 3-37 列出了两种常用的点动控制电路。其中，图 3-37（a）是最基本的点动控制线路。按下启动按钮 SB2 时，接触器 KM1 线圈得电吸合，使得接触器动合主触点闭合，从而将三相电源加到电动机定子绕组上，电动机启动。工作原理符号法表示为：SB2$^{\pm}$→KM$_{1}^{\pm}$→M$_{2}^{\pm}$点动。有时要求控制电路既能实现点动，又能实现长动，图 3-37（b）就是这样的电路，大家可自行分析其工作情况。

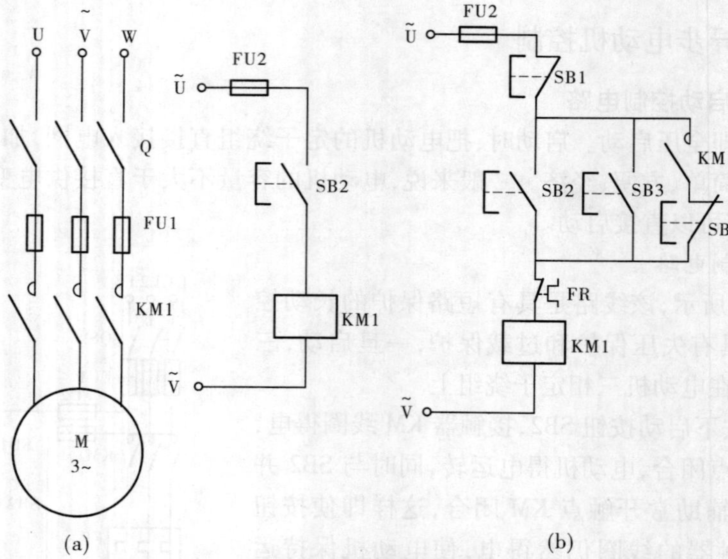

图 3-37　点动控制电路

（二）笼型异步电动机的正反转控制

在实际生产中，常常要求机械的运动部件具有正反两个方向的运动。例如，机床主轴的正反转，工作台的上升和下降，输送带的前进与后退等。要使电动机实现正反转，由电动机工作原理可知，只要改变相序，即只要将电源的任意两根连线互换，即可实现电动机转向的改变。按照电动机可逆运行操作顺序的不同，有“正—停—反”和“正—反—停”两种控制电路。

1. 电动机的“正—停—反”控制电路

图 3-38 为电动机的正反转控制电路。从主电路可以看出，使用两个交流接触器，当接触器 KM1 合上时，电动机正转；当接触器 KM2 合上时，电动机反转。

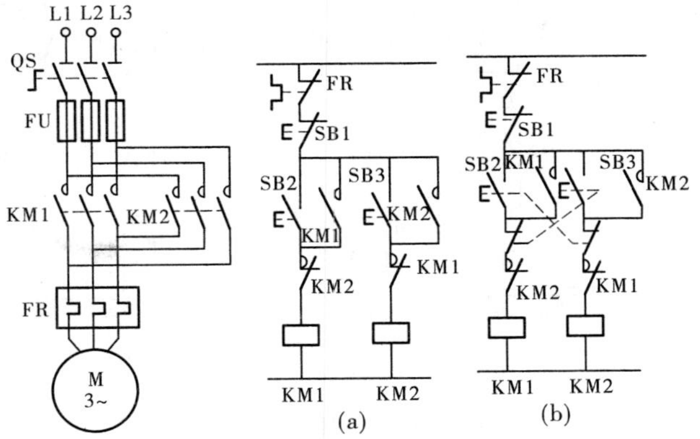

图 3-38　正反转控制电路

若 KM1、KM2 两个接触器同时工作，将引起电源短路。所以，对正反转控制线路的最根本要求是必须保证两个接触器不能同时工作。这种在同一时间里两个接触器只允许一个工作的控制要求称为互锁。

为了实现互锁要求，只要将正转接触器的辅助常闭触点串入反转接触器的线圈电路中，而将反转接触器的辅助常闭触点串入正转接触器的线圈电路中即可。这两个常闭触点称为联锁触点，而这种互锁称为电气联锁。结果，当启动电动机正转后，KM1 的辅助常闭触点断开了反转线圈线路，即使误按反转启动按钮 SB3，反转接触器 KM2 也不可能得电，这就保证了电源不会短路。同样道理，若先启动了反转，则封锁了正转的线圈线路。

如图 3-38(a)所示电路作正反转操作时，每次切换转向必须先停车，所以它是“正—停—反”控制电路。正转启动的符号法工作原理描述如下：(反转启动过程与此类似)

正转启动：$SB2^{+} \rightarrow KM1^{+}_{自} \rightarrow M^{+}$ 正转。

停止：$SB1^{+} \rightarrow KM1^{-} \rightarrow M^{-}$ 自由停车。

2. 电动机的“正—反—停”控制电路

为了提高生产效率，减少辅助时间，要求直接实现正反转的控制。这就要求在实现反转时，必须先切断正转线路，反之亦然，为此采用两只复合式按钮即可实现。这种用按钮实现互锁的作用，称为机械互锁。控制电路如图 3-38(b)所示。其符号法工作原理描述如下：

正转启动：$SB2^{+} \rightarrow KM1^{+}_{自} \rightarrow M$ 正转。

反转时：$SB3^{+} \rightarrow KM1^{-} \rightarrow KM1$ 互锁触头闭合 $\rightarrow KM2^{+} \rightarrow M$ 反转。

(三)行程控制

行程控制是指控制生产机械的运动行程、终端位置，实现自动停车或自动往返的控制目的，它用到的主要控制器件是行程开关。常用的行程控制电路有限位停车和自动往返，如图 3-39 所示。

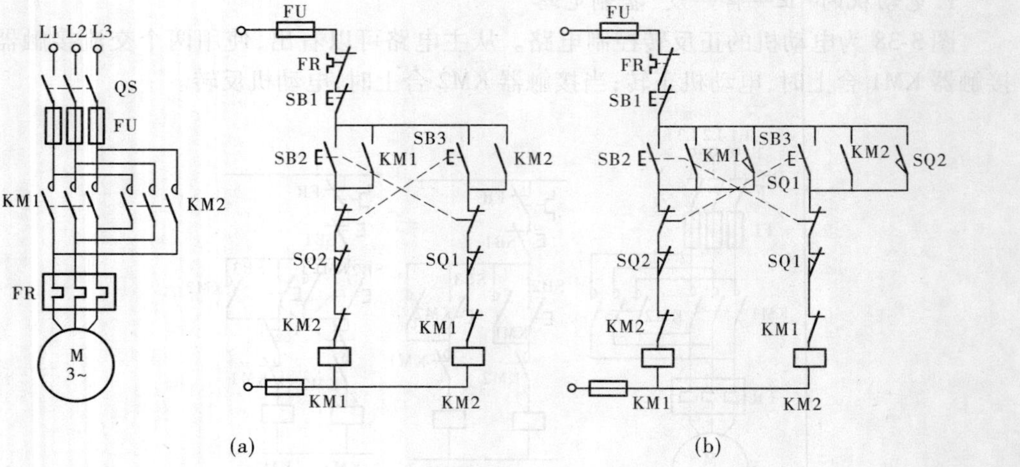

图 3-39　行程控制电路

如图 3-39(a)所示，按下启动按钮 SB2 或 SB3，小车前进或后退，前进至行程开关 SQ2 或后退至行程开关 SQ1 时，行程开关的常闭触点断开，使接触器线圈失电，电动机停转，小车停止前进或后退，实现了限位停车。如图 3-39(b)所示，按下启动按钮 SB2 或 SB3，小车前进或后退，到达限位时，限位开关的常闭触点切断自身的控制电路，同时其常开触点接通反向的控制电路，从而实现了小车的自动往返运动。需要停车时，按下停止按钮 SB1 即可。

(四)时间控制

电气控制系统按时间原则进行控制的应用极其广泛。时间继电器是时间控制电路的基本电器。利用时间控制原则可实现电动机的降压启动和制动过程的自动控制、自动间歇和各种动作在时间顺序上的要求。下面举例分析 Y—△降压启动控制电路。

Y—△降压启动控制电路适合于笼型三相异步电动机的轻载或空载启动。正常运行时接成三角形的笼型三相异步电动机可采用 Y—△降压启动，以达到限制启动电流的目的。

电动机启动时，定子绕组接成星形，待转速上升至接近额定转速时，再将定子绕组的接线换接成三角形，电动机便进入全压运行状态。其控制电路如图 3- 40 所示。

从主电路分析，当接触器 KM1 和 KM2 主触点同时闭合时，定子绕组接成星形；当接触器 KM1 和 KM3 主触点同时闭合时，定子绕组接成三角形。

控制电路启动过程分析如下：

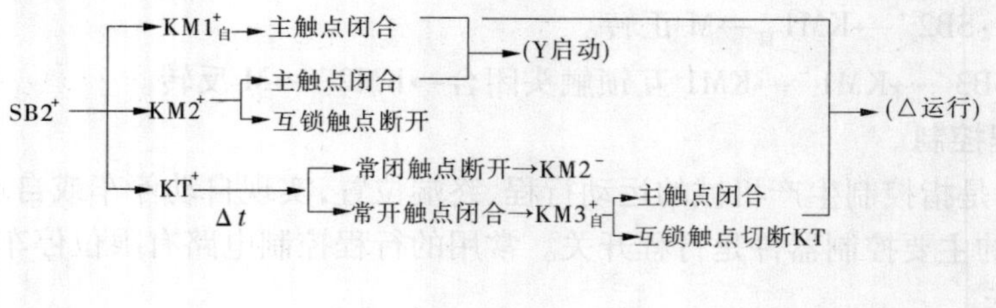

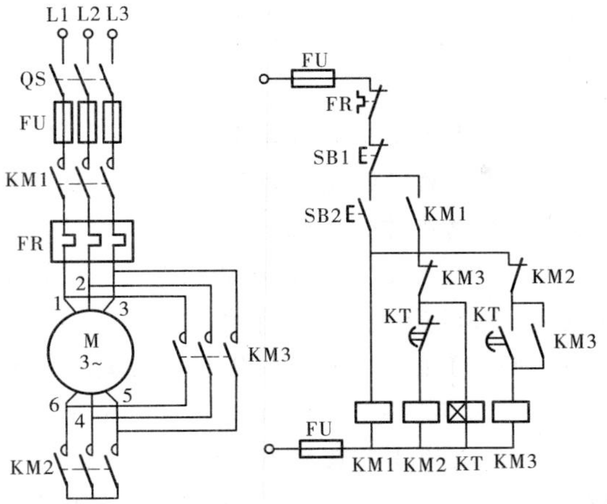

图 3-40　Y—△降压启动控制电路

【任务实施】

1. 三相笼型异步电动机的点动、长动控制的安装

(1)用万用表检查各电器元件的质量好坏。

(2)按点动控制电路(不接 KM 的常开辅助触点)正确连接接线,先接主电路,再接控制电路。

(3)自己检查无误,并经老师检查无误,再进行通电试验。

(4)合上断路器,按下或松开启动按钮,观察电动机的运行情况。

(5)按长动控制电路(接上 KM 的常开辅助触点)正确连接接线。

(6)用启动按钮和停止按钮操作电动机的启动与停止。

(7)比较两种控制线路的区别,并说明它们分别适用的场合。

2. 三相笼型异步电动机的正反转控制的安装

(1)用万用表检查各电器元件的质量好坏。

(2)正确连接正—停—反电路,先接主电路,再接控制电路。

(3)自己检查无误,并经老师检查无误后,再进行通电试验。

(4)按下正转启动按钮,待电动机正常运转后,按下反转启动按钮,观察电动机是否反转。

(5)按下正转启动按钮,待电动机正常运转后,按下正转停止按钮,再按下反转启动按钮,观察电动机是否反转,为什么?

(6)主电路接线不动,拆除控制电路接线,按正—反—停控制电路接线。

(7)操作正反转的启动和停止按钮,观察电动机的运转情况。

(8)若试验过程中出现不正常情况,应立即切断电源,分析并查找故障原因,直至排除故障。

项目检测

3-1　说明三相异步电动机的结构和工作原理。

3-2　三相笼型异步电动机在额定状态附近运行，当：①负载增大；②电压升高；③频率增高时，试分别说明其转速和电流作何变化。

3-3　有一台四极三相异步电动机，电源电压的频率为 50 Hz，满载时电动机的转差率为 0.02。求电动机的同步转速、转子转速和转子电流频率。

3-4　一台三相异步电动机的额定转速为 720 r/min，试问电动机的同步转速是多少？有几对磁极？

3-5　已知某三相异步电动机的技术数据为：$P_N = 2.8$ kW，$U_N = 220$ V/380 V，$I_N = 10$ A/5.8 A，$n_N = 2\,890$ r/min，$\cos\varphi_N = 0.89$，$f_1 = 50$ Hz。试求：

(1) 电动机的磁极对数 p。

(2) 额定转矩 T_N 和额定效率 η_N。

3-6　一台三相异步电动机的铭牌数据如表 3-4 所示。

表 3-4

额定功率 P_N(kW)	接线	额定电压 U(V)	额定转速 n_N(r/min)	额定效率 η_N(%)	$\cos\varphi_N$	I_{st}/I_N	T_{st}/T_N	T_m/T_N
10	△	380	1 450	0.86	0.88	6.5	1.4	2.0

电源频率为 50 Hz。试求：

(1) 额定状态下的转差率 s_N、电流 I_N 和转矩 T_N。

(2) 启动电流 I_{st}、启动转矩 T_{st}、最大转矩 T_m。

3-7　为什么说接触器控制的电动机具有失压保护作用？

3-8　有两台异步电动机，试设计一控制线路满足以下要求：①独立操作；②同时启动，同时停车；③一台过载，均停车。

3-9　试设计两台笼型异步电动机 M1、M2 的顺序控制电路，要求 M2 启动后，才能用按钮启动 M1。停止时要求先停止 M1 后，M2 才能用按钮停车。

3-10　试设计两台笼型异步电动机 M1、M2 的控制电路，要求 M2 启动 5 s 后，M1 自行启动。停止时，要求 M1 停止 6 s 后，M2 停车。

项目四　模拟电子线路分析与测试

电子技术由模拟电子技术和数字电子技术两部分构成，两者的区别在于所处理的信号不同。前者处理的信号在时间上或数值上是连续变化的，如温度和速度等，这类信号称为模拟信号，相应的电路称为模拟电路，如电炉箱恒温自动控制系统（炉温测量电路、电压放大电路、功率放大电路等）。而数字电子技术所处理的信号在时间和数值上都是不连续的，即所谓离散的，如自动计数生产线，每来一件产品，就发出一个脉冲，自动计数，这类信号称为数字信号，相应的电路称为数字电路。本项目讨论模拟电子电路的分析与测试方法。

本项目完成以下任务：

（1）常用半导体元件测试。

（2）基本放大电路分析与测试。

（3）集成运算放大电路分析与测试。

（4）直流稳压电源电路分析与测试。

任务一　常用半导体元件测试

【任务描述】

二极管和晶体管是最常用的半导体器件。它们的基本结构、工作原理、特性和参数是学习电子技术和分析电子电路必不可少的基础，而 PN 结又是构成各种半导体器件的共同基础。因此，本任务由讨论半导体的导电特性和 PN 结的单向导电性开始，介绍二极管和晶体管，掌握晶体管的特性和测试方法。

【任务目标】

知识目标：

1. 理解半导体材料的结构特征和导电特性，掌握 PN 结的形成原理和导电特性。

2. 理解二极管的伏安特性曲线及其应用，了解三极管的结构、主要参数及其电流放大作用。

3. 了解场效应管的结构、类型和电压控制作用。

能力目标：

1. 学会二极管和三极管的类型、极性判断，以及二极管和三极管质量的测试。

2. 学会使用示波器、晶体管特性图示仪等电子测量仪器。

【知识链接】

一、二极管

(一)半导体概述

自然界中的各种物质就导电能力来说,可以划分为导体、绝缘体和半导体三大类。导电能力介于导体和绝缘体之间的物质称为半导体。它具有光敏性、热敏性和掺杂性。利用光敏性可制成光电二极管、光电三极管和光敏电阻;利用热敏性可制成各种热敏元件;利用掺杂性可制成二极管、晶体管(三极管)、场效应管等。

1. 本征半导体

常用的半导体材料是单晶硅(Si)和单晶锗(Ge)。所谓单晶,是指整块晶体中的原子按照一定规律整齐地排列着的晶体。非常纯净的半导体单晶称为本征半导体。

1)本征半导体的共价键结构

半导体硅和锗都是四价元素,在原子结构中最外层轨道上有 4 个价电子。每个原子的 4 个价电子不仅受自身原子核的束缚,同时还受到相邻原子核的吸引。因此,每个价电子不仅围绕自身原子核运动,同时也出现在相邻原子核的轨道上,为两个原子所共有。于是两个相邻的原子共有一对价电子,形成共价键结构,如图 4-1 所示。在共价键结构中,每个原子都和周围 4 个原子用共价键的形式互相紧密地联系在一起。

2)本征半导体的导电特性

物质内部运载电荷的粒子称为载流子,物质的导电能力取决于载流子的数目。本征半导体在热力学温度零度(0 K,相当于 -273 ℃)时,价电子摆脱不了共价键的束缚,不能成为自由电子。本征半导体内没有载流子,所以不能导电,相当于绝缘体。

温度升高或受光照时,将有部分价电子从外界获得一定的能量,以克服共价键的束缚而成为自由电子,同时在原来共价键的位置上留下一个空位,这种空位称为空穴,如图 4-2 所示。当共价键中出现空穴时,相邻原子的价电子比较容易进来填补,在这个价电子原来的位置上又留下了新的空穴,这个空穴又可被相邻原子的价电子填补,再次出现空穴。从效果上看,这种价电子的填补运动,相当于带正电荷的空穴在运动一样,其运动方向与价电子的填补运动方向相反。为了与自由电子的运动区别开来,称为空穴运动,并将空穴看

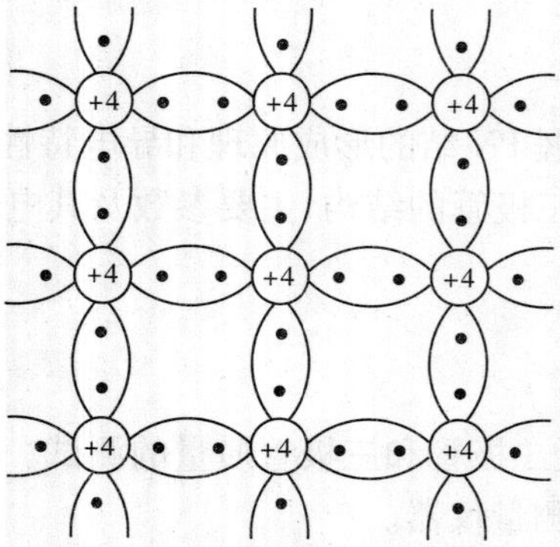

图 4-1 硅和锗的共价键结构

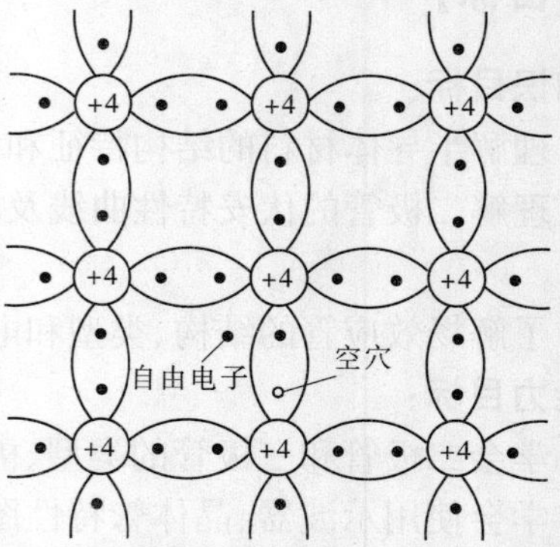

图 4-2 本征激发产生的电子 - 空穴对

成带正电的载流子。

上述分析表明，半导体中存在两种载流子：带负电的自由电子和带正电的空穴。在外电场的作用下，两种载流子的运动方向相反，而形成的电流方向相同。

在本征半导体中，自由电子和空穴总是成对出现的，即电子－空穴对，我们把本征半导体在受激（热或光照）作用下产生电子－空穴对的现象称为本征激发。在任何情况下，本征半导体中的自由电子和空穴的数量都是相等的。

半导体中的价电子受激产生电子－空穴对，而自由电子在运动过程中，又会遇到空穴，并与空穴相结合而消失，这一过程称为复合。

由于物质运动，半导体中的电子－空穴对总是不断地产生，又总是不断地复合，在一定温度下，电子－空穴对的产生与复合最终达到动态平衡，使电子－空穴对的浓度一定。可以证明，在半导体材料确定后，本征半导体中载流子浓度与温度有关，随着温度的升高，基本上按指数规律增加。常温下载流子的浓度很低，其导电能力很弱。

2. 杂质半导体

本征半导体没有导电能力，但是如果在本征半导体中掺入某种特定的杂质，成为杂质半导体后，其导电性能将发生显著变化。根据掺入杂质的不同，可分为 N 型半导体和 P 型半导体。

1）N 型半导体

在本征半导体硅（或锗）中掺入微量的五价元素（如磷），磷原子会取代原来晶格中的某些硅（或锗）原子，如图 4-3 所示。由于掺入微量的磷原子，因此整个晶体的结构基本不变。五价的磷原子同相邻四个硅（或锗）原子组成共价键时，有一个多余的价电子不能构成共价键，这个价电子就变成了自由电子。尽管只加入了微量的磷原子，但磷原子的个数却很多。因而，形成的自由电子数目很大。在掺磷后的硅（或锗）晶体中同样也有本征激发产生的电子－空穴对，但数量很少，因此自由电子数远大于空穴数，成为多数载流子（简称多子），空穴则为少数载流子（简称少子）。导电以自由电子为主，故此类杂质半导体称为电子型半导体或 N 型半导体。

2）P 型半导体

在本征半导体硅（或锗）中掺入微量的三价元素（如硼或铟），此类三价的杂质原子同相邻的四个硅（或锗）原子组成共价键时，由于缺少一个价电子而形成空穴，如图 4-4 所示。而本征激发产生的电子－空穴对数量很少，所以空穴的数量远大于自由电子的数量，空穴成为多数载流子（简称多子），自由电子为少数载流子（简称少子）。导电以空穴为主，故此类杂质半导体称为空穴型半导体或 P 型半导体。

在杂质半导体中，少子的浓度远小于多子的浓度，少子的浓度虽然很低，但受温度影响较大，此为半导体器件性能不稳定的原因所在。多子的浓度基本上不受温度的影响，主要取决于掺入的杂质的浓度，尽管杂质含量甚微，但对半导体的导电能力却有很大影响。不同掺杂浓度的 P 型半导体和 N 型半导体的不同组合可制成各类性质完全不同的半导体器件。

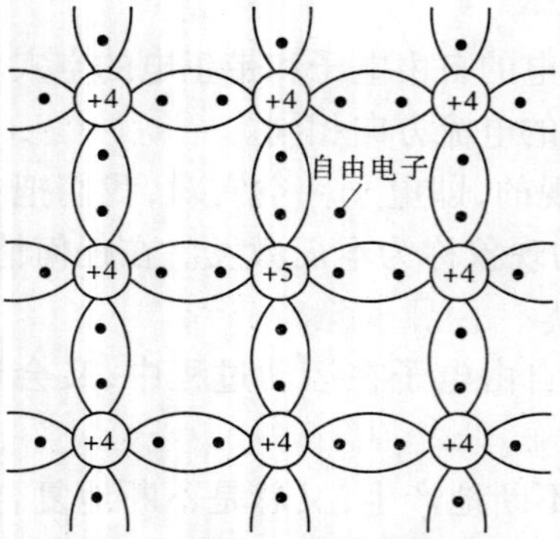

图 4-3　N 型半导体共价键结构

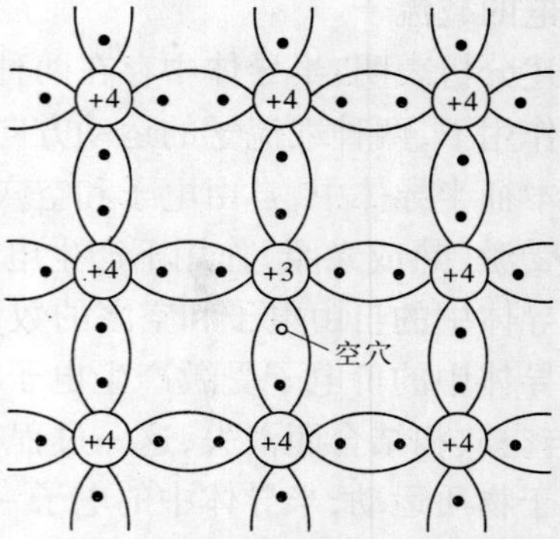

图 4-4　P 型半导体共价键结构

(二)PN 结及其单向导电性

1. PN 结的形成

在一块完整的晶片上,通过一定的掺杂工艺使其一边形成 N 型半导体(N 区),另一边形成 P 型半导体(P 区)。无论是 N 区还是 P 区,从总体上看,仍然保持着中性。为简单起见,通常只画出其中的正离子和等量的自由电子(多子)来表示 N 型半导体;只画出负离子和等量的空穴(多子)来表示 P 型半导体,如图 4-5 (a) 所示。在 P 区和 N 区交界面的两侧明显地存在着两种载流子的浓度差。因此,P 区的空穴向 N 区扩散,与 N 区界面附近的自由电子复合而消失,同样 N 区的自由电子向 P 区扩散,与 P 区界面附近的空穴复合而消失。P 区一侧因失去空穴而留下不能移动的负离子,N 区一侧因失去自由电子而留下不能移动的正离子,这样在交界面两侧出现了由不能移动的正、负离子组成的空间电荷区,如图 4-5 (b) 所示,因而形成了一个由 N 区指向 P 区的内电场。内电场的建立阻碍了多子的继续扩散,而在内电场的作用下,N 区的少子空穴向 P 区运动,P 区的少子自由电子向 N 区运动,这种在内电场的作用下载流子的定向运动称为漂移运动。少子的漂移运动方向与多子的扩散运动方向相反。当少子的漂移运动与多子的扩散运动达到动态平衡时,将形成稳定的空间电荷区,称为 PN 结。由于空间电荷区内缺少载流子,所以空间电荷区又称为耗尽层或高阻区。

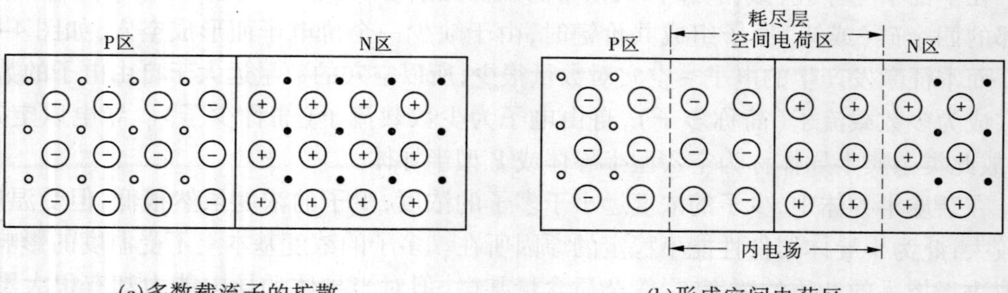

(a)多数载流子的扩散　　(b)形成空间电荷区

图 4-5　PN 结的形成

2. PN 结的单向导电性

在 PN 结两端外加电压,即给 PN 结以偏置电压,将打破原来的动态平衡,使 PN 结呈现出单向导电性。

1)PN 结正向偏置

给 PN 结加正向偏置电压，即 P 区接电路的高电位(如电源正极)，N 区接电路的低电位(如电源负极)，此时称 PN 结为正向偏置(简称正偏)，如图 4-6 所示。

PN 结正偏时，由于外电场的方向与 PN 结中内电场的方向相反，削弱了内电场，使 PN 结变窄，有利于多数载流子的扩散运动，形成一个较大的正向电流 I，其方向在 PN 结中是从 P 区流向 N 区的。此时 PN 结处于正向导通状态。

正向偏置时，只要在 PN 结两端加上一个很小的正向电压，即可得到较大的正向电流。为防止回路中电流过大，一般可串入一个电阻 R。

2)PN 结反向偏置

给 PN 结加反向偏置电压，即 N 区接电路的高电位(如电源正极)，P 区接电路的低电位(如电源负极)，此时称 PN 结为反向偏置(简称反偏)，如图 4-7 所示。

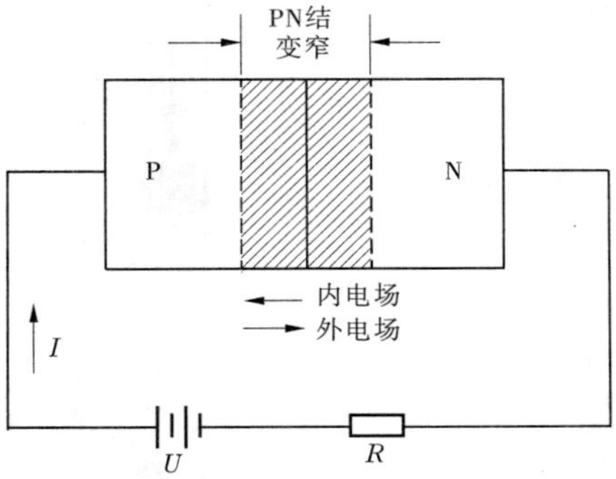

图 4-6　正向偏置的 PN 结

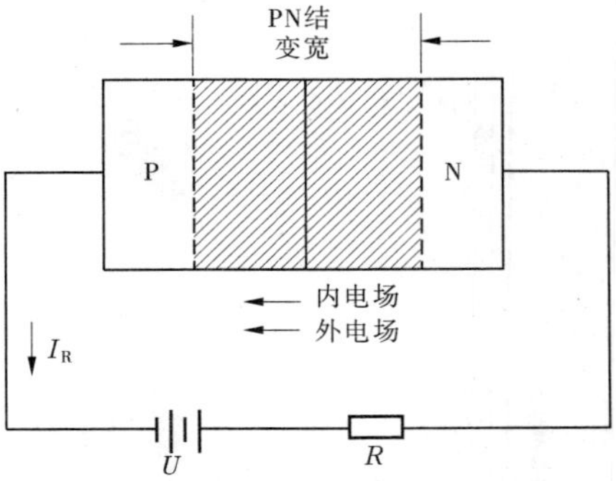

图 4-7　反向偏置的 PN 结

PN 结反偏时，由于外电场方向与 PN 结中的内电场方向一致，加强了内电场，使 PN 结变宽，阻碍了多数载流子的扩散运动，有利于少数载流子的漂移运动，形成了一个基本上由少数载流子运动产生的很微弱的反向电流 I_R，其方向在 PN 结从 N 区流向 P 区。此时 PN 结处于反向截止状态。

在一定温度下，当外加反向电压超过某个值(大约零点几伏)后，反向电流将不随外加反向电压的增大而增大，所以称为反向饱和电流。反向饱和电流是少子产生的，且对温度十分敏感，受温度的影响很大。

综上所述，PN 结具有单向导电性，即正偏时处于导通状态，产生一个较大的正向电流；反偏时处于截止状态，产生一个非常小的反向电流，几乎等于零。

(1)PN 结的击穿。

PN 结处于反向截止时，在一定电压范围内，流过 PN 结的电流是很小的反向饱和电流。但是当反向电压超过某一数值(U_{BR})后，反向电流将急剧增大，这种现象称为 PN 结的反向击穿。PN 结反向击穿时的反向电压 U_{BR} 称为击穿电压。

(2)PN 结的结电容。

PN 结内有电荷的存储，当外加电压变化时，存储的电荷量随之变化，表明 PN 结具有电容的性质。结电容的大小与结面积有关，通常很小，只有几皮法到几十皮法。

(三)二极管的结构与类型

1. 二极管的结构及电路符号

半导体二极管是在PN结的P区和N区分别引出两根金属引线,并用管壳封装而成,简称二极管。其中,P区引出的引线为正极(或阳极),N区引出的引线为负极(或阴极)。图4-8(a)是二极管的结构,图4-8(b)是二极管的电路符号,用V或VD表示,图4-8(c)是一些常见二极管的外形图。

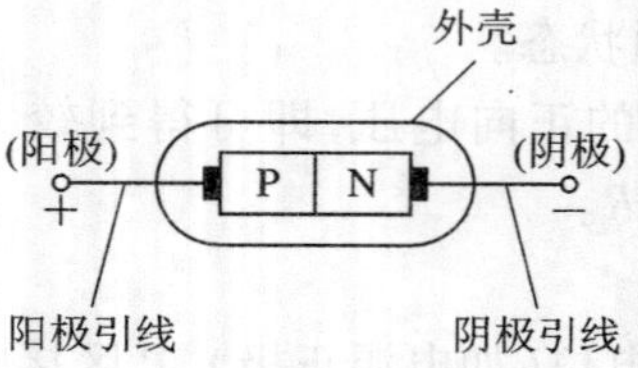

(a) 二极管的结构

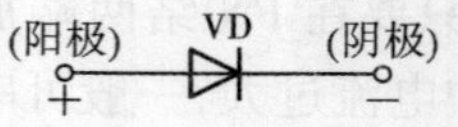

(b) 二极管的电路符号

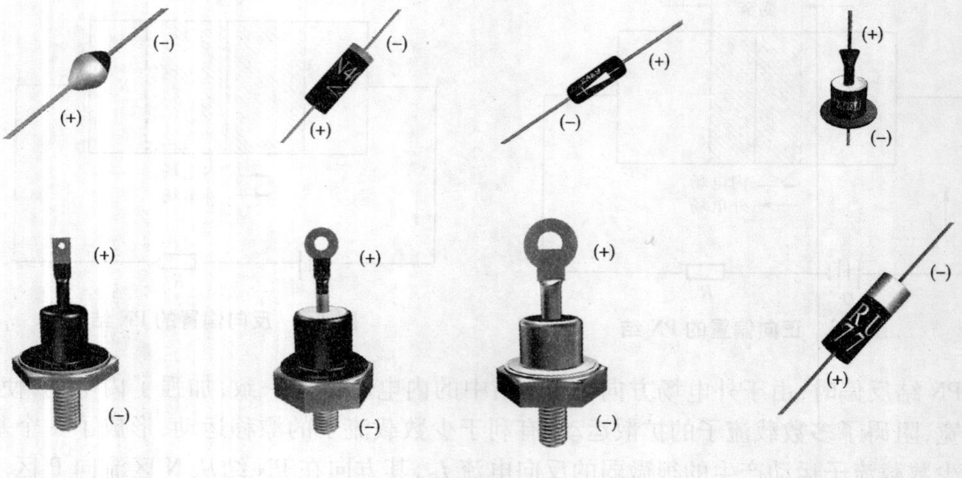

(c) 二极管的外形图

图4-8 半导体二极管的结构、符号和外形图

2. 二极管的分类

二极管的类型很多,按制造二极管的材料分,有硅二极管和锗二极管。按二极管的结构分,有以下几种类型:

(1)点接触型二极管。其特点是结面积小,适用于在高频下工作,但不能通过很大的电流。主要用于检波、混频及小功率整流电路。

(2)面接触型二极管。其特点是结面积大,能通过较大电流,但结电容也大,只能工作在较低的频率下,可用于整流电路。

(3)硅平面型二极管。其特点是结面积大的可通过较大电流,适用于大功率整流;结面积小的适用于在脉冲数字电路中作开关管。

(四)二极管的伏安特性和主要参数

1. 二极管的伏安特性

二极管的核心是 PN 结,它的特性就是 PN 结的特性——单向导电性。常用伏安特性来描述二极管的单向导电性。二极管的伏安特性是指流过二极管的电流 i 与二极管两端所加的电压 u 的关系,表示这种关系的曲线称为二极管的伏安特性曲线。它可以通过试验的方法测绘出来,也可以用晶体管特性图示仪显示出来,如图 4-9 所示。

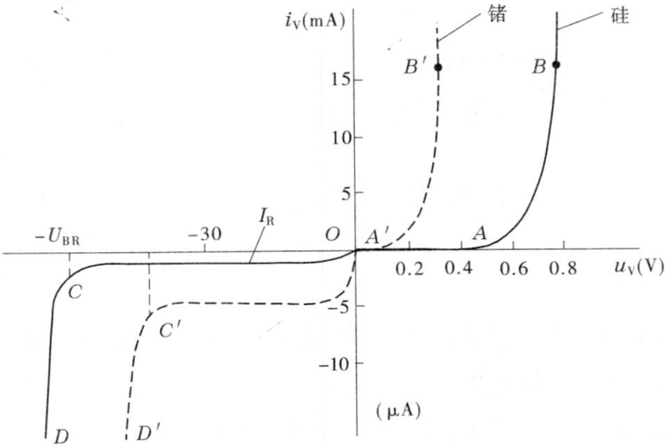

图 4-9　二极管的伏安特性曲线

1) 正向特性

当加在二极管上的正向电压比较小时,正向电流很小,几乎为零。只有当加在二极管两端的正向电压超过某一数值 U_{TH} 时,正向电流才明显增大。正向特性上的这一数值 U_{TH} 称为死区电压(也称为门限电压、门槛电压、门坎电压或阈值电压),硅管为 0.4 ~ 0.7 V,锗管为 0.2 ~ 0.4 V。如图 4-9 中的 $A(A')$ 点。

当正向电压小于死区电压时,随电压的升高,正向电流极小,几乎不变(约为 0),这一区域称为死区,如图 4-9 所示的 $OA(OA')$ 段。

当正向电压超过死区电压以后,随着电压的升高,正向电流迅速增大,二极管呈现很小的电阻而处于导通状态。硅管的正向导通电压一般取 0.7 V,锗管取 0.4 V,如图 4-9 所示的 $AB(A'B')$ 段。

2) 反向特性

二极管两端加反向电压时,在起始的一定范围内,二极管呈现出非常大的电阻,反向电流很小,且不随反向电压的变化而变化,即达到了饱和,这个电流称为反向饱和电流,用 I_R 表示。此时,二极管处于截止状态,如图 4-9 所示的 $OC(OC')$ 段。

3) 反向击穿特性

当二极管反向电压增加到某一数值 U_{BR} 时,反向电流急剧增大,表明二极管被反向击穿,如图 4-9 所示的 $CD(C'D')$ 段。

4) 温度对二极管特性的影响

二极管的特性对温度很敏感,温度升高,正向特性曲线左移,正向电压减小;反向特性曲线下移,反向电流增大。

2. 二极管的主要参数

半导体器件的参数是其特性的定量描述，也是实际工作中选用器件的主要依据。各种器件的参数可由电子元件手册查得。二极管的主要参数有以下6种。

1) 最大整流电流 I_F

最大整流电流 I_F 是指二极管长期工作时允许通过的最大正向平均电流。使用时，二极管的正向平均电流不能超过此值，否则会使二极管因过热而损坏。

2) 最高反向工作电压 U_R

最高反向工作电压 U_R 是指二极管在反向工作状态下安全使用时的最高反向电压。为了保证二极管安全工作，U_R 值通常取击穿电压 U_{BR} 的1/2左右。

3) 反向电流 I_R

反向电流 I_R 是指二极管未被击穿时的反向电流。I_R 越小，二极管的单向导电性越好。

4) 二极管的直流电阻 R_D

二极管的直流电阻 R_D 是指二极管两端所加直流电压与流过二极管的直流电流的比值。由于二极管伏安特性的非线性，对应不同工作点（不同电压、电流值）的直流电阻也不同。工作点位置低，直流电阻大；工作点位置高，直流电阻小。

二极管正向电阻较小，为几欧到几千欧；反向电阻很大，一般可达到几十千欧以上。正、反向电阻相差越大，二极管单向导电性越好。

5) 二极管的交流电阻 r_d

二极管的交流电阻 r_d 又称为动态电阻，它指二极管正向导通时，工作点附近电压的微变量 Δu 与相应电流微变量 Δi 之比。

对同一工作点而言，直流电阻 R_D 大于交流电阻 r_d，用万用表欧姆挡测出的电阻值为直流电阻值。

6) 最高工作频率 f_M

最高工作频率 f_M 是指二极管具有单向导电性能的最高工作频率。其大小与PN结的结电容有关。

（五）二极管的应用

半导体二极管应用十分广泛，利用其单向导电特性，可实现整流、滤波、稳压、限幅、续流、钳位、保护、开关等多种应用。下面介绍两种基本应用电路。

1. 限幅电路

在电子电路中，为了降低信号的幅度以满足电路工作的需要，或者为了保护某些器件不受过高的信号电压作用而损坏，常采用限幅电路，即限制输出信号幅度的电路。如图4-10(a)所示电路，就是由二极管组成的单向限幅电路。设输入电压 $u_i = 5\sin\omega t$(V)，直流电压 $U_S = +3$ V，限流电阻 $R = 1$ kΩ。其工作原理为：交流输入电压 u_i 和直流电源 U_S 同时作用于二极管VD上，当 u_i 的幅值高于3 V时，VD导通，$u_o = 3$ V（忽略二极管正向压降）；当 u_i 的幅值小于3 V时，VD截止，$u_o = u_i$。输入、输出端电压波形如图4-10(b)所示。

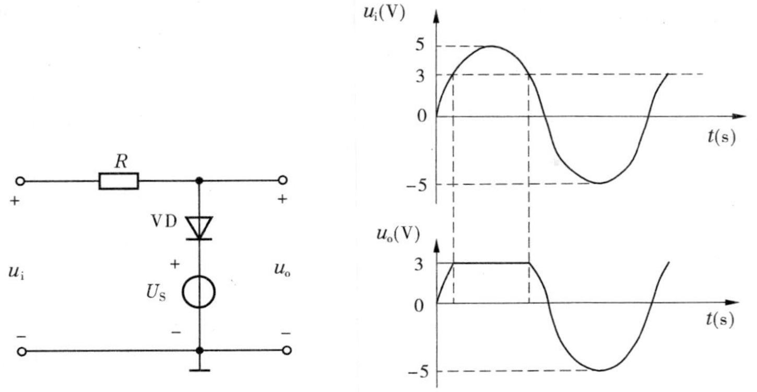

(a)电路图 (b)波形图

图 4-10 单向限幅电路及波形图

通常将输出电压 u_o 开始不变的电压称为限幅电压（或限幅电平）。改变 u_o 的值，可改变限幅电平大小。

2. 钳位电路

钳位电路是利用二极管正向导通后其两端电压很小且基本不变的特性，使输出电位钳制在某一数值上保持不变的电路。如图 4-11所示电路中，设二极管为理想元件，当输入 $U_A = U_B = 3$ V 时，二极管 VD_1、VD_2 正向偏置导通，输出被钳制在 U_A 和 U_B 上，即$U_Y = 3$ V；当 $U_A = 0$ V，$U_B = 3$ V，则 VD_1 导通，输出被钳制在 $U_Y = U_A = 0$ V，VD_2 反向偏置截止。

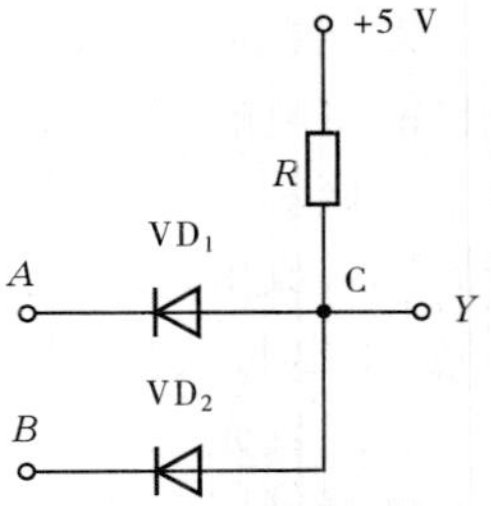

图 4-11 钳位电路

（六）特殊二极管

除普通二极管外，另外还有一些特殊用途的二极管，如稳压二极管、发光二极管、光电二极管、光耦合器件和变容二极管等。

1. 稳压二极管

稳压二极管（简称稳压管），实质上是一个面接触型硅二极管。它具有陡峭的反向击穿特性，工作在反向击穿状态。其特性曲线和符号如图 4-12 所示。在反向击穿工作区，电流变化很大（$I_{Zmin} \sim I_{Zmax}$），而电压变化却很小，即 U_Z 基本稳定，利用这一特性可实现稳压。但必须注意：由"击穿"转化为"稳压"是有条件的，即电击穿不能引起热击穿而损坏稳压管。而普通二极管不具有此特性。

稳压管的主要参数如下。

1）稳定电压 U_Z

稳定电压 U_Z 是指稳压管反向击穿后两端的稳定工作电压。稳定电压 U_Z 是根据要求挑选稳压管的主要依据之一。不同型号的稳压管，其稳定电压的值不同。对于同一型号的稳压管，由于制造工艺的分散性，各个不同稳压管的 U_Z 值也有些差别。例如稳压管 2CW14 的 $U_Z = 6 \sim 7.5$ V。但对每一只稳压管来说，U_Z 是确定值。

2）稳定电流 I_Z

稳定电流 I_Z 是指稳压管正常工作时的参考电流值。当稳压管稳定电流小于最小稳

定电流 I_{Zmin} 时，无稳压作用；大于最大稳定电流 I_{Zmax} 时，稳压管将因过流而损坏。

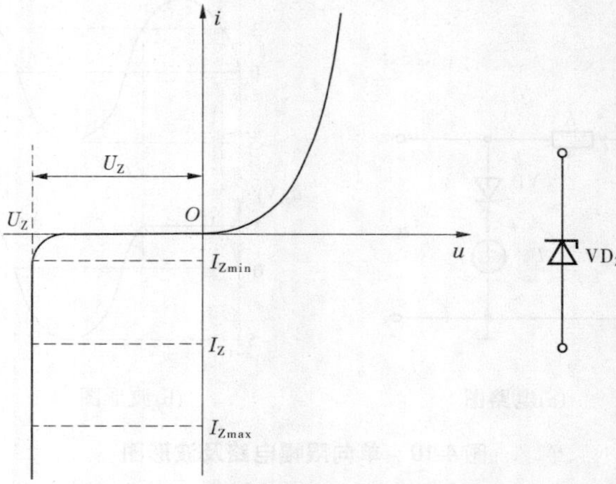

图 4-12　稳压二极管的特性曲线和符号

2. 发光二极管

发光二极管简称 LED，与普通二极管一样具有单向导电性，但正向导通时能发光，是一种能将电能转化为光能的半导体器件，其电路符号如图 4-13 所示。当加正向电压时，由于 P 区和 N 区的多数载流子扩散至对方产生复合，在复合的过程中有一部分能量以光子的形式放出，使二极管发光。根据制成半导体的化合物材料（如砷化镓、磷化镓等）的不同，发出的光波可以是红外线，还可以是红、绿、黄、橙等单色光。

普通发光二极管常用作显示器件，如指示灯、七段数码管及手机背景灯等。红外线发光二极管可用在各种红外遥控发射器中。激光二极管常用于 CD 机及激光打印机等电子设备中。

发光二极管的检测方法与普通二极管相同，正向电阻一般为几十千欧，反向电阻为无穷大。

3. 光电二极管

光电二极管是将光能转换为电能的半导体器件，其电路符号如图 4-14 所示。它的结构与普通二极管相似，只是在管壳上留有一个玻璃窗口，以便接受光照。光电二极管在反向偏置下，产生漂移电流，在受到光照时，产生大量的自由电子和空穴，提高了少子的浓度，使反向电流增加。这时外电路的电流随光照的强弱而变化，此外还与入射光的波长有关。

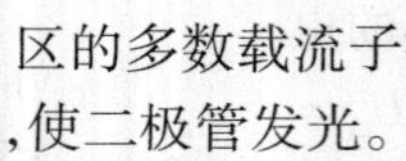

图 4-13　发光二极管的符号

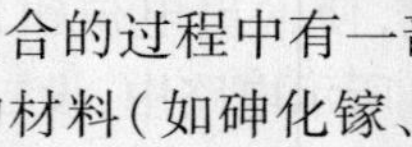

图 4-14　光电二极管的符号

光电二极管广泛应用于遥控接收器、激光头中，还可作新能源器件（光电池）使用。

光电二极管的检测方法与普通二极管相同，一般正向电阻为几千欧，反向电阻为无穷大。受光照时，正向电阻不变，反向电阻变化很大。

4. 光耦合器件

光耦合器件是将发光二极管和光敏元件（光敏电阻、光电二极管、光电池等）组装在一起而形成的双口器件，其电路符号如图 4-15 所示。它以光为媒介，将输入端的电信号传送到输出端，实现了电—光—电的传递和转换。由于发光二极管和光敏元件分别接在输入、输出回路中，相互隔离，因而常用在电路间需要电隔离的场合。

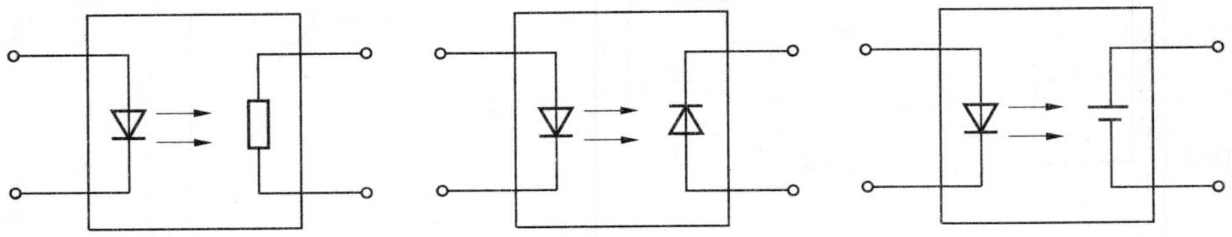

(a)LED+光敏电阻　(b)LED+光电二极管　(c)LED+光电池

图 4-15　光耦合器件电路符号

5. 变容二极管

变容二极管是利用 PN 结的势垒电容随外加反向电压的变化而变化的原理制成的一种半导体器件，其电路符号如图 4-16 所示。变容二极管在电路中作可变电容使用，主要用于高频电子线路，如电子调谐、频率调制等。

图 4-16　变容二极管

变容二极管的检测方法与普通二极管相同，一般正向电阻为几千欧，反向电阻为无穷大。

二、三极管

(一)三极管的结构和分类

半导体三极管又称为晶体管、双极型三极管，简称三极管，目前一般多称为晶体管。三极管是组成各种电子电路的核心器件，有 3 个电极，其外形如图 4-17 所示。

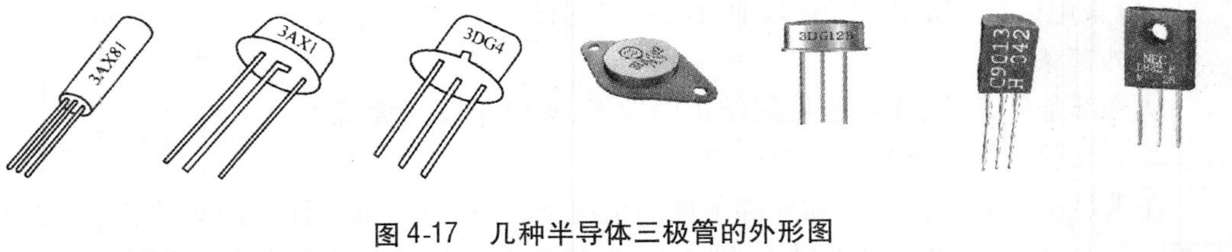

图 4-17　几种半导体三极管的外形图

1. 三极管的结构及电路符号

通过半导体制作工艺将一块半导体用两个 PN 结分成三个区域，按 P 区和 N 区的不同组合方式可分为 NPN 型或 PNP 型三极管，其结构示意图和电路符号如图 4-18 所示。

无论是 NPN 型管还是 PNP 型管，内部均包含三个区：发射区、基区、集电区。从三个区分别引出三个电极：发射极(e)、基极(b)、集电极(c)，同时在三个区的两两交界处形成两个 PN 结，发射区与基区之间形成的 PN 结称为发射结，集电区与基区之间形成的 PN 结称为集电结。

2. 三极管的分类

三极管的种类很多，主要有以下几种分类方式：

(1)按其结构类型分为 NPN 管和 PNP 管。

(2)按其制作材料分为硅管和锗管。

(3)按其制作工艺分为合金管和平面管。

(4)按工作频率分为高频管和低频管。

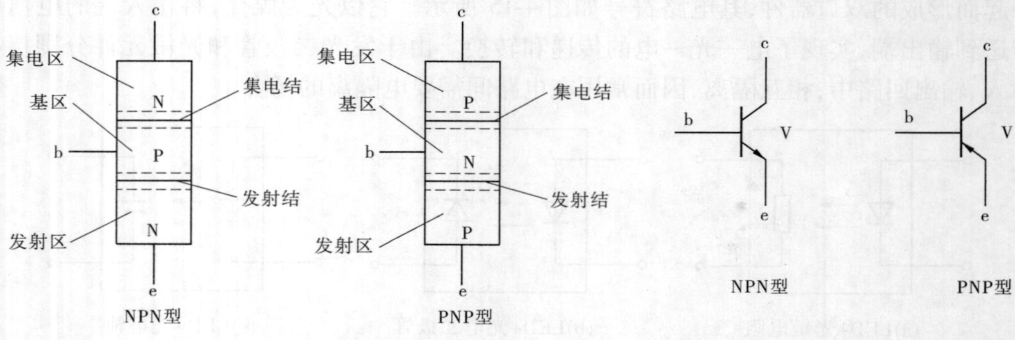

(a)结构示意图 (b)电路符号

图 4-18 三极管的结构示意图和电路符号

(5)按功率大小分为大功率管、中功率管和小功率管。

(6)按工作状态分为放大管和开关管。

(二)三极管各极间的电流分配与放大原理

1. 三极管实现电流放大作用的条件

1)内部条件

为保证三极管具有良好的电流放大作用,在三极管的制作工艺中应做到:

(1)发射区掺杂浓度最高,以有效地发射载流子。

(2)基区掺杂浓度最低,且做得很薄,以有效地传输载流子。

(3)集电区面积最大,以有效地收集到发射区发射的载流子。

2)外部条件

从外部条件来看,应保证发射结正向偏置,集电结反向偏置。

2. 三极管内部载流子的运动过程

在满足了上述内部条件和外部条件的情况下,三极管内部载流子的运动有三个过程,下面以 NPN 型三极管为例来讨论,图 4-19 为三极管内部载流子运动的示意图。

1)发射区向基区发射电子的过程

由于发射结正向偏置,有利于多数载流子的扩散运动。发射区的多子电子向基区扩散,形成电子电流,因为电子带负电,所以电流的方向与电子流动的方向相反,见图 4-19。与此同时,基区的多子空穴也向发射区扩散形成空穴电流,由于基区空穴浓度远低于发射区电子浓度,与电子电流相比,空穴电流可忽略,可以认为,发射区向基区发射电子形成了发射极电流 I_E。

2)电子在基区扩散和复合过程

电子到达基区后,由于基区很薄,而且掺杂浓度很低,因而只有很少一部分电子与基区空穴复合,复合了的空穴由外电源 U_{BB} 不断补充,形成基极电流 I_{BN},因而基极电流 I_{BN} 比发射极电流 I_E 小得多。大多数电子在基区中继续扩散,到达靠近集电结的一侧。

3)集电区收集电子的过程

由于集电结反向偏置,外电场将阻止集电区中的多子向基区扩散,却有利于将基区中

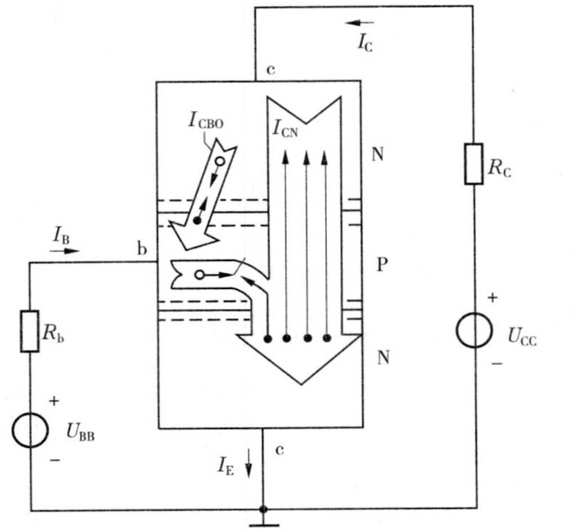

图 4-19　三极管内部载流子的运动情况

扩散到集电结附近的电子(是由发射区发射的电子)收集到集电区,在外电源 U_{CC} 的作用下形成集电极电流 I_{CN}。

以上分析了三极管中多数载流子的运动过程,由于集电结反偏,所以集电区中的少子空穴和基区中的少子电子在外电场作用下,进行漂移运动而形成反向电流,用 I_{CBO} 表示。I_{CBO} 数值很小,但受温度影响很大,是三极管工作不稳定的原因之一。

3. 三极管的电流分配关系与放大作用

图 4-20(a)是为 NPN 管提供偏置的电路,确保满足外部放大条件,三个电极之间的电位关系应为 $U_C > U_B > U_E$,图 4-20 (b)为 PNP 管的偏置电路,和 NPN 管的偏置电路相比,电源极性正好相反。同理,为保证三极管实现放大作用,则必须满足:$U_C < U_B < U_E$。

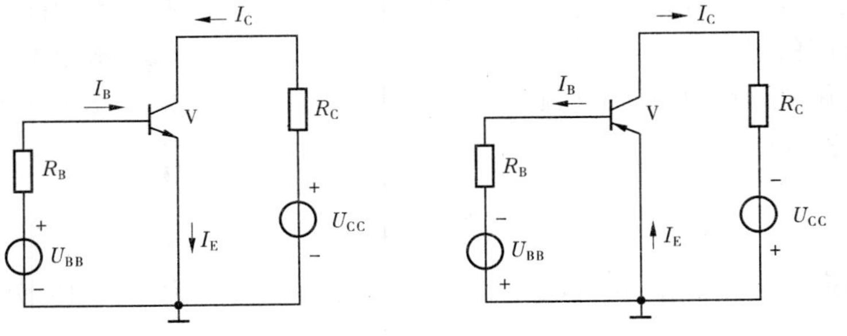

(a)NPN管的偏置电路　　(b)PNP管的偏置电路

图 4-20　三极管具有放大作用的外部条件

为了了解三极管各极电流分配关系,以 NPN 三极管为例,用图 4-21 所示的电路进行测试,调节电位器 R_P,可测得几组数据,如表 4-1 所示。

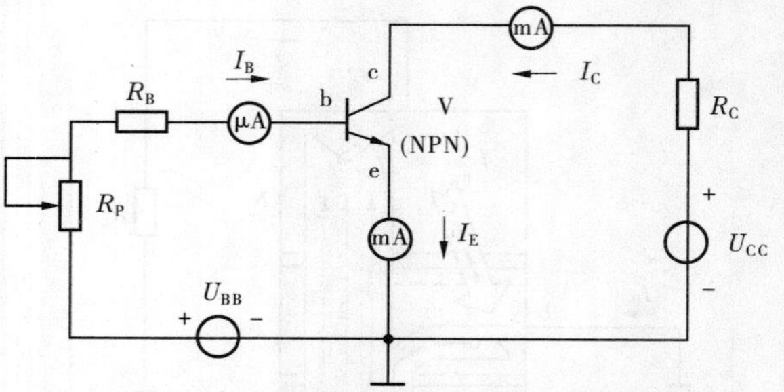

图 4-21　三极管电流分配关系测试电路

表 4-1　三极管各极电流测试数据

基极电流 I_B(μA)	0	10	20	30	40	50
集电极电流 I_C(mA)	0.1	1	2	3	4	5
发射极电流 I_E(mA)	0.1	1.01	2.02	3.03	4.04	5.05

通过对表 4-1 进行分析、计算,可发现三极管极间电流存在如下关系:

(1)$I_E = I_B + I_C$,其中 $I_C \gg I_B$,$I_E \approx I_C$,此结果满足基尔霍夫电流定律,即流进管子的电流等于流出管子的电流。

(2)$I_C \gg I_B$,即 I_C 比 I_B 大得多,我们将集电极电流与基极电流的比值,称为共发射极直流电流放大系数,通常用 $\bar{\beta}$ 表示,表征三极管的直流放大能力,即

$$\bar{\beta} = \frac{I_C}{I_B}$$

(3)很小的 I_B 变化可引起很大的 I_C 变化,即基极电流较小的变化可以引起集电极电流较大的变化。也就是说,基极电流对集电极电流具有小量控制大量的作用,这就是晶体管的电流放大作用(实质是控制作用)。为表征这一特性,我们将集电极电流的变化量与基极电流的变化量的比值,称为交流电流放大系数,通常用 β 表示,表示三极管的共发射极交流放大性能,即

$$\beta = \frac{\Delta I_C}{\Delta I_B}$$

由上述数据分析可知:$\bar{\beta}$ 和 β 基本相等,为了表示方便,以后不加区分,统一用 β 表示。

(4)当 $I_E = 0$ 时,即发射极开路,$I_C = -I_B$,为集电结反偏而产生的反向饱和电流 I_{CBO}。

(5)当 $I_B = 0$ 时,即基极开路,$I_C = I_E \neq 0$,为集电极一发射极的穿透电流 I_{CEO}。

(三)三极管的伏安特性及主要参数

三极管各电极间的电压和电流之间的关系曲线,称为三极管的特性曲线,它是分析和计算三极管电路的重要依据之一。在三极管的应用中,经常用到的是反映三极管外部特性的特性曲线,基本不涉及它的内部结构。三极管的特性曲线可用晶体管特性图示仪直接显示出来,也可用图 4-22 测试电路图,通过改变 U_{BB}、U_{CC} 用描点法绘出。下面讨论 NPN 型三极管的共射电路特性曲线。

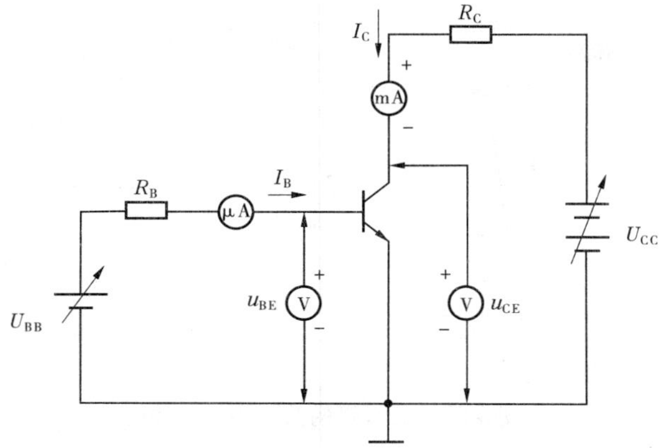

图 4-22　三极管特性曲线测试电路

1. 三极管的伏安特性

1) 输入特性曲线

当 u_{CE} 不变时，输入回路中的基极电流 i_B 与基－射电压 u_{BE} 之间的关系曲线称为输入特性曲线，如图 4-23(a)所示。用函数式可表示为

$$i_B = f(u_{BE})\big|_{u_{CE}=\text{常数}}$$

(1) $u_{CE}=0$ 的一条曲线与二极管正向特性相似。由于 $u_{CE}=0$ 时，集电极与发射极短路，相当于两个二极管并联，此时 i_B 与 u_{BE} 的关系就成了两个并联二极管的伏安特性。

(2) u_{CE} 由零开始逐渐增大时，输入特性曲线右移，当 $u_{CE} \geqslant 1$ V 时，各曲线几乎重合。这是因为 u_{CE} 由零逐渐增大时，集电结宽度逐渐增大，基区宽度相应减小，基区的复合电流减小，即 i_B 减小。如保证 i_B 为定值，就必须增加 u_{BE}，故曲线右移。当 $u_{CE} \geqslant 1$ V 时，集电结反偏电压已足以将注入基区的载流子都收集到集电区，即 u_{CE} 再增大，i_B 也不会减小很多，故曲线重合。

在实际的放大电路中，三极管 u_{CE} 一般都大于零，因此 $u_{CE} \geqslant 1$ V 的输入特性更有实用意义。三极管输入特性也有一段死区，只有当 u_{BE} 大于死区电压时，输入回路才有 i_B 产生。常温下硅管死区电压约为 0.5 V，锗管死区电压约为 0.2 V。另外，当发射结完全导通后，三极管发射结也具有恒压特性。常温下，硅管导通电压为 0.6～0.7 V，锗管导通电压为 0.2～0.3 V。

2) 输出特性曲线

当 i_B 不变时，输出回路中的电流 i_C 与电压 u_{CE} 之间的关系曲线称为输出特性曲线。其函数式可表示为

$$i_C = f(u_{CE})\big|_{i_B=\text{常数}}$$

固定一个 i_B 值，可绘出一条输出特性曲线，取不同的 i_B 值(如 $i_B=0$ μA，20 μA，40 μA，60 μA，80 μA)，可绘出一簇输出特性曲线，如图 4-23(b) 所示。在输出特性上可以划分为三个区域：截止区、饱和区和放大区。

(1) 截止区。

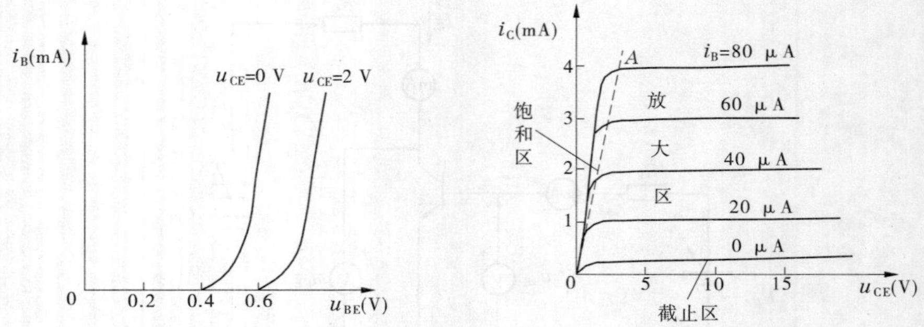

(a)输入特性曲线　(b)输出特性曲线

图 4-23　三极管的共射特性曲线

一般将 $i_B=0$ 以下的区域称为截止区。使三极管工作在截止区,三极管的发射结和集电结都应处于反向偏置。三极管处于截止状态,没有放大作用,集电极只有微小的穿透电流 I_{CEO},$u_{CE}=U_{CC}$,三极管的 c－e 之间几乎相当于开路,类似于开关断开。

(2)饱和区。

一般认为,当 $u_{CE}=u_{BE}$,即 $u_{CB}=0$ 时,三极管达到临界饱和状态,用临界饱和线 OA 虚线表示。临界饱和线 OA 和纵轴之间的区域称为饱和区。在此区域内 $u_{CE}<u_{BE}$,因此三极管的发射结和集电结都应处于正向偏置。三极管处于饱和状态,无放大作用,此时 i_C 由外电路决定,与 i_B 无关,三极管集电极与发射极之间的电压称为饱和压降,用 U_{CES} 表示。一般情况下,小功率管的 U_{CES} 小于 0.4 V(硅管约为 0.3 V,锗管约为 0.1 V),大功率管的 U_{CES} 为 1～3 V。三极管的 c－e 间可看成短路,类似于开关闭合。

(3)放大区。

在截止区以上,介于饱和区与击穿区(图中未画出,在放大区右方)之间的区域为放大区。在此区域内,特性曲线近似于一簇平行等距的水平线,有如下重要特征:

①i_B 一定时,i_C 值基本上不随 u_{CE} 而变化。

②i_C 随 i_B 的变化而变化,即 $i_C=\beta i_B$,表明三极管具有电流放大作用。

使三极管工作在放大区,必须满足发射结正偏、集电结反偏。三极管处于放大状态,具有电流放大作用。

由以上分析可知,三极管在电路中由于发射结、集电结所加的偏置电压的不同,有三种工作状态,即截止状态、饱和状态和放大状态;可作为开关元件使用,又可作放大元件使用。

2. 三极管的主要参数

三极管的参数反映了三极管的各项性能指标和适用范围,是分析、设计三极管电路和选用三极管的依据。三极管的参数很多,这里只介绍常用的主要参数。

1)电流放大系数

三极管电流放大系数是表征三极管放大能力的参数,综合前面讨论有以下两种。

(1)共发射极交流电流放大系数 β。

β 体现共发射极接法下的电流放大作用。在动态时,集电极电流的变化量 ΔI_C 与基极电流变化量 ΔI_B 的比值,也称为动态电流(交流)放大系数。

$$\beta = \frac{\Delta I_C}{\Delta I_B}$$

(2)共发射极直流放大系数$\bar{\beta}$。

在静态时,集电极电流I_C与基极电流I_B的比值,也称为静态电流放大系数。

$$\bar{\beta} = \frac{I_C}{I_B}$$

β和$\bar{\beta}$的含义是不同的,但两者数值相差不大,可认为β和$\bar{\beta}$为同一值。一般β为20~150,目前工艺可制作出β为300~400的低噪声管。

2)反向饱和电流

(1)集电极-基极反向饱和电流I_{CBO}。

I_{CBO}是指发射极开路,集电结在反向电压作用下,少子的漂移运动形成的反向电流,它受温度变化的影响很大。常温下,小功率硅管的$I_{CBO} < 1\ \mu A$,锗管的I_{CBO}为几微安到几十微安。

(2)集电极-发射极穿透电流I_{CEO}。

I_{CEO}是指基极开路,集电极和发射极之间的电流,它与I_{CBO}的关系为

$$I_{CEO} = (1+\beta)I_{CBO}$$

I_{CBO}和I_{CEO}是衡量三极管热稳定性的重要参数,实际使用中应选用I_{CBO}和I_{CEO}小的三极管,这两个反向电流值愈小,表明三极管的质量愈高。

3)极限参数

三极管的极限参数是指使用三极管时不得超过的极限值,以保证三极管安全工作或工作性能正常。

(1)集电极最大允许电流I_{CM}。

当集电极电流过大时,三极管的β值就要下降,一般规定在β值下降到正常值的2/3时对应的集电极电流为集电极最大允许电流I_{CM}。为保证三极管正常工作,必须满足$i_C < I_{CM}$。

(2)集电极与发射极之间的击穿电压$U_{(BR)CEO}$。

$U_{(BR)CEO}$是指当基极开路时,集电极与发射极间的反向击穿电压。为安全工作,必须满足$u_{CE} < U_{(BR)CEO}$。

(3)集电极最大允许耗散功率P_{CM}。

P_{CM}是指三极管工作时最大允许耗散的功率。超过此值会使三极管因温度过高而导致性能变坏或烧毁。为保证三极管正常工作,必须满足$p_C = u_{CE}i_C < P_{CM}$。

根据给定的极限参数I_{CM}、$U_{(BR)CEO}$、P_{CM},可以在三极管的输出特性上画出三极管的安全工作区,如图4-24所示。

另外,三极管是一个温度敏感器件,当温度升高时,由于半导体的本征激发,使载流子浓度增加,三极管的参数也会有所变化。主要体现在以下三个参数的变化上:

(1)U_{BE}随温度升高而减小。

(2)I_{CBO}和I_{CEO}随温度升高而增大。

(3)β值随温度升高而增大。

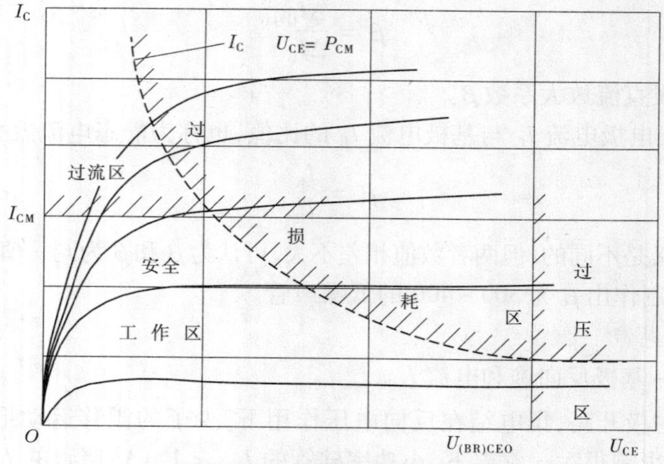

图 4-24 三极管的安全工作区

U_{BE}的减小，I_{CBO}和β的增大，集中体现为三极管的集电极电流i_C增大，从而影响三极管的工作状态。所以，在以后相关内容中将介绍采用不同的方法来限制温度对三极管性能的影响。

三、场效应管

前面介绍的半导体三极管是利用输入电流控制输出电流的半导体器件，是电流控制型器件。场效应三极管（英文缩写为 FET，简称为场效应管）是利用电场效应（改变输入电压）来控制输出电压的半导体器件，是一种电压控制型器件。由于场效应管只依靠一种极性的载流子（自由电子或空穴）参与导电，所以也称为单极型三极管。与半导体三极管相比，它具有输入电阻高、噪声低、抗辐射能力强、功率小、热稳定性好、制造工艺简单、易集成等优点，所以得到了广泛的应用。

场效应管按结构可分为两大类：一类称为结型场效应管（JFET），另一类称为绝缘栅型场效应管（MOSFET）。

（一）结型场效应管

1. 结型场效应管的结构

结型场效应管按其导电沟道的不同分有 N 沟道结型场效应管和 P 沟道结型场效应管两种结构形式。现以 N 沟道结型场效应管为例介绍结型场效应管的结构及其工作原理。

图 4-25（a）所示为 N 沟道结型场效应管的结构示意图，在一块 N 型硅半导体两侧，利用半导体制作工艺做成掺杂浓度比较高的 P 型区，则在 P 型区和 N 型区的交接面处将形成一个 PN 结。将两侧的 P 型区连接在一起引出一个电极，称为栅极，用字母 g 表示。在 N 型硅半导体两侧分别引出两个电极，作为源极 s 和漏极 d。夹在两个 PN 结中间的 N 型区内存在多数载流子自由电子，可以导电形成源极和漏极之间的电流通道，称为 N 型导电沟道。这种结构称为 N 沟道结型场效应管。

同理，在一块 P 型硅半导体两侧各做成一个掺杂浓度高的 N 型区，形成两个 PN 结，夹在两个 PN 结中间的 P 型区为源极和漏极之间的 P 型导电沟道。这种结构称为 P 沟道结型场效应管。

N 沟道结型场效应管和 P 沟道结型场效应管的电路符号分别如图 4-25（b）、(c）所示。

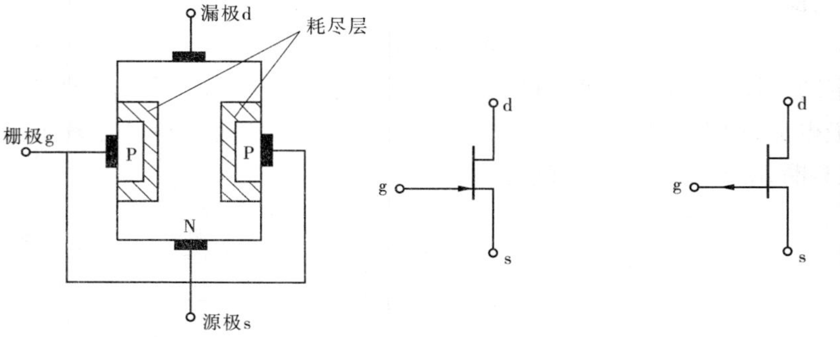

(a)N沟道结型场效应管的结构示意图　(b)N沟道结型场效应管符号　(c)P沟道结型场效应管符号

图 4-25　结型场效应管结构示意图及符号

2. 工作原理

结型场效应管正常工作时，栅源之间必须加反向电压 u_{GS}，即对 N 沟道管 $u_{GS}<0$，对 P 沟道管 $u_{GS}>0$，以保证场效应管有较高的输入电阻；漏源之间必须加正向电压 $u_{DS}>0$。这样，沟道中的多子电子（或空穴）才能在 u_{DS} 作用下作漂移运动形成漏极电流 i_D。

如果在栅源间加上一个反向电压 u_{GS}，则两个 PN 结均处于反偏，耗尽层有一定的宽度，如图 4-26 所示。当 u_{GS} 负值增大时，PN 结反向电压增大，耗尽层向低掺杂的 N 区扩展，致使沟道变窄，沟道电阻增大。可见，u_{GS} 的变化将引起沟道电阻的改变，即 u_{GS} 可以控制漏源之间的导电性能。

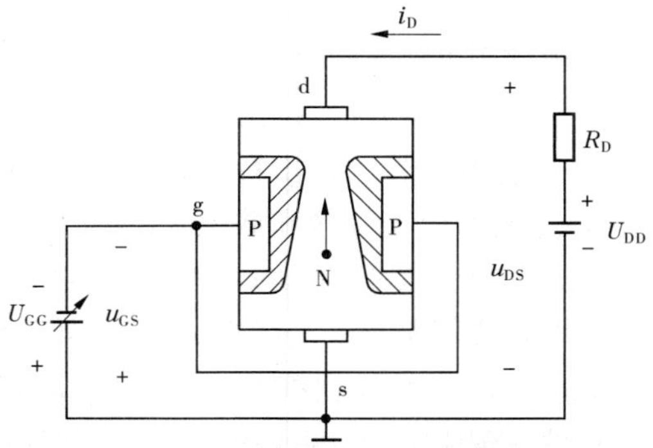

图 4-26　N 沟道结型场效应管接线图

如果在漏源之间加上适当的电压，沟道中的电子将会从源极出发，经过沟道漂移，泄漏于漏极，形成一定的漏极电流 i_D。u_{DS} 一定时，i_D 的大小由沟道电阻决定，而沟道电阻的大小又是受栅源电压 u_{GS} 控制的，因此 u_{GS} 对漏极电流 i_D 有控制作用。由此可见，场效应管的漏极电流是通过栅源电压控制的，场效应管是一种电压控制器件。

3. 特性曲线

场效应管的特性曲线分为转移特性曲线和输出特性曲线。

1) 转移特性

当场效应管的漏源之间的电压 u_{DS} 保持不变时，漏极电流 i_D 与栅源电压 u_{GS} 的关系称为转移特性，即

$$i_D = f(u_{GS})\big|_{u_{DS}=\text{常数}}$$

N 沟道结型场效应管的转移特性曲线如图 4-27(a) 所示。当 $u_{GS}=0$ 时，i_D 最大，称为饱和漏极电流，用 I_{DSS} 表示。当 u_{GS} 为负值增大时，沟道电阻增大，i_D 减小。当 $u_{GS}=U_P$ 时，沟道被夹断，$i_D=0$，U_P 称为夹断电压。

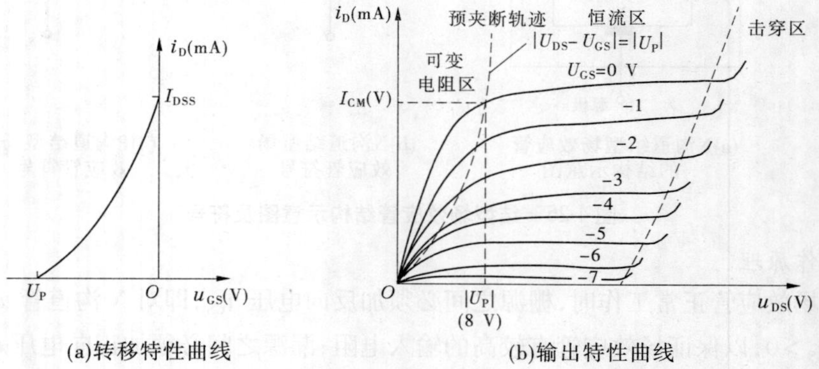

图 4-27　N 沟道结型场效应管特性曲线

结型场效应管的转移特性在 $u_{GS}=0\sim U_P$ 范围内可用下式表示，即

$$i_D = I_{DSS}\left(1-\frac{u_{GS}}{U_P}\right)^2$$

2) 输出特性

场效应管的输出特性是指栅源电压 u_{GS} 保持不变时，漏极电流与漏极电压的关系，即

$$i_D = f(u_{DS})\big|_{u_{GS}=\text{常数}}$$

图 4-27 (b) 为 N 沟道结型场效应管的输出特性曲线，根据工作情况，输出特性可划分为四个区域，即可变电阻区、恒流区、击穿区和截止区。

(1) 可变电阻区：位于输出特性最左侧的区域。在该区域内，当栅源电压 u_{GS} 一定时，i_D 随 u_{DS} 的增大而直线上升，两者之间基本上是线性关系，场效应管的漏源之间相当于一个线性电阻。当栅源电压 u_{GS} 变化时，特性曲线的斜率不同，即相当于电阻的阻值不同。因此，在该区，场效应管的特性呈现为一个受栅源电压 u_{GS} 控制的可变电阻，所以称为可变电阻区。

(2) 恒流区：位于输出特性的中间部分，即图 4-27(b) 中左右两条虚线之间的区域。在该区域内，i_D 随栅源电压 u_{GS} 负值增加而减小，且基本成线性关系，与漏源电压 u_{DS} 无关，即 i_D 的大小只受 u_{GS} 的控制。因此，在该区，场效应管的特性呈现为一个受栅源电压 u_{GS} 控制的恒流源，所以称为恒流区。场效应管用作放大器件时，一般工作在这个区域。

(3)击穿区:位于输出特性最右侧的区域,表示漏源电压 u_{DS} 增大到一定值时,反向偏置的 PN 结被击穿,漏极电流 i_D 剧增。为保证器件安全工作,场效应管的工作点不应进入击穿区。

(4)截止区:当栅源电压 u_{GS} 负值增加到夹断电压 U_P 后,场效应管的导电沟道处于完全夹断状态,$i_D \approx 0$,场效应管截止。

(二)绝缘栅型场效应管

在结型场效应管中,栅极和沟道间的 PN 结是反向偏置的,所以输入电阻很大。但 PN 结反偏总有一些反向电流存在,这就限制了输入电阻的进一步增大,尤其在高温工作时,因 PN 结反偏电流随温度升高而增大,输入电阻会显著下降。如果在栅极和沟道间用一绝缘层隔开,便制成了绝缘栅型场效应管,其输入电阻高达 $10^9\ \Omega$ 以上。

目前,应用最为广泛的绝缘栅型场效应管是以二氧化硅(SiO_2)为绝缘层的金属 - 氧化物 - 半导体场效应管(MOSFET),简称 MOS 场效应管。MOS 场效应管按其导电沟道分为 N 沟道和 P 沟道两类,即 NMOS 场效应管和 PMOS 场效应管,而每类 MOS 场效应管按其结构不同又可分为增强型和耗尽型。下面以 NMOS 场效应管为例介绍其结构、工作原理和特性曲线。

1. 增强型 MOS 场效应管

1)结构及电路符号

图 4-28 (a) 是 N 沟道增强型 MOS 场效应管的结构示意图。它是在一块低掺杂浓度的 P 型硅半导体衬底上,扩散两个高掺杂浓度的 N 型区(用 N^+ 表示),分别用金属导线引出两个电极作源极 s 和漏极 d;在两个 N 型区之间的硅表面上生长一层很薄的二氧化硅绝缘层,并在其上覆盖一层金属薄层引出一个电极作栅极 g,栅极与硅半导体是绝缘的,故称绝缘栅型场效应管。衬底也引出一个电极 b,通常情况下将它与源极在场效应管内部连接在一起。增强型 MOS 场效应管的电路符号如图 4-28 (b)、(c)所示。

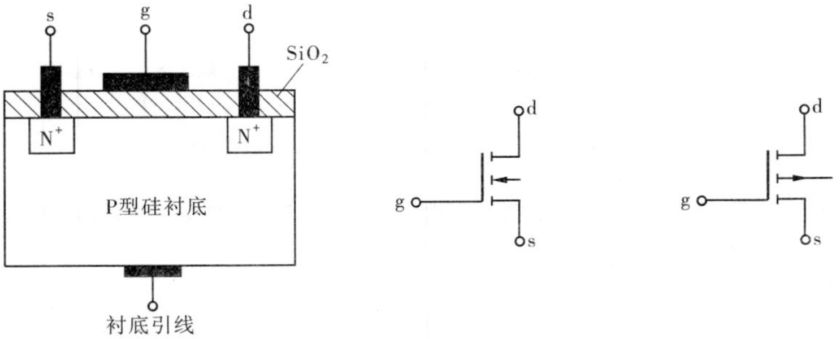

(a)N沟道增强型MOS场效应管结构示意图　(b)N沟道增强型MOS场效应管电路符号　(c)P沟道增强型MOS场效应管电路符号

图 4-28　增强型 MOS 场效应管结构示意图及电路符号

2)工作原理

如图 4-29 所示的电路,在栅源间加正向电压 u_{GS},对 N 沟道增强型的 MOS 场效应管,当 $u_{GS}=0$ 时,因为两个 N^+ 区之间是 P 型硅衬底,漏源之间相当于两个背靠背的 PN 结,不存在导电沟道,所以无论漏源之间加上何种极型的电压,总是不导通的,漏极电流 $i_D=0$。

当 $u_{GS}>0$ 时，电压 u_{GS} 将在 SiO_2 的绝缘层中产生一个垂直于 P 型硅衬底，由栅极指向 P 型硅衬底的电场。这个电场将 P 型硅衬底中的自由电子吸引到绝缘层附近，同时排斥绝缘层附近的空穴。当 $u_{GS}>U_T$ 时，在绝缘层附近的 P 型区中形成一层以电子为主的 N 型薄层，通常把这个在 P 型硅衬底中形成的 N 型薄层称为反型层，而这个反型层与两个 N^+ 型区便形成了漏源之间的 N 型导电沟道。U_T 为形成导电沟道时所需的最小栅源电压，称为开启电压。此时，在漏源之间加上正向电压 u_{DS}，就会产生漏极电流 i_D。

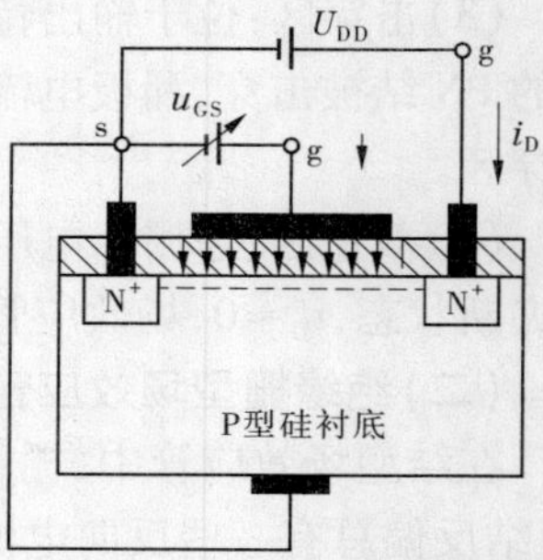

图 4-29　$u_{GS}>U_T$ 时形成导电沟道

显然，在 $u_{GS}>U_T$ 的条件下，改变 u_{GS} 可改变导电沟道的宽窄，即改变导电沟道的电阻，从而控制了漏极电流 i_D 的大小。由于这类场效应管，在 $u_{GS}=0$ 时，无导电沟道，只有在 $u_{GS}>U_T$ 后才形成导电沟道，因而称为增强型场效应管。

3）特性曲线

（1）N 沟道增强型 MOS 场效应管转移特性曲线如图 4-30（a）所示，当 $u_{GS}<U_T$ 时，由于尚未形成导电沟道，因此 i_D 基本为零。当 $u_{GS}\geqslant U_T$ 时，形成导电沟道，产生漏极电流 i_D，且随 u_{GS} 的增大，导电沟道变宽，沟导电阻减小，i_D 随之增大。

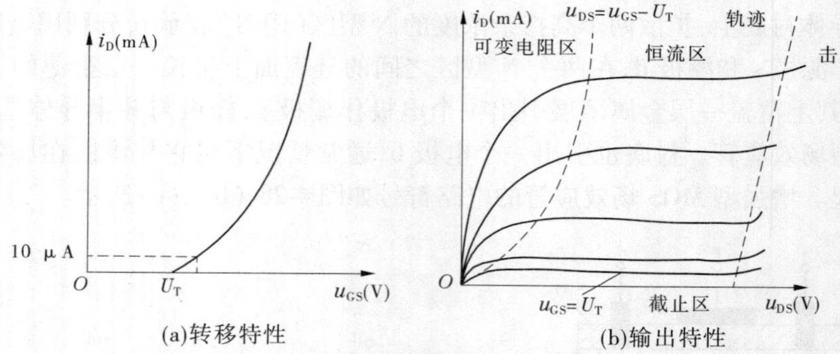

图 4-30　N 沟道增强型 MOS 场效应管特性曲线

（2）N 沟道增强型 MOS 场效应管输出特性曲线，如图 4-30（b）所示，输出特性分为可变电阻区、恒流区、击穿区和截止区四个区。

2. 耗尽型 MOS 场效应管

耗尽型 MOS 场效应管的结构与增强型 MOS 场效应管基本相同，不同的是这种场效应管在制造过程中，对 N 沟道耗尽型 MOS 场效应管在 SiO_2 绝缘层中掺入了大量的正离子，因此在 $u_{GS}=0$ 时，这些正离子产生的电场也能够在 P 型衬底中“感应”出足够多的电子，形成“反型层”，从而形成漏源极之间的导电沟道，其结构及电路符号如图 4-31 所示。

N 沟道耗尽型 MOS 场效应管的转移特性曲线和输出特性曲线如图 4-32 所示。由转移特性可见，当 $u_{GS}=0$ 时，由于漏源之间存在导电沟道，只要在漏源之间加上正向电压 u_{DS}，就会产生漏极电流 i_D，通常将 $u_{GS}=0$ 时的漏极电流 I_{DSS} 称为饱和漏极电流。当栅源

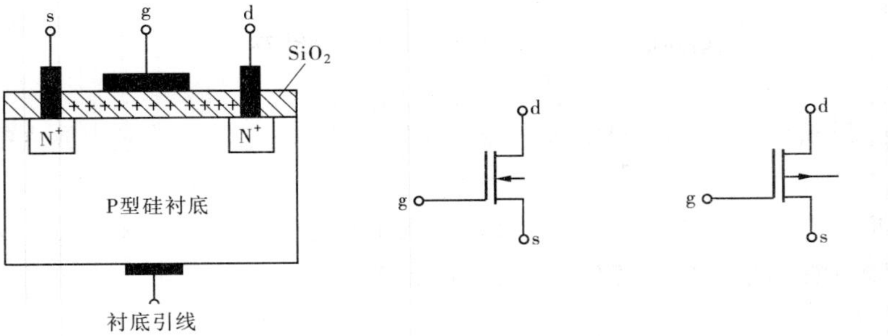

(a)N沟道耗尽型MOS场效应管结构示意图　(b)N沟道耗尽型MOS场效应管电路符号　(c)P沟道耗尽型MOS场效应管电路符号

图 4-31　耗尽型 MOS 场效应管结构示意图及电路符号

之间加正向电压 $u_{GS}>0$ 时，随 u_{GS}增大，导电沟道变宽，漏极电流 i_D 增加；当栅源之间加反向电压 $u_{GS}<0$ 时，随 u_{GS}负值增大，导电沟道变窄，漏极电流 i_D 减小；当栅源之间反偏电压增大到一定值时，导电沟道消失，漏极电流 $i_D=0$，此时的 u_{GS}称为夹断电压，用 U_P 表示。这种场效应管的 u_{GS}不论正负或是零都可产生漏极电流 i_D，即控制漏极电流，这使它的使用更具灵活性。

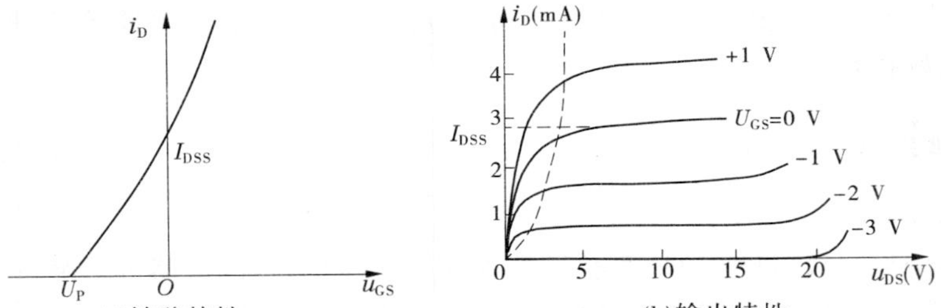

(a)转移特性　(b)输出特性

图 4-32　N 沟道耗尽型 MOS 场效应管特性曲线

(三) 场效应管的主要参数

1. 直流参数

(1) 开启电压 U_T：指 u_{DS}一定时，增强型 MOS 场效应管开始导通，即漏极电流 i_D 达到某一定值时所需的 u_{GS}值。

(2) 夹断电压 U_P：指 u_{DS}一定时，耗尽型 MOS 场效应管或结型场效应管的漏极电流 i_D 减小到某一微小电流所需的 u_{GS}值。

(3) 饱和漏极电流 I_{DSS}：指 u_{DS}一定时，耗尽型 MOS 场效应管或结型场效应管栅源电压 u_{GS}为零时的漏极电流。

(4) 直流输入电阻 R_{GS}：指栅源间所加电压与产生的栅源电流之比。由于栅极几乎没有电流，因此输入电阻很高，结型场效应管为 $10^6\ \Omega$ 以上，MOS 场效应管可达 $10^{10}\ \Omega$ 以上。

2. 交流参数

(1) 低频跨导 g_m：指 u_{DS}一定时，漏极电流 i_D 与引起这个变化的栅源电压 u_{GS}变化之

比,即

$$g_m = \left.\frac{di_D}{du_{GS}}\right|_{u_{DS}=\text{常数}}$$

跨导 g_m 反映了栅源电压对漏极电流的控制能力,是衡量场效应管放大能力的重要参数。

(2)极间电容:是场效应管三个电极之间的电容,包括 C_{GS}、C_{GD} 和 C_{DS}。这些极间电容越小,则场效应管的高频性能越好,一般为几皮法。

3. 极限参数

(1)漏极最大允许耗散功率 P_{DM}:指场效应管允许的最大耗散功率,类似于半导体三极管中的 P_{CM}。它取决于场效应管允许的最高温升。

(2)漏源击穿电压 $U_{(BR)DS}$:指场效应管发生雪崩击穿,i_D 开始急剧上升时 u_{DS} 的值。工作时外加在漏源之间的电压不得超过此值。

(3)栅源击穿电压 $U_{(BR)GS}$:对结型场效应管,是指栅源间 PN 结反偏电流开始剧增时的栅源击穿电压;对 MOS 场效应管,是指使绝缘层 SiO_2 击穿时的栅源击穿电压。

在实际应用中,由于绝缘栅场效应管的输入电阻很高,所以栅极上很容易积累较高的静电压将绝缘层穿。为了避免管子损坏,在保存场效应管时应将三个电极短接起来;在电路中,栅源之间应与固定电阻或稳压管并联,以保证有一定的直流通道;在焊接时,应使电烙铁外壳良好接地。

【任务实施】

1. 二极管的判别

要了解一只二极管的类型、性能与参数,可用专门的测试仪器进行测试。也可通过二极管的型号简单判别其类型,用万用表欧姆挡判断其引脚及质量好坏。

1)二极管类型的判别

半导体器件的型号由五个部分组成,各组成部分的符号及其意义见附录 A。如 2CP6A,“2”表示电极数为 2,即二极管,“C”表示 N 型硅材料,“P”表示普通管,“6”表示序号,“A”表示规格号。

2)二极管的简易测试

(1)二极管正、负极判别。

万用表欧姆挡的内部电路可以用图 4-33(a)所示电路等效,黑表笔表示为内置电源正极,红表笔为负极。将万用表选在 $R\times100$ 或 $R\times1$ k 挡,红、黑两表笔分别接二极管的两个引脚,如图 4-33(b)、(c)所示,可先测得一个阻值,再将红、黑表笔对调,又测得另一阻值,如果两次测量的阻值为一大一小,则表明二极管是好的。在测得电阻值小的那一次,与黑表笔相接的引脚为二极管的正极,此时二极管正向导通;在测得电阻值大的那一次,与红表笔相接的引脚为二极管的正极,此时二极管反向截止。

(2)二极管质量判定。

正、反电阻差别越大,说明二极管单向导电性越好。如果正、反向电阻都很大,表明二极管内部已断路;如果正、反向电阻都很小,表明二极管内部已短路。不论是断路还是短

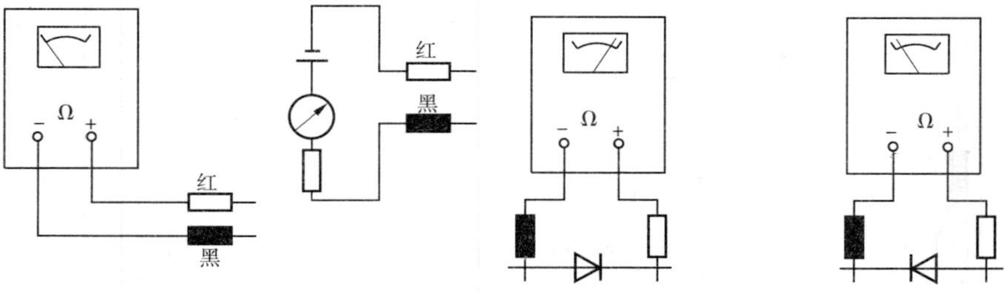

(a)万用表欧姆挡等效电路 (a)正向电阻小 (c)反向电阻大

图 4-33 万用表欧姆挡检测二极管示意图

路,均表明二极管已损坏。

2. 三极管的判别

要准确地了解一只三极管的类型、性能及参数,可用专门的测试仪器进行测试。但是,一般可通过三极管的型号简单判别其类型,然后用万用表欧姆挡判别其管型及质量的好坏。

1)三极管类型的判断

三极管的型号一般由五部分组成,各组成部分的符号及意义见附录 A。如 3DG6B,“3”表示电极数为 3,即三极管,“D”表示为 NPN 型硅管,“G”表示高频率小功率管,“6”表示三极管的序号,“B”表示三极管的规格号。

2)三极管的管型和引脚的判别

用万用表 $R\times100$ 或 $R\times1$ k 挡可对三极管的管型(NPN 或 PNP)、三个电极进行判别。

(1)判别基极 b 和管型。

由于基极对集电极和发射极的 PN 结方向相同,所以可先确定基极。将黑(红)表笔接到某个假定基极的引脚上,用红(黑)表笔先后接到其余两个引脚上,如果两次测的电阻值都很大(或都很小),即 PN 结反偏(或正偏),则可确定假定基极是正确的。如果两次测得的阻值一大一小,则可确定假定基极不是基极,需重新假定另一引脚为基极,重复上述测试。

当基极确定后,将黑表笔接基极,红表笔分别接其他两个电极,若两次测得的电阻值都较小,三极管为 NPN 型,如图 4-34 (a) 所示;若两次测得的电阻值都较大,三极管为 PNP 型,如图 4-34(b)所示。如果将红表笔接基极,黑表笔分别接其他两个电极,则两次测得的阻值都很大的为 NPN 型,两次测得的阻值都很小的为 PNP 型。

(2)判别集电极 c 和发射极 e。

在基极与假定集电极之间接一个 100 kΩ 的电阻(也可用人体电阻代替,用手捏住 b、c 两电极,但不使 b、c 接触),如图 4-35 所示。对 NPN 管,黑表笔接假定集电极,红表笔接假定发射极;对 PNP 管,红表笔接假定集电极,黑表笔接假定发射极。测得一电阻值,将假定的集电极与假定的发射极对调,又测得一电阻值,比较两值大小,可确定电阻值较小的那一次的假定是正确的。因为电阻值小,说明通过万用表的电流大,三极管处于放大状态,即满足发射结正偏、集电结反偏的要求。

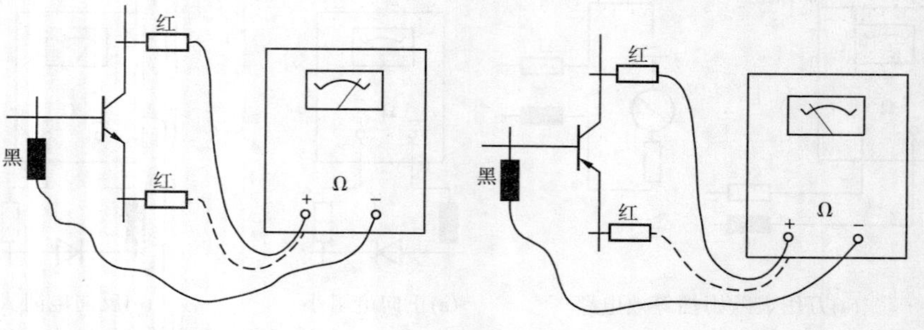

(a)NPN正向偏置　　(b)PNP反向偏置

图 4-34　判断三极管基极及管型示意图

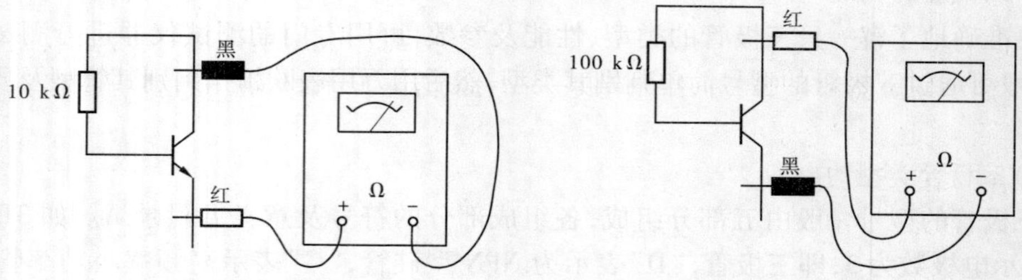

(a)NPN放大状态　　(b)PNP放大状态

图 4-35　判断三极管集电极和发射极示意图

3)三极管质量判定

由于三极管的基极与发射极、基极与集电极的内部均为同向的 PN 结，可用万用表 $R\times100$或 $R\times1$ k 挡分别检测两个 PN 结(发射结、集电结)的正、反向电阻。如果正向电阻都很小，反向电阻都很大，则三极管正常，否则性能差或已损坏。

任务二　基本放大电路分析与测试

【任务描述】

在生产中往往要求用微弱的信号去控制较大功率的负载，如在自动控制机床上，需要将反映加工要求的控制信号加以放大，得到一定输出功率以推动执行元件(电磁铁、电动机、液压机构等)。本任务主要介绍分立元件组成的各种常用基本放大电路，讨论它们的电路组成、工作原理、分析与测试方法以及特点和应用。

【任务目标】

知识目标：

1. 了解基本放大电路的组成。
2. 掌握基本放大电路的分析方法。
3. 了解多级放大电路的耦合方式。

4. 了解反馈电路的类型、判断方法及负反馈对放大电路性能的影响。

能力目标：

1. 掌握示波器的使用方法。
2. 学会使用仪器仪表测试放大电路。

【知识链接】

一、共射极基本放大电路

晶体管的主要用途之一是利用其放大作用组成各种放大器，将微弱电信号放大到满足要求的信号，以便有效地进行观察、测量、控制或调节。例如，在温度控制系统中，首先将温度这个非电量通过温度传感器变为微弱的电信号，经过放大以后，再去推动执行元件以实现温度的自动调节等。再如，收音机、电视机的天线收到微弱的信号，经过放大以后才能达到推动扬声器和显像管工作的程度。放大电路在工业、农业、国防和日常生活中应用极为广泛，它是整个电子电路的基础。

（一）电路的组成及各元件的作用

由一个放大元件组成的放大电路称为基本放大电路。如图 4-36 是一个共发射极基本放大电路，它是最基本的交流放大电路。输入端接需要放大的信号（通常可用一个理想电压源 u_S 和电阻 R_S 串联的交流电压源表示），它可以是收音机天线收到的包含声音信息的微弱电信号，也可以是某种传感器根据被测量转换出的微弱电信号。假定信号源的输出电压即放大器的输入电压为 u_i，放大器的输出端接负载电阻 R_L，输出电压为 u_o。

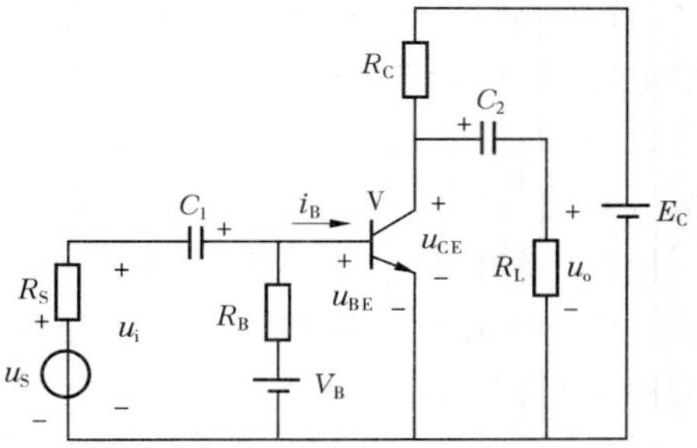

图 4-36　共发射极基本放大电路

放大器中各元件的作用如下。

（1）晶体管 V：它是放大（控制）元件，是放大器的核心。利用它的电流控制作用，实现用微小的输入电压变化而引起基极电流的微小变化，在集电极上得到与输入信号成比例变化的较大的集电极电流，从而在负载上获得比输入信号幅度大得多但又与其成比例的输出信号。

（2）基极电源 V_B 和基极电阻 R_B：它们的作用是给晶体管的发射结提供正向偏置电压和合适的静态基极电流 I_B，简称偏置电路，R_B 称为偏置电阻，一般 R_B 为几十千欧至几百千欧。

（3）集电极电源 E_C：它的作用有两个，一是在受输入信号控制的晶体管的作用下，适时地向负载提供能量；二是保证晶体管工作在放大状态，即给集电结加反偏电压。一般 E_C 为几伏至几十伏。

（4）集电极负载电阻 R_C：简称集电极电阻，它的主要作用是将集电极电流的变化转换为电压的变化输出，以实现电压信号的放大。R_C 的阻值一般为几千欧到几十千欧。

（5）耦合电容 C_1 和 C_2：它们的作用是“隔直通交”。对于直流分量，电容是开路，C_1

隔断信号源与放大器的直流联系，C_2 则隔断放大器与负载的直流联系。对于交流信号，C_1、C_2 的容抗值较小，其交流压降可忽略不计，对交流信号来说，可将 C_1、C_2 视为短路。因此，需将其容量取得大些，一般为几微法至几十微法，常用的是极性电容器，正极必须接高电位，连接时需注意极性。

图 4-36 所示电路的电压信号放大过程如下：电路参数保证晶体管 V 工作于放大状态。输入信号通过电容 C_1 直接耦合到晶体管发射结上，从而引起基极电流的变化，基极电流的变化经过晶体管放大后，集电极电流便有较大的变化量，从而集电极电阻 R_C 上有较大的电压变化量。从集电极回路（输出回路）还可以看出，电阻 R_C 上的电压与集－射间的电压之和恒为电源 E_C，所以在集－射之间就有一个与 R_C 上等大反相的电压变化量，该变化量经电容 C_2 耦合输出，在输出端便得到了放大的电压信号。

可见，组成电压放大电路的原则为：

（1）晶体管工作于合适的放大状态。

（2）输入信号能引起控制量——基极电流的变化。

（3）能将集电极电流的变化转换为电压的变化而输出。

图 4-36 中使用了两个直流电源，在实用的放大电路中，可以将 V_B 省去，一般都采用单电源供电，如图 4-37（a）所示。只要适当调整 R_B 的阻值，仍可保证发射结正向偏置，产生合适的基极偏置电流 I_B。在放大电路中，通常把公共端设为参考点，设其为零电位，而该端常接“地”。同时为了简化电路的画法，习惯上不画电源 E_C 的符号，而只在连接电源正极的一端标出它对参考点“地”的电压值 U_{CC} 和极性（“＋”或“－”），如图 4-37（b）所示。由于在放大电路中既有直流分量也有交流分量，电压和电流的名称较多，符号不同，为便于对放大电路进行分析，规定如下，以便区别。

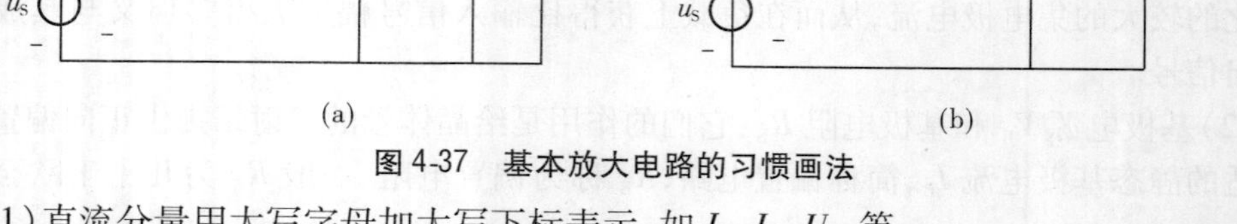

图 4-37 基本放大电路的习惯画法

（1）直流分量用大写字母加大写下标表示，如 I_B、I_C、U_{CE} 等。

（2）交流分量的瞬时值用小写字母加小写下标表示，如 i_b、i_c、u_{ce} 等；有效值用大写字母加小写下标表示，如 I_b、I_c、U_{ce} 等，而幅值是在有效值基础上加小写下标“m”，如 I_{bm}、I_{cm}、U_{cem} 等。

（3）总电压或总电流则用小写字母加大写下标表示，如 i_B、u_{CE} 等，其中 $i_B = I_B + i_b$。

将放大电路中三极管各电极电流、电压的符号归纳见表 4-2。

表 4-2　电压、电流符号的简要归纳

类别	符号	下标	示例
静态值	大写	大写	I_B、I_C、I_E、U_{BE}、U_{CE}
交流瞬时值	小写	小写	i_b、i_c、i_e、u_{be}、u_{ce}
总瞬时值	小写	大写	i_B、i_C、i_E、u_{BE}、u_{CE}
有效值	大写	小写	I_b、I_c、I_e、U_{be}、U_{ce}
幅值	大写	小写	I_{bm}、I_{cm}、I_{em}、U_{bem}、U_{cem}

(二)放大电路的分析

放大电路的分析包括两个方面的内容，即静态分析和动态分析，分析的过程一般是先静态后动态。常用的分析方法有解析法(也称估算法)和图解法两种，解析法是根据电路特性和晶体管的等效电路实现对放大电路的工作点和各性能指标进行估算的分析方法；图解法是在三极管的特性曲线上，直接用作图的方法分析放大电路工作情况的方法。

1. 解析法

1)放大电路的直流通路和交流通路

在放大电路中既有直流电源 U_{CC} 又有输入的交流信号 u_i，所以说放大电路是一个交流、直流共存的非线性的复杂电路，其中直流分量所通过的路径称为直流通路，而交流分量所通过的路径则称为交流通路。

直流电源单独作用时，C_1、C_2 可视为开路，由图 4-37 可得其直流通路如图 4-38 (a)所示。

交流电源单独作用时，C_1、C_2 可视为短路，直流电源作用为零，可视为短路，由图 4-37 可得其交流通路如图 4-38(b)所示。

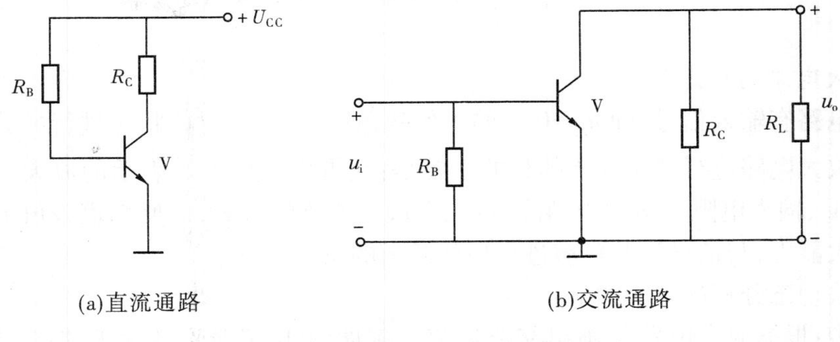

图 4-38　基本放大电路的交、直流通路

2)放大电路的静态分析

放大电路在没加输入信号，即 $u_i=0$ 时，电路所处的工作状态叫静止工作状态，简称静态，也就是放大电路的直流状态。对此状态进行的分析即放大电路的静态分析。进行静态分析的目的是找出放大电路的静态工作点。

所谓静态工作点 Q，就是指在输入信号为零的条件下，晶体管各极电流和各极间电压值。由于三个极电流只有两个是独立的，通常求基极电流 I_B 与集电极电流 I_C 的值。而三个极间电压也有两个是独立的，且因发射结正向偏置而导通压降基本不变（硅管 0.7 V 左右，锗管 0.4 V 左右），所以只求一个集－射间电压 U_{CE} 的值即可。因此，静态工作点 Q，就是指输入信号为零时，晶体管的基极电流 I_B、集电极电流 I_C 和集－射间的电压 U_{CE}，通常为表示在静态时的值在其下标处加字母"Q"，即用（I_{BQ}、I_{CQ}、U_{CEQ}）表示。

解析法静态分析的步骤：

第一步：根据放大电路图画出直流通道，例如图 4-37 所示放大电路的直流通路即由图 4-38（a）所示电路求出。

第二步：根据基尔霍夫第二定律可得出基极电流 I_{BQ} 为

$$I_{BQ} = \frac{U_{CC} - U_{BE}}{R_B} \approx \frac{U_{CC}}{R_B} \quad (U_{CC} \gg U_{BE}) \tag{4-1}$$

由 I_{BQ} 可得静态时集电极电流 I_{CQ}

$$I_{CQ} = \beta I_{BQ} \tag{4-2}$$

在输出回路根据基尔霍夫第二定律可求集－射间电压 U_{CEQ}

$$U_{CEQ} = U_{CC} - I_{CQ}R_C \tag{4-3}$$

由式（4-1）可以看出，当电路参数一定时，基极偏流 I_B 将基本不变，故也称图 4-38（b）所示的基本放大电路为固定偏置共发射极放大电路。

【例 4-1】 在图 4-37 基本放大电路中，已知 $U_{CC} = 10$ V，$R_B = 250$ kΩ，$R_C = 3$ kΩ，$\beta = 50$，试求放大电路的静态工作点。

解：根据图 4-38 的直流通路图可得出

$$I_{BQ} = \frac{U_{CC}}{R_B} = \frac{10}{250} = 0.04 = 40(\mu A)$$

$$I_{CQ} = \beta I_{BQ} = 50 \times 0.04 = 2(mA)$$

$$U_{CEQ} = U_{CC} - I_{CQ}R_C = 10 - 2 \times 3 = 4(V)$$

3）放大电路的动态分析

放大电路有输入信号，即 $u_i \neq 0$ 时的工作状态称为动态，对此状态进行的分析即动态分析。对放大电路进行动态分析的目的主要是：获得用元件参数表示的放大电路的电压放大倍数 A_u、输入电阻 r_i、输出电阻 r_o 这三个放大电路的参数，以便知道该放大器对输入信号的放大能力，与信号源及负载进行最佳匹配的条件。

解析法动态分析的步骤如下：

第一步：根据放大电路图画出交流通道。例如图 4-37 所示放大电路的交流通路即图 4-38（b）所示电路。

第二步：根据放大电路的交流通道画出其等效电路图。

晶体管是非线性元件，这可从它的输入、输出特性曲线看出。这给放大电路的分析与计算带来很多不便，在电路分析中学过的各种线性电路的分析方法均不能使用。若能将非线性的晶体管等效成一个线性元件，则前面学的各种线性电路的分析方法就能有效地运用于对这种电路的分析。放大电路，特别是电压放大电路，一般都工作在小信号状态，也就是说，工作点在特性曲线上的移动范围很小。当工作点在特性曲线上小范围内运动时，虽然晶体管仍工作于非线性状态，但这时工作点的运动轨迹已接近直线，也就是说，对工作于这种状态下的晶体管，若采用它的等效线性模型来分析，得到的结果与使用非线性模型分析得到的结果仅有很小的误差，对工程计算这样的误差是允许的。这就为含有晶体管这种非线性元件工作在小信号条件下的电路分析，增加了有效的工具。

（1）晶体管的微变等效电路。

在小信号的条件下，用某种线性元件组合的电路模型来等效非线性的晶体管，称其为晶体管的等效电路。如何把晶体管用一个线性元件的组合电路来等效，可以从晶体管的输入特性和输出特性两方面来分析讨论。

图 4-39（a）是晶体管的输入特性曲线，它是非线性的。但当输入信号很小时，在静态工作点 Q 附近的工作段可近似认为是直线，能最有效地表示这段曲线的直线是工作点处的切线。该切线的斜率可以用 $\Delta I_B/\Delta U_{BE}$ 表示，也就是说，该比值是一个常数。在小信号条件下 ΔU_{BE} 就近似等于 u_{be}，而 ΔI_B 就近似等于 i_b，所以工作在小信号条件下晶体管基－射之间的伏安关系可以表示成

$$r_{be} = \frac{\Delta U_{BE}}{\Delta I_B} = \frac{u_{be}}{i_b} \tag{4-4}$$

式中，r_{be} 为常数，称为晶体管的输入电阻，因此对工作在小信号条件下的晶体管的基－射之间可用一个线性电阻来等效代替，如图 4-40（b）所示。同一个晶体管，静态工作点不同，r_{be} 值也不同。低频小功率晶体管的输入电阻常用下式估算

$$r_{be} = (100 \sim 300) + (1+\beta)\frac{26}{I_E} \quad \Omega \tag{4-5}$$

式中，I_E 是发射极电流的静态值，单位为 mA。r_{be} 一般为几百欧到几千欧。它是一个动态电阻，在晶体管器件手册中常用 h_{ie} 表示。

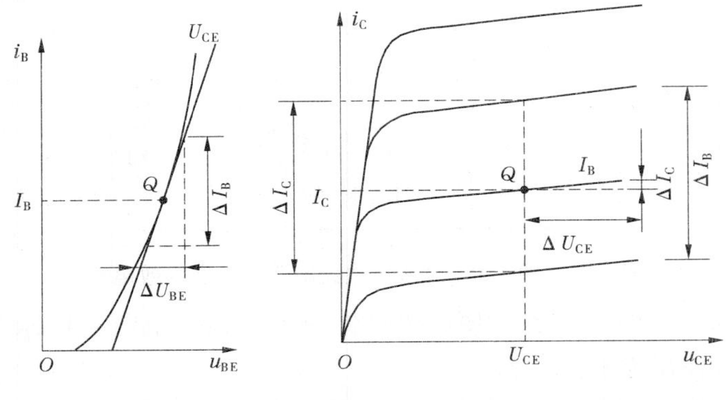

(a)输入特性曲线　　(b)输出特性曲线

图 4-39　晶体管的特性曲线

图 4-39（b）是晶体管的输出特性曲线，在放大区是一簇近似与横轴平行的直线。

当 U_{CE} 为常数时，Δi_C 的大小主要与 Δi_B 的大小有关。在小信号的条件下，Δi_C 与 Δi_B 基本成线性关系，其比例系数 β 可近似一个常数，即

$$\beta = \frac{\Delta i_C}{\Delta i_B}$$

β 为晶体管的电流放大系数，由它确定 i_c 受 i_b 控制的关系。因此，晶体管的输出电路可用一个 $i_c=\beta i_b$ 的受控电流源来等效代替。这样，晶体管的微变等效电路就可用图 4-40(b)所示电路替代。

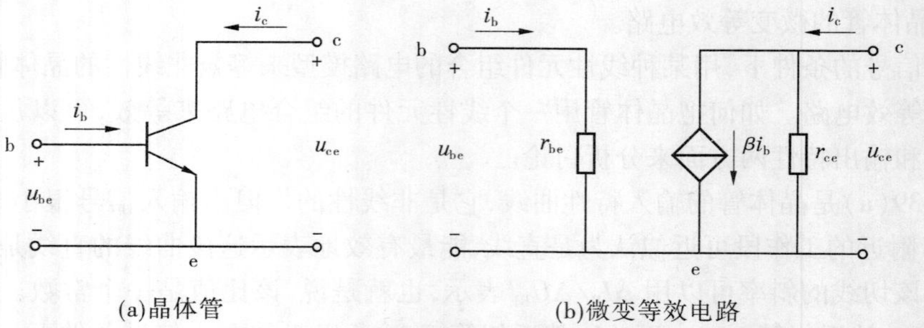

图 4-40　晶体管的等效电路

此外，由于集－射电压 U_{CE} 的大小对晶体管的放大能力也有影响，考虑此因素，可用一电阻 r_{ce}（称晶体管的输出电阻）与受控电流源并联来表示，该电阻一般为几十千欧至几百千欧，由于 r_{ce} 阻值较大，故可视为开路。

对于 PNP 型的管子来讲，只是静态电压电流极性与 NPN 型的相反，对于交流而言均有正负半周，可以认为是相同的，所以其微变等效电路与 NPN 型的相同，也如图 4-40(b)所示。

(2)放大电路的微变等效电路。

将放大电路的交流通路中的晶体管用其微变等效电路代替，即得到放大电路的微变等效电路，如图 4-41 所示。电路中的电压和电流都是交流分量，并表示了电压和电流的参考方向。

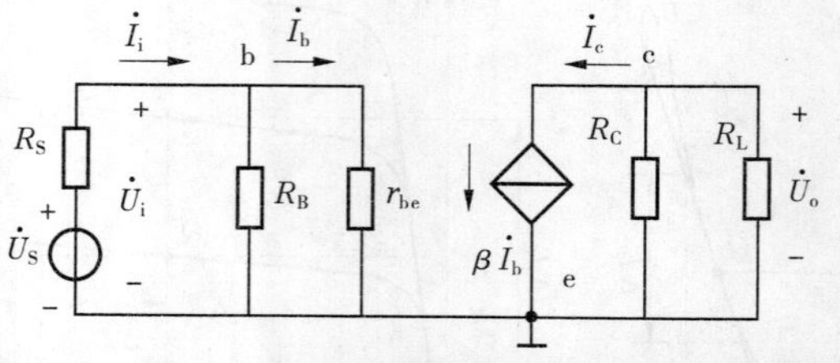

图 4-41　图 4-38(b)所示放大电路的微变等效电路

将放大电路等效为线性电路后便可按照线性电路理论，由图 4-41 求取电压放大倍数 A_u、输入电阻 r_i 和输出电阻 r_o 等参数。

第三步：根据放大电路的微变等效电路分析放大电路的主要性能指标。

放大电路的质量要用一些性能指标来评价，常用的性能指标主要包括电压放大倍数 A_u、输入电阻 r_i、输出电阻 r_o 等。

(1)电压放大倍数 A_u(或电压增益)。

电压放大倍数表示放大电路的电压放大能力，它等于输出波形不失真时的输出电压与输入电压的比值，即

$$A_u = \frac{u_o}{u_i} \tag{4-6}$$

式中,u_o 和 u_i 分别是输出电压和输入电压的值。当考虑其附加相移时,可用复数值之比来表示。

根据图 4-41 可列出:

$$u_i = i_b r_{be}$$
$$u_o = -i_c R'_L = -\beta i_b R'_L$$

式中,R'_L 为 R_C 和 R_L 的等效电阻,即

$$R'_L = \frac{R_C R_L}{R_C + R_L}$$

R'_L 为集电极等效负载,故电压放大倍数:

$$A_u = \frac{u_o}{u_i} = -\beta \frac{R'_L}{r_{be}} \tag{4-7}$$

式(4-7)中的负号表示输出电压 u_o 与输入电压 u_i 相位相反。

当放大电路输出端开路(未接 R_L)时

$$A_u = \frac{u_o}{u_i} = -\beta \frac{R_C}{r_{be}} \tag{4-8}$$

可见,接入 R_L 会使 A_u 降低,R_L 愈小,则放大倍数愈低。

电压放大倍数"分贝"表示法称为电压增益,即

$$A_u(\mathrm{dB}) = 20\lg A_u \tag{4-9}$$

(2)输入电阻 r_i。

输入电阻是指从放大电路的输入端看进去的交流电阻,相当于信号源的负载电阻。由图 4-41 输入端看进去的电阻即为输入电阻 r_i,考虑到 $R_B \gg r_{be}$ 有:

$$r_i = \frac{R_B r_{be}}{R_B + r_{be}} \approx r_{be} \tag{4-10}$$

设信号源内阻为 R_S、电压为 U_S,则放大电路输入端所获得的信号电压即输入电压为

$$u_i = \frac{r_i}{r_i + R_S} U_S \tag{4-11}$$

因此,考虑信号源内阻 R_S 时放大电路的电压放大倍数即源电压放大倍数为

$$A_{uS} = \frac{U_o}{U_S} = \frac{u_i}{U_S}\frac{U_o}{u_i} = \frac{r_i}{r_i + R_S} A_u \tag{4-12}$$

可见,r_i 愈大,放大电路从信号源获得的电压愈大,同时从信号源获取的电流愈小,输出电压也将愈大。一般情况下,特别是测量仪表用的第一级放大电路中,r_i 愈大愈好。

(3)输出电阻 r_o。

输出电阻 r_o 是指从放大电路的输出端看进去的交流电阻值。由图 4-41 所示电路的输出端看进去的电阻即为输出电阻 r_o,可见

$$r_o \approx R_C \tag{4-13}$$

式(4-13)的近似是因为忽略了晶体管输出电阻 r_{ce} 的影响。

注意：输出电阻 r_o 不包括负载电阻 R_L。

输出电阻 r_o 的大小直接影响放大电路的带负载能力，r_o 愈小，输出电压 u_o 随负载电阻 R_L 的变化就愈小，带负载能力就愈强。

【例 4-2】　图 4-37 所示的电路中三极管的 $\beta=60, U_{CC}=6\ \text{V}, R_C=R_L=5\ \text{k}\Omega, R_B=530\ \text{k}\Omega$，试求：

(1) 静态工作点；

(2) r_{be} 的值；

(3) 电压放大倍数 A_u、输入电阻 r_i 和输出电阻 r_o。

解：(1) $I_{BQ}=\dfrac{U_{CC}-U_{BE}}{R_B}=\dfrac{(6-0.7)\ \text{V}}{530\ \text{k}\Omega}=10\ \mu\text{A}$

$I_{CQ}=\beta I_{BQ}=0.6\ \text{mA}$

$U_{CEQ}=U_{CC}-I_{CQ}R_C=6\ \text{V}-0.6\ \text{mA}\times 5\ \text{k}\Omega=3\ \text{V}$

(2) $r_{be}=300+(1+\beta)\dfrac{26}{I_E}\approx\left(300+61\times\dfrac{26}{0.6}\right)\Omega\approx 2.9\ \text{k}\Omega$

(3) $A_u=-\beta\dfrac{R'_L}{r_{be}}=\dfrac{-60\times\dfrac{5\ \text{k}\Omega\times 5\ \text{k}\Omega}{5\ \text{k}\Omega+5\ \text{k}\Omega}}{2.9\ \text{k}\Omega}\approx -52$

$r_i\approx r_{be}=2.9\ \text{k}\Omega$

$r_o\approx R_C=5\ \text{k}\Omega$

2. 图解法

所谓电路的图解法，就是利用晶体管的特性曲线按照作图的办法对放大电路的静态和动态进行分析的一种方法。

1) 图解法的静态分析

在图 4-37 所示放大电路的直流通路图 4-38 中，按输出回路（集电极回路）可列出

$$U_{CE}=U_{CC}-I_CR_C$$

或

$$I_C=-\frac{1}{R_C}U_{CE}+\frac{U_{CC}}{R_C} \tag{4-14}$$

在 I_C—U_{CE} 输出特性曲线坐标系中，这是一个直线方程，其斜率为 $-1/R_C$，可过两点作出。它在横轴上的截距为 U_{CC}，在纵轴上的截距为 U_{CC}/R_C。因为它是由直流通路得出的，且与集电极负载电阻 R_C 有关，故称为直流负载线。

用图解法确定静态工作点的步骤如下：

第一步：在直流通路中，由输入回路求出基极电流

$$I_{BQ}\approx\frac{U_{CC}}{R_B}$$

可知，所要求的静态工作点 I_{CQ}，U_{CEQ} 一定在 I_{BQ} 所对应的那条输出特性曲线上。

第二步：作直流负载线

$$U_{CE}=U_{CC}-I_CR_C$$

即过 $(U_{CC},0)$、$(0,U_{CC}/R_C)$ 两点作直线。所要求的静态工作点 (I_{CQ},U_{CEQ}) 一定在直流负载线上。

第三步：按上所述，I_{BQ}所对应的输出特性曲线与直流负载线的交点即为所求静态工作点 Q，其纵、横坐标值即为所求 I_{CQ}、U_{CEQ}值。

【例 4-3】 在图 4-37 所示电路中，已知 $U_{CC}=12\ V$，$R_C=4\ k\Omega$，$R_B=300\ k\Omega$。晶体管的输出特性曲线已给出（见图 4-42），试求静态值。

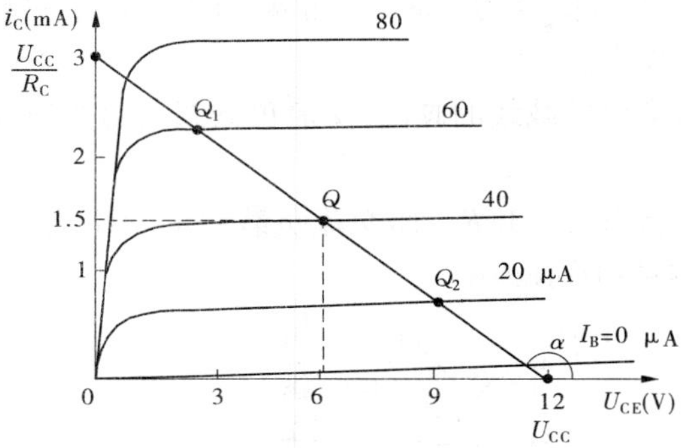

图 4-42 例 4-3 图

解 (1) 由式(4-1)有

$$I_{BQ} \approx \frac{U_{CC}}{R_B} = \frac{12\ V}{300 \times 10^3\ \Omega} = 40\ \mu A$$

(2) 直流负载线为

$$U_{CE} = U_{CC} - I_C R_C = 12\ V - 4I_C$$

可得出

$$I_C = 0\ 时，U_{CE} = U_{CC} = 12\ V$$

$$U_{CE} = 0\ 时，I_C = \frac{U_{CC}}{R_C} = 3\ mA$$

连接(12,0)和(0,3)两点即可得直流负载线。

(3) 直流负载线与 $I_{BQ}=40\ \mu A$ 的输出特性曲线的交点 Q 即为所求静态值，即

$$I_{BQ} = 40\ \mu A$$
$$I_{CQ} = 1.5\ mA$$
$$U_{CEQ} = 6\ V$$

由图 4-42 可以看出 Q 点对应了三个值（I_{BQ}、I_{CQ}、U_{CEQ}），这也就是静态工作点的由来。改变电路的参数，即可改变静态工作点。通常是改变 R_B 的阻值来调整偏流 I_{BQ}的大小，从而实现静态值的调节。

2) 图解法的动态分析

利用晶体管的特性曲线在静态工作点的基础上，用作图的方法可以进行动态分析，即分析各个电压和电流交流分量之间的传输关系。

(1) 交流负载线。

放大电路动态工作时，电路中的电压和电流都是在静态值的基础上产生与输入信号相对应的变化，晶体管的工作也将在静态工作点附近变化。对于交流信号来说，它们通过的路径为交流通路，如图 4-38 所示的交流通路，得

$$u_o = u_{ce} = -i_C R'_L \tag{4-15}$$

式中,R'_L 为 R_C 与 R_L 并联的等效电阻,称为集电极等效负载电阻,$R'_L = \dfrac{R_C R_L}{R_C + R_L}$。

式(4-15)是反映交流电压 u_{ce} 与电流 i_C 的关系,是一线性关系,故称为交流负载线,其斜率为 $-1/R'_L$。而当交流信号为零时,其晶体管的工作点一定是静态工作点,所以交流负载线一定过静态工作点。

由以上分析可得出交流负载线的画法:交流负载线是过静态工作点作斜率为 $-1/R'_L$ 的直线。

因为直流负载线的斜率为 $-1/R_C$,而交流负载线的斜率为 $-1/R'_L$,故交流负载线比直流负载线要陡,如图 4-43 所示。

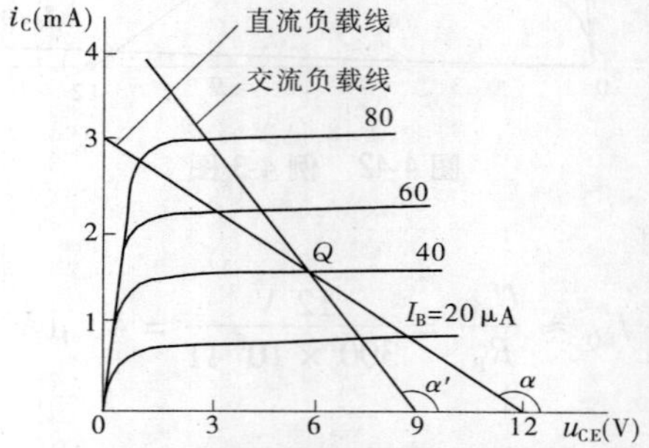

图 4-43　直流负载线与交流负载线

(2)图解法动态分析步骤。

在确定静态工作点后画出交流负载线的基础上,根据已知的电压输入信号 u_i 的波形,在晶体管特性曲线上,可按下列作图步骤画出有关电压电流波形。

第一步:在输入特性曲线上可由输入信号 u_i 叠加到 U_{BE} 上得到的 u_{BE} 而对应画出基极电流 i_B 的波形。

第二步:在输出特性曲线上,根据 i_B 的变化波形可对应得到集 - 射电压 u_{CE} 及集电极电流 i_C 的变化波形,如图 4-44 所示。

由以上分析可以得出下述结论:

(1)晶体管各相电压和电流均有两个分量——直流分量和交流分量。

(2)输出电压 u_o(u_{ce})与输入电压 u_i(u_{be})相位相反,即晶体管具有倒相作用,集电极电位的变化与基极电位的变化极性相反。

(3)负载电阻 R_L 愈小,交流负载线就愈陡直,输出电压就愈小,即接入 R_L 后使放大倍数降低,负载电阻 R_L 愈小,电压放大倍数愈小。

(三)放大电路的改进

1. 非线性失真问题

所谓失真,是指输出信号的波形不同于输入信号的波形。显然,要求放大电路应该尽量不发生失真现象。引起失真的主要原因是静态工作点选择不合适或者信号过大,使晶体管工作于饱和状态或截止状态。由于这种失真是因为晶体管工作于非线性区,所以通常称为非线性失真。

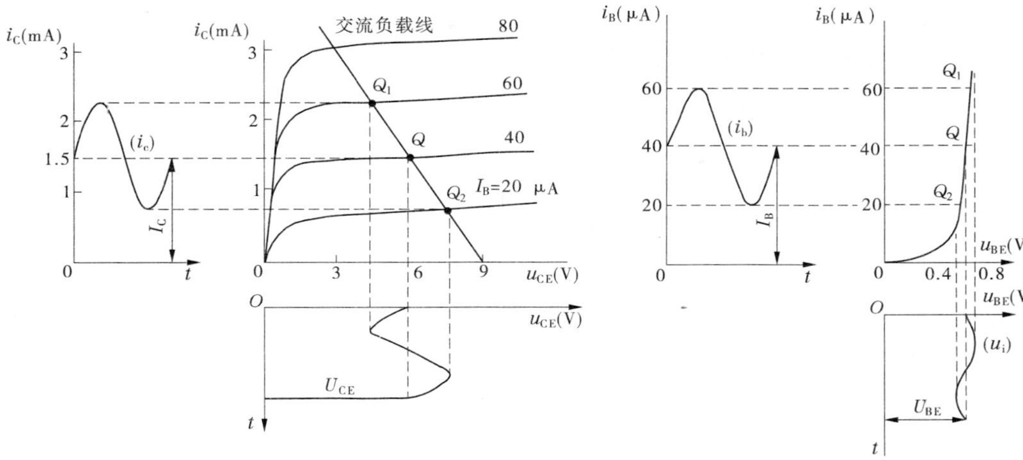

图 4-44 交流图解分析

图 4-45 所示为静点 Q 不合适引起输出电压波形失真的情况。其中,图 4-45(a)表示静态工作点 Q_1 的位置太低,输入正弦电压时,输入信号的负半周进入了晶体管的截止区工作,使输出电压交流分量的正半周削平。这是由于晶体管的截止而引起的,故称为截止失真。

图 4-45(b)所示为静态工作点 Q_2 过高,在输入电压的正半周,晶体管进入了饱和区工作,使输出严重失真。这是由于晶体管的饱和而引起的,故称为饱和失真。

因此,要放大电路不产生非线性失真,必须有一个合适的静态工作点,一般设置在直流负载线的中点附近。当发生截止失真或饱和失真时可通过改变电阻 R_B 的大小来调整静态工作点,实用电路中常用一固定电阻和一电位器的串联作为偏置电阻,以实现静态工作点的调节。另外,输入信号 u_i 的幅值不能太大,以免放大电路的工作范围超过特性曲线的线性范围,发生"双向"失真。在小信号放大电路中,一般不会发生这种情况。

2. 静态工作点的不稳定问题

通过前面的分析可知,放大电路不设置静态工作点不行,静态工作点不合适不行,静态工作点不稳定也不行,当静态工作点不断变化时,将会引起输出的交流信号发生失真。那么,静态工作点为什么不稳定呢?

静态工作点不稳定的主要原因是温度变化使晶体管的参数发生了变化。

可以证明,当温度升高时,晶体三极管的发射结导通压降 U_{BE} 降低,β 和 I_{CEO} 都将增大,这些参数的变化都将使 I_C 增大,使静态工作点上移。反之,当温度降低时,管子参数的变化将使 I_C 减小,使静态工作点下移。因此,温度变化,会引起静态工作点的移动,从而导致交流信号的失真。以温度升高为例:

$$T\uparrow \rightarrow I_{CBO}\uparrow \rightarrow I_{CEO}\uparrow \rightarrow I_C\uparrow \rightarrow T\uparrow$$

这里"↑"表示增大,"→"表示因果关系。

温度升高引起 I_C 增大,反映到输出特性曲线上,将使每一条输出特性曲线均向上平行移动,如图 4-46 所示。当温度从 20 ℃升到 40 ℃时,输出特性曲线将上移至虚线所示位置。

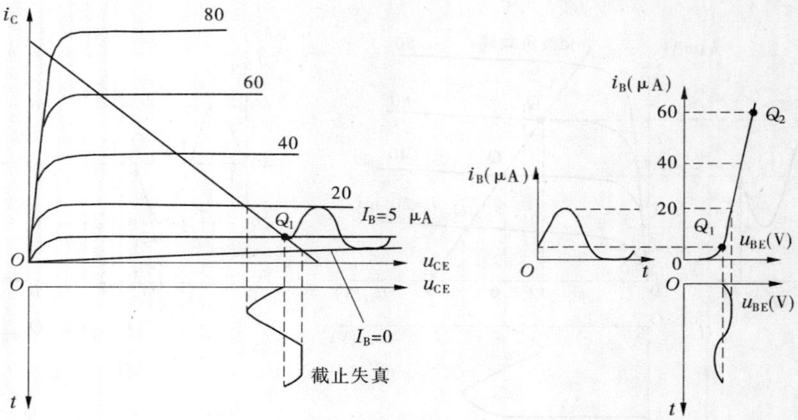

(a)截止失真

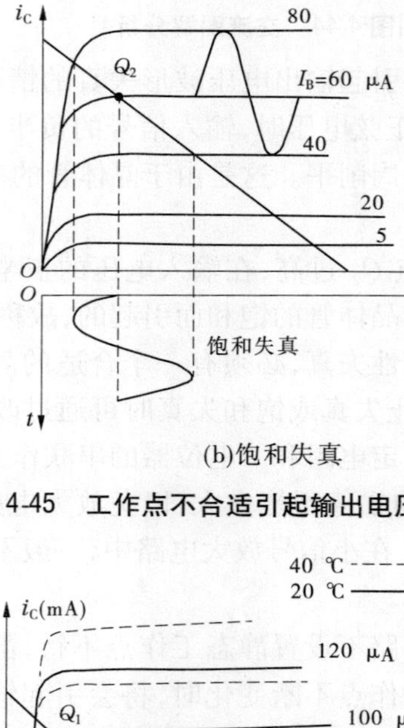

(b)饱和失真

图 4-45　工作点不合适引起输出电压波形失真

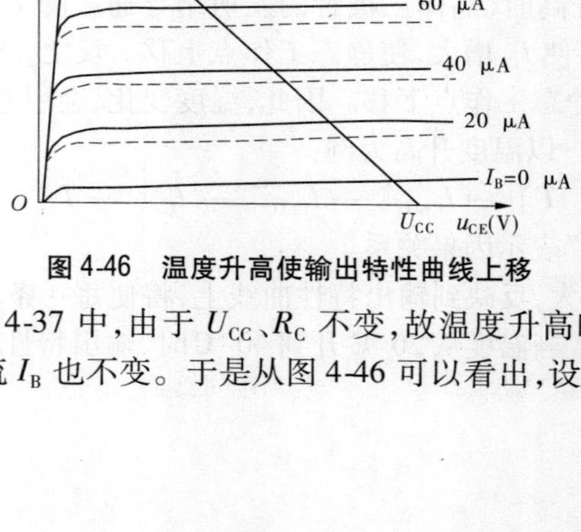

图 4-46　温度升高使输出特性曲线上移

在基本放大电路图 4-37 中，由于 U_{CC}、R_C 不变，故温度升高时直流负载线的位置不变；又因 R_B 不变，故偏流 I_B 也不变。于是从图 4-46 可以看出，设原来的静态工作点为 Q

点，温度上升后，Q 将上移到 Q_1 点，动态信号将进入饱和区，产生饱和失真。同时，由于 Q_1 点所对应的集电极电流 I'_C 较大（$I'_C > I_C$），晶体管的集电极损耗增加，管温升高，又造成输出特性曲线更往上移，如此恶性循环，使管子不能正常工作，甚至会使管子损坏。图 4-37所示的基本放大电路，其基极偏流 $I_B \approx U_{CC}/R_B$，当 R_B 一经选定后，I_B 也就固定不变，因此这种电路称为固定偏置电路。固定偏置电路具有电路简单、放大倍数高等优点，但其静态工作点不稳定，易受温度变化的影响。为了使静态工作点不受外界条件变化的影响，必须在电路结构上采取改进措施。

3. 常用的静态工作点稳定电路

电子技术中应用最广泛的静态工作点稳定电路是分压式偏置放大电路，如图 4-47（a）所示。电阻 R_{B1} 与 R_{B2} 构成分压式偏置电路。由图 4-47（b）所示的直流通路分析可知：

$$I_1 = I_2 + I_B$$

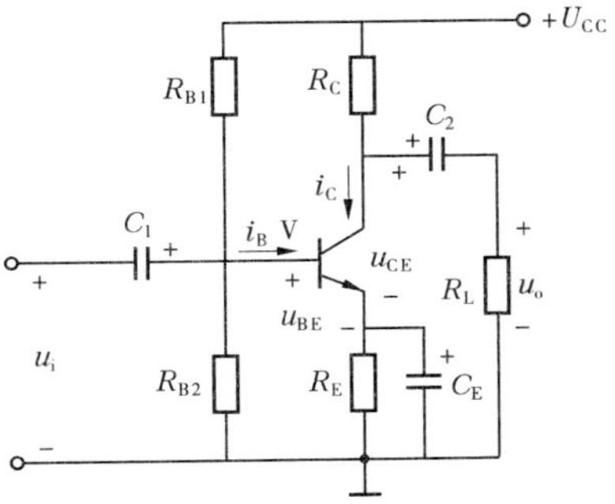

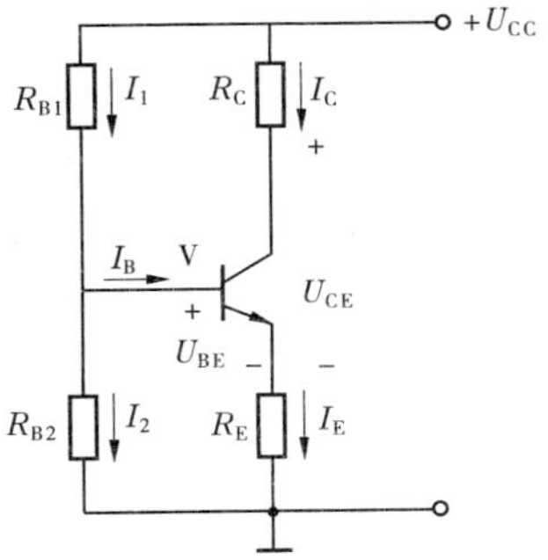

图 4-47　静态工作点稳定的放大电路

选择电路参数，使

$$I_2 \gg I_B$$

则有

$$U_B \approx \frac{R_{B2}}{R_{B1} + R_{B2}} U_{CC} \tag{4-16}$$

由式（4-16）可见，基极电位由偏置电阻 R_{B1}、R_{B2} 分压所得，与晶体管的参数基本无关，不受温度影响，故也称该电路为分压偏置共发射极放大电路。

图 4-47（a）所示放大电路的静态工作点稳定的物理过程为：

$$T\uparrow \rightarrow I_C\uparrow \rightarrow U_E\uparrow \rightarrow U_{BE}\downarrow (U_{BE} = U_B - U_E) \rightarrow I_B\downarrow \rightarrow I_C\downarrow$$

即当温度升高晶体管参数变化而使 I_C 和 I_E 增大时，$U_E = I_E R_E$ 也增大。由于基极电位由 R_{B1}、R_{B2} 分压电路所固定，所以发射结正偏电压 U_{BE} 将减小，从而引起 I_B 减小，I_C 也自动下降，使静态工作点恢复到原来位置而基本不变。可见，R_E 愈大，U_E 随 I_E 的变化就会愈明显，稳定性能就愈好。R_E 一般取值几百欧到几千欧。

R_E 的接入，使发射极电流的交流分量在 R_E 上也要产生压降，这样会降低放大电路的电压放大倍数。为实现既稳定工作点又不减小电压放大倍数的目的，可以利用电容器通交流隔直流的特性，在 R_E 两端并联大容量的电容器 C_E，只要 C_E 容量足够大，对交流就可视为短路,而对直流分量并无影响,故 C_E 称为发射极交流旁路电容,其容量一般为几十微法到几百微法,因容量大常采用电解电容器。

1)静态分析(静态工作点的估算)

由图 4-47(b)所示直流通路不难列出下列各式:

$$U_B \approx \frac{R_{B2}}{R_{B1}+R_{B2}}U_{CC}$$

$$I_{CQ} \approx I_{EQ} = \frac{U_B - U_{BE}}{R_E} \approx \frac{U_B}{R_E} \tag{4-17}$$

$$I_{BQ} = \frac{I_{CQ}}{\beta} \tag{4-18}$$

$$U_{CEQ} = U_{CC} - I_{CQ}R_C - I_{EQ}R_E \approx U_{CC} - I_{CQ}(R_C + R_E) \tag{4-19}$$

对硅管而言,一般取 $I_2 = (5 \sim 10)I_B$,$U_B = (5 \sim 10)U_{BE}$。

2)动态分析(性能指标的估算)

将图 4-47(a)所示放大电路中的电容 C_1、C_2、C_E 和直流电源 U_{CC} 短路得到交流通路,然后替代三极管就可得到其微变等效电路,如图 4-48 所示。

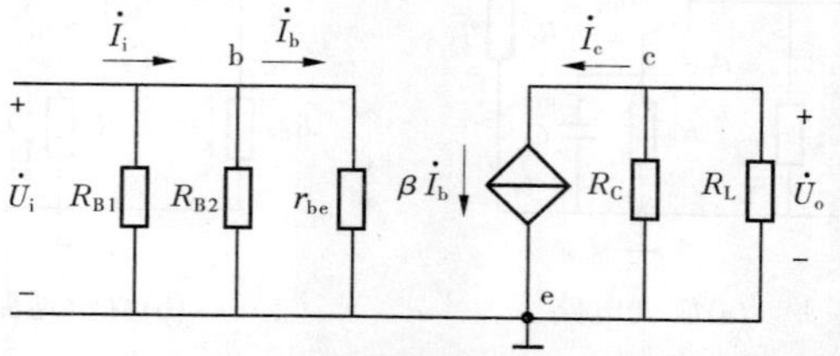

图 4-48　图 4-47(a)所示放大电路的微变等效电路

由以上分析可以看出,C_E 的作用是交流短路让其交流分量通过而使 R_E 对交流不起作用,通常称为交流旁路电容,后面将会讨论。当没有 C_E 时 R_E 将对交流信号有抑制作用,使放大倍数 A_u 减小等。

电压放大倍数、输入电阻和输出电阻由图 4-48 不难看出,它与图 4-37 所示固定偏置放大电路的微变等效电路图 4-41 所示电路相似,同样可求得

$$A_u = -\beta\frac{R'_L}{r_{be}} \tag{4-20}$$

$$r_i = \frac{R_{B1}R_{B2}r_{be}}{R_{B1}R_{B2} + R_{B1}r_{be} + R_{B2}r_{be}} \approx r_{be} \tag{4-21}$$

$$r_o \approx R_C \tag{4-22}$$

【例 4-4】　图 4-47 所示静态工作点稳定的放大电路中,已知晶体管的 $\beta = 40$,$U_{CC} = 12\ \text{V}$,$R_C = 2\ \text{k}\Omega$,$R_E = 2\ \text{k}\Omega$,$R_{B1} = 20\ \text{k}\Omega$,$R_{B2} = 10\ \text{k}\Omega$,$R_L = 2\ \text{k}\Omega$。试求:

(1)静态值。

(2)晶体管输入电阻 r_{be}。

(3)电压放大倍数 A_u。

(4)输入电阻 r_i 和输出电阻 r_o。

解：(1) 由式(4-16) ~式(4-19) 可得

$$U_B = \frac{R_{B2}}{R_{B1}+R_{B2}}U_{CC} = \frac{10\times10^3\ \Omega}{(20+10)\times10^3\ \Omega}\times12\ V = 4\ V$$

$$I_{CQ} \approx \frac{U_B}{R_E} = \frac{4\ V}{2\times10^3\ \Omega} = 2\ mA$$

$$I_{BQ} = \frac{I_{CQ}}{\beta} = \frac{2\ mA}{40} = 50\ \mu A$$

$$U_{CEQ} \approx U_{CC} - I_{CQ}(R_C+R_E) = 12\ V - 2\ mA\times(2+2)\ k\Omega = 4\ V$$

(2) 由式(4-5) 可得

$$r_{be} = 300 + (1+\beta)\frac{26}{I_E} \approx (300 + 41\times\frac{26}{0.6})\ \Omega \approx 0.8\ k\Omega$$

(3) 由式(4-20) 可得

$$A_u = -\beta\frac{R_L'}{r_{be}} = -\frac{40\times\frac{2\ k\Omega\times2\ k\Omega}{(2+2)\ k\Omega}}{0.8\ k\Omega} = -50$$

(4) 由式(4-21)、式(4-22) 得

$$r_i \approx r_{be} = 0.8\ k\Omega$$

$$r_o \approx R_C = 2\ k\Omega$$

二、射极输出器

前面介绍的放大电路，其输入信号 u_i 接到基极，输出信号 u_o 由集电极输出，发射极为公共极，故称为共射极基本放大电路。下面介绍射极输出器，也称为共集电极放大电路。射极输出器的信号从基极输入，从发射极输出，集电极为交流公共极，如图 4-49(a) 所示。

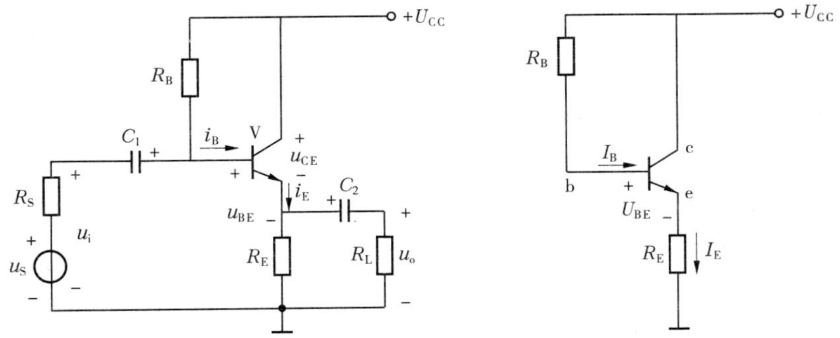

(a)射极输出器　(b)射极输出器的直流通路

图 4-49　射极输出器及其直流通路

(一) 射极输出器的静态分析

静态工作点的计算方法同前所介绍：由其直流通路(如图 4-49(b) 所示)，可推导出静态工作点的计算公式如下

$$U_{CC} = U_{R_B} + U_{BE} + U_{R_E} = I_{BQ}R_B + U_{BE} + (1+\beta)I_{BQ}R_E$$

$$I_{BQ} = \frac{U_{CC} - U_{BE}}{R_B + (1+\beta)R_E} \approx \frac{U_{CC}}{R_B + (1+\beta)R_E} \tag{4-23}$$

$$I_{CQ} = \beta I_{BQ} \tag{4-24}$$

$$U_{CEQ} \approx U_{CC} - I_{CQ}R_E \tag{4-25}$$

(二)射极输出器的动态分析计算

由图 4-49(a)可画出射极输出器的交流通路和微变等效电路如图 4-50 所示,可得到输出电压为

$$\dot{U}_o = R'_L\dot{I}_e = (1+\beta)R'_L\dot{I}_b \tag{4-26}$$

式中,R'_L 称为射极等效负载电阻,$R'_L = R_E // R_L = \frac{R_E R_L}{R_E + R_L}$。

输入电压为

$$\dot{U}_i = r_{be}\dot{I}_b + R'_L\dot{I}_e = r_{be}\dot{I}_b + (1+\beta)R'_L\dot{I}_b$$

$$\dot{A}_u = \frac{\dot{U}_o}{\dot{U}_i} = \frac{(1+\beta)R'_L}{r_{be} + (1+\beta)R'_L} \tag{4-27}$$

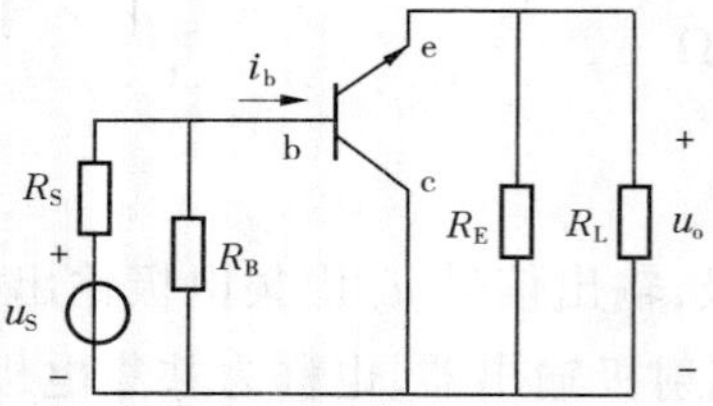

(a)射极输出器交流通路

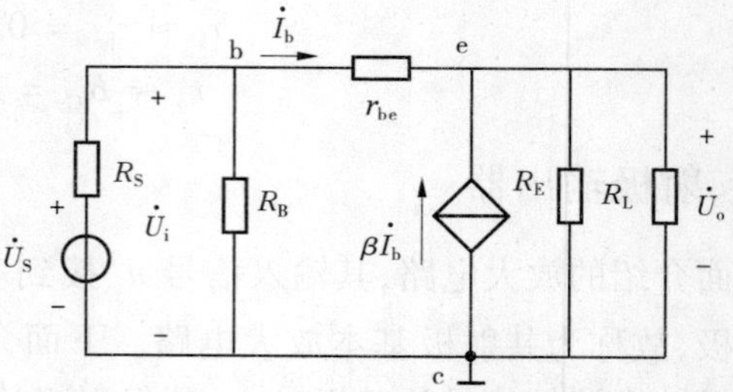

(b)射极输出器的微变等效电路

图 4-50　射极输出器的交流通路和微变等效电路

式(4-27)表明,射极输出器的电压放大倍数小于 1,但接近于 1。从微变等效电路可看出输出电压与输入电压是同相的,大小近似相等,所以射极输出器又称为射极跟随器。

射极输出器的输入电阻 r_i 也可以从图 4-50(b)所示的微变等效电路经过计算得出,即

$$r_i = \frac{\dot{U}_i}{\dot{I}_i} = \frac{\dot{U}_i}{\frac{\dot{U}_i}{R_B} + \frac{\dot{U}_i}{r_{be} + (1+\beta)R'_L}} = R_B // [r_{be} + (1+\beta)R'_L] \tag{4-28}$$

由式(4-28)可知,射极输出器的输入电阻是由偏置电阻 R_B 和电阻 $r_{be} + (1+\beta)R'_L$ 并联而得的。通常 R_B 的阻值很大(几十千欧至几百千欧),同时,$r_{be} + (1+\beta)R'_L$ 也比共发射极放大电路的输入电阻 r_{be} 大得多。因此,射极输出器的输入电阻很高,可达几十千欧到几百千欧。计算射极输出器的输出电阻时,需要将输入信号源置零,去掉负载,然后在输出端加一个电压已知的电压源,如图 4-51 所示。求出已知电压的电压源向电路提供的电流,由下式求输出电阻:

$$r_o = \frac{\dot{U}}{\dot{I}_o}$$

$$\dot{I}_o = \frac{\dot{U}}{R_E} + \frac{\dot{U}}{r_{be} + R_B//R_S} + \beta\frac{\dot{U}}{r_{be} + R_B//R_S}$$

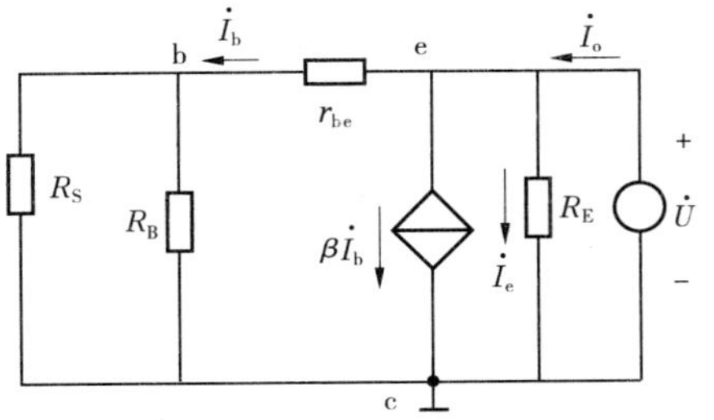

图 4-51 射极输出器的输出电阻计算电路

由上两式可以求出射极输出器的输出电阻为

$$r_o = R_E//\frac{r_{be} + R_B//R_S}{1 + \beta} \tag{4-29}$$

由式(4-29)可知,射极输出器的输出电阻很小。这也能从射极输出器的输出电压 u_o 近似等于输入电压 u_i 反映出,因 u_o 仅比 u_i 小 u_{be},所以不论负载大小如何变化,u_o 都不会有太大的变化。射极输出器的输出电阻,一般为几十欧到几百欧,比共发射极放大电路的输出电阻低得多。

(三)射极输出器的特点

由以上分析可以看出,射极输出器有如下特点:

(1)电压放大倍数小于而近似等于1,相位相同,即 $u_o \approx u_i$,具有电压跟随作用。

(2)输入电阻 r_i 比较大,可达几十千欧到几百千欧,因而常被用在电子测量仪表等多级放大器的输入级,以减小从信号源所吸取的电流值,同时,分得较多的输入电压 u_i 值。

(3)输出电阻 r_o 较小,一般只有几十欧到几百欧。因此,射极输出器具有恒压输出特性,负载能力强,即输出电压 u_o 随负载的变化而变化很小,常用作多级放大器的输出级。

另外,射极输出器也常作为多级放大器的中间缓冲级,解决前一级输出电阻比较大、后一级输出电阻比较小,而造成阻抗匹配不好的问题。射极输出器的应用极为广泛。

【例 4-5】 在图 4-48 所示电路中,已知 $U_{CC} = 12$ V,$R_B = 300$ kΩ,$R_E = 5$ kΩ,$R_L = 0.5$ kΩ,$R_S = 1$ kΩ,$\beta = 80$,$U_{BE} = 0.7$ V。试计算静态工作点及电压放大倍数、输入电阻、输出电阻。

解:(1)求静态工作点:

$$I_{BQ} = \frac{U_{CC} - U_{BE}}{R_B + (1 + \beta)R_E} = \frac{12 - 0.7}{300 + 81 \times 5} = 0.016(\text{mA}) = 16(\mu\text{A})$$

$$I_{CQ} = \beta I_{BQ} = 80 \times 0.016 = 1.28(\text{mA})$$

$$I_{EQ} = (1 + \beta)I_{BQ} = 81 \times 0.016 = 1.3(\text{mA})$$

$$U_{CEQ} = U_{CC} - I_{EQ}R_E = 12 - 1.3 \times 5 = 5.5(\text{V})$$

(2)求电压放大倍数:

$$r_{be} = 300 + (1+\beta)\frac{26}{I_E} = 1.92(\text{k}\Omega)$$

$$R'_L = R_E // R_L = 0.46\ \text{k}\Omega$$

$$A_u = \frac{(1+\beta)R'_L}{r_{be} + (1+\beta)R'_L} = \frac{81 \times 0.46}{1.92 + 81 \times 0.46} \approx 1$$

(3)求输入电阻和输出电阻：

$$r_i = R_B // [r_{be} + (1+\beta)R'_L] = 300 // (1.92 + 81 \times 0.46) = 33.14(\text{k}\Omega)$$

$$r_o = \frac{r_{be} + R_S // R_B}{1+\beta} // R_E = \frac{1.92 + 1//300}{81} // 5 = 34.7(\text{k}\Omega)$$

三、多级放大电路

单级放大器的放大倍数一般只有几十倍，而应用中常需要把一个微弱的信号放大到几千倍，甚至几万倍以上。这就需要用几个单级放大电路连接起来组成多级放大器，把前级的输出加到后级的输入，使信号逐级放大到所需要的数值。本部分主要讨论多级放大电路的耦合方式及阻容耦合放大电路。

（一）耦合方式及其特点

多级放大电路级与级之间的连接称为耦合，常用的耦合方式有阻容耦合、变压器耦合和直接耦合等，下面分别介绍其特点。

1. 阻容耦合

级与级之间的连接是通过一个耦合电容和下一级输入电阻连接起来的，故称为阻容耦合，如图 4-52 所示。

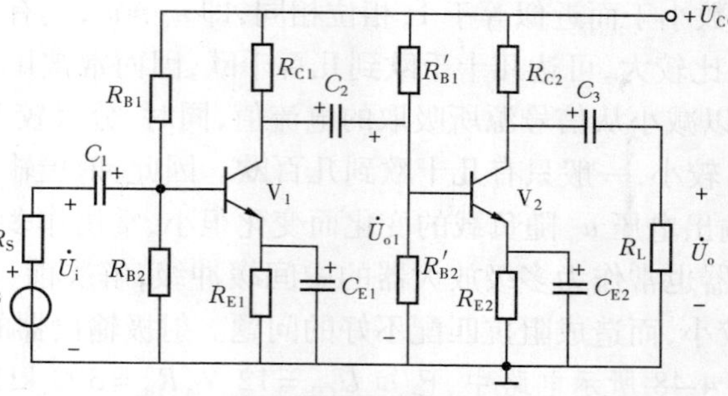

图 4-52　两级阻容耦合放大电路

阻容耦合方式的优点是：耦合电容的存在，使得前、后级之间直流通路相互隔断，即前、后级静态工作点各自独立，互不影响，这样就给分析、设计和调试静态工作点带来了很大的方便。另一方面，若耦合电容选得足够大，就可以将一定频率范围内的信号几乎无衰减地加到后一级的输入端上去，使信号得以充分利用。因此，阻容耦合方式在多级放大电路中获得了广泛的应用。

阻容耦合方式也有其局限性：不适合于传送缓慢变化的信号，否则会有很大的衰减。对于输入信号的直流分量，根本不能传送到下级。另外，由于集成电路中不易制造大容量的电容，因此阻容耦合方式在线性集成电路中几乎无法采用。

2. 变压器耦合

因为变压器能够通过磁路的耦合把原边的交流信号传送到副边，所以可以采用它作为耦合器件，将放大器连接起来，实现级间连接，这就是变压器的耦合方式。

变压器耦合多级放大器，除静态工作点前、后级各自独立外，还有一个重要的特点，就是它可以在传递信号的同时，实现阻抗的变换，从而实现阻抗匹配。

变压器耦合方式，在半导体收音机的中频放大级和扩音器的功率放大级中常用到，但现在用得越来越少了，主要原因是它的体积大，不易集成，不易传送变化缓慢的信号等。

3. 直接耦合

为了放大缓慢变化的信号或直流量变化的信号（直流信号），不能采用上述两种耦合方式，只能把前级的输出端直接接到后级的输入端，即采用直接耦合方式。

直接耦合方式放大电路主要存在两个问题，一个是前、后级静态工作点相互影响，相互牵制，这就需要采取一定的措施，保证既能有效地传送信号，又能使每一级静态工作点合适。另一个问题是零点漂移现象严重。

一个理想的直接耦合放大电路，当输入信号为零时，其输出电压应保持不变。但实际上，当输入信号为零（将输入端短路）时，输出端的值在无规则地、缓慢地变化，这种现象称为零点漂移。

当放大电路输入信号后，零点漂移就伴随着实际信号共同输出，使信号失真。若零点漂移严重则放大电路就很难工作了，特别是在多级直接耦合放大电路中，前级放大电路的零点漂移影响更为严重。所以，必须清楚产生零点漂移的主要原因，并采取措施加以抑制。

引起零点漂移的原因很多，其中主要的原因是晶体管的参数（U_{BE}、I_{CEO}、β）随温度的变化而发生变化、电源电压的波动以及电路元件参数的变化等。特别是温度的影响最为严重，通常称为温漂。特别是第一级的温漂，应该着重抑制。

抑制零点漂移的措施很多，比如选取高质量的硅管作为放大元件，其温度特性比较稳定，零点漂移就小。比如利用热敏元件进行补偿，以抵消温度变化给晶体管参数带来的影响。再如差分放大电路也能抑制零点漂移，其原理将在下一任务中介绍。

（二）多级放大电路的电路分析

图 4-52 所示为两级阻容耦合的放大电路，并很容易推广到 3 级、4 级、…n 级放大电路。

对于 RC 耦合多级放大电路来说，由于各级静态工作点各自独立，互不影响，所以计算确定各级静态单独进行时的电路就可以了。那么，对于各级放大电路的主要性能指标（A_u、r_i、r_o）应该如何确定呢？

（1）多级电压放大倍数为各级电压放大倍数之积，即对于两级放大电路有

$$A_u = \frac{u_o}{u_{i2}} \frac{u_{o1}}{u_{i1}} = A_{u1}A_{u2} \qquad (u_{o1} = u_{i2}) \tag{4-30}$$

（2）多级放大器的输入电阻等于第一级的输入电阻，即

$$r_i = r_{i1} \tag{4-31}$$

（3）多级放大器的输出电阻等于最后一级的输出电阻，即对于两级放大器而言，则有

$$r_o = r_{o2} \tag{4-32}$$

【例 4-6】 在图 4-52 所示两级阻容耦合放大电路中，已知 $U_{CC}=12\ V$，$R_{B1}=30\ k\Omega$，$R_{B2}=15\ k\Omega$，$R'_{B1}=20\ k\Omega$，$R'_{B2}=10\ k\Omega$，$R_{C1}=3\ k\Omega$，$R_{C2}=2.5\ k\Omega$，$R_{E1}=3\ k\Omega$，$R_{E2}=2\ k\Omega$，$R_L=5\ k\Omega$，$\beta_1=\beta_2=40$。试求：

(1)各级静态工作点。

(2)两级放大电路的电压放大倍数。

(3)两级放大电路的输入电阻。(取 $U_{CC}=12\ V$)

解:(1)求各级静态值。

第一级

$$U_{B1}=\frac{R_{B2}}{R_{B1}+R_{B2}}U_{CC}=\frac{15}{30+15}\times 12=4\ (V)$$

$$I_{C1}=\frac{U_{B1}-U_{BE}}{R_{E1}}=\frac{4-0.7}{3}=1.1(mA)$$

$$I_{B1}=\frac{I_{C1}}{\beta_1}\approx 28\ \mu A$$

$$U_{CE1}\approx U_{CC}-I_{C1}(R_{C1}+R_{E1})=12\ V-1.1\ mA\times(3+3)\ k\Omega=5.4\ V$$

第二级

$$U_{B2}=\frac{R'_{B2}}{R'_{B1}+R'_{B2}}U_{CC}=\frac{10}{20+10}\times 12=4(V)$$

$$I_{C2}=\frac{U_{B2}-U_{BE}}{R_{E2}}=\frac{4-0.7}{2}=1.65(mA)$$

$$I_{B2}=\frac{I_{C2}}{\beta_2}=41\ \mu A$$

$$U_{CE2}\approx U_{CC}-I_{C2}(R_{C2}+R_{E2})=12-1.65\times(2.5+2)=4.6(V)$$

(2)求电压放大倍数。

晶体管 V_1 的输入电阻

$$r_{be1}=300+(1+\beta_1)\frac{26}{I_{E1}}\approx 300+(1+40)\times\frac{26}{1.1}\approx 1.27(k\Omega)$$

晶体管 V_2 的输入电阻

$$r_{be2}=300+(1+\beta_2)\frac{26}{I_{E2}}\approx 300+(1+40)\times\frac{26}{1.65}\approx 0.95(k\Omega)$$

第二级输入电阻

$$r_{i2}=\frac{R'_{B1}R'_{B2}r_{be2}}{R'_{B1}R'_{B2}+R'_{B1}r_{be2}+R'_{B2}r_{be2}}\approx 0.86(k\Omega)$$

第一级等效负载电阻

$$R'_{L1}=\frac{R_{C1}r_{i2}}{R_{C1}+r_{i2}}=\frac{3\times 0.86}{3+0.86}\approx 0.7(k\Omega)$$

第一级电压放大倍数

$$A_{u1} = -\beta_1 \frac{R'_{L1}}{r_{be1}} = -\frac{40 \times 0.7}{1.27} = -22$$

第二级的等效负载电阻

$$R'_{L2} = \frac{R_{C2}R_L}{R_{C2} + R_L} = \frac{2.5 \times 5}{2.5 + 5} \approx 1.7(\text{k}\Omega)$$

第二级的电压放大倍数

$$A_{u2} = -\beta_2 \frac{R'_{L2}}{r_{be2}} = -\frac{40 \times 1.7}{0.95} = -72$$

两级电压放大倍数

$$A_u = A_{u1}A_{u2} = 1\ 584$$

A_u 是一个正实数，说明输入电压 u_i 经过两次反相后，输出电压 u_o 和 u_i 同相位。

(3)求输入电阻。

两级放大器的输入电阻等于第一级的输入电阻

$$r_i = r_{i1} = \frac{R_{B1}R_{B2}r_{be1}}{R_{B1}R_{B2} + R_{B1}r_{be1} + R_{B2}r_{be1}} \approx 1.1\ \text{k}\Omega$$

四、放大电路中的负反馈

负反馈放大器在电子技术中应用相当广泛。运用负反馈的目的是稳定静态工作点，改善放大电路的放大性能。首先介绍反馈的基本概念及其反馈的类型。

(一)反馈的概念及其组态

在放大电路中，将放大电路的输出信号(电压或电流)全部(或一部分)经过某一个电路(反馈网络或反馈电路)回送到放大电路的输入端(此返回的信号称为反馈信号)，从而影响输入信号的作用，称为"反馈"。

反馈电路包含两部分：一部分是不带反馈的基本放大电路 A，它可以是单级或多级放大电路，也可以是运算放大器；另一部分是反馈电路(又称反馈网络)F，它是联系输出电路和输入电路的环节，如图 4-53 所示。若反馈电路接入电路，则称为"闭环"；若反馈电路不接入电路，则称为"开环"。图中用 x 表示信号(电压或电流)，x_i、x_o、x_f 分别为输入、输出、反馈信号。x_i 和 x_f 在输入端叠加(⊗是叠加环节的符号)后的信号 x_{id} 为放大器 A 的净输入信号。根据图 4-53 中的"+""-"极性，可得净输入信号为

$$x_{id} = x_i - x_f \tag{4-33}$$

根据反馈对放大器的作用不同，可从以下几个方面对反馈进行分类。

1. 正反馈和负反馈

根据反馈的极性对输入信号的影响反馈可分为正反馈和负反馈。

反馈信号与原输入信号叠加后使净输入信号加强的反馈，则称为正反馈。在式(4-33)中，若 x_f 与 x_i 反相，则有

$$x_{id} = x_i - x_f > x_i$$

即反馈信号使净输入信号增强，则为正反馈。

反馈信号与原输入信号叠加后使净输入信号削弱的反馈，则称为负反馈。在

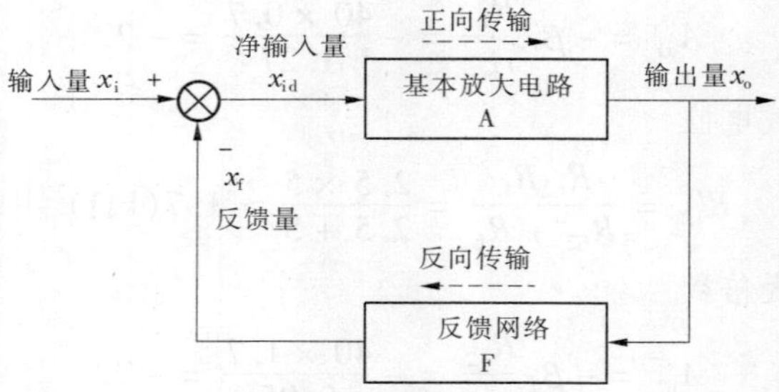

图 4-53　反馈电路方框图

式(4-33)中,若 x_f 与 x_i 同相,则有

$$x_{id} = x_i - x_f < x_i$$

即反馈信号使净输入信号削弱,则为负反馈。

开环时放大电路的放大倍数(又称开环增益)为

$$A = \frac{x_o}{x_{id}} \tag{4-34}$$

反馈网络的反馈系数为反馈信号与输出信号的比值,它反映了反馈网络将输出信号反馈到输入端的程度,用 F 表示,即

$$F = \frac{x_f}{x_o} \tag{4-35}$$

引入反馈后的闭环放大倍数(又称闭环增益)为

$$A_F = \frac{x_o}{x_i} \tag{4-36}$$

式(4-33)可写成:$x_i = x_{id} + x_f$ 形式,则有

$$x_i = x_{id} + x_f = x_{id} + Fx_o = x_{id} + FAx_{id} = (1 + AF)x_{id}$$

代入式(4-36),可得

$$A_f = \frac{x_o}{x_i} = \frac{Ax_{id}}{(1 + AF)x_{id}} = \frac{A}{1 + AF} \tag{4-37}$$

式(4-37)是反映反馈放大电路闭环放大系数、开环放大系数、反馈系数三者之间的基本关系的,其中 $|1 + AF|$ 的大小反映了反馈的强弱,称为反馈深度。

(1)若 $|1 + AF| > 1$,则 $|A_f| < |A|$,即加入反馈后,使闭环放大倍数减小,此类反馈为负反馈。

(2)若 $|1 + AF| < 1$,则 $|A_f| > |A|$,即加入反馈后,使闭环放大倍数增大,此类反馈为正反馈。

(3)若 $|1 + AF| = 0$,则 $|A_f| \to \infty$,即在没有输入信号时,也会有输出信号,这种现象称为自激振荡。自激振荡此书中不作介绍,可查阅相关的参考书。

可见,正反馈能使放大倍数增大,而负反馈则使放大倍数减小。虽然正反馈能使放大倍数增大,但却使放大器的性能变差,例如使放大器的工作不稳定,失真增加等。所以,在放大电路中一般不采用正反馈,正反馈多用于振荡电路中。

2. 电压反馈和电流反馈

按反馈信号从放大电路输出取样方式不同,反馈可分为电压反馈和电流反馈。

若反馈信号取自于输出电压则称为电压反馈，如图 4-54(a)所示。若反馈信号取自于输出电流，则称为电流反馈，如图 4-54(b)所示。

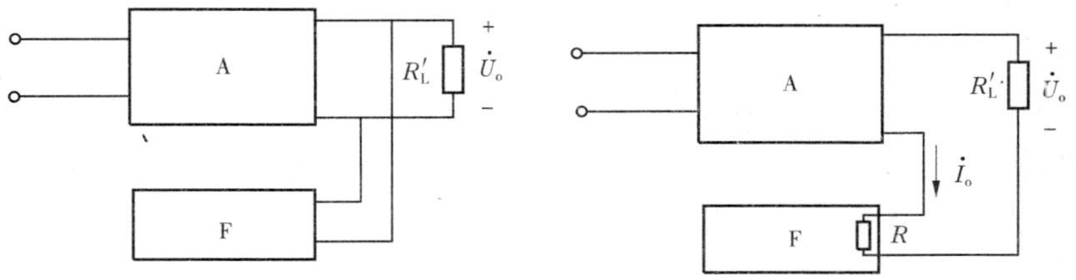

(a)电压反馈　　(b)电流反馈

图 4-54　电压反馈和电流反馈

3. 串联反馈和并联反馈

根据反馈信号与输入信号在放大电路输入端连接形式的不同，反馈可分为串联反馈和并联反馈。

如果反馈信号与输入信号串联在输入回路中，则称为串联反馈，如图 4-55(a)所示。此时，反馈信号与输入信号接在不同的输入端子上，净输入信号以电压的形式出现。如果反馈信号与输入信号并联在输入回路中，则称为并联反馈，如图 4-55(b)所示。此时，反馈信号与输入信号接在相同的输入端子上，净输入信号以电流的形式出现。

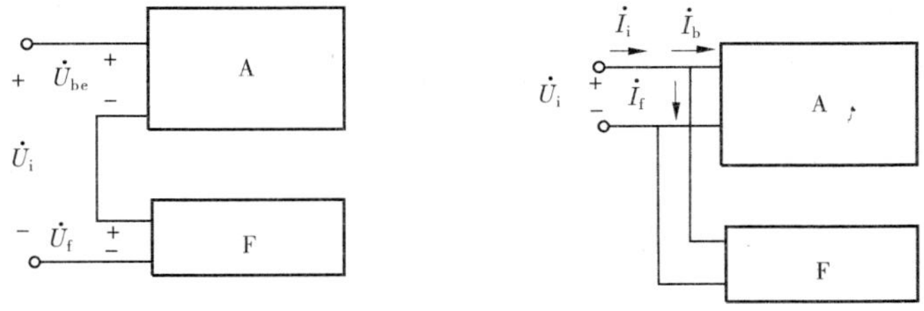

(a)串联反馈　　(b)并联反馈

图 4-55　串联反馈与并联反馈

对于串联反馈，信号源内阻愈小，反馈效果就愈好；而对于并联反馈，信号源内阻愈大，反馈效果就愈好。

4. 直流反馈与交流反馈

根据反馈信号是直流信号还是交流信号，可分为直流反馈和交流反馈。

若反馈的信号是直流量，则为直流反馈；若反馈的信号是交流量，则为交流反馈。

常用的放大电路是负反馈放大电路。综上所述，根据反馈网络在输出端的取样方式和输入端的连接方式，常见交流负反馈组成四种不同的形式，即有四种组态：电压串联负反馈、电流串联负反馈、电压并联负反馈和电流并联负反馈。

(二)反馈的类型的判定

判断放大电路中反馈的类型，可以按如下步骤进行。

1. 有无反馈的判断

若放大电路中存在将输出回路与输入回路相连接的通道，即反馈通道，并由此影响了放大电路的净输入信号，则表明电路存在反馈；否则，电路没有反馈。

2. 正反馈和负反馈的判断

判别正、负反馈通常采用瞬时极性法。瞬时极性是指交流信号某一瞬间的极性。具体步骤如下：

(1)假设输入信号某一瞬时极性，一般设为“+”。

(2)按照闭环放大电路中信号的传递方向，依次标出有关各点在同一瞬间的极性(用“+”或“-”表示)，从而确定输出信号和反馈信号的极性。

(3)根据反馈信号与输入信号的连接情况，分析净输入量的变化，如果反馈信号使净输入信号削弱，则为负反馈；反之，则为正反馈。

3. 电压反馈和电流反馈的判断

判断电压、电流反馈常采用输出端短路法(将负载电阻短路，$u_o=0$)。若反馈信号消失，则为电压反馈；若反馈信号仍然存在，则为电流反馈。

4. 串联反馈和并联反馈的判断

判断串联、并联反馈是根据反馈信号与输入信号在输入端的连接方式进行的，若反馈信号与输入信号连接在不同的输入端子上，则为串联反馈；若反馈信号和输入信号连接在相同的输入端子上，则为并联反馈。

5. 直流、交流反馈的判断

根据直流反馈与交流反馈的定义判定，若反馈存在于放大电路的直流通道之中，则为直流反馈；若反馈存在于放大电路的交流通道中，则为交流反馈。

【例 4-7】 判断图 4-56 所示电路的反馈类型。

解：从图 4-56 可以看出，电阻 R_E 将输出回路和输入回路相连接，因而电路引入了反馈。在直流通道和交流通道中，R_E 均存在，则电路中既引入了直流反馈，也引入了交流反馈。

根据图 4-56，设输入电压 u_i 某一瞬时的极性为“+”，结电容 C_1、三极管、电阻 R_E，到公共端的极性如图 4-57 所示，由于反馈信号在公共端极性为“+”，则在输入端的上端的极性为“-”，使净输入信号削弱，则反馈为负反馈。

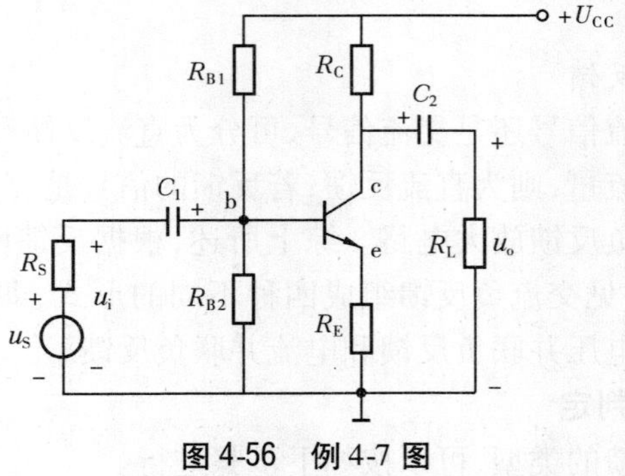

图 4-56 例 4-7 图

从放大电路的输出端看，若将负载电阻反馈 R_L 两端短路，而反馈信号仍然存在，则反馈为电流反馈。

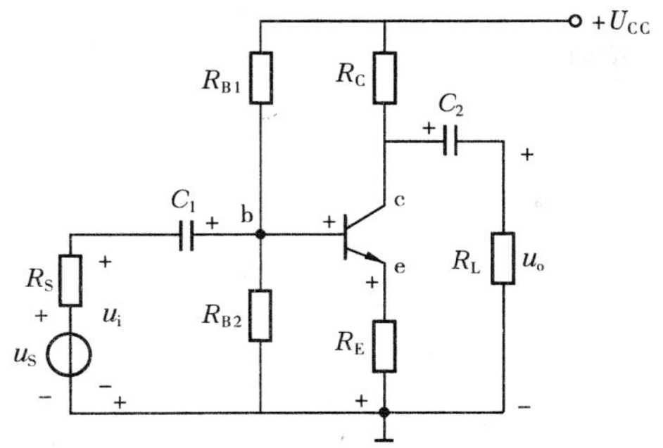

图 4-57　例 4-7 图

从放大电路的输入端看，由于输入信号从上端输入，而反馈信号返回到输入端的下端（公共端），即反馈信号与输入信号连接到输入端的不同端子上，则为串联反馈。由此可见，该电路引入了电流串联负反馈。

（三）负反馈对放大电路性能的影响

在放大电路中引入负反馈后，虽然使放大倍数有所下降，却能使放大器性能得到改善。例如，使放大器放大倍数的稳定性提高，减小非线性失真，改变输入电阻和输出电阻，提高放大器的抗干扰能力以及展宽通频带等。

1. 降低放大倍数

由式(4-37)可看出，可闭环电路的放大倍数为 $A_f = \dfrac{A}{1+AF}$，因负反馈电路 $|1+AF| > 1$，则有 $|A_f| < |A|$，即负反馈电路使放大倍数降低。

2. 提高放大倍数的稳定性

放大倍数的稳定性通常用它的相对变化量来表示。无负反馈时放大倍数的相对变化量为 $\dfrac{dA}{A}$，有负反馈时的相对变化量为 $\dfrac{dA_f}{A_f}$，由式(4-37)对 A_f 求 A 的导数，可得

$$\frac{dA_f}{dA} = \frac{1}{1+AF} - \frac{AF}{(1+AF)^2} = \frac{1}{(1+AF)^2} = \frac{1}{1+AF} \times \frac{A_f}{A}$$

$$\frac{dA_f}{A_f} = \frac{1}{1+AF} \times \frac{dA}{A} \tag{4-38}$$

式(4-38)表明，闭环放大倍数的相对变化量是开环放大倍数相对变化量的 $1/(1+AF)$。也就是说，引入负反馈后，虽然放大倍数下降到了 A 的 $1/(1+AF)$，但其稳定性却提高到原来的 $1+AF$ 倍，且反馈深度越深，放大倍数越稳定。

3. 减小非线性失真

由于三极管是一种非线性器件，放大电路在工作中往往会产生非线性失真。如图 4-58所示，开环放大器产生了非线性失真，输入为正、负对称的正弦波，输出为正半周大、负半周小的失真波形。加入负反馈后，输出端的失真波形反馈到输入端，与输入波形叠加后，净输入信号成为正半周小、负半周大的波形。此波形经放大后，使得输出端正、负半周波形的差减小，从而减小了输出波形的非线性失真。

需要指出的是，负反馈只能减小本级放大电路自身产生的非线性失真，而对输入信号

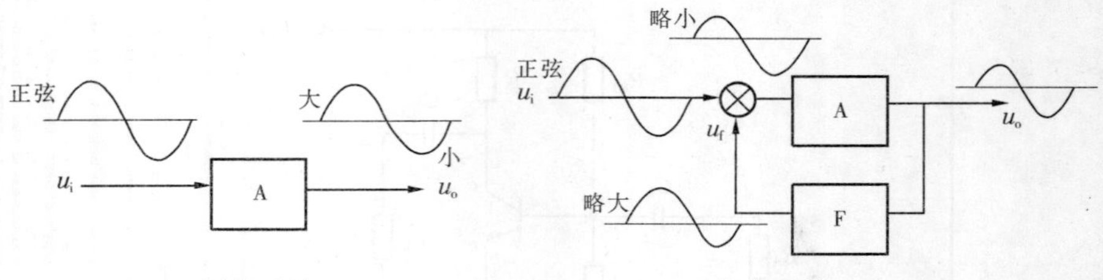

(a)无负反馈　　(b)有负反馈

图 4-58　负反馈减小非线性失真的示意图

的非线性失真,负反馈不能改善。

4. 改变输入电阻和输出电阻

引入负反馈后,放大电路的输入、输出电阻将受到影响。反馈类型不同,对输入、输出电阻的影响也不同。

(1)可以改变输入电阻 r_i。串联负反馈能增大输入电阻,并联负反馈能减小输入电阻,这样就可以根据对输入电阻的要求,引入适当的反馈。

(2)对输出电阻 r_o 有影响。电压负反馈能够减小输出电阻,从而提高带负载能力,稳定输出电压;而电流负反馈则能增大输出电阻,稳定输出电流。

5. 扩展通频带

在放大电路中由于电容的存在,将引起低频段和高频段放大倍数下降和产生相位移。在前面分析过,对于任何原因引起的放大倍数下降,负反馈将起到稳定作用。如 F 为一定值(不随频率而变),在低频段和高频段由于输出减小,反馈到输入端的信号也减小,于是净输入信号增加,放大倍数下降减小,使通频带展宽。

【任务实施】

测试晶体管共射极单管放大电路

(1)按图 4-59 所示线路图连接试验电路。

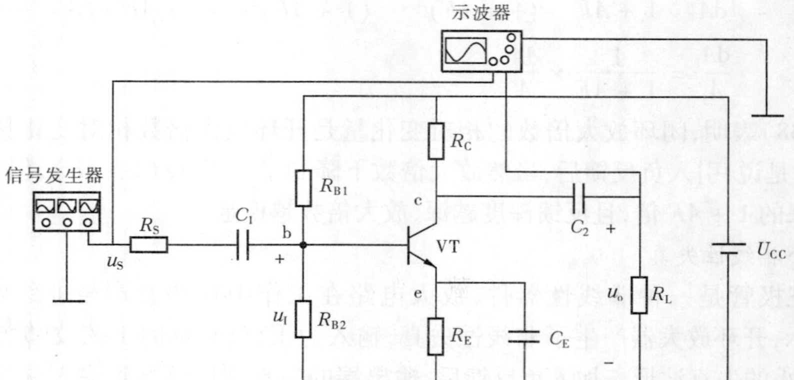

图 4-59　单管共发射极放大试验电路

元件参数为

$R_S=1\ k\Omega, R_{B1}=62\ k\Omega, R_{B2}=20\ k\Omega, R_C=3\ k\Omega, R_E=1.5\ k\Omega, R_L=5.1\ k\Omega; C_1=10\ \mu F, C_2=10\ \mu F, C_E=47\ \mu F, U_{CC}=15\ V$。

(2)测试并计算放大电路的静态工作点(此时交流输入信号为零),填入表4-3。

表4-3　静态工作点的测量值与理论值

参数名称	U_B(V)	U_C(V)	U_E(V)	U_{BE}(V)	U_{CE}(V)	I_C(A)	I_E(A)
测量值							
理论值							

(3)输入交流信号($f=1$ kHz,$U_i=5$ mV),观察输入电压、输出电压波形是否失真,如果输出波形已失真,是什么失真?分析失真原因是什么?

(4)根据分析的原因采取措施消除失真(如调节电阻 R_{B1},调节输入信号的大小等)。

(5)放大电路动态指标测试。将电路保持在最大不失真输出时的静态工作点状态,测试并计算放大器的电压放大倍数 A_u、A_{uS}、输入电阻 r_i、输出电阻 r_o 等动态指标,并观察输出电压与输入电压的相位关系。把结果填入表4-4。

表4-4　静态工作点及动态指标的测量值与理论值

参数名称	U_S(V)	U_i(V)	U_o(V)	U'_o(V)	A_u	A_{uS}	r_i(Ω)	r_o(Ω)	输入输出相位关系
测量值									
理论值									

注:本表中电压应为有效值,须在不失真状态下测得。U'_o 为 R_L 开路时测得的不失真有效值。

任务三　集成运算放大电路分析与测试

【任务描述】

集成电路是相对分立电路而言的,就是把整个电路的各个元件以及相互之间的连接同时制造在一块半导体芯片上,组成一个不可分割的整体。集成电路与晶体管等分立元件连成的电路比较,体积更小,质量更轻,功耗更低,又由于减少了电路的焊点而提高了工作的可靠性。就功能而言,集成电路有模拟集成电路和数字集成电路,模拟集成电路又有集成运算放大电路、集成功率放大器、集成稳压电源等多种,本任务学习集成运算放大电路的主要组成、工作原理、主要参数及其分析与测试方法。

【任务目标】

知识目标：

1. 理解差动放大电路的作用。
2. 掌握集成运算放大电路的组成、工作原理、主要参数及其电路分析的方法。

能力目标：

1. 理解集成运算放大器的典型线性应用。
2. 掌握集成运算放大器参数测试的方法。

【知识链接】

一、差动放大电路

(一)零点漂移的概念

在直接耦合多级放大电路中,由于各级之间的工作点相互联系、相互影响,会产生零点漂移现象。

所谓零点漂移,是指放大电路在没有输入信号时,由于温度变化、电源电压波动、元器件老化等原因,使放大电路的工作点发生变化,这个变化量会被直接耦合放大电路逐级加以放大并传送到输出端,使输出电压偏离原来的起始点而上下漂动。产生零点漂移的原因,主要是晶体三极管的参数受温度的影响,所以零点漂移也称为温度漂移,简称温漂。

差动放大电路是抑制零点漂移最有效的电路结构。

(二)差动放大电路的工作情况

差动放大电路是一种具有两个输入端且电路结构对称的放大电路,其基本特点是只有两个输入端的输入信号间有差值时才能进行放大,即差动放大电路放大的是两个输入信号的差,所以称为差动放大电路。

图 4-60 所示为差动放大原理电路,两个输入、两个输出。电路结构对称,在理想的情况下,两管的特性及对应电阻元件的参数值都相等,两管静态工作点相同。

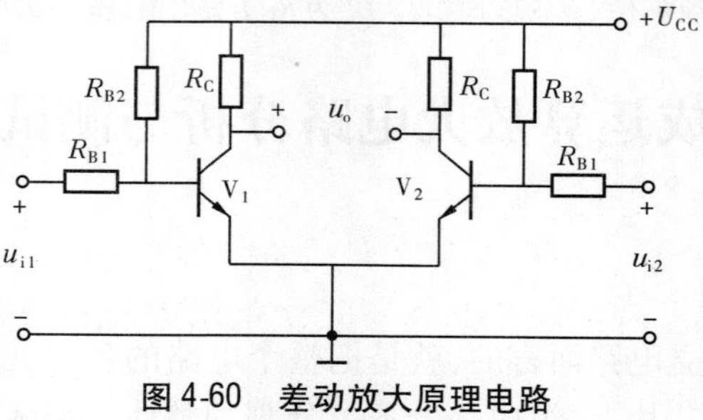

图 4-60　差动放大原理电路

1. 零点漂移的抑制

静态时 $u_{i1}=u_{i2}=0$。由于电路左右对称,输入信号为零时,两边的集电极电流相等,集电极电位相等,即

$$I_{C1}=I_{C2}, V_{C1}=V_{C2}$$

则输出电压

$$u_o = \Delta V_{C1} - \Delta V_{C2} = 0$$

当电源电压波动或温度变化时，两管集电极电流和集电极电位同时发生变化，即

$$\Delta I_{C1} = \Delta I_{C2}, \Delta V_{C1} = \Delta V_{C2}$$

输出电压仍然为零，即

$$u_o = (V_{C1} + \Delta V_{C1}) - (V_{C2} + \Delta V_{C2}) = 0$$

可见，尽管两管的零点漂移存在，但总输出电压为零，从而使得零点漂移得到抑制。对称差动放大电路的优点是对两管所产生的同向漂移都有抑制作用。

2. 有信号输入时的工作情况

1）共模信号

在差动放大电路的两个输入端，分别输入大小相等、极性相同的信号，即 $u_{i1} = u_{i2}$，这种输入方式称为共模输入。共模输入信号用 u_{ic} 表示。共模输入（$u_{ic} = u_{i1} = u_{i2}$）时的输出电压与输入电压之比称共模电压放大倍数，用 A_c 表示。在电路完全对称的情况下，输出端电压 $u_o = u_{o1} - u_{o2} = 0$，故 $A_c = u_o/u_i = 0$。输出电压为零，共模电压放大倍数为零，即对共模信号没有放大能力。这种情况称为理想电路。

前面介绍的差动放大电路对零点漂移的抑制就是该电路对共模信号抑制的一种特殊情况。差动放大电路抑制共模信号能力的大小，反映了它对零点漂移的抑制水平。

2）差模信号

在差动放大电路的两个输入端分别输入大小相等、极性相反的信号（$u_{i1} = -u_{i2}$），这种输入方式称为差模输入。

设 $u_{i1} = -u_{i2}$（$u_{i2} < 0$），则 u_{i1} 使 V_1 的集电极电流增大了 ΔI_{C1}，V_1 的集电极电位（其输出电压）因而降低了 ΔV_{C1}；而 u_{i2} 却使 V_2 的集电极电流减小了 ΔI_{C2}，V_2 的集电极电位因而增高了 ΔV_{C2}。因为 $u_{i1} = -u_{i2}$，所以 $\Delta V_{C2} = -\Delta V_{C1}$，这样，两个集电极电位一增一减，呈现等量异向变化，其差值即为输出电压

$$u_o = (V_{C1} - \Delta V_{C1}) - (V_{C2} + \Delta V_{C1}) = -2\Delta V_{C1}$$

可见，在差模输入信号的作用下，差动放大电路的输出电压为两管各自输出电压变化量的两倍，即对差模信号有放大能力。

3）任意输入

两个输入信号电压既非共模，又非差模，它们的大小和相对极性是任意的，这是差动放大电路中较常见的输入情况。

对于这种情况，为了便于分析和处理，可以将这种信号分解为共模分量和差模分量。比如 u_{i1} 和 u_{i2} 是两个任意输入的信号，将它们分解为差模信号和共模信号。其中，差模信号分量为 $u_{id} = (u_{i1} - u_{i2})/2$，共模信号分量为 $u_{ic} = (u_{i1} + u_{i2})/2$。例如设 $u_{i1} = 10\ \text{mV}$，$u_{i2} = 6\ \text{mV}$，则 $u_{id} = (u_{i1} - u_{i2})/2 = 2\ \text{mV}$，$u_{ic} = (u_{i1} + u_{i2})/2 = 8\ \text{mV}$。而 u_{i1} 和 u_{i2} 可以用 u_{id} 和 u_{ic} 来表示，即 $u_{i1} = u_{ic} + u_{id} = 8\ \text{mV} + 2\ \text{mV}$，$u_{i2} = u_{ic} - u_{id} = 8\ \text{mV} - 2\ \text{mV}$。这种输入常作为比较放大来应用，在自动控制系统中是常见的。

3. 共模抑制比

理想状态下，即电路完全对称时，差动放大电路对共模信号有完全的抑制作用。实际

电路中，差动放大电路不可能做到绝对对称，这时 $u_o \neq 0, A_c \neq 0$。为了衡量差动电路放大差模信号和抑制共模信号的能力，引入共模抑制比，用 K_{CMRR} 表示。定义为放大电路对差模信号的放大倍数 A_d 与对共模信号的放大倍数 A_c 之比，即

$$K_{CMRR} = \frac{A_d}{A_c} \tag{4-39}$$

其对数形式为

$$K_{CMRR}(dB) = 20\lg \frac{A_d}{A_c}(dB)$$

上式表明共模抑制比越大，差动放大电路分辨差模信号的能力越强，抑制共模信号的能力也越强。若电路完全对称，理想情况下共模放大倍数 $A_c = 0$，输出电压 $u_o = A_d(u_{i1} - u_{i2}) = A_d u_{id}$；若电路不完全对称，则 $A_c \neq 0$，实际输出电压 $u_o = A_c u_{ic} + A_d u_{id}$，即共模信号对输出有影响。

理想差动放大电路的共模抑制比 $K_{CMRR} \to \infty$。实际中 K_{CMRR} 不可能趋于无穷大，那么提高 K_{CMRR} 的方法是在保证 A_d 不变的情况下降低 A_c。

（三）典型差动放大电路

1. 典型差动放大电路的结构

图 4-60 的差动放大电路是由于电路的对称性，才能抑制零点漂移。但是，完全对称的这种理想情况并不存在，所以单靠提高电路的对称性来抑制零点漂移是有限度的。上述差动电路的每个管子的集电极电位的漂移并未受到抑制，如果采用单端输出（输出电压从一个管的集电极与“地”之间取出），漂移根本无法抑制。因此，常采用图 4-61 中的典型差动放大电路。在这个电路中，多加了电位器 R_P、发射极电阻 R_E 和负电源 E_E。

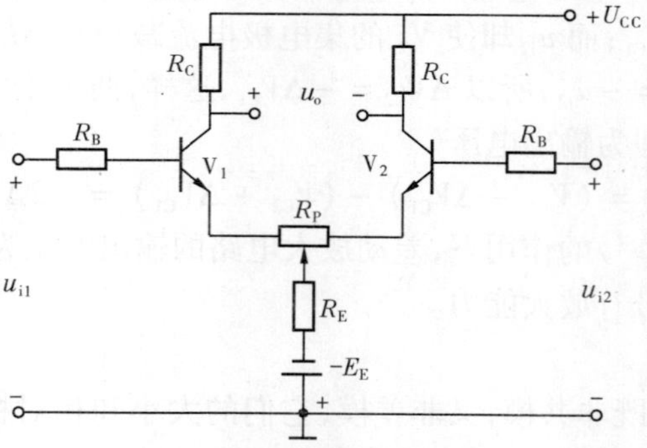

图 4-61　典型差动放大电路

电路中 R_E 的主要作用是稳定电路的静态工作点，从而限制每个管子的漂移范围，进一步减小零点漂移。例如，当温度升高使 I_{C1} 和 I_{C2} 均增加时，则有如下的抑制漂移过程：

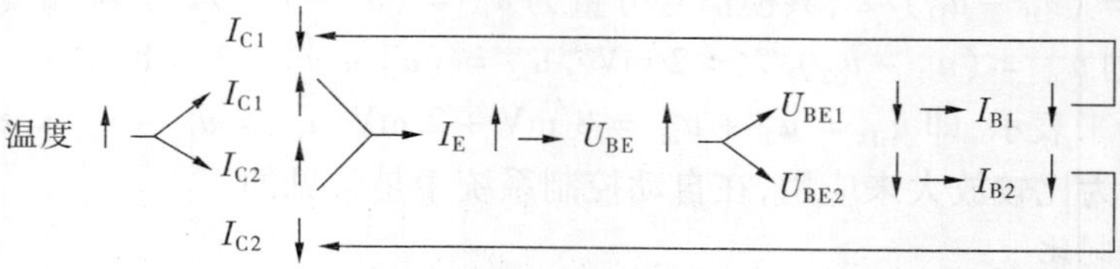

可见，R_E 的电流负反馈作用，使每个管子的漂移又得到了一定程度的抑制，这样，输出端的漂移就进一步减小了。显然，R_E 的阻值取得大些，电流负反馈作用就强些，稳流效果会更好些，因而抑制每个管子的漂移作用就更显著。

同理，凡是各种原因引起两管的集电极电流、集电极电位产生同相的漂移（如两个输入信号都含有共模信号分量或50 Hz 交流的共模干扰信号等），那么 R_E 对它们都具有电流负反馈作用，使每管的漂移都受到了削弱，这样就进一步增强了差动放大电路抑制漂移和抑制相位相同信号的能力。虽然，R_E 愈大，抑制零点漂移的作用愈显著；但是，在 U_{CC} 一定时，过大的 R_E 会使集电极电流过小，会影响静态工作点和电压放大倍数。为此，接入负电源 E_E 来抵偿 R_E 两端的直流压降，从而获得合适的静态工作点。

另一方面，由于差模信号使两管的集电极电流产生异向变化，只要电路的对称性足够好，两管电流一增一减，其变化量相等，通过 R_E 中的电流就基本不变，不起负反馈作用。因此，R_E 基本上不影响差模信号的放大效果。

综上所述，R_E 能区别对待共模信号与差模信号。比如，差动放大电路的两个输入信号中既含有待放大的差模分量，又含有较大的共模分量时，如果未设置共模反馈电阻 R_E，则较大的共模分量会使两管的工作点发生较大的偏移，甚至有可能进入非线性区而使放大电路工作失常。接入 R_E 后，由于它对共模信号的负反馈作用，稳定了工作点，使它不进入非线性区，而 R_E 又几乎与差模信号无关。这样，对差模信号的放大性能就不易受共模信号大小的影响。

电位器 R_P 称为调零电位器，起到调节平衡的作用。因为电路不会完全对称，当输入电压为零（把两输入端都接“地”）时，输出电压不一定等于零。这时可以通过调节 R_P 来改变两管的初始工作状态，从而使输出电压为零。但 R_P 对相位相反的信号将起负反馈作用，因此阻值不宜过大，一般 R_P 值在几十欧到几百欧之间。

2. 静态分析

如图 4-61 所示，当 $u_{i1} = u_{i2} = 0$ 时，由于电路的对称性，所以左右两半对应的电流分别相等。（因为 R_P 很小，所以忽略不计）

因为 $I_{B1} = I_{B2} = I_B$，$I_{C1} = I_{C2} = I_C = \beta I_B$，所以由基极电路可得

$$I_B R_B + U_{BE} + 2R_E I_E = E_E \tag{4-40}$$

式(4-40)中 $2R_E I_E$ 远大于 $I_B R_B$ 和 U_{BE}，所以 $2R_E I_E \approx E_E$，每管的集电极电流为

$$I_C \approx I_E \approx \frac{E_E}{2R_E} \tag{4-41}$$

每管的基极电流为

$$I_B = \frac{I_C}{\beta} \approx \frac{E_E}{2\beta R_E} \tag{4-42}$$

每管的集－射极电压为

$$U_{CE} \approx U_{CC} - R_C I_C \approx U_{CC} - \frac{E_E R_C}{2R_E} \tag{4-43}$$

3. 动态分析

图 4-61 是双端输入－双端输出的差动放大电路。假设加一对差模信号，即 $u_{i1} = -u_{i2}$，由于 R_E 对于差模信号不起作用，并且电路两边对称，因此左右两边的电压放大倍数相

等，即 $A_{d1}=A_{d2}$。在差模输入时，电路总的电压放大倍数为

$$A_d=\frac{u_o}{u_i}=\frac{u_{o1}-u_{o2}}{u_{i1}-u_{i2}}=\frac{A_{d1}u_{i1}-A_{d2}u_{i2}}{u_{i1}-u_{i2}}=A_{d1}=A_{d2} \tag{4-44}$$

因此，只需要计算一边的电压放大倍数即可。

单边的电压放大倍数为

$$A_{d1}=A_{d2}=\frac{u_{o1}}{u_{i1}}=-\frac{\beta R_C}{R_B+r_{be}} \tag{4-45}$$

总的电压放大倍数为

$$A_d=-\frac{\beta R_C}{R_B+r_{be}} \tag{4-46}$$

带负载 R_L 后，因为当输入差模信号时，一管的集电极电位减低，另一管增高，在 R_L 的中点相当于交流接地，所以每管各带一半负载电阻。这时电压放大倍数为

$$A_d=-\frac{\beta\left(R_C\ /\!/\ \frac{1}{2}R_L\right)}{R_B+r_{be}} \tag{4-47}$$

两输入端之间的差模输入电阻为

$$r_i=2(R_B+r_{be}) \tag{4-48}$$

两输入端之间的差模输出电阻为

$$r_o\approx 2R_C \tag{4-49}$$

4. 共模抑制比

前面已经介绍了共模抑制比，在图 4-61 中，提高共模抑制比的方法是使电路参数对称，使 R_E 增大，但过大的 R_E 需增大负电源 E_E 的值，否则就得不到合适的静态工作点。

5. 差动放大电路的几种接法

由于差动式放大电路有两个输入端、两个输出端，所以信号的输入、输出有四种方式，这四种方式分别是双端输入、双端输出，双端输入、单端输出，单端输入、双端输出，单端输入、单端输出。实际应用中根据不同需要可选择不同的输入、输出方式。

1）双端输入、双端输出（双入双出）

前已述及，不再赘述。

2）双端输入、单端输出（双入单出）

差模电压放大倍数：$A_d=\pm\dfrac{\beta R_C}{2(R_B+r_{be})}$

差模输入电阻：$r_i=2(R_B+r_{be})$

差模输出电阻：$r_o\approx R_C$

3）单端输入、双端输出（单入双出）

差模电压放大倍数：$A_d=-\dfrac{\beta R_C}{R_B+r_{be}}$

差模输入电阻：$r_i=2(R_B+r_{be})$

差模输出电阻：$r_o\approx 2R_C$

4)单端输入、单端输出(单入单出)

差模电压放大倍数：　$A_d = \pm \dfrac{\beta R_C}{2(R_B + r_{be})}$

差模输入电阻：　$r_i = 2(R_B + r_{be})$

差模输出电阻：　$r_o \approx R_C$

二、集成运算放大器的简单介绍

集成运算放大器(简称集成运放)是一种具有很高放大倍数的多级直接耦合放大电路,是发展最早、应用最广泛的一种模拟集成电路。它首先应用于电子模拟计算机,可以完成加减、乘除、积分和微分等数学运算。早期的运算放大器是用电子管组成的,后来被晶体管分立元件运算放大器取代。随着半导体集成工艺的发展,运算放大器在许多领域得到了广泛应用。

集成运算放大器是把许多晶体管、各种元件和连接导线制造在一小块半导体基片上实现某种电路功能的器件。它与分立元件电路相比具有体积小、质量轻、工作可靠、安装与调试方便等优点。

集成运算放大器由于制造工艺上的原因,具有以下几个特点：

(1)在集成电路工艺中不适于制造电感元件,也不适于制造容量大于200 pF的电容,而且性能很不稳定,所以集成电路中要尽量避免使用电容器。因此,集成运算放大器大都采用直接耦合电路。必须使用电容器时,几十皮法以下的小电容用PN结的结电容构成,大电容要外接。

(2)运算放大器的输入级都采用差动放大电路,它要求两管的性能应该相同。而集成电路中的各个晶体管是通过同一工艺过程制作在同一硅片上的,所以对称性较好,容易制成特性相近的差动对管。又由于管子在同一硅片上温度均匀性好,性能基本保持一致,因此容易制成温度漂移很小的运算放大器。

(3)集成电路中不宜制造高阻值的电阻,阻值为0.1～30 kΩ。因此,在集成电路中使用电阻,尤其是大电阻时,常用晶体管恒流源代替电阻或采用外接方式。

(4)集成电路中的二极管都采用晶体管构成,把发射极、基极、集电极三者适当组配使用。

(一)集成运算放大器的组成

集成运算放大器内部通常包含四个基本组成部分:输入级、中间级、输出级以及偏置电路,如图4-62所示。

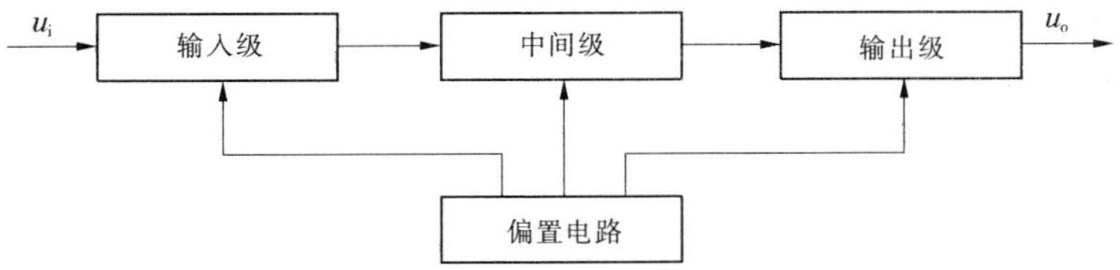

图4-62　集成运算放大器的基本组成部分

输入级是提高运算放大器质量的关键部分,要求其输入电阻能减小零点漂移和抑制共模干扰信号。输入级都采用差动放大电路。

中间级的作用是进行电压放大，要求它的电压放大倍数高，一般由共发射极放大电路构成。

输出级与负载相接，要求其输出电阻低，带负载能力强，能输出足够大的电压和电流，一般由互补对称电路或射极输出器构成。

偏置电路的作用是为上述各级电路提供稳定和合适的偏置电流，决定各级的静态工作点，一般由各种恒流源电路构成。

图4-63(a)是CF741集成运算放大器的符号，国产集成运算放大器主要有圆壳式(见图4-63(b))和双列直插式(见图4-63(c))等封装形式，各管脚功能是：1和5为外接调零电位器的两个端子；2是反相输入端；3是同相输入端；4是负电源端，CF741接-15 V稳压电源；6是输出端；7是正电源端，CF741接+15 V稳压电源；8是空脚。

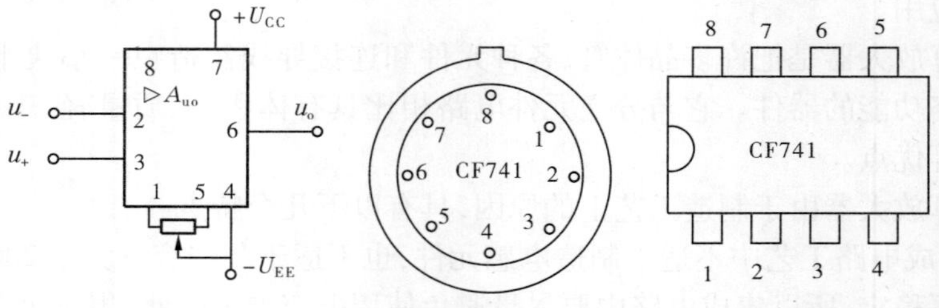

(a)符号　(b)圆壳式　(c)双列直插式

图4-63　CF741集成运算放大器的符号、外形及管脚

(二)集成运算放大器的主要参数

1. 输入失调电压 U_{IO}

使 $u_o=0$，输入端施加的补偿电压，叫作输入失调电压。它是表征运放内部电路对称性的指标。U_{IO}一般为几毫伏，并且越小越好。

2. 输入失调电流 I_{IO}

输入信号为零时，放大器的两个输入端的基极静态电流之差称为输入失调电流 I_{IO}，即 $I_{IO}=|I_{B1}-I_{B2}|$。它用于表征差分级输入电流不对称的程度。I_{IO}一般为1 nA～0.1 μA，并且越小越好。

3. 输入偏置电流 I_{IB}

输入信号为零时，运放两个输入端偏置电流的平均值，即 $I_{IB}=\frac{1}{2}(I_{B1}+I_{B2})$。它用于衡量差分放大对管输入电流的大小。$I_{IB}$一般为10 nA ～ 1 μA，并且越小越好。

4. 最大输出电压 U_{OPP}

能使输出电压和输入电压保持不失真关系的最大输出电压，即为运算放大器的最大输出电压。

5. 开环电压放大倍数 A_{uo}

运放在无外加反馈条件下，输出电压的变化量与输入电压的变化量之比，即为开环电压放大倍数。它是决定运放精度的重要因素，A_{uo}越高，运放精度越高。A_{uo}一般为80～140 dB。

6. 最大共模输入电压 U_{ICM}

U_{ICM} 是指运算放大器在线性工作范围内能承受的最大共模输入电压。如果超过这个电压，运算放大器的共模抑制比将显著下降，甚至使运放失去差模放大能力或永久性损坏。高质量的运放，其 U_{ICM} 值可达十几伏。

7. 最大差模输入电压 U_{IDM}

U_{IDM} 是指运算放大器同相端和反相端之间所能加的最大电压。所加电压超过 U_{IDM} 时，运算放大器输入级的晶体管将出现反向击穿现象，使运放输入特性显著恶化，甚至造成运放的永久损坏。

集成运算放大器具有开环电压放大倍数高（A_{uo} 一般为 $10^4 \sim 10^7$，即 80 ~ 140 dB）、输入电阻高（约几百千欧）、输出电阻低（约几百欧）、漂移小、可靠性高、体积小等主要特点，所以它在各个技术领域中应用非常广泛。

三、集成运算放大电路

（一）集成运算放大器的理想化模型

在分析集成运算放大器的各种应用电路时，一般将其中的集成运算放大器看成是一个理想运算放大器。理想化的条件主要是：

开环电压放大倍数 $A_{uo} \to \infty$；

差模输入电阻 $r_{id} \to \infty$；

开环输出电阻 $r_o \to \infty$；

共模抑制比 $K_{CMRR} \to \infty$。

实际集成运放的特性很接近理想集成运放，仅仅在进行误差分析时，才考虑理想化后造成的影响，一般工程计算其影响可以忽略。这样就使分析过程大大简化。后面对运算放大器的分析都是根据它的理想化条件来进行的。

图 4-64 是理想运算放大器的图形符号。它有两个输入端和一个输出端。反相输入端标上“-”号，同相输入端和输出端标上“+”号。它们对“地”的电压（各端对地电位）分别用 u_-、u_+ 和 u_o 表示。“∞”表示开环电压放大倍数的理想化条件。

1. 工作在线性区的特点

在各种应用电路中，运算放大器的工作范围可能有两种情况：工作在线性区或工作在饱和区。表示输出电压与输入电压之间关系的特性曲线称为传输特性，如图 4-65 所示。

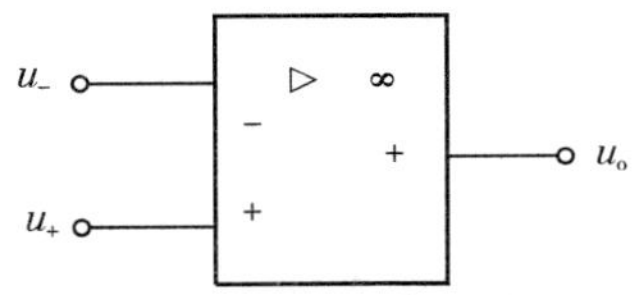

图 4-64 理想运算放大器的图形符号

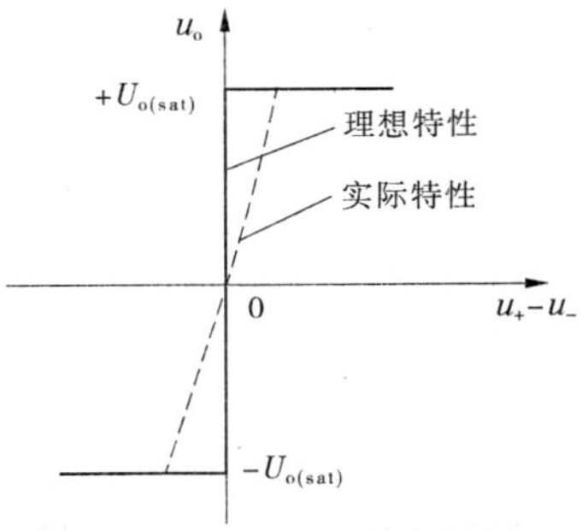

图 4-65 运算放大器的传输特性

当运算放大器工作在线性区时，输出电压 u_o 和输入电压 $(u_+ - u_-)$ 之间是线性关系，即

$$u_o = A_{uo}(u_+ - u_-) \tag{4-50}$$

如果输入端电压的幅度比较大，则运算放大器的工作范围将超出线性放大区，而达到饱和区，此时运算放大器的输出、输入电压之间不满足式(4-50)。A_{uo} 越大，运算放大器的线性范围越小，必须加负反馈才能使其工作于线性区。

运算放大器工作在线性区时，有以下两个重要特点：

(1)由于运算放大器的差模输入电阻 $r_{id} \to \infty$，故可认为两个输入端的输入电流为零。即 $i_+ = i_- = 0$，也称为“虚断”。

(2)由于运算放大器的开环电压放大倍数 $A_{uo} \to \infty$，而输出电压是一个有限的数值，故从式(4-50)可知

$$u_+ - u_- = \frac{u_o}{A_{uo}} \approx 0$$

$$u_+ = u_- \tag{4-51}$$

式(4-51)表示同相端电位和反相端电位近似相等，也称为“虚短”。

如果信号从反相端输入，同相端接地，$u_+ \approx 0$，$u_- \approx 0$，反相端近于“地”电位，即虚地。

2. 工作在饱和区的特点

运算放大器工作在饱和区时，有以下两个重要特点：

(1)运算放大器工作在饱和区时，输出电压 u_o 等于 $+U_{o(sat)}$ 或 $-U_{o(sat)}$，而 u_+ 与 u_- 不一定相等。

当 $u_+ > u_-$ 时，$u_o = +U_{o(sat)}$；

当 $u_+ < u_-$ 时，$u_o = -U_{o(sat)}$。

(2)由于运算放大器的差模输入电阻 $r_{id} \to \infty$，故可认为两个输入端的输入电流为零。

【例 4-8】 已知 CF741 运算放大器的电源电压为 ±15 V，开环电压放大倍数为 2×10^5，最大输出电压为 ±14 V，求下列三种情况下运算放大器的输出电压：

(1) $u_+ = 15\ \mu V$，$u_- = 5\ \mu V$。

(2) $u_+ = -10\ \mu V$，$u_- = 20\ \mu V$。

(3) $u_+ = 0$，$u_- = 2\ mV$。

解：运算放大器工作在线性区时 $u_o = A_{uo}(u_+ - u_-)$，由此得

$$u_+ - u_- = \frac{u_o}{A_{uo}} = \frac{\pm 14}{2 \times 10^5} = \pm 7 \times 10^{-5}(V) = \pm 70(\mu V)$$

可见，$|u_+ - u_-|$ 超过 70 μV，输出电压就是最大输出电压，即饱和值。

(1) $u_+ - u_- = 15 - 5 = 10(\mu V)$，故 $u_o = A_{uo}(u_+ - u_-) = 2\ V$。

(2) $u_+ - u_- = -10 - 20 = -30(\mu V)$，故 $u_o = -6\ V$。

(3) $u_+ - u_- = -2\ mV$，输出为饱和输出，故 $u_o = -14\ V$。

(二)运算放大器的基本负反馈放大电路

运算放大器的基本负反馈放大电路有并联电压负反馈、串联电压负反馈、串联电流负

反馈和并联电流负反馈四种连接方式。下面分别进行介绍。

1. 并联电压负反馈

设某一瞬时输入电压 u_i 为正，则反相输入端的瞬时极性为正，输出端电位的瞬时极性为负。各电流的实际方向如图 4-66 所示，净输入电流(差值电流) $i_d = i_i - i_f$，即 i_f 削弱了净输入电流，所以是负反馈。

反馈电流 $i_f = -\frac{u_o}{R_f}$，取自输出电压 u_o，并与其成正比，所以是电压反馈。反馈信号与输入信号在输入端以电流的形式比较，所以是并联反馈。可见，图 4-66 是并联电压负反馈电路。

2. 串联电压负反馈

设某一瞬时输入电压 u_i 为正，则输出端电位的瞬时极性为正。各电压的实际方向如图 4-67 所示。

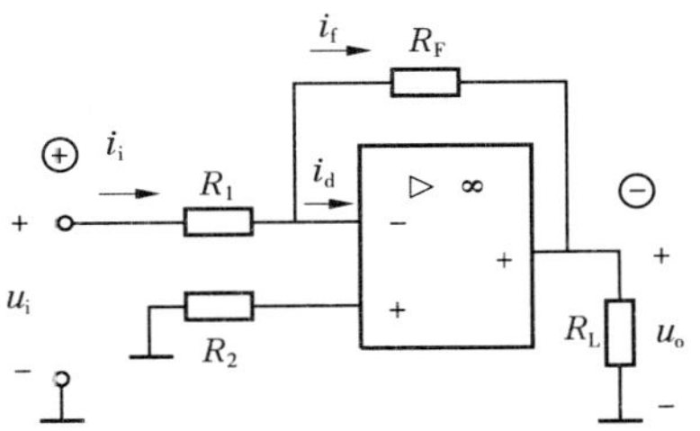

图 4-66　并联电压负反馈电路

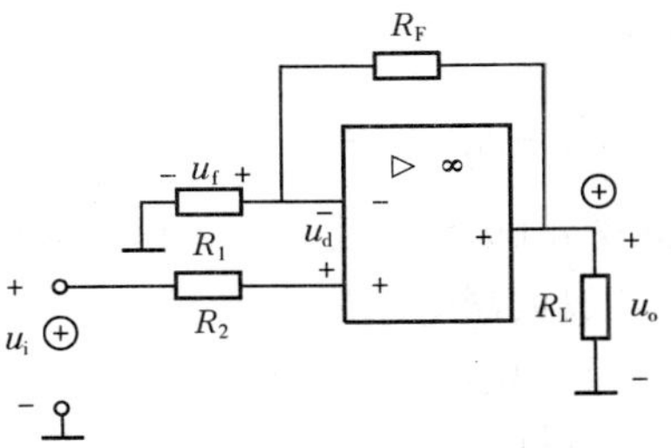

图 4-67　串联电压负反馈电路

净输入电压(差值电压) $u_d = u_i - u_f$，即 u_f 削弱了净输入电压，所以是负反馈。

反馈电压 $u_f = \frac{R_1}{R_1 + R_F} u_o$，取自输出电压 u_o，并与其成正比，所以是电压反馈。反馈信号与输入信号在输入端以电压的形式比较，所以是串联反馈。可见，图 4-67 是串联电压负反馈电路。

3. 串联电流负反馈

设某一瞬时输入电压 u_i 为正，则输出端电位的瞬时极性为正。各电压的实际方向如图 4-68 所示。

净输入电压 $u_d = u_i - u_f$，即 u_f 削弱了净输入电压，所以是负反馈。

反馈电压 $u_f = Ri_o$，取自输出电流 i_o，并与其成正比，所以是电流反馈。反馈信号与输入信号在输入端以电压的形式比较，所以是串联反馈。可见，图 4-68 是串联电流负反馈电路。

因为 $i_o = \frac{u_f}{R} = \frac{u_i}{R}$，所以输出电流 i_o 与负载电阻 R_L 无关，因此图 4-68 是一同相输入恒流源电路，或称为电压－电流变换电路。

4. 并联电流负反馈

设某一瞬时输入电压 u_i 为正，则反相输入端的瞬时极性为正，输出端电位的瞬时极性为负。各电流的实际方向如图 4-69 所示。

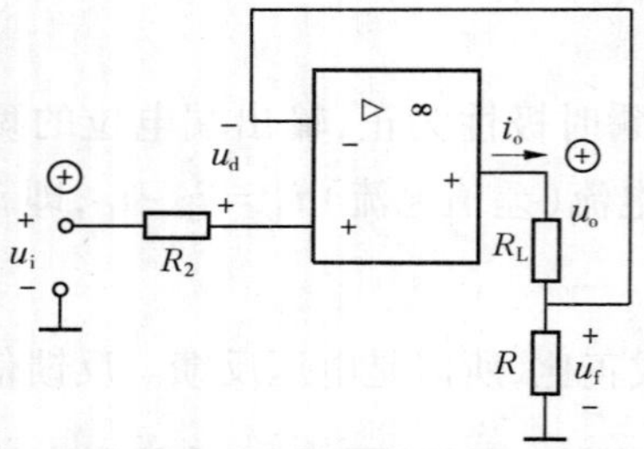

图 4-68　串联电流负反馈电路

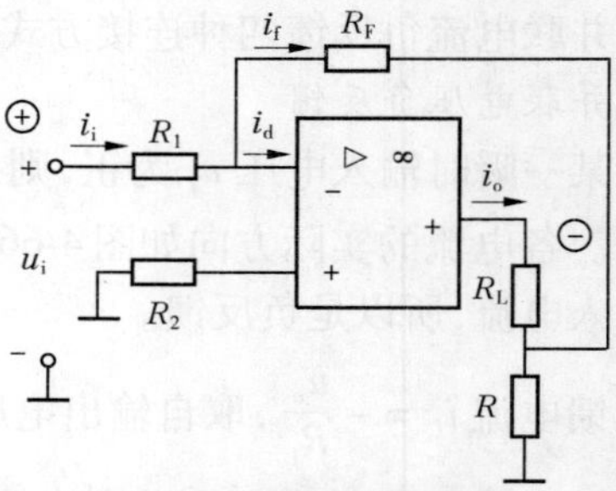

图 4-69　并联电流负反馈

净输入电流 $i_d = i_i - i_f$，即 i_f 削弱了净输入电流，所以是负反馈。

反馈电流 $i_f = -\dfrac{R}{R+R_F}i_o$，取自输出电流 i_o，并与其成正比，所以是电流反馈。反馈信号与输入信号在输入端以电流的形式比较，所以是并联反馈。可见，图 4-69 是并联电流负反馈。

因为 $i_i = \dfrac{u_i}{R_1}$，$i_i = i_f$，所以 $i_o = -\dfrac{1}{R_1}\left(\dfrac{R_F}{R}+1\right)u_i$。可见输出电流 i_o 与负载电阻 R_L 无关，因此图 4-69 是一反相输入恒流源电路。

运算放大器电路反馈类型的判别方法如下所述：

(1)反馈电路直接从输出端引出的，是电压反馈；从负载电阻 R_L 的靠近"地"端引出的，是电流反馈。

(2)输入信号和反馈信号分别加在两个输入端(同相和反相)上的，是串联反馈；加在同一个输入端(同相或反相)上的，是并联反馈。

(3)对于串联反馈，输入信号和反馈信号的极性相同时，是负反馈；极性相反时，是正反馈。

(4)对于并联反馈，净输入电流等于输入电流和反馈电流之差时，是负反馈；否则是正反馈。

【例 4-9】　试判别图 4-70 所示的放大电路中从运算放大器 A_2 输出端引至运算放大器 A_1 输入端的是何种类型的反馈电路。

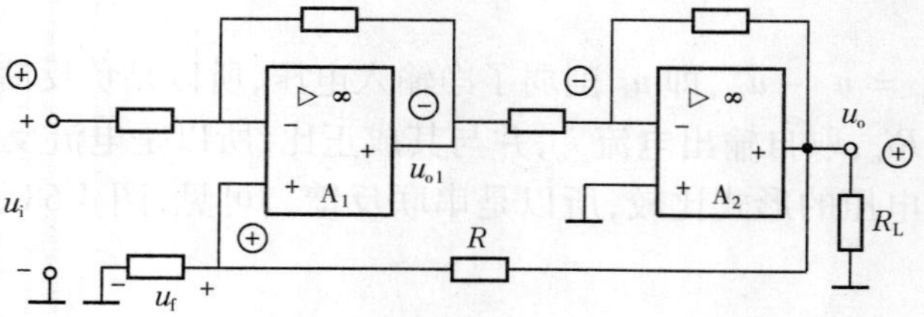

图 4-70　例 4-9 图

解：(1)在图中标出各点的瞬时极性及反馈信号。

(2)反馈电路直接从运算放大器 A_2 的输出端引出，所以是电压反馈。

(3)输入信号和反馈信号分别加在反相输入端和同相输入端上，所以是串联反馈。

(4)输入信号和反馈信号的极性相同，所以是负反馈。

所以,从运算放大器 A_2 输出端引至运算放大器 A_1 同相输入端的是串联电压负反馈电路。

【例 4-10】 试判别图 4-71 所示的放大电路中从运算放大器 A_2 输出端引至 A_1 输入端的是何种类型的反馈电路。

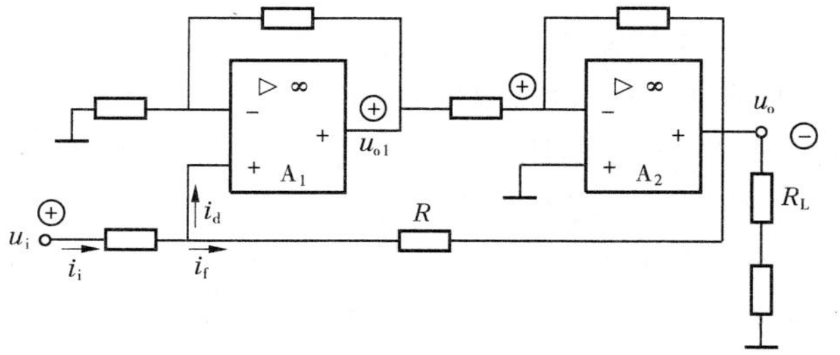

图 4-71 例 4-10 图

解:(1)反馈电路是从运算放大器 A_2 的负载电阻 R_L 的靠近“地”端引出的,所以是电流反馈。

(2)输入信号和反馈信号均加在同相输入端上,所以是并联反馈。

(3)净输入电流 i_d 等于输入电流 i_i 和反馈电流 i_f 之差,所以是负反馈。

所以,从负载电阻 R_L 的靠近“地”端引至 A_1 同相输入端的是并联电流负反馈电路。

四、集成运算放大器的应用

(一)集成运算放大器的线性应用

集成运算放大器与外部电阻、电容、半导体器件等构成闭环电路后,能对各种模拟信号进行比例、加法、减法、微分、积分、对数、反对数、乘法和除法等运算。

运算放大器工作在线性区时,通常要引入深度负反馈。所以,它的输出电压和输入电压的关系基本取决于反馈电路和输入电路的结构和参数,而与运算放大器本身的参数关系不大。改变输入电路和反馈电路的结构形式,就可以实现不同的运算。

1. 反相比例运算电路

输入信号从反相输入端引入的运算,是反相运算。图 4-72是反相比例运算电路,输入信号 u_i 经输入端电阻 R_1 送到反相输入端,而同相输入端通过电阻 R_2 接地。反馈电阻 R_F 跨接在输出端和反相输入端之间。

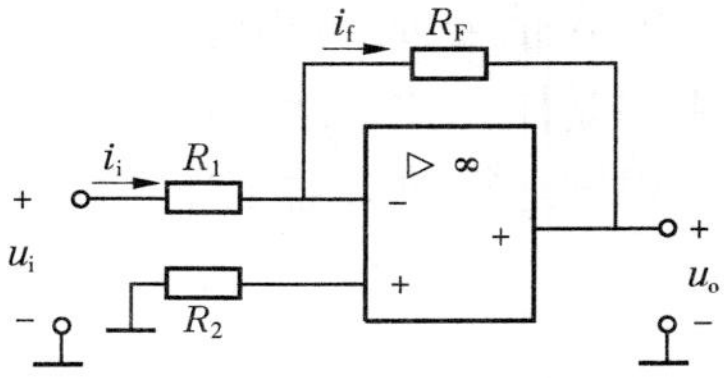

图 4-72 反相比例运算电路

根据运算放大器工作在线性区时的“虚断”原则可知:$i_- = 0$,因此 $i_i = i_f$。

根据运算放大器工作在线性区时的“虚短”原则可知:$u_+ = u_- = 0$。

由图 4-72 可知:

$$i_i = \frac{u_i - u_-}{R_1} = \frac{u_i}{R_1}, i_f = \frac{u_- - u_o}{R_F} = -\frac{u_o}{R_F}$$

由此可得

$$u_o = -\frac{R_F}{R_1}u_i \tag{4-52}$$

因此，闭环电压放大倍数为

$$A_{uf} = \frac{u_o}{u_i} = -\frac{R_F}{R_1} \tag{4-53}$$

式(4-53)表明，输出电压与输入电压是比例运算关系，或者说是比例放大的关系。如果 R_1 和 R_F 的阻值足够精确，而且运算放大器的开环电压放大倍数很高，就可以认为 u_o 与 u_i 间的关系只取决于 R_F 与 R_1 的比值，而与运算放大器本身的参数无关。这就保证了比例运算的精度和稳定性。式中的负号表示 u_o 与 u_i 反相。

图中的 R_2 是一静态平衡电阻，即在静态(输入信号 $u_i=0$)时，两个输入端对地的等效电阻要相等，达到平衡状态。其作用是消除静态基极电流对输出电压的影响。因此，$R_2=R_1 /\!/ R_F$。

【例4-11】 电路如图4-73所示，已知 $R_1=10\ \text{k}\Omega$，$R_F=50\ \text{k}\Omega$。求：

(1) A_{uf}、R_2；

(2)若 R_1 不变，要求 A_{uf} 为 -15，则 R_F、R_2 应为多少？

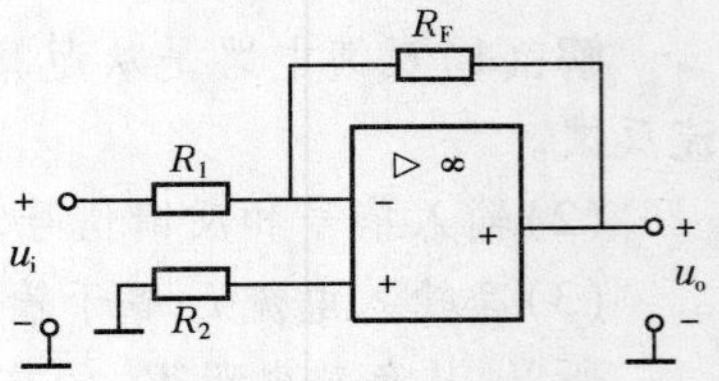

图4-73 例4-11图

解：(1) $A_{uf} = -\frac{R_F}{R_1} = -\frac{50}{10} = -5$

$$R_2 = R_1 /\!/ R_F = \frac{10\times 50}{10+50} = 8.3(\text{k}\Omega)$$

(2)由题知 $A_{uf} = -\frac{R_F}{R_1} = -\frac{R_F}{10} = -15$

则 $R_F = 150\ \text{k}\Omega$

可得 $R_2 = R_1 /\!/ R_F = \frac{10\times 150}{10+150} = 9.4(\text{k}\Omega)$

2. 同相比例运算电路

输入信号从同相输入端引入的运算，是同相运算。图4-74是同相比例运算电路。

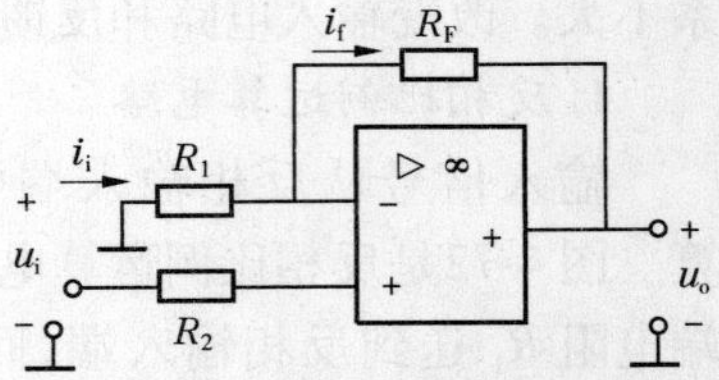

图4-74 同相比例运算电路

根据运算放大器工作在线性区时的两个重要特点：

$$u_+ \approx u_- = u_i$$

$$i_i = i_f$$

由图4-74可得：

$$i_i = -\frac{u_-}{R_1} = -\frac{u_i}{R_1}$$

$$i_f = \frac{u_- - u_o}{R_1} = \frac{u_i - u_o}{R_1}$$

所以

$$u_o = \left(1+\frac{R_F}{R_1}\right)u_i \tag{4-54}$$

因此，闭环电压放大倍数为

$$A_{uf} = \frac{u_o}{u_i} = 1 + \frac{R_F}{R_1} \tag{4-55}$$

由此可知，A_{uf} 为正值，即 u_o 与 u_i 极性相同，这是因为 u_i 加在同相输入端。A_{uf} 只与外部电阻 R_1、R_F 有关，与运算放大器本身参数无关。$A_{uf} \geqslant 1$，不能小于1。

当 $R_1 = \infty$ 或 $R_F = 0$ 时，$u_o = u_i$，$A_{uf} = 1$，称为电压跟随器。

【例4-12】　电路如图4-75所示，已知 $R_1 = 2\ k\Omega$，$R_F = 10\ k\Omega$，$R_2 = 2\ k\Omega$，$R_3 = 18\ k\Omega$，$u_i = 1\ V$。求 u_o。

解：此电路为同相比例运算电路，由题意得，

$$u_o = \left(1 + \frac{R_F}{R_1}\right)u_+$$

式中，u_+是指加在同相输入端的输入电压。

$$u_+ = R_3 \frac{u_i}{R_2 + R_3} = 18 \times \frac{1}{2 + 18} = 0.9(V)$$

所以

$$u_o = \left(1 + \frac{10}{2}\right) \times 0.9 = 5.4(V)$$

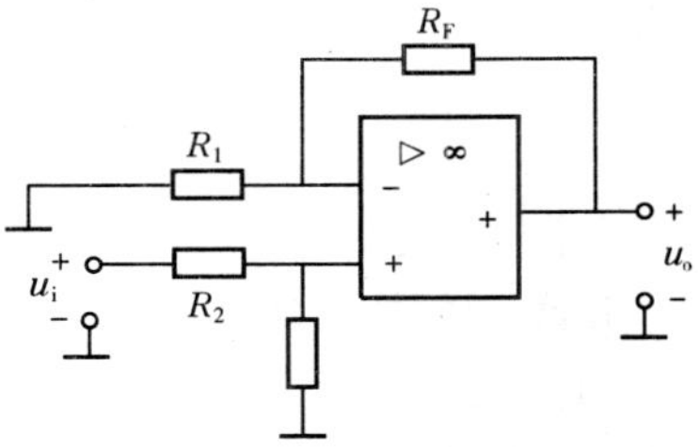

图4-75　例4-12图

3. 反相加法运算电路

在反相输入端有若干输入信号，则构成反相加法运算电路，如图4-76所示。

在图4-76中，因为虚断，$i_- = 0$，所以 $i_{i1} + i_{i2} = i_f$，于是

$$\frac{u_{i1} - u_-}{R_{i1}} + \frac{u_{i2} - u_-}{R_{i2}} = \frac{u_- - u_o}{R_F}$$

因为虚短，$u_+ = u_- = 0$，则$\frac{u_{i1}}{R_{i1}} + \frac{u_{i2}}{R_{i2}} = -\frac{u_o}{R_F}$，可得

$$u_o = -\left(\frac{R_F}{R_{i1}}u_{i1} + \frac{R_F}{R_{i2}}u_{i2}\right) \tag{4-56}$$

由式(4-56)可知，反相加法运算电路与运算放大器本身的参数无关，如果要保证加法运算的精度和稳定性，那么只要选择足够精确的电阻阻值即可。

图4-76中平衡电阻 $R_2 = R_{i1} /\!/ R_{i2} /\!/ R_F$。

4. 同相加法运算电路

在同相输入端有若干输入信号时，则构成同相求和运算电路，如图4-77所示。

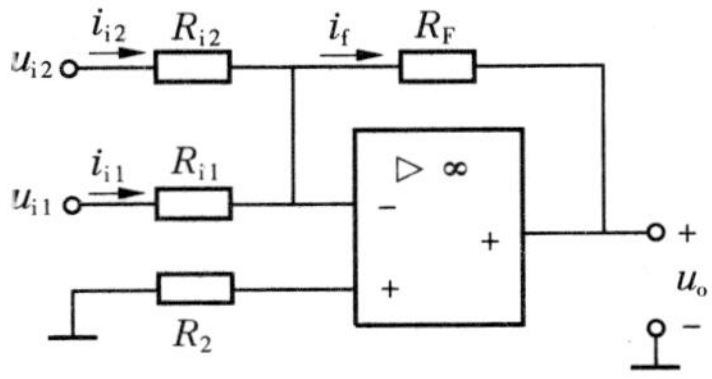

图4-76　反相加法运算电路

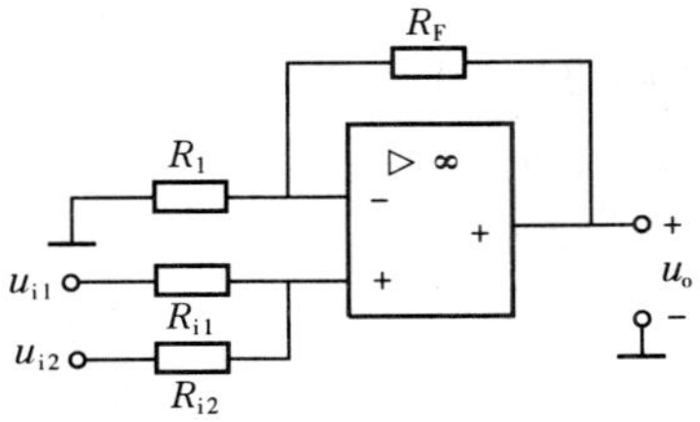

图4-77　同相加法运算电路

因为虚短，$u_+ = u_- = 0$，又由图得 $u_- = \frac{R_1}{R_1 + R_F}u_o$，所以

$$u_o = \left(1+\frac{R_F}{R_1}\right)u_+$$

因为$\frac{u_{i1}-u_+}{R_{i1}}+\frac{u_{i2}-u_+}{R_{i2}}=0$,所以

$$u_+ = \frac{R_{i2}}{R_{i1}+R_{i2}}u_{i1}+\frac{R_{i1}}{R_{i1}+R_{i2}}u_{i2}$$

可得

$$u_o = \left(1+\frac{R_F}{R_1}\right)\left(\frac{R_{i2}}{R_{i1}+R_{i2}}u_{i1}+\frac{R_{i1}}{R_{i1}+R_{i2}}u_{i2}\right) \tag{4-57}$$

平衡电阻:$R_{i1}//R_{i2}=R_1//R_F$。

5. 减法运算电路

如果两个输入端都有信号输入,则为差动输入。减法运算电路如图 4-78 所示。由图可得:

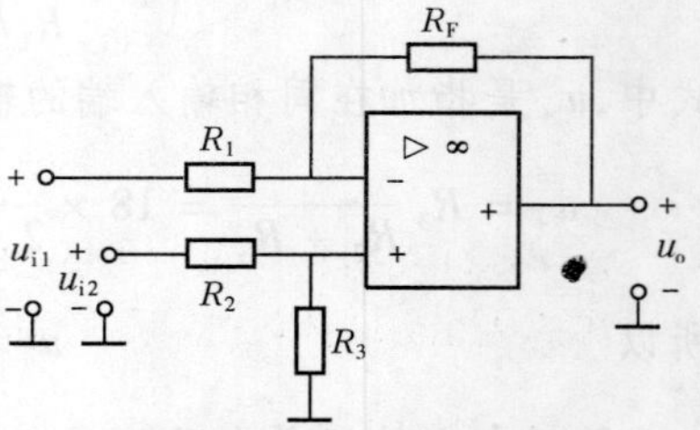

图 4-78　减法运算电路

$$u_+ = \frac{R_3}{R_2+R_3}u_{i2}$$

$$u_- = u_{i1}-u_{R1} = u_{i1}-\frac{u_{i1}-u_o}{R_1+R_F}R_1$$

由虚短可得:$u_+=u_-$,从上两式可得

$$u_o = \left(1+\frac{R_F}{R_1}\right)\frac{R_3}{R_2+R_3}u_{i2}-\frac{R_F}{R_1}u_{i1} \tag{4-58}$$

如果取 $R_1=R_2$ 和 $R_3=R_F$,则

$$u_o = \frac{R_F}{R_1}(u_{i2}-u_{i1}) \tag{4-59}$$

如果取 $R_1=R_2=R_3=R_F$,则

$$u_o = u_{i2}-u_{i1} \tag{4-60}$$

由式(4-59)和式(4-60)可见,输出电压 u_o 与两个输入电压的差值成正比,所以可以进行减法运算。

当 R_3 断开($R_3=\infty$)时,式(4-58)为

$$u_o = \left(1+\frac{R_F}{R_1}\right)u_{i2}-\frac{R_F}{R_1}u_{i1} \tag{4-61}$$

这时,减法运算电路可看作是反相比例运算电路与同相比例运算电路的叠加。

【例 4-13】 电路如图 4-79 所示,此图是集成电路的串级应用,试求输出电压 u_o。

解:A_1 是电压跟随器,$u_{o1}=u_{i1}$。

A_2 是减法运算电路,因此

$$u_o = \left(1+\frac{R_F}{R_1}\right)u_{i2}-\frac{R_F}{R_1}u_{o1} = \left(1+\frac{R_F}{R_1}\right)u_{i2}-\frac{R_F}{R_1}u_{i1}$$

6. 积分运算电路

与反相比例运算电路比较,用电容 C_F 代替 R_F 作为反馈元件,就成为积分运算电路,如图 4-80 所示。

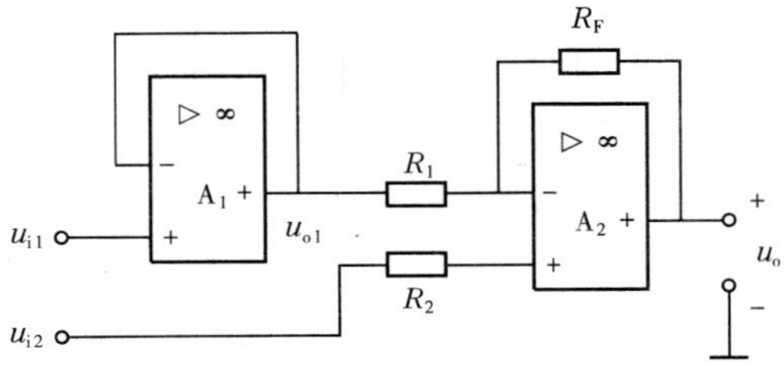

图 4-79 例 4-13 图

根据集成运放的分析条件,可知

$$i_i = \frac{u_i}{R_1}$$

$$i_i = i_f$$

$$u_o = -u_c = -\frac{1}{C_F}\int i_f \mathrm{d}t = -\frac{1}{R_1 C_F}\int u_i \mathrm{d}t \tag{4-62}$$

式(4-62)表明 u_o 与 u_i 的积分成比例,式中的负号表示两者反相。R_1C_F 称为积分时间常数。

若输入电压为恒定直流量,即 $u_i = U_i$ 时,则

$$u_o = -\frac{U_i}{R_1 C_F}t \tag{4-63}$$

其波形如图 4-81 所示,最后达到负饱和值 $-U_{o(sat)}$。

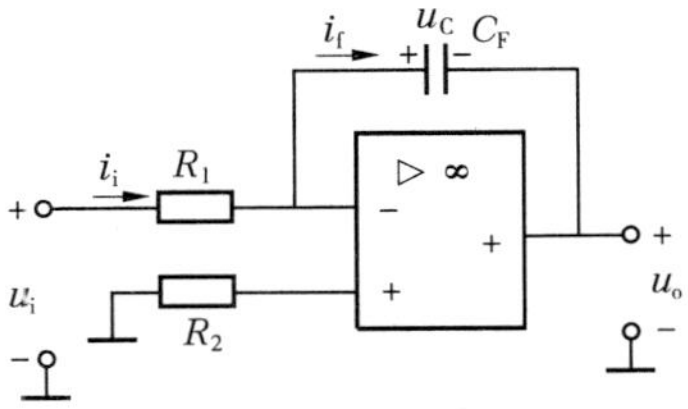

图 4-80 积分运算电路

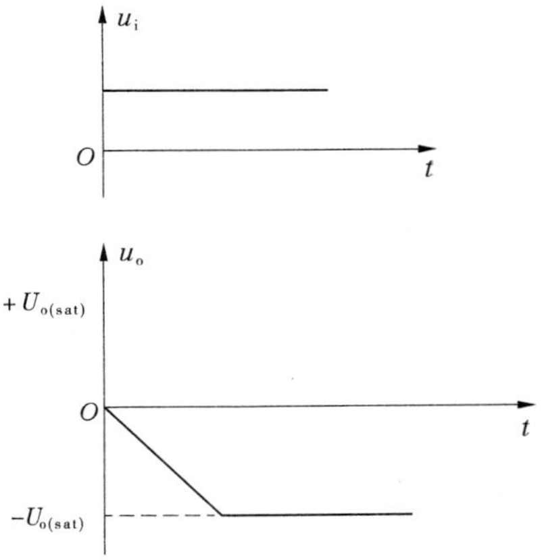

图 4-81 积分运算电路的阶跃响应

采用集成运算放大器组成的积分电路,由于充电电流基本上是恒定的,故 u_o 是时间 t 的一次函数,它的最大值受运放最大输出电压控制。

【例 4-14】 电路如图 4-82 所示,求输出电压 u_o 与输入电压 u_i 的关系式。

解: 因为 $u_+ = u_- = 0, i_i = i_f$,所以

$$\begin{aligned} u_o &= -(R_F i_f + u_C) \\ &= -\left(R_F i_i + \frac{1}{C_F}\int i_i \mathrm{d}t\right) \\ &= -\left(\frac{R_F}{R_1}u_i + \frac{1}{R_1 C_F}\int u_i \mathrm{d}t\right) \end{aligned}$$

上式表明：输出电压是对输入电压的比例运算与积分运算。这种运算器又称 PI 调节器，常用于自动控制系统中，以保证自动控制系统的稳定性和控制精度。改变 R_F 和 C_F 的值，可调整比例系数和积分时间常数，以满足控制系统的要求。

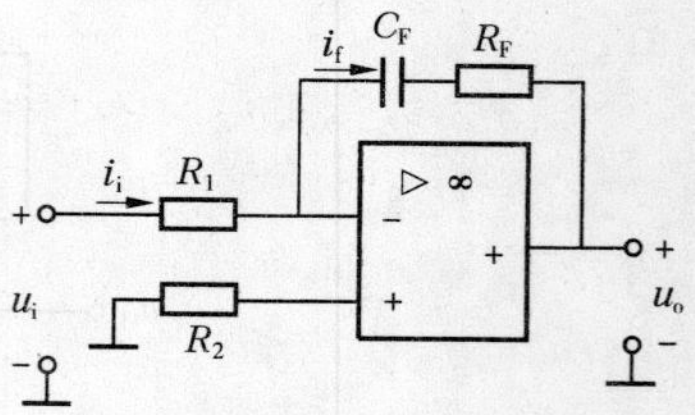

图 4-82　例 4-14 图

7. 微分运算电路

微分运算是积分运算的逆运算，其运算电路如图 4-83所示。由虚短及虚断性质可得

$$i_i = i_f$$

$$C_1 \frac{du_i}{dt} = -\frac{u_o}{R_F}$$

$$u_o = -R_F C_1 \frac{du_i}{dt} \tag{4-64}$$

即输出电压与输入电压对时间的一次微分成正比。

当 u_i 为阶跃电压时，u_o 为尖脉冲电压，如图 4-84 所示。因为这种电路稳定性较差，所以很少应用。

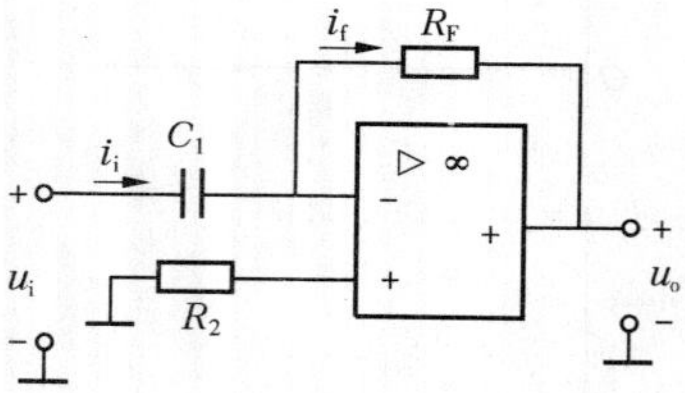

图 4-83　微分运算电路

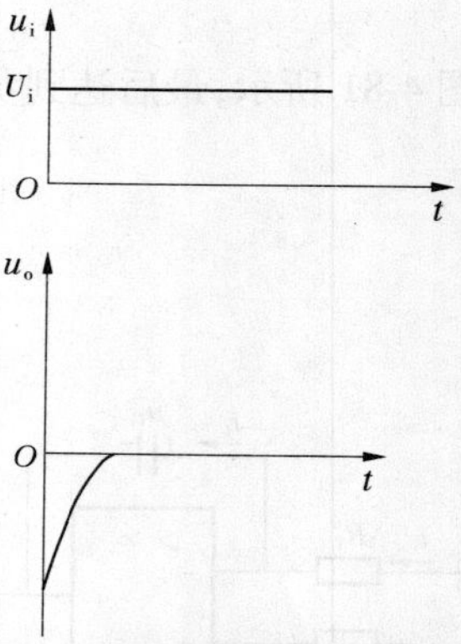

图 4-84　微分运算电路的阶跃响应

【例 4-15】　电路如图 4-85 所示，求输出电压 u_o 与输入电压 u_i 的关系式。

解：由图 4-85 得

$$u_o = -R_F i_f$$

$$i_f = i_R + i_C$$

$$= \frac{u_i}{R_1} + C_1 \frac{du_i}{dt}$$

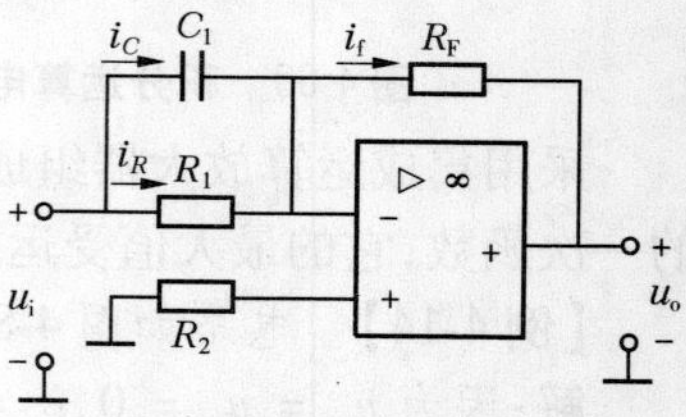

图 4-85　例 4-15 图

所以

$$u_o = -\left(\frac{R_F}{R_1}u_i + R_F C_1 \frac{du_i}{dt}\right)$$

上式表明，输出电压是对输入电压的比例运算和微分运算。这种运算器又称 PD 调节器。在控制系统中，PD 调节器在调节过程中起加速作用，使系统有较快的响应速度和

工作稳定性。

(二)集成运算放大器的非线性应用

电压比较器用于比较输入信号与参考电压的大小。当两者幅度相等时，输出电压产生跃变，由高电平变成低电平，或者由低电平变成高电平。由此来判断输入信号的大小和极性。常常用于数模转换、数字仪表、自动控制和自动检测等技术领域，以及波形产生及变换等场合。

由于电压比较器的输出只有高电平或低电平两种状态，所以其中的集成运算放大器工作在非线性区。从电路结构来看，运放工作在开环状态，在电路中引入正反馈，以此提高比较精度。

单限电压比较器是指只有一个门限电平的电压比较器，当输入电压等于此门限电平时，输出端的状态立即发生跳变。单限比较器可用于检测输入的模拟信号是否达到某一给定的电平。

单限电压比较器的作用是比较输入电压和参考电压，图 4-86(a)是其中一种。U_R 是参考电压，加在同相输入端，输入电压 u_i 加在反相输入端。当 $u_+ > u_-$，即 $u_i < U_R$ 时，$u_o = +U_{o(sat)}$；当 $u_+ < u_-$，即 $u_i > U_R$ 时，$u_o = -U_{o(sat)}$，图 4-86(b)是单限电压比较器的传输特性。可见，在比较器的输入端进行模拟信号大小的比较，在输出端则以高电平或低电平(为数字信号“1”或“0”)来反映比较结果。

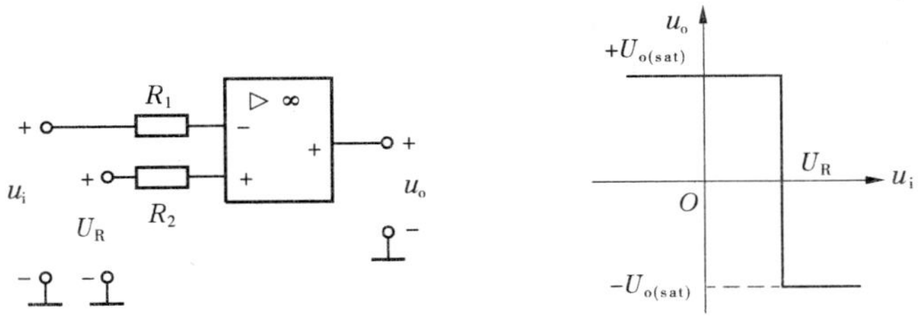

(a)电路　　(b)传输特性

图 4-86　单限电压比较器

当 $U_R = 0$ 时，即输入电压和零电平比较，称为过零比较器，其电路和传输特性如图 4-87所示。当 u_i 为正弦波电压时，则 u_o 为矩形波电压，如图 4-88 所示。

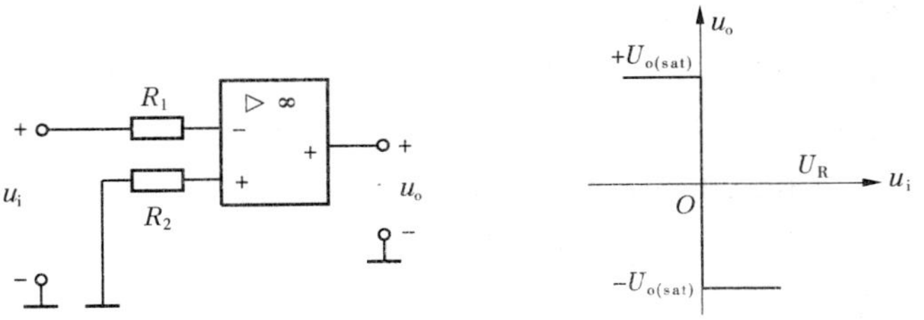

(a)电路　　(b)传输特性

图 4-87　过零比较器

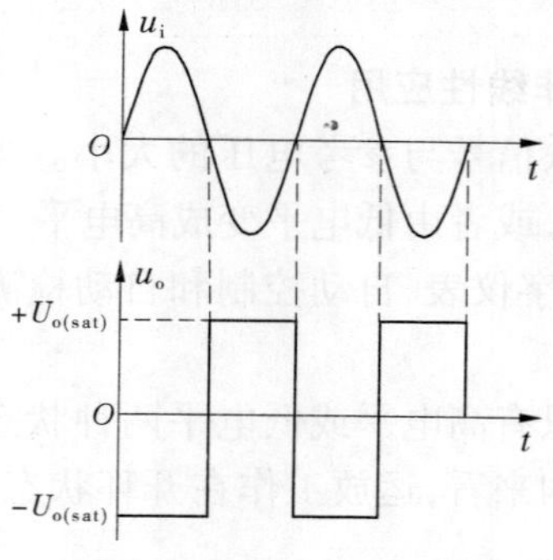

图 4-88 利用过零比较器将正弦波变为矩形波

在比较器的输出端与"地"之间接一个双向稳压管 D_Z，可以把输出电压限制在某一特定值，以与接在输出端的数字电路的电平配合，D_Z 起双向限幅的作用。稳压管的电压为 U_Z。电路如图 4-89 所示。u_i 与参考电压 U_R 比较，输出电压 u_o 被限制在 $+U_Z$ 或 $-U_Z$。

当 $u_i < U_R$ 时，$u'_o = +U_{o(sat)}$，$u_o = U_Z$；

当 $u_i > U_R$ 时，$u'_o = -U_{o(sat)}$，$u_o = -U_Z$。

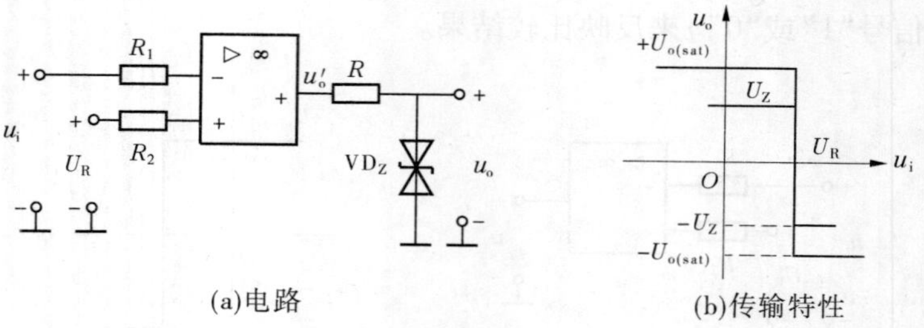

图 4-89 有限幅的电压比较器

【任务实施】

集成运放器件的测试

1. 集成运放器件好坏的简单检测

将集成运放器件 CF741，接上正负电源，用电压表分别测量两路电源为 ±15 V。电路接好后，经检查无误后方可接通 ±15 V 电源。正电源 U_{CC} 接 ±15 V，负电源 U_{EE} 接 −15 V。

分别将同相输入端和反相输入端接地，检测输出 u_o 是否为 U_{OPP} 值（电源 ±15 V 时），若是，则该器件良好，否则器件已损坏。

2. 反相比例运算电路的测试

按反相比例运算电路（见图 4-72）连线，在输入端 u_i 加直流电压，按表 4-5 所给的数值进行测试，并计算出电压增益；改变阻值后再进行测量，将测量结果填入表 4-5 中。

表 4-5 反相比例运算电路加直流电压的测试结果

u_i(mV)		100	200	300	-300	-200	-100
$R_1=100\ k\Omega$	u_o(计算值)						
	u_o(测量值)						
	A_{uf}(计算值)						
$R_1=51\ k\Omega$	u_o(计算值)						
	u_o(测量值)						
	A_{uf}(计算值)						
$R_1=510\ k\Omega$	u_o(计算值)						
	u_o(测量值)						
	A_{uf}(计算值)						

注意:在测量时,每次改变电阻 R_1 的阻值时,应改变平衡电阻的阻值,保证 $R_2 = R_1 // R_F$。

3. 集成运算放大器设计

现有 3 个集成运算放大器、10 个 10 kΩ 的电阻及 3 个 20 kΩ 的电阻,试设计一个运算电路,能实现如下运算:$u_o = 2u_{i1} - 3u_{i2}$。

将设计图及方案交由指导教师审查后,方可进行实际操作。通过实训验证设计的正确性。

任务四 直流稳压电源电路分析与测试

【任务概述】

在工农业生产和日常生活中,主要采用交流电,但是在某些场合,例如电解、电镀、蓄电池充电、直流电动机等,都需要用直流电源供电。此外,在电子线路和自动控制装置中还需要用电压非常稳定的直流电源。为了得到直流电,除用直流发电机外,目前广泛采用各种半导体直流电源。

图 4-90 所示是半导体直流电源的原理图,它表示把交流电变换为直流电的过程,图中各环节功能如下:

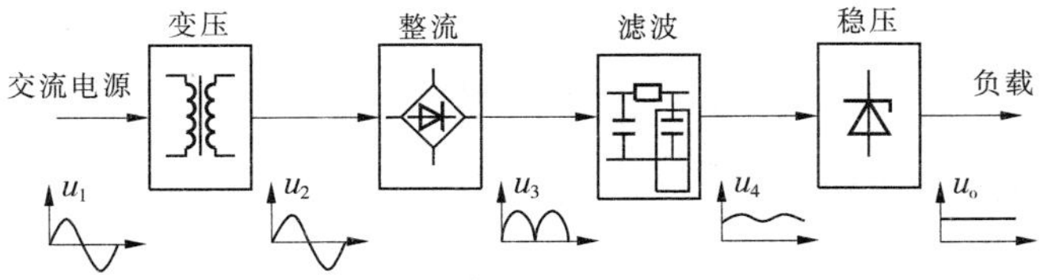

图 4-90 直流稳压电源的结构图

(1)电源变压器:把交流电源电压变成所需要的直流电压。

(2)整流电路:利用整流元件的单向导电性,将交流电压转变为脉动的直流电压。

(3)滤波电路:利用储能元件电容两端的电压(或通过电感中的电流)不能突变的特性,滤掉整流电路输出电压中的交流成分,保留其直流成分,达到平滑输出电压波形的目的。

(4)稳压电路:为电路或负载提供稳定的输出电压。稳压电路可以是整个电子系统的一个组成部分,也可以是一个独立的电子部件。

【任务目标】

知识目标:

1. 理解单相整流电路和滤波电路的工作原理及参数的计算方法。
2. 了解稳压管稳压电路和串联型稳压电路的工作原理。
3. 了解集成稳压电路的性能及应用。

能力目标:

1. 学会识别和选择三端集成稳压器。
2. 掌握电源电路的安装及调试。

【知识链接】

一、整流电路

二极管具有单向导电性,所以可以利用二极管组成整流电路。在小功率直流稳压电源中,常常采用单相半波、单相桥式和单相全波整流电路。这里主要介绍前两种。

(一)单相半波整流电路

图 4-91 所示的单相半波整流电路是一个简单的整流电路。它由电源变压器 Tr、整流二极管 VD 和负载 R_L 组成。

当变压器二次侧电压 u 为正半周时,二级管导通,负载电阻 R_L 上得到一个极性上正下负的电压 u_o,流过的电流为 i_o。当变压器二次侧电压 u 为负半周时,二级管截止,负载电阻 R_L 上没有电压,电流基本为零。所以,负载电阻 R_L 上得到的是半波整流电压。为分析简单起见,把二极管当作理想元件处理,即二极管的正向导通电阻为零,反向电阻为无穷大。因此,u_o 与 u 的正半波相同,如图 4-92 所示。

负载上得到的整流电压是单向脉动电压,即极性一定,大小变化。它的大小常用一个周期的平均值来表示。单相半波整流电压的平均值为

$$U_0 = \frac{1}{2\pi}\int_0^{\pi}\sqrt{2}U\sin\omega t\mathrm{d}(\omega t) = \frac{\sqrt{2}}{\pi}U = 0.45U \tag{4-65}$$

式中,U 表示交流电压有效值。

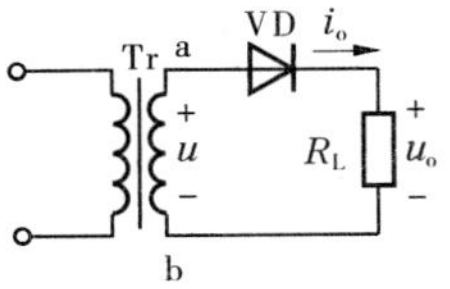

图 4-91　单相半波整流电路

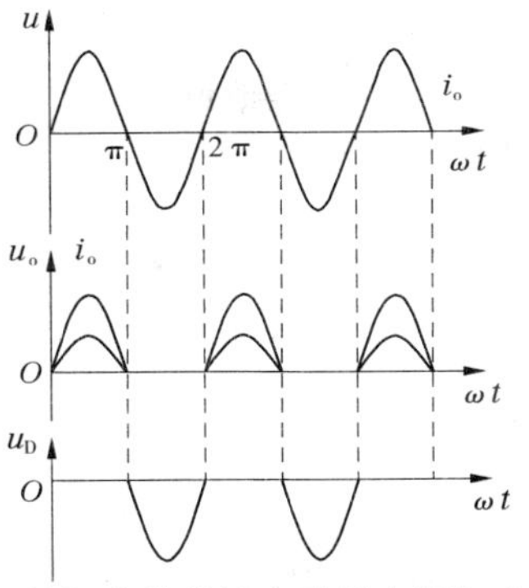

图 4-92　单相半波整流电路的电压与电流波形

从而得出整流电流的平均值为

$$I_O = \frac{U_O}{R_L} = 0.45\frac{U}{R_L} \tag{4-66}$$

二极管上的平均电流为

$$I_D = I_O \tag{4-67}$$

二极管不导通时承受的最高反向电压就是变压器二次侧交流电压 u 的最大值 U_m，即

$$U_{DRM} = U_m = \sqrt{2}U \tag{4-68}$$

平均电流 I_D 与最高反向电压 U_{DRM} 是选择整流二极管的主要依据。一般情况下，二极管的反向工作峰值电压要选的比 U_{DRM} 大 1 倍左右。

单相半波整流电路的结构简单，使用元器件少，但是输出电压脉动大，直流成分比较低，利用率低，因此单相半波整流电路适用于输出电流较小、要求较低的场合。

【例 4-16】　电路如图 4-91 所示，已知负载电阻 $R_L = 500\ \Omega$，变压器二次侧电压的有效值 $U = 20$ V，求 I_D 和 U_{DRM}。

解：

$$U_O = 0.45U = 0.45 \times 20 = 9(\text{V})$$

$$I_D = I_O = \frac{U_O}{R_L} = \frac{9}{500} = 18(\text{mA})$$

$$U_{DRM} = \sqrt{2}U = \sqrt{2} \times 20 = 28.2(\text{V})$$

(二) 单相桥式整流电路

为了克服单相半波整流电路的缺点，提出了如图 4-93 所示的单相桥式整流电路，电路中采用四个二极管，接成电桥形式。

由图 4-93 可知，在 u 的正半周内，二极管 VD_1、VD_3 导通，VD_2、VD_4 截止；在 u 的负半周内，二极管 VD_1、VD_3 截止，VD_2、VD_4 导通。正负半周都有电流流过负载电阻 R_L，且电流方向相同，提高了输出电压的直流成分，降低了脉冲成分，电压波形如图 4-94 所示。

单相桥式整流电路输出电压平均值比单相半波整流电路增加了 1 倍，则

$$U_O = 2 \times 0.45U = 0.9U \tag{4-69}$$

单相桥式整流电路输出电流平均值也增加 1 倍，则

$$I_O = \frac{U_O}{R_L} = 0.9\frac{U}{R_L} \tag{4-70}$$

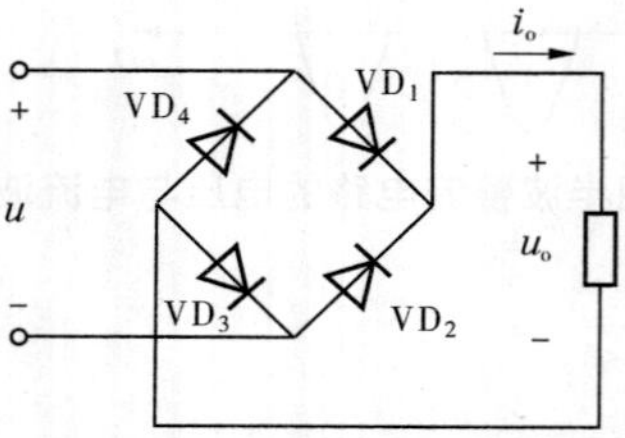

图 4-93　单相桥式整流电路

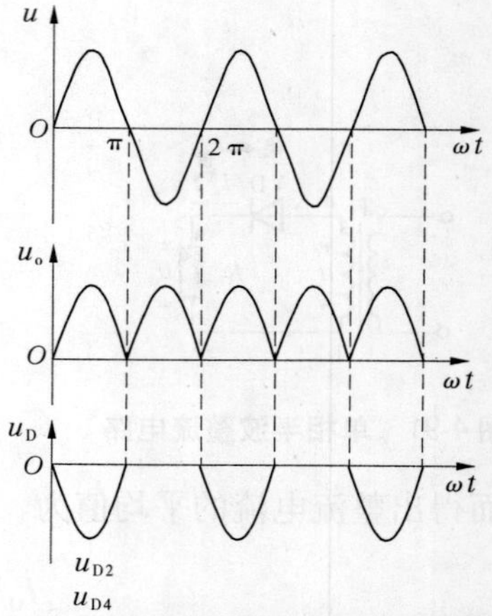

图 4-94　单相桥式整流电路的电压波形

单相桥式整流电路中每个二极管流过的平均电流是输出电流平均值的 1/2(每两个二极管串联导电半周),则

$$I_D = \frac{1}{2}I_O = 0.45\frac{U}{R_L} \tag{4-71}$$

单相桥式整流电路二极管上承受的最高反向电压是电源电压的最大值,即

$$U_{DRM} = \sqrt{2}U \tag{4-72}$$

【例 4-17】　单相桥式整流电路,已知交流电源电压为 380 V,负载电阻 $R_L = 80\ \Omega$,负载电压 $U_O = 110$ V,选择二极管的类型并求变压器的变比和容量。

解:负载电流

$$I_O = \frac{U_O}{R_L} = \frac{110}{80} = 1.4(\text{A})$$

每个二极管流过的平均电流

$$I_D = \frac{1}{2}I_O = 0.7\ \text{A}$$

变压器二次侧电压的有效值为

$$U = \frac{U_O}{0.9} = \frac{110}{0.9} = 122(\text{V})$$

考虑变压器二次侧绕组和管子上的压降,变压器二次侧电压约高出 10%,所以 122 × 1.1 = 134(V)。那么

$$U_{DRM} = \sqrt{2}U = \sqrt{2} \times 134 = 190(\text{V})$$

可以选用 2CZ55E 二极管,其反向工作峰值电压为 300 V,最大整流电流为 1 A。

变压器的变比

$$K = \frac{380}{134} = 2.8$$

变压器二次侧电流的有效值为

$$I = \frac{I_O}{0.9} = \frac{1.4}{0.9} = 1.55(\text{A})$$

变压器的容量

$$S = UI = 134 \times 1.55 = 208(\text{VA})$$

可以选用 BK300(300 VA),380/134 V 的变压器。

二、滤波电路

交流电压经整流电路整流后输出的是脉动直流,其中既有直流分量又有交流分量。滤波电路利用储能元件电容两端的电压(或流过电感中的电流)不能突变的特性,滤掉整流电路输出电压中的交流分量,保留其直流分量,减小了电路的脉动系数,改善了直流电压的质量,达到平滑输出电压波形的目的。因此,组成滤波电路的主要元件是电容和电感。下面介绍几种常用的滤波电路。

(一)电容滤波电路

以单相桥式的整流电容滤波电路为例进行分析。

在图 4-95 中,设电容两端初始电压为零,并假定 $t=0$ 时接通电路,变压器二次侧电压 u 处于正半周,当 u 由零上升时,二极管 VD_1、VD_3 导通,变压器二次侧电压给电容 C 充电,同时电流经 VD_1、VD_3 向负载电阻供电。忽略二极管正向压降和变压器内阻,电容充电时间常数近似为零,因此 $u_O = u_C \approx u$,在 u 达到最大值时,u_C 也达到最大值,在 $\omega t = \pi/2$ 时刻(图 4-96 中 a 点),u 开始下降,此时,$u_C > u$,VD_1、VD_3 截止,电容 C 向负载电阻 R_L 放电,由于放电时间常数 $\tau = R_L C$ 一般较大,电容电压 u_C 按指数规律缓慢下降,当下降到图 4-96 中 b 点时,$|u| > u_C$,VD_2、VD_4 导通,电容 C 再次被充电,输出电压增大,以后重复上述过程。其输出电压波形近似为一锯齿波直流电压。

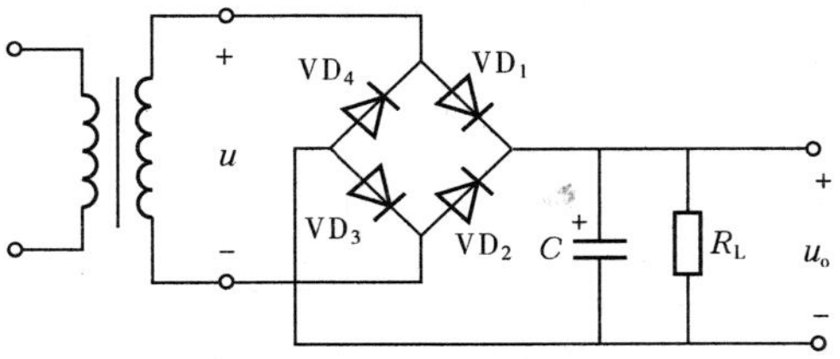

图 4-95 单相桥式整流电容滤波电路

图 4-97 中的单相桥式整流电路的外特性曲线表示了输出电压 U_O 与输出电流 I_O 的变化关系,采用电容滤波时,输出电压受负载变化影响较大,即带负载能力较差。因此,电容滤波适合于要求输出电压较高、负载电流较小且负载变化较小的场合。

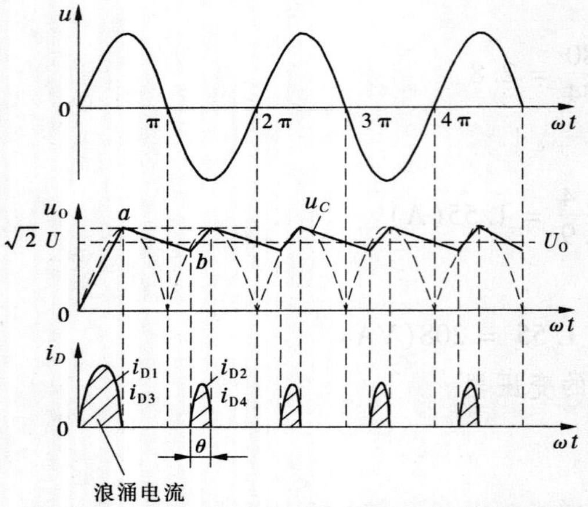

图 4-96　单相桥式整流电容滤波电路波形图

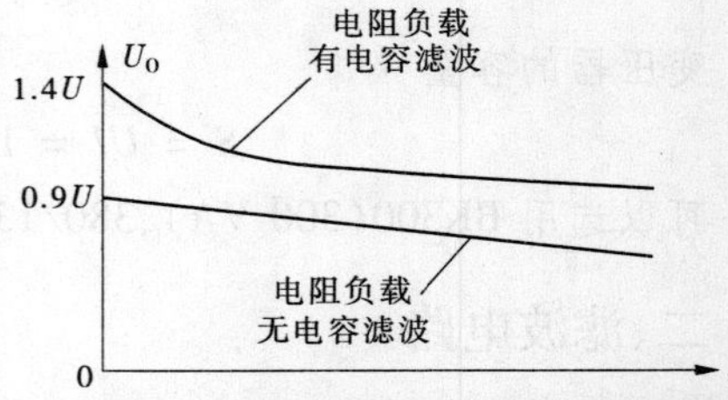

图 4-97　单相桥式整流电路的外特性曲线

由图 4-96 可知，采用电容滤波后，输出电压的脉动程度减小了，输出电压的平均值 U_O 增大了。U_O 的大小与滤波电容 C 和负载电阻 R_L 有关，C 的大小一定时，R_L 越大，放电时间常数 $\tau = R_LC$ 就越大，放电速度越慢，输出电压的脉动程度越小，U_O 越大。当 R_L 开路时，$U_O \approx \sqrt{2}U$。为了得到脉动较小的输出电压，一般取

$$R_LC \geqslant (3 \sim 5)\frac{T}{2} \tag{4-73}$$

式中，T 是输入交流电压的周期。这时输出电压的平均值为

$$U_O \approx 1.2U \tag{4-74}$$

另外，二极管的导通时间短（导通角 θ 小于 π），而且电容 C 充电的瞬时电流很大，形成了浪涌电流，容易使二极管损坏，因此要选择较大容量的二极管。

【例 4-18】　单相桥式电容滤波整流电路如图 4-95 所示，交流电源频率 $f = 50$ Hz，负载电阻 $R_L = 40\ \Omega$，要求输出电压 $U_O = 20$ V。选择二极管及滤波电容。

解：流过二极管的电流平均值为

$$I_D = \frac{1}{2}I_O = \frac{1}{2}\frac{U_O}{R_L} = \frac{1}{2}\times\frac{20}{40} = 0.25(\text{A})$$

由式(4-74)可得变压器二次侧电压的有效值

$$U = \frac{U_O}{1.2} = \frac{20}{1.2} = 17(\text{V})$$

二极管承受的最高反向电压

$$U_{RM} = \sqrt{2}U = \sqrt{2}\times 17 = 24(\text{V})$$

因此，可选用 2CZ55C 型的二极管。

根据式(4-73)，取 $R_LC = 4\times\frac{T}{2} = 2T$，所以

$$C = \frac{2T}{R_L} = \frac{2\times(1/50)}{40} = 1\ 000(\mu\text{F})$$

因此，可选用 1 000 μF，耐压为 50 V 的电解电容。

(二)其他形式的滤波电路

1. 电感滤波电路

电感滤波电路如图 4-98 所示,当流过电感的电流发生变化时,线圈中产生自感电动势阻碍电流的变化,使负载电流和电压的脉动减小。

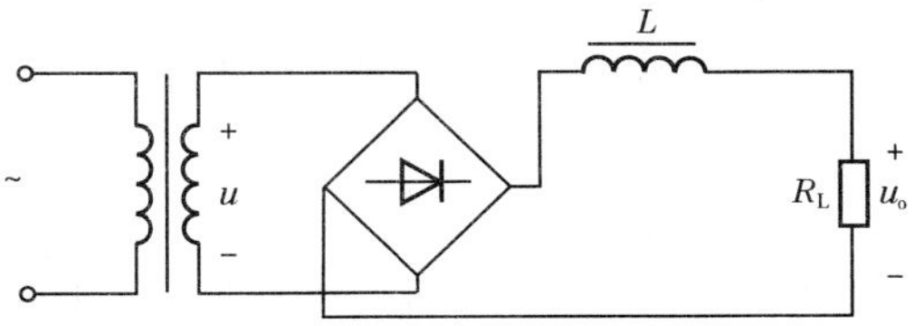

图 4-98 电感滤波电路

对直流分量而言,$X_L=0$,L 相当于短路,电压大部分降在 R_L 上;对谐波分量而言,f 越高,X_L 越大,电压大部分降在 L 上。因此,在负载上得到比较平滑的直流电压。

电感滤波电路适合于负载电流较大、对输出电压的脉动程度要求不高的场合。其缺点是电感铁芯笨重、体积大,易引起电磁干扰。如果在图 4-98 的 R_L 上并联一个电容,就构成了电感电容滤波电路,如图 4-99 所示。它适合于电流较大、要求输出电压脉动较小的场合,更适用于高频电路。

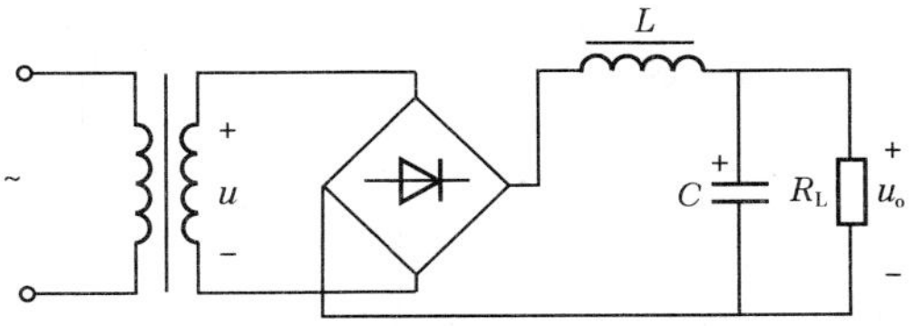

图 4-99 电感电容滤波电路

2. π 形滤波电路

图 4-100 表示了 π 形 LC 滤波电路。整流输出电压先经电容 C_1,滤除了交流成分后,再经电感 L 滤波,电容 C_2 上的交流成分极少,因此输出几乎是平直的直流电压。但由于铁芯电感体积大、笨重、成本高、使用不便,因此在负载电流不太大而要求输出脉动很小的场合,可将铁芯电感换成电阻,即 π 形 RC 滤波电路,如图 4-101 所示。电阻 R 对交流分量和直流分量均产生压降,故会使输出电压下降,但只要 $R_L \gg 1/(\omega C_2)$,经电容 C_1 滤波后的输出电压绝大多数降在电阻 R_L 上。R_L 愈大,C_2 愈大,滤波效果愈好。它主要适用于负载电流较小又要求输出电压脉动很小的场合。

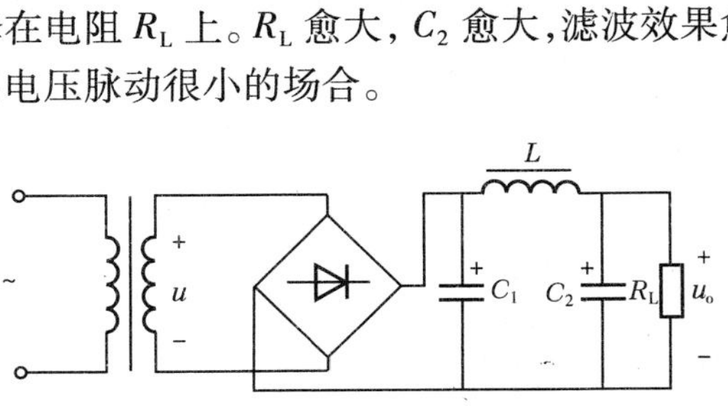

图 4-100 π 形 LC 滤波电路

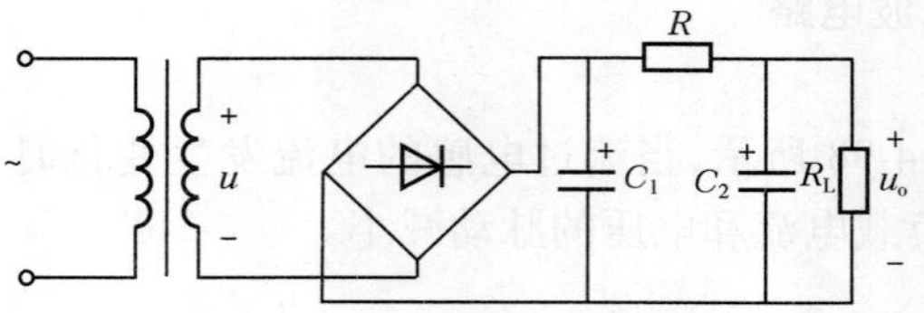

图 4-101　π 形 RC 滤波电路

三、稳压电路

在整流滤波电路的后面加上稳压电路，能够得到更加稳定的直流电源。稳压电路的输出电压大小基本上与电网电压、负载及环境温度的变化无关。理想的稳压器是输出阻抗为零的恒压源。实际上，它是内阻很小的电压源，其内阻越小，稳压性能越好。

（一）硅稳压管稳压电路

整流滤波后的直流电压作为稳压电路的输入电压 U_I，稳压管 VD_Z 与负载电阻 R_L 并联，电阻 R 为限流电阻，这样就构成了硅稳压管稳压电路，如图 4-102 所示。

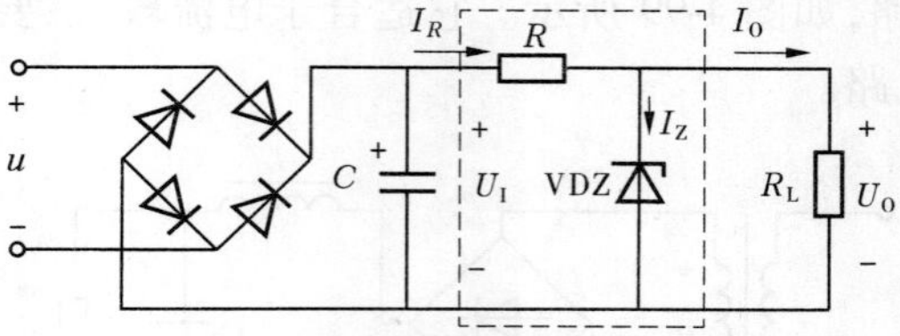

图 4-102　硅稳压管稳压电路

在此电路中，U_Z 基本恒定，而 $U_O = U_Z$，所以对于电网电压的波动和负载电阻 R_L 的变化，稳压管稳压电路都能起到稳压作用。下面从两个方面来分析稳压电路的工作原理。

假设电网电压保持不变，当负载电阻 R_L 阻值增大时，负载电流 I_L 减小，限流电阻 R 上的压降 U_R 将会减小。由于 $U_O = U_Z = U_I - U_R$，所以导致 U_O 升高，即 U_Z 升高，这样必然使 I_Z 显著增加。由于流过限流电阻 R 的电流为 $I_R = I_Z + I_L$，这样可以使流过 R 上的电流基本不变，导致压降 U_R 基本不变，则 U_O 也就保持不变。

假设 R_L 保持不变，电网电压升高使 U_I 升高，导致 U_O 随之升高，而 $U_O = U_Z$。根据稳压管的特性，当 U_Z 升高一点时，I_Z 将会显著增加，这样必然使电阻 R 上的压降增大，抵消了 U_I 增加的部分，从而保持 U_O 基本不变。

选取稳压二极管时，其参数一般取

$$\left.\begin{aligned} U_Z &= U_O \\ I_{ZM} &= (1.5 \sim 3) I_{OM} \\ U_I &= (2 \sim 3) U_O \end{aligned}\right\} \qquad (4\text{-}75)$$

【例 4-19】　在图 4-102 所示的电路中，假设稳压电路的输入电压为 $U_I = 15$ V，稳压管的输出电压为 $U_O = 12$ V，稳压管的安全工作电流范围为 5 ~ 50 mA，负载电阻 $R_L = 400$ Ω，求限流电阻 R 的取值范围。

解：由题意可知，流过负载电阻的电流为

$$I_O = \frac{U_O}{R_L} = \frac{12}{400} = 30(\text{mA})$$

因此,流过限流电阻的电流的变化范围为

$$35\ \text{mA} \leqslant I_R \leqslant 80\ \text{mA}$$

限流电阻两端的电压

$$U_R = U_I - U_O = 3\ \text{V}$$

于是,可求得 R 的范围为

$$\frac{3\ \text{V}}{80\ \text{mA}} \leqslant R \leqslant \frac{3\ \text{V}}{35\ \text{mA}}$$

即

$$37.5\ \Omega \leqslant R \leqslant 85.7\ \Omega$$

(二)集成稳压器简介

1. 串联型稳压电路的工作原理

串联型稳压电路由采样电阻、放大电路、基准电压和调整管组成,如图 4-103 所示。所谓串联型稳压电路,就是指调整管与负载串联。在图 4-103 中,调整管 T 工作在线性放大区,所以串联型稳压电路也称为线性稳压电路。基准电压由 R_3 和稳压管 D_Z 构成,R_1 和 R_2 是采样电阻,集成运放是放大电路。

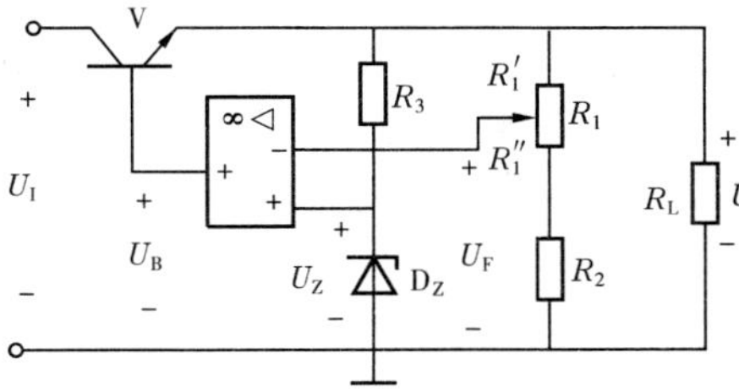

图 4-103 串联型稳压电路

由图 4-103 可得

$$U_- = U_F = \frac{R_1'' + R_2}{R_1 + R_2} U_O$$

$$U_+ = U_Z$$

$$U_B = A_{uo}(U_Z - U_F)$$

当由于电源电压或负载电阻的变化使输出电压 U_O 升高时,采样电压 U_F 随着增大,则 U_B 减小,集电极电流 I_C 减小,U_{CE} 增大,使输出电压 U_O 降低,这一反馈过程使输出电压更为稳定。

2. 三端集成稳压器

三端集成稳压器有输入端、输出端和公共端(接地)三个接线端子,所需外接元件少,使用方便,性能可靠,因此得到了广泛应用。按输出电压是否可调,三端集成稳压器可分为固定式和可调式两种。它们都采用串联型稳压电路。这里主要介绍常用的 7800、7900 系列固定输出式三端集成稳压器组件及其应用,其外形及引脚排列如图 4-104 所示。

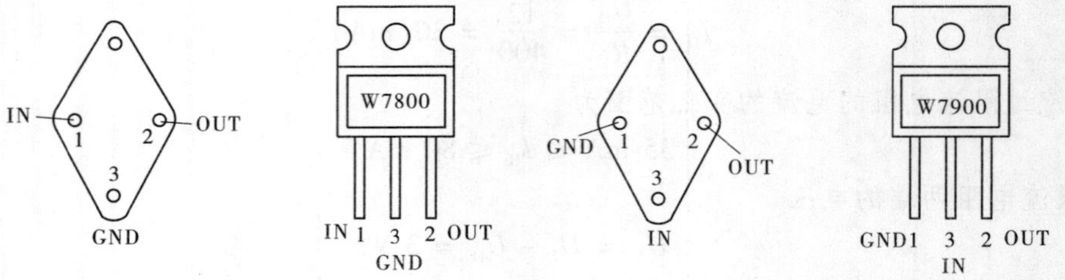

(a)7800系列　　(b)7900系列

图 4-104　三端固定输出集成稳压器外形及引脚排列

1）正电压输出稳压器

常用的三端固定正电压稳压器有 7800 系列，型号中的 00 两位数表示输出电压的稳定值，分别为 5 V、6 V、9 V、12 V、15 V、18 V、24 V。例如，7812 的输出电压为 12 V，7805 输出电压是 5 V。

按输出电流大小不同，又分为：CW7800 系列，最大输出电流 1～1.5 A；CW78M00 系列，最大输出电流 0.5 A；CW78L00 系列，最大输出电流 100 mA 左右。7800 系列三端稳压器的外部引脚如图 4-104（a）所示，1 脚为输入端，2 脚为输出端，3 脚为公共端。

2）负电压输出稳压器

常用的三端固定负电压稳压器有 7900 系列，型号中的 00 两位数表示输出电压的稳定值，和 7800 系列相对应，分别为 −5 V、−6 V、−9 V、−12 V、−15 V、−18 V、−24 V。

按输出电流不同，也分为 CW7900 系列、CW79M00 系列和 CW79L00 系列。其外部引脚如图 4-104（b）所示，1 脚为公共端，2 脚为输出端，3 脚为输入端。

3）三端固定输出集成稳压器的应用电路

（1）输出为固定电压的电路。

为了保证电路正常工作，图 4-105 中输入与输出之间的电压不得低于 2.5～3 V，C_I 用来抵消输入端接线较长时的电感效应，防止产生自激振荡，用来改善波形。一般取 0.1～1 μF。C_O 为了瞬时增减负载电流时，不致引起输出电压有较大的波动，用来改善负载的瞬态响应，一般为 1 μF。

（2）提高输出电压的电路。

图 4-106 中 $U_{\times\times}$ 是 W78××的固定输出电压，由图可见 $U_O = U_{\times\times} + U_Z$。

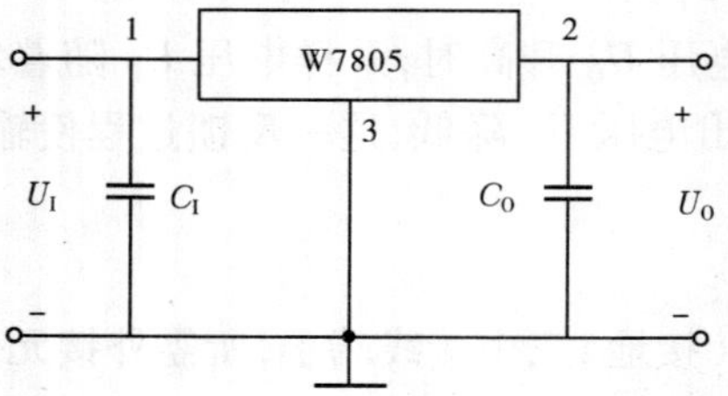

图 4-105　输出为固定电压的电路

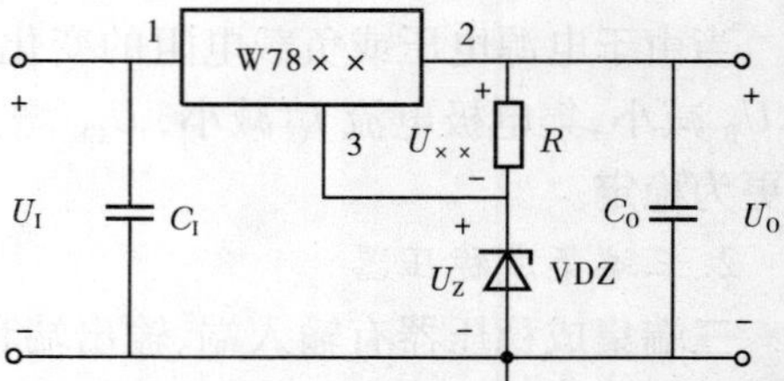

图 4-106　提高输出电压的电路

（3）输出电压可调的电路。

输出电压可调的电路如图 4-107 所示。

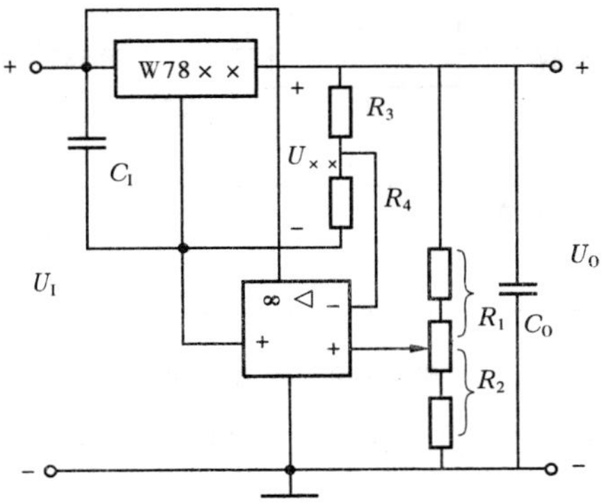

图 4-107　输出电压可调的电路

根据集成运放“虚短”的性质，由图 4-107 可得

$$\frac{R_3}{R_3+R_4}U_{\times\times}=\frac{R_1}{R_1+R_2}U_O$$

$$U_O=(1+\frac{R_2}{R_1})\frac{R_3}{R_3+R_4}U_{\times\times}$$

由此可知，通过调节$\frac{R_2}{R_1}$的值，可产生变化的输出电压 U_O。

(4)输出正、负电压的电路。

图 4-108 所示为输出正、负电压的电路，能够同时输出 +15 V 和 −15 V 电压。

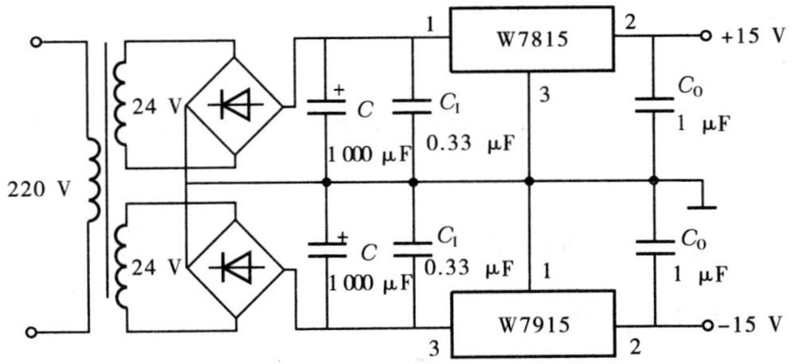

图 4-108　输出正、负电压的电路

(5)恒流源电路。

集成稳压器输出端串联合适的电阻，就能得到恒流源电路，如图 4-109 所示。图中 $C_I=0.33\ \mu F$，$C_O=0.1\ \mu F$，$U_{23}=5\ V$，R_L 是输出负载电阻，由图可见

$$I_O=\frac{U_{23}}{R}+I_Q$$

式中，I_Q 是稳压器的静态工作电流，只有当$\frac{U_{23}}{R}$远大于 I_Q 时，输出电流 I_O 才比较稳定。

图 4-109中，$\frac{U_{23}}{R}=0.5\ A$，远大于 I_Q，所以 $I_O\approx0.5\ A$，I_Q 对 I_O 的影响不大。

前面介绍了 7800、7900 系列集成稳压电路，这些都是固定输出的稳压电源。实际应

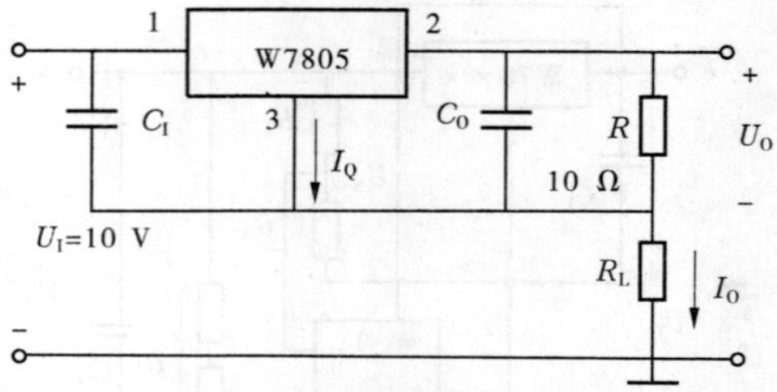

图 4-109　恒流源电路

用中还有可调的 CW117、CW217、CW317、CW337 和 CW337L 系列。使用时可查阅有关手册。

【任务实施】

三端固定输出集成稳压器的测试

1. 测试图 4-106 所示电路

按图接线，经检查无误后接通工作电源。保持电阻 $R=470\ \Omega$ 不变，改变输入电压 U_I 值，填写表 4-6 中的内容，根据结果验证公式 $U_O=U_{××}+U_Z$，其中 $U_{××}=5$ V。

表 4-6

U_I(V)	10	14	18	22
U_O(V)				

2. 测试图 4-107 所示电路

把图 4-106 改为图 4-107 所示接线方式，观测三端固定输出集成稳压器输出电压可调电路的工作原理。

电阻 $R_2=R_3=470\ \Omega$ 不变，输入电压 $U_I=20$ V 不变，当$\frac{R_2}{R_1}$改变时，填写表 4-7 中内容，并把测量值与计算值进行比较。

表 4-7

R_2/R_1	1/4	1/2	2	4
U_O(V)测量值				
U_O(V)计算值				

3. 误差分析

将测量值与计算值相比较，分析产生误差的原因。

项目检测

4-1　N 型半导体中的自由电子多于空穴，而 P 型半导体中的空穴多于自由电子，是否 N 型半导体带负电，而 P 型半导体带正电？

4-2 有三只稳压管，其稳定电压值分别为 6 V、9 V 和 14 V，试说明用这三只稳压管可组成几种稳压值的稳压电路。

4-3 晶体管有哪几种工作状态？不同工作状态的外部条件是什么？

4-4 有两个晶体管，一个管子 $\beta=50, I_{CBO}=0.5\ \mu A$；另一个管子 $\beta=150, I_{CBO}=2\ \mu A$。如果其他参数一样，选用哪一个管子较好？为什么？

4-5 什么是增强型 MOS 管？什么是耗尽型 MOS 管？它们的主要区别何在？

4-6 图 4-110(a)是输入电压 u_i 的波形。试根据图 4-110(b)所示电路画出对应于 u_i 的输出电压 u_o、电阻 R 上电压 u_R 和二极管 VD 上电压 u_D 的波形，并用基尔霍夫电压定律检验各电压之间的关系。二极管的正向压降忽略不计。

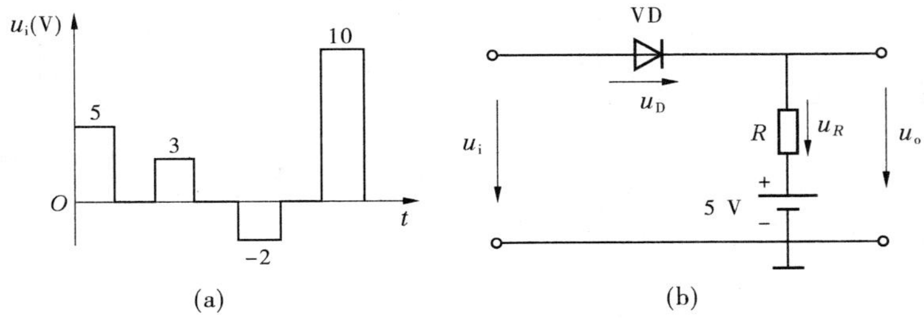

图 4-110 题 4-6 图

4-7 在图 4-111 的各电路图中，$E=5$ V，$u_i=10\sin\omega t$，二极管的正向压降忽略不计，试分别画出输出电压 u_o 的波形。

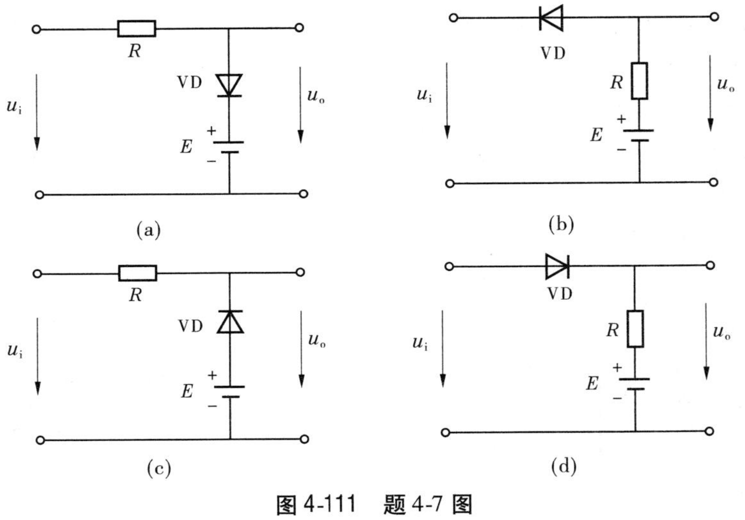

图 4-111 题 4-7 图

4-8 在放大电路中，静态工作点的不稳定会对放大电路的工作有什么影响？

4-9 在图 4-112 所示固定偏流式放大电路中，已知 $U_{CC}=12$ V，$R_B=240$ kΩ，晶体管 $\beta=40, r_{be}=0.8$ kΩ，$R_C=3$ kΩ，试求：

(1)计算静态工作点；

(2)输出端开路时电压放大倍数 A_u；

(3)接入负载 $R_L=6\ k\Omega$ 时的电压放大倍数 A_u；

(4)放大电路的输入电阻 r_i 和输出电阻 r_o。

4-10　在图 4-113 所示分压式偏置电路中，已知 $U_{CC}=24\ V, R_C=3.3\ k\Omega, R_E=1.5\ k\Omega, R_{B1}=33\ k\Omega, R_{B2}=10\ k\Omega, R_L=5.1\ k\Omega$，晶体管的 $\beta=66$，试完成：

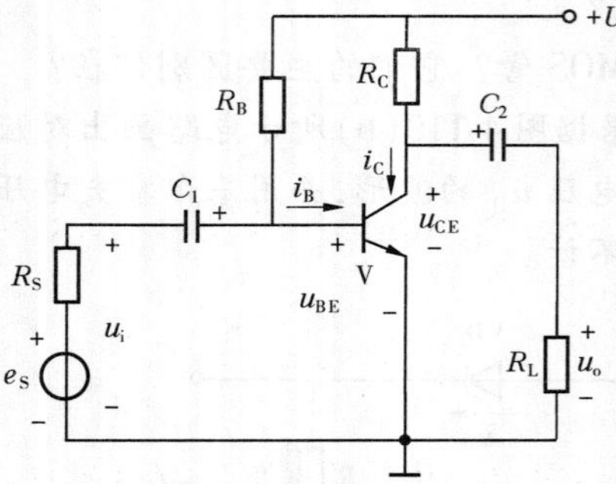

图 4-112　题 4-9 图

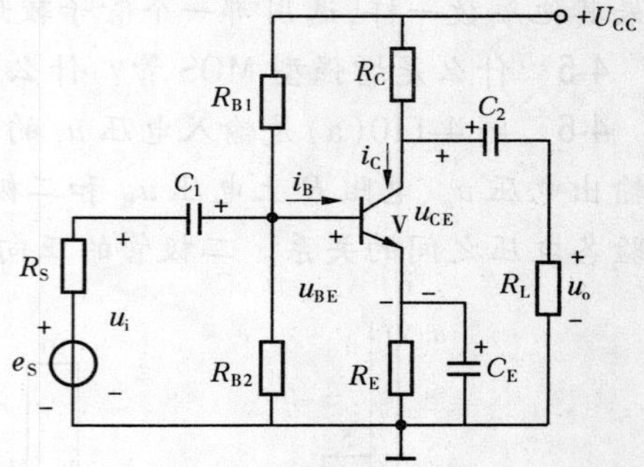

图 4-113　题 4-10 图

(1)画出直流通路，并估算静态工作点 I_{CQ}、I_{BQ}、U_{CEQ}；

(2)画出微变等效电路；

(3)估算晶体管的输入电阻 r_{be}；

(4)计算电压放大倍数 A_u；

(5)计算输入电阻 r_i 和输出电阻 r_o；

(6)当断开 C_E 时，对静态工作点是否有影响？定性说明断开 C_E 对 A_u、r_i、r_o 的影响。

4-11　什么是零点漂移？产生零点漂移的主要原因是什么？差动放大电路为什么能抑制零点漂移？

4-12　什么叫"虚短"和"虚断"？

4-13　如图 4-114 所示电路，设集成运放为理想元件。试计算电路的输出电压 u_o 和平衡电阻 R 的值。

4-14　在图 4-115 中，已知 $R_F=2R_1, u_i=-2\ V$，试求输出电压 u_o。

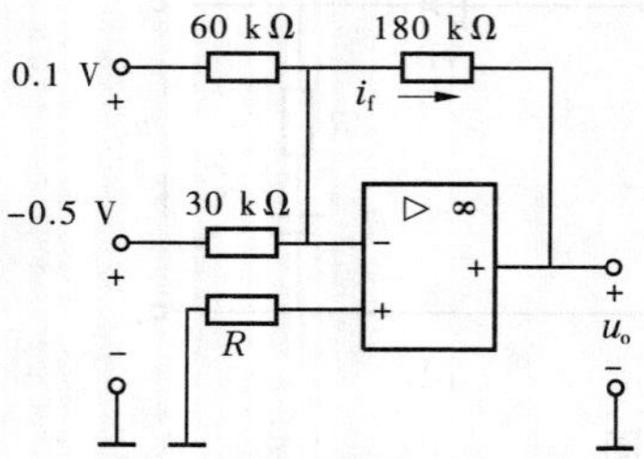

图 4-114　题 4-13 图

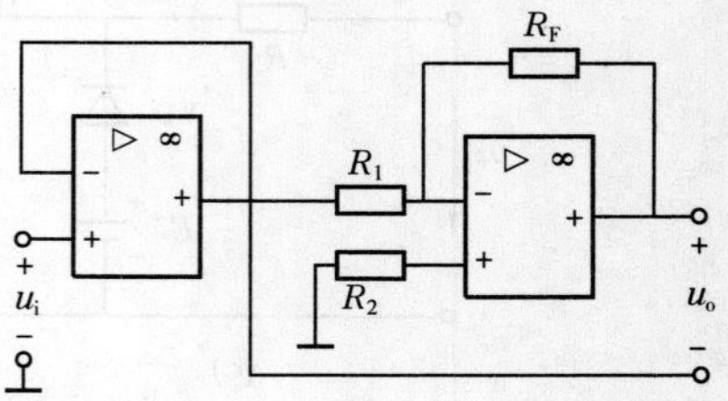

图 4-115　题 4-14 图

4-15　电路如图 4-116 所示，已知各输入信号分别为 $u_{i1}=0.5\ V, u_{i2}=-2\ V, u_{i3}=1\ V, R_1=20\ k\Omega, R_2=50\ k\Omega, R_4=30\ k\Omega, R_5=R_6=39\ k\Omega, R_{F1}=100\ k\Omega, R_{F2}=60\ k\Omega$，试回答下列问题：

(1)图中两个运算放大器分别构成何种单元电路？

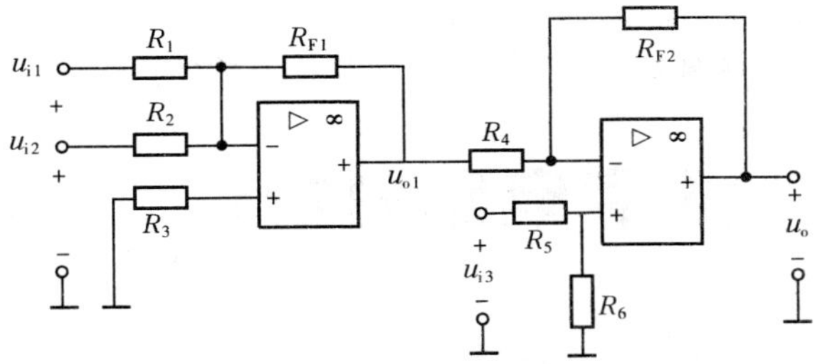

图 4-116　题 4-15 图

(2) 求出电路的输出电压 u_o。

4-16　在图 4-91 的单相半波整流电路中，已知变压器二次侧电压的有效值 $U=30$ V，负载电阻 $R_L=100\ \Omega$，试求：

(1) 输出电压的平均值 U_0 和输出电流的平均值 I_0 分别为多少？

(2) 电源电压波动 ±10%，二极管承受的最高反向电压为多少？

4-17　在输出电压 $U_0=9$ V，负载电流 $I_0=20$ mA 时，桥式整流电容滤波电路的输入电压（变压器副边电压）应为多大？若电网频率为 50 Hz，则滤波电容应选多大？

4-18　单相桥式整流电容滤波电路，已知交流电压源电压为 220 V，$R_L=50\ \Omega$，若要求输出直流电压为 12 V，则：

(1) 求每只二极管的电流和最大反向工作电压；

(2) 选择滤波电容的容量和耐压值。

4-19　单相桥式整流电容滤波电路，已知变压器二次侧电压的有效值 $U=20$ V，现分别测得直流输出电压为 28 V、24 V、20 V、18 V、9 V，试判断说明每种电压所示的工作状态是正常还是故障。

项目五　数字电路分析与测试

数字电路的广泛应用和高度发展标志着现代电子技术的水准,电子计算机、数字式仪表、数字化通信以及各种数字控制装置等都是以数字电路为基础的。下面以计程车计价器为例来说明数字电路的应用。

图5-1是计程车计价器的方框图。来自车轴上的脉冲信号,经过整形电路形成一个数字电路能够接收的脉冲序列,输入计数器进行累加,累加到某个数值,就输入计算器。计算器将输入的二进制数乘以倍率,折合成乘车价格,然后输入译码器,翻译成能用显示器显示出的十进制数。乘车结束,显示器就显示出最终的乘车价格,并由存储器将这次乘车时间、行程和价格存储下来,以备查考,这就是一个比较完整的数字系统。

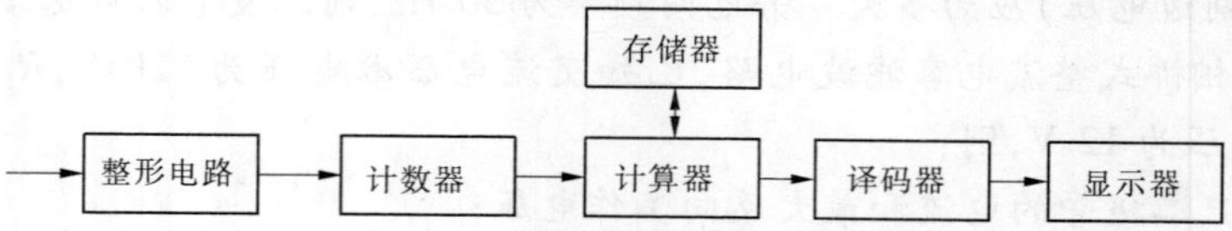

图5-1　计程车计价器的方框图

数字电路按逻辑功能和电路组成的特点不同可分为组合逻辑电路和时序逻辑电路。

本项目完成以下任务:

(1)门电路与组合逻辑电路分析与测试。

(2)触发器与时序逻辑电路分析与测试。

任务一　门电路与组合逻辑电路分析与测试

【任务描述】

门电路及由其组成的组合逻辑电路,输出变量状态完全由当时的输入变量的组合状态来决定,而与电路原来的状态无关,也就是组合电路不具有记忆功能。本任务通过门电路和组合逻辑电路的分析与测试,介绍数字电路的特点,门电路的逻辑功能及逻辑代数的基本知识,组合逻辑电路的基本分析与测试方法,典型组合逻辑电路的组成、工作原理及应用等。

【任务目标】

知识目标:

1. 了解各种数制的概念及转换方法。
2. 掌握门电路的逻辑功能。
3. 理解组合逻辑电路的分析方法。

4. 了解加法器、编码器和译码器等中规模集成电路的基本原理。

能力目标：

1. 了解集成门电路的外部特性、逻辑功能、主要参数与测试方法。

2. 熟练掌握组合逻辑电路的分析方法。

【知识链接】

一、数字电路基础

(一)数字电路概述

1. 模拟信号和数字信号

电子电路中的信号可以分为两大类:模拟信号和数字信号。模拟信号是连续变化的电信号,例如温度、速度、压力、磁场、电场等物理量通过传感器变成的电信号,模拟语音的音频信号和模拟图像的视频信号等。对模拟信号进行传输、处理的电子线路称为模拟电路。前面讨论的放大电路、滤波器、信号发生器等均属于模拟电路。数字信号是不连续的脉冲信号。对数字信号进行传输、处理的电子线路称为数字电路。如数字电子钟、数字万用表等都是由数字电路组成的。数字电路的组成、工作特点与模拟电路有很大的差别,分析方法也有很大的不同。

2. 数字电路的基本特点

数字电路的基本工作信号是二进制的数字信号,而二进制数只有“0”和“1”两个基本数字,对应在电路上只需要在两种不同状态下工作,即低电平和高电平(或称低电位和高电位)两种工作状态。数字电路容易实现集成化,因此多采用集成电路。

3. 数字电路的分析方法

数字电路主要是研究电路的输出信号与输入信号之间的状态关系,即所谓的逻辑关系。通常,数字电路常用逻辑代数、真值表、逻辑电路和波形图等方法进行表示和分析。

数字电路和模拟电路是电子电路的两个分支,在实际中两者常配合应用。例如,用传感器得到的信号,大多是模拟信号,实际使用的信号也往往需要模拟信号。因此,常需要将数字信号与模拟信号进行相互转换,即 D/A(数/模)或 A/D(模/数)转换。此外,由于采用数字集成电路输出功率有限,所以在控制系统中还必须配置模拟驱动电路,才能驱动执行机构动作。

(二)数制转换

数制,就是数的进位制。按照进位方法的不同,就有不同的计数体制。例如,有“逢十进一”的十进制计数,有“逢八进一”的八进制计数,还有“逢十六进一”的十六进制计数和“逢二进一”的二进制计数等。

1. 二进制数

十进制数及其运算是大家熟悉的,但是,在数字电路中,采用十进制数很不方便。因为数字电路是通过电路的不同状态来表示数码的,而要使电路具有 10 个严格区分的状态来表示 0、1、2、…、9 十个数码,这在技术上是困难的。在电路中,最容易实现的是两种状态,如电路的“通”与“断”、电平的“高”与“低”、脉冲的“有”或“无”。在这种条件下采用只有两个码 0 和 1 的二进制将是很方便的,因此在数字电路中,广泛采用二进制数。

二进制是数字电路中应用最广泛的计数制，它只有 0 和 1 两个数字符号。它和十进制数一样，自左至右由高位到低位排列。二进制数的特点是：

(1)二进制数的基数是 2。

(2)二进制数的位权是以 2 为底的幂。

(3)低位和相邻高位之间的进位关系是"逢二进一"，退位关系是"退一当二"。

二进制数常用 B 表示，同十进制一样，每个数字符号处在不同的数位代表不同的数值，例如二进制数的 1101 所代表的数值为

$$(1101)_B = 1\times2^3+1\times2^2+0\times2^1+1\times2^0=(13)_D$$

显然任意一个二进制数可以表示为

$$(M)_B = K_{n-1}\cdot2^{n-1}+K_{n-2}\cdot2^{n-2}+\cdots+K_1\cdot2^1+K_0\cdot2^0$$
$$=\sum_{i=0}^{n-1}K_i\cdot2^i$$

式中，n 是二进制整数的位数，$n=1,2,3,\cdots$；2^i 为第 i 位的权；K_i 为第 i 位的系数，它可以是 0、1 两个数字符号中的任意一个。

2. 二进制数转换成十进制数

二进制数转换成十进制数的方法是把二进制数按权展开，然后把所有各项的数值按十进制相加即可得到十进制数值，即乘权相加法。

【例 5-1】 将二进制数 $(1010)_B$ 化为十进制数。

解：$(1010)_B=(1\times2^3+0\times2^2+1\times2^1+0\times2^0)_D$
$=(2^3+0+2^1+0)_D$
$=(10)_D$

3. 十进制数转换成二进制数

十进制数转换成二进制数的方法是把十进制数逐次地用 2 除，并依次记下余数，一直除到商数为零。然后把全部余数按相反的次序排列起来，就是等值的二进制数，即除 2 取余倒记法。

【例 5-2】 把十进制数 $(97)_D$ 化为二进制数。

解：

除数	被除数	余数		位
2	97	…… 余1	→	a_0 (最低位)
2	48	…… 余0	→	a_1
2	24	…… 余0	→	a_2
2	12	…… 余0	→	a_3
2	6	…… 余0	→	a_4
2	3	…… 余1	→	a_5
2	1	…… 余1	→	a_6(最高位)
	0			

读数方向（↑ 由 a_6 向 a_0）

所以，$(97)_D = a_6a_5a_4a_3a_2a_1a_0 = (1100001)_B$。

【例 5-3】 把十进制数$(128)_D$化为二进制数。

解：

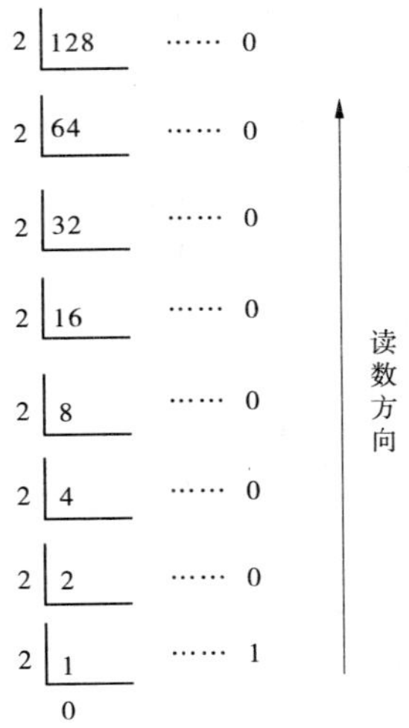

所以，$(128)_D = a_7\ a_6a_5a_4a_3a_2a_1a_0 = (10000000)_B$。

（三）逻辑代数的基本运算

逻辑代数是研究逻辑电路的数学工具，利用逻辑代数可以判定一个已知逻辑电路的功能或根据需要的逻辑功能去研究和简化一个相应的逻辑电路。逻辑代数是数学家布尔提出的一种借助于数学来表达推理的逻辑符号，所以又称布尔代数。

逻辑代数中的变量称为逻辑变量，逻辑电路中的输入、输出就相当于逻辑变量，输入用大写字母 A、B、C …表示，输出用大写字母 Y 标记。逻辑电路的信号状态只有低、高两种电平，逻辑变量只有 0 和 1 两个数值，它只表示事物的两种对立状态，本身没有数值意义，更不能比较它们的大小，因此逻辑代数是一种与普通代数不同的数学系统。

逻辑代数中的 0 和 1 的含义与普通代数中的 0 和 1 是完全不同的。

1. 逻辑代数的基本运算

（1）逻辑乘（与运算）：当用逻辑变量来表示时，其逻辑表达式为

$$Y = A \cdot B \quad 或 \quad Y = AB$$

运算规则是

$$A \cdot 0 = 0$$

$$A \cdot 1 = A$$

$$A \cdot A = A$$

（2）逻辑加（或运算）：表达式为

$$Y = A + B$$

运算规则是

$$A + 0 = A$$

$$A + 1 = 1$$

$$A + A = A$$

(3)逻辑非(非运算):A 的反变量用 $\overline{A}$ 表示,读成 A 非,其逻辑表达式为

$$Y = \overline{A}$$

运算规则是

$$A + \overline{A} = 1$$

$$A \cdot \overline{A} = 0$$

$$\overline{\overline{A}} = A$$

2. 逻辑代数的基本定律

(1)交换律:

$$A + B = B + A$$

$$AB = BA$$

(2)结合律

$$A + B + C = (A + B) + C$$

$$ABC = (AB)C = A(BC)$$

(3)分配律:

$$A(B + C) = AB + AC$$

$$A + BC = (A + B)(A + C)$$

(4)吸收律:

$$A + AB = A$$

$$A(A + B) = A$$

$$A + \overline{A}B = A + B$$

(5)反演律(又称摩根定律):

$$\overline{A + B} = \overline{A} \cdot \overline{B} \text{ 或 } \overline{A + B + C\cdots} = \overline{A} \cdot \overline{B} \cdot \overline{C}\cdots$$

$$\overline{A \cdot B} = \overline{A} + \overline{B} \text{ 或 } \overline{A \cdot B \cdot C\cdots} = \overline{A} + \overline{B} + \overline{C}\cdots$$

反演定律的证明如表 5-1 所示。

表 5-1 $\overline{A + B} = \overline{A} \cdot \overline{B}$

A	B	$\overline{A + B}$	$\overline{A} \cdot \overline{B}$
0	0	1	1
0	1	0	0
1	0	0	0
1	1	0	0

值得注意的是,各式中的字母 A、B、C 均可以代表 1 个或多个变量。

3. 逻辑函数的化简

逻辑函数式越简单,与之对应的逻辑图就越简单,这不仅使函数的逻辑关系更加明显,而且在实现同一逻辑功能时,可节省器材,降低成本,提高电路工作的可靠性,因此化简的目的是必须使表达式达到最简式。所谓最简式,要求是:乘积项的个数最少,从而可

使逻辑电路所用门的个数最少；每个乘积项中变量的个数最少，可使每个门的输入端数最少。

公式法化简的实质就是使用逻辑代数的基本公式和常用公式消去多余的乘积项和每个乘积项中多余的因子，以求得函数式的最简形式。

1）并项法

根据 $AB+A\overline{B}=A$ 可以把两项合并为一项，并消去 B 和 $\overline{B}$ 这两个因子，其中 A 和 B 可以代表任何复杂的逻辑式，例如：

$$\begin{aligned}Y&=AB+ACD+\overline{A}B+\overline{A}CD\\&=(A+\overline{A})B+(A+\overline{A})CD\\&=B+CD\end{aligned}$$

2）吸收法

根据 $A+AB=A$ 可将 AB 项消去，其中 A 和 B 可以代表任何复杂的逻辑式，例如：

$$Y=AB+ABC+ABD=AB$$

3）消项法

根据 $AB+\overline{A}C+BC=AB+\overline{A}C$ 可将 BC 项消去，其中 A、B 和 C 可代表任何复杂的逻辑式，例如：

$$\begin{aligned}Y&=AB+\overline{A}C+BC\\&=AB+\overline{A}C+BC(\overline{A}+A)\\&=AB+\overline{A}C+\overline{A}BC+ABC\\&=AB+\overline{A}C\end{aligned}$$

4）配项法

根据 $A+A=A$ 可以在逻辑函数式中重复写入某一项，以获得更加简单结果，例如：

$$\begin{aligned}Y&=\overline{A}B\overline{C}+\overline{A}BC+ABC\\&=\overline{A}B\overline{C}+\overline{A}BC+\overline{A}BC+ABC\\&=\overline{A}B(\overline{C}+C)+(\overline{A}+A)BC\\&=\overline{A}B+BC\end{aligned}$$

此外，还可以根据 $A+\overline{A}=1$ 将式中的某一项乘以 $(A+\overline{A})$，然后拆成两项分别与其他项合并，以求得更简单的化简结果。实际上在化简复杂逻辑函数时，常常需要综合应用几种方法。

二、门电路

实现基本和常用逻辑运算的电子电路，叫作逻辑门电路，简称门电路。在逻辑电路中，用 1 表示有信号或满足逻辑条件，用 0 表示无信号或不满足条件。在数字电路中，通常用电位的高、低控制门电路。我们假定，若 1 表示高电平，0 表示低电平，称正逻辑；若 1 表示低电平，0 表示高电平，则称负逻辑。本书在讨论各种逻辑关系时，均采用正逻辑。

基本的逻辑门电路有与门、或门和非门；常用的复合逻辑门电路有与非门、或非门和异或门。分立元件门电路是由单个分立元件，如电阻、电容、二极管和三极管等连接而成的。在数字技术领域中，大量使用集成电路。

（一）与门电路

1. 与逻辑关系

与逻辑是指只有当全部条件同时满足时，结果才成立。图 5-2 所示电路中只有当开关 S_1 和 S_2 全部接通时，灯 HL 才亮，否则灯 HL 就灭，这表明只有当全部条件（开关 S_1、S_2 均接通）同时具备时，结果（灯 HL 亮）才会发生。这种因果关系称与逻辑关系。

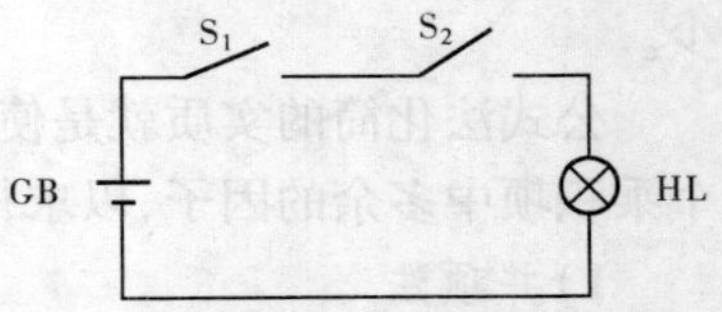

图 5-2　与逻辑关系图

2. 与门电路

能实现与逻辑功能的电路称与门电路，简称与门。它有多个输入端和一个输出端。以二端输入为例，由二极管构成的与门电路如图 5-3（a）所示，输入端为 A、B，输出端为 Y，图 5-3（b）为与门逻辑符号。

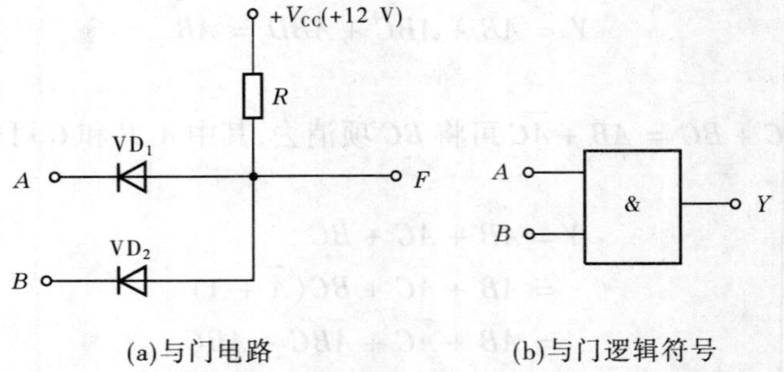

图 5-3　二极管与门

（1）当输入端 A、B 均为低电平 0.3 V 时，二极管 VD_1、VD_2 均导通。若将二极管视为理想开关，则输出端 Y 为低电平 0.3 V。

（2）当输入端 A、B 中有一个为低电平 0.3 V 时，设 A 端为低电平 0.3 V，B 端为高电平 3 V，则二极管 VD_1 导通，VD_2 截止，输出端 Y 为低电平 0.3 V。

（3）当输入端 A、B 均为高电平 3 V 时，二极管 VD_1、VD_2 均导通，输出端 F 为高电平 3 V。

将上述情况下输入、输出端电平值列于表 5-2 中，按正逻辑转换得到该电路逻辑真值表 5-3。从表中可以看出，电路的输入信号只要有一个为低电平，输出便是低电平，只有输入全为高电平时，输出才是高电平，即实现与逻辑功能，其逻辑表达式为 $Y=AB$。

表 5-2　二极管与门电平值

输入		输出
u_{iA}（V）	u_{iB}（V）	u_{oF}（V）
0.3	0.3	0.3
0.3	3	0.3
3	0.3	0.3
3	3	3

表 5-3 与门真值表

A	B	Y
0	0	0
0	1	0
1	0	0
1	1	1

因此,与门的逻辑功能是:有 0 出 0,全 1 出 1,与门的输入端可以不止两个,但逻辑关系是一致的。

(二)或门电路

1. 或逻辑关系

在 A、B 等多个条件中,只要具备一个条件,事件就会发生。只有所有条件均不具备时,事件才不发生,这种因果关系称为或关系。在图 5-4 所示电路中,只要开关 S_1 或 S_2 中有一个(或一个以上)接通,灯 HL 就亮;只有当全部开关断开时,灯 HL 才灭,这表明在决定一事件结果(灯 HL 亮)的各条件中,只要有一个或一个以上条件具备时,结果就会发生,这种因果关系称或逻辑关系。

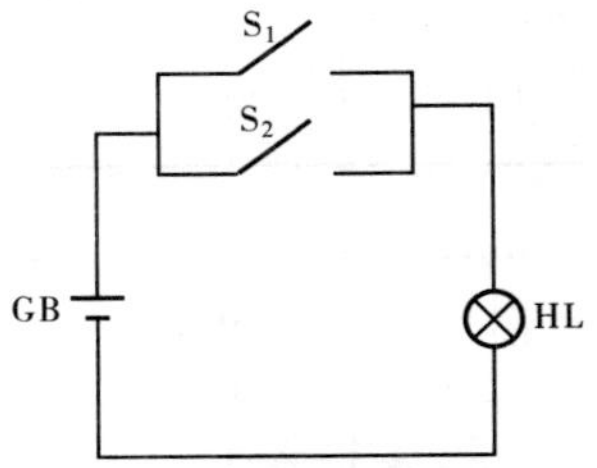

图 5-4 或逻辑关系图

2. 或门电路

能实现或逻辑功能的门电路称为或门电路,简称或门。它也有多个输入端和一个输出端。由二极管构成的或门电路如图 5-5(a)所示,输入端为 A、B ,输出端为 Y ,图 5-5(b)为或门逻辑符号。

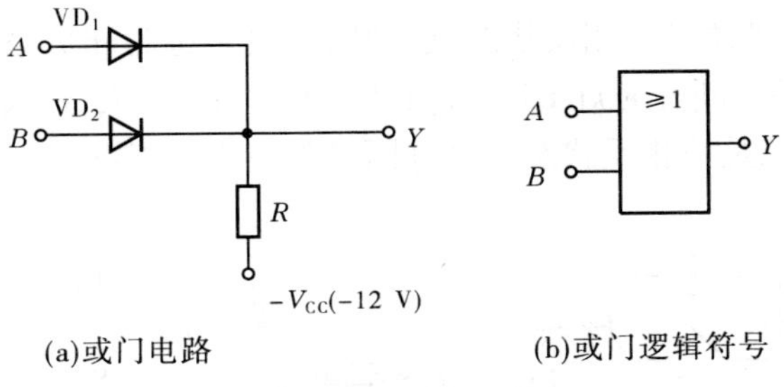

图 5-5 二极管或门

(1)当输入端 A 、B 均为低电平 0.3 V 时,二极管 VD_1、VD_2 均导通,输出端 Y 为低电平 0.3 V。

(2)当输入端 A、B 中有一个为高电平 3 V 时,设 A 端为高电平 3 V,B 端为低电平 0.3 V,则二极管 VD_1 导通,VD_2 截止,输出端 Y 被钳位于高电平 3 V。

(3)当输入端 A、B 均为高电平 3 V 时, 二极管 VD_1、VD_2 均导通,输出端 Y 为高电平 3 V。

将上述情况下输入、输出端电平值列于表 5-4 中,按正逻辑转换得到该电路逻辑真值表,见表5-5。从表中可以看出,电路的输入信号只要有一个为高电平,输出便是高电平,只有输入全为低电平时,输出才是低电平,即实现或逻辑功能,其逻辑函数表达式为

$$Y = A + B$$

表5-4　二极管或门电平值

输入		输出
u_{iA}(V)	u_{iB}(V)	u_{oF}(V)
0.3	0.3	0.3
0.3	3	3
3	0.3	3
3	3	3

表5-5　或门逻辑真值表

A	B	Y
0	0	0
0	1	1
1	0	1
1	1	1

因此,或门的逻辑功能是:有1出1,全0出0,或门的输入端可以不止两个,但逻辑关系是一样的。

(三)非门电路

1.非逻辑关系

事件的结果与条件总是呈相反状态,这种因果关系称为非关系。图5-6(a)中开关S与灯HL并联,当开关S断开时灯HL亮,而S接通时灯HL灭,这表明事件的结果(灯HL亮)和条件(开关S)总是呈相反状态。这种因果关系称非逻辑。

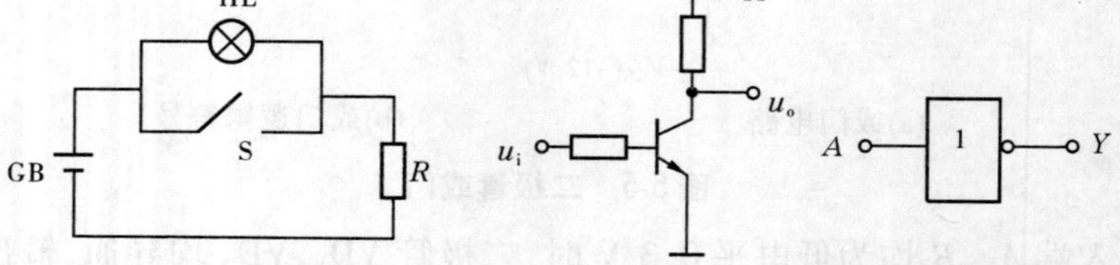

(a)非逻辑关系图　(b)非门电路　(c)非门逻辑符号

图5-6　三极管非门

2.非门电路

能实现非逻辑功能的门电路称为非门电路,简称非门,也称反相器。利用三极管的开关特性,可以实现非逻辑运算。图5-6(b)是三极管非门电路,图5-6(c)为非门逻辑符号。

(1)当输入u_i为低电平0.3 V时,三极管截止,输出电压$u_o = V_{CC}$为高电平。

(2)当输入u_i为高电平3 V时,在元件参数选择适当的条件下,三极管工作于饱和

区，输出电压 $u_o = U_{CES} = 0.3\ V$ 为低电平。

将输入、输出端电平值列于表 5-6 中，按正逻辑转换得该电路逻辑真值表，见表 5-7。可以看出，输出与输入逻辑正好相反，实现了非逻辑功能，其逻辑表示式为

$$Y = \overline{A}$$

表 5-6　三极管非门电平值

u_i(V)	u_o(V)
0.3	3
3	0.3

表 5-7　非门真值表

A	Y
0	1
1	0

(四)复合逻辑门电路

1. 与非门

将一个与门和一个非门连接起来，就构成了一个与非门。与非门的逻辑函数表达式可以写成

$$Y = \overline{A \cdot B}$$

与非门的逻辑结构及符号如图 5-7 所示。

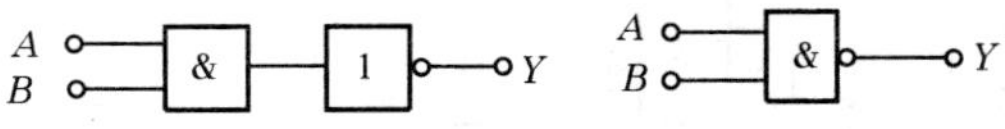

(a)逻辑结构　(b)符号

图 5-7　与非逻辑结构及符号

根据与非门的逻辑函数表达式，可得到其真值表，见表 5-8。

表 5-8　与非门真值表

A	B	$Y = \overline{A \cdot B}$
0	0	1
0	1	1
1	0	1
1	1	0

由表 5-8 可知，与非门的逻辑功能是：有 0 出 1，全 1 出 0。与非门的输入端可以不止两个，但逻辑关系是一致的。

2. 或非门

将或门和非门连接起来就构成或非门，其逻辑结构及符号如图 5-8 所示。

或非门的逻辑函数表达式为

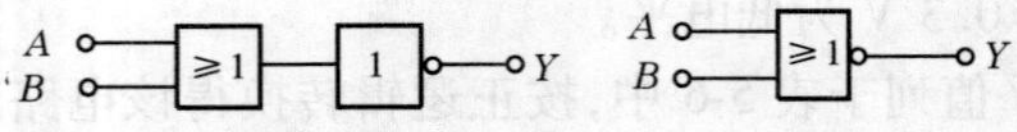

(a)逻辑结构　　(b)符号

图 5-8　或非门逻辑结构及符号

$$Y = \overline{A + B}$$

由表达式可以看出,输入有一个或一个以上为高电平“1”时,输出 Y 为低电平“0”;只有当 A 、B 全为低电平“0”时,输出 Y 才为高电平“1”。由此可得或非门的真值表,如表 5-9 所示。

表 5-9　或非门真值表

A	B	$Y = \overline{A + B}$
0	0	1
0	1	0
1	0	0
1	1	0

从表达式和真值表中可以看出,或非门的逻辑功能是:有 1 出 0,全 0 出 1。或非门的输入端可以不止两个,但逻辑关系是一致的。

3. 异或门

图 5-9 为异或门的逻辑的结构图及其符号。

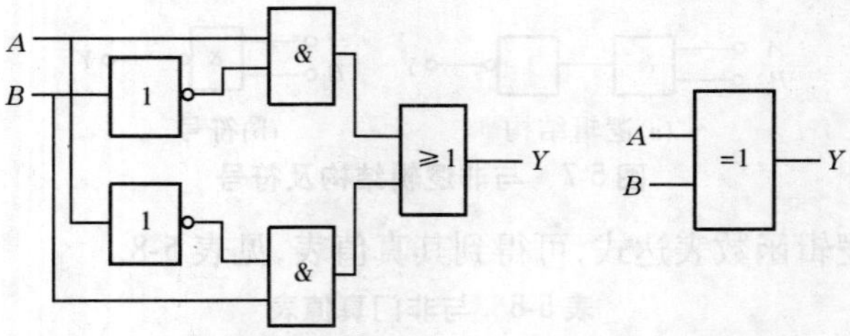

(a)逻辑结构　　(b)符号

图 5-9　异或门逻辑的结构图及其符号

异或门的逻辑函数表达式为

$$Y = \overline{A}B + A\overline{B}$$

表 5-10　异或门真值表

A	B	Y
0	0	0
0	1	1
1	0	1
1	1	0

从逻辑函数式和真值表中可以看出,异或门的逻辑功能是:当两个输入端不相同时,输出为1;而当两个输入端相同时,输出为0。

上述逻辑功能可以简单表达为:同出0,异出1。

异或门在数字电路中作为用来判断两个输入信号是否相同的门电路,是一种常用的门电路。它的逻辑函数表达式还可写成

$$Y = A \oplus B$$

上述六种逻辑门是最常用的逻辑门电路。特别注意三点:①与、或、非三种基本门电路的特征;②复合逻辑门电路的功能;③门电路的表示方法,即逻辑代数、逻辑电路图 、真值表和逻辑符号。

(五)集成门电路

根据所采用的半导体器件类型,数字集成电路分为双极型(晶体三极管)集成门电路和 MOS 集成门电路。MOS 集成门电路中,使用最多的是 CMOS 集成门电路。双极型集成门电路中,使用最多的是 TTL 集成门电路。TTL 集成门电路的输入、输出都是由晶体管组成的,所以人们称它为晶体管 - 晶体管逻辑门电路(Transistor - Transistor Logic)。它的开关速度较高,是目前用得较多的一种集成逻辑门电路。

对于集成逻辑门,我们不再介绍其内部电路组成,主要讨论它的外部特性、逻辑功能及主要参数,以便于应用。

1. TTL 集成逻辑门电路

TTL 集成与非门电路是由晶体管 - 晶体管组成的集成逻辑门电路,与前面二极管、三极管等分立元件的门电路相比,具有结构简单、工作稳定、速度快等优点。利用它可以组成各种门电路,如计数器、编码器、译码器等逻辑部件,广泛应用于计算机、遥控和数字通信等设备中。

1)电路组成

TTL 门电路的基本形式是与非门,图 5-10 为 TTL 与非门的基本电路。电路内部分为三级:输入级由多发射极三极管 V_1 和电阻组成,多发射极三极管 V_1 有多个发射极,作为门电路的输入端。由于 V_1 每一个发射极和基极之间都是一个 PN 结,基极和集电极之间也是一个 PN 结,所以从逻辑功能上看,多发射极三极管 V_1 可等效为如图 5-11 所示的形式,组成与门电路。中间放大级由 V_2、R_2 及 V_6、R_B、R_C 组成。V_2 集电极和发射极输出两个相位相反的信号,作为 V_3 和 V_5 的驱动信号。输出级由 V_3、V_4、V_5 和 R_3、R_4 组成。

2)工作原理

在图 5-10(a)中,若输入端 A、B、C 中至少有一个是低电平 0.3 V,则 V_1 管基极电位 $U_{B1} = 0.3 + 0.7 = 1(V)$,1 V 电压不能使 V_1 集电结、V_2 发射结、V_5 发射结三个 PN 结导通,所以 V_2、V_5 截止。此时,V_{CC} 通过 R_2 使 V_3、V_4 导通,$U_o = V_{CC} - U_{BE3} - U_{BE4} - I_{B3}R_2 = 0.3 + 0.7 = 1(V)$,输出端为高电平 U_{oH}。

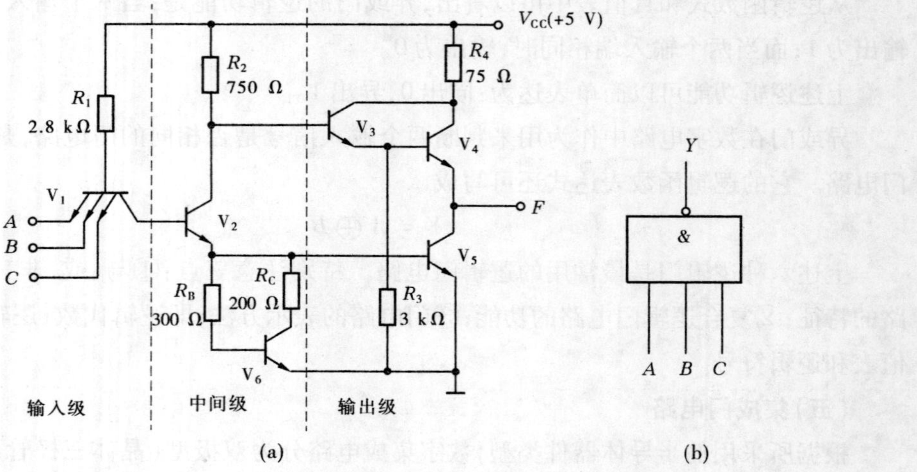

图 5-10　TTL 与非门的基本电路

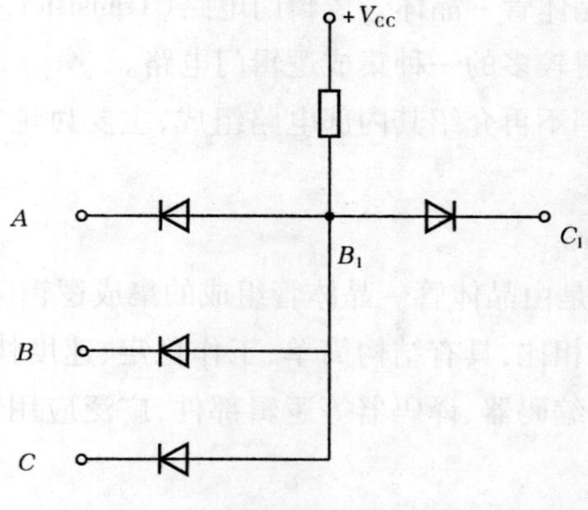

图 5-11　TTL 门电路输入级等效电路

当输入端 A、B、C 均为高电平 3.6 V 时，V_1 基极升高，足以使 V_1 集电结、V_2 发射结、V_5 发射结三个 PN 结导通，V_1 基极电位被钳位于 2.1 V。V_1 的发射结反偏，集电结正偏，处于倒置工作状态，V_1 便失去电流放大作用。三极管 V_2、V_5 导通后，进入饱和区，$U_{B3}=U_{C2}=0.3+0.7=1(\text{V})$，$V_3$ 导通，V_4 截止，输出端为低电平 V_{oL}。

由此可见，只要输入端有一个为低电平，则输出为高电平；只有输入端全为高电平，才输出低电平。表 5-11 为该电路的逻辑真值表，电路的逻辑函数表达式为

$$Y=\overline{ABC}$$

表 5-11 TLL 与非门逻辑真值表

A	B	C	Y
0	0	0	1
0	0	1	1
0	1	0	1
0	1	1	1
1	0	0	1
1	0	1	1
1	1	0	1
1	1	1	0

3) 电压传输特性

TTL 与非门输出电压 u_o 与输入电压 u_i 的关系称为电压传输特性。图 5-12(a)、(b)分别为其实测电路和电压传输特性曲线。曲线大体分为三段。

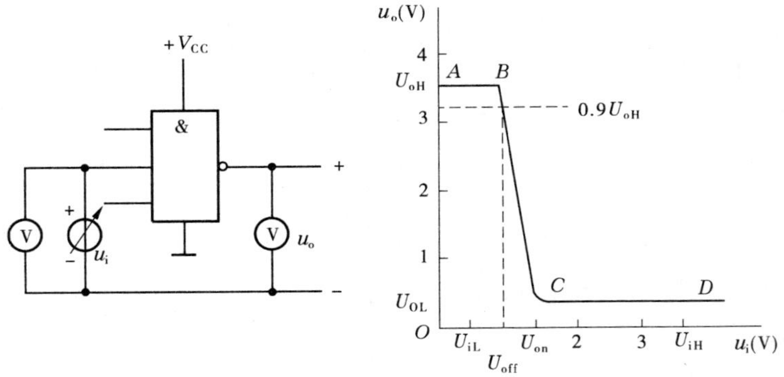

(a) (b)

图 5-12 TTL 与非门电压传输特性

AB 段：$u_i < 0.8$ V，则 $u_{B1} < 1.5$ V，V_2、V_5 截止，输出为高电平 $U_{oH} = 3.6$ V。因此，*AB* 段基本上是与横轴平行的一段直线，u_o 不随 u_i 而变化。这时称门处于关闭状态（关态）。

BC 段：$0.8\ V < u_i < 1.4$ V，则 $1.5\ V < U_{B1} < 2.1$ V。在此范围内 u_i 逐步增大，V_2 和 V_3 由截止向饱和过渡过程中，进入放大区，因此随着 u_i 逐步增大，V_2 和 V_5 由截止向饱和过渡过程中，进入放大区，而随着 u_i 增大，U_{C2} 逐步减小，通过复合管 V_3、V_4 的电压跟随作用，输出电压 u_o 也逐步减小。所以，*BC* 段为下降段。

CD 段：$u_i > 1.4$ V，$U_{B1} = 2.1$ V，V_2、V_5 饱和导通，V_4 完全截止。输出保持为低电平 $U_{oL} = 0.3$ V，这时称门处于开启状态（开态）。

由电压传输特性曲线可以求出与非门的几个重要参数。

(1) 输出高电压 U_{oH} 和输出低电平 U_{oL}。

输出高电平 U_{oH} 为电压传输特性曲线上门处于关态时的输出电压；输出低电平 U_{oL} 为电压传输特性曲线上门处于开态时的输出电压。

(2)开门电平 U_{on} 和关门电平 U_{off}。

在保证门输出为额定低电平条件下,所允许的最小输入高电平值称为开门电平 U_{on};在保证门输出为额定高电平值的90%的条件下,所允许的最大输入低电平值称为关门电平 U_{off}。

(3)门限电平 U_{th}。

门限电平也称阈值电压,定义为 $U_{th}=\frac{U_{on}+U_{off}}{2}$,它是对应于门开启与关闭分界线处的输入电压值。

2. MOS 集成门电路

MOS 集成门电路是数字集成电路的一个重要系列,它具有功耗低、抗干扰性能好、制造工艺简单、易于大规模集成等优点。目前,在大规模集成电路中得到广泛应用。MOS 集成门电路有三种:N 沟道 MOS 管构成的 NMOS 集成电路,P 沟道 MOS 管构成的 PMOS 集成电路,N 沟道 MOS 管和 P 沟道 MOS 管共同组成的 CMOS 集成电路。其中,CMOS 集成电路的功耗小、工作速度较快,应用尤为广泛。下面以 CMOS 与非门电路为例介绍。

1)电路结构

图 5-13 所示为两输入端与非门电路及其符号,NMOS 管 V_{N1}、V_{N2} 串联作为驱动管;PMOS 管 V_{P1}、V_{P2} 并联作为负载管。每个输入端连到一个 N 沟道和一个 P 沟道的 MOS 管的栅极。

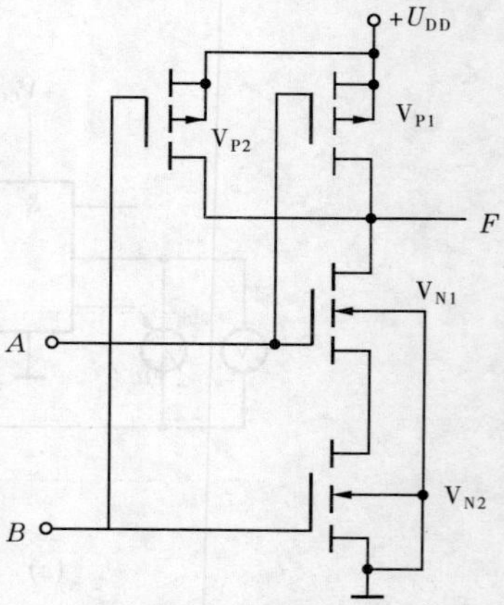

图 5-13 CMOS 与非门

2)工作原理

当输入端 A、B 为低电平时,V_{N1}、V_{N2} 总有一个或两个截止,V_{P1}、V_{P2} 总有一个或两个导通,输出为高电平。

当输入端 A、B 全为高电平时,V_{N1}、V_{N2} 导通,V_{P1}、V_{P2} 截止,输出为低电平。可见,该电路具有与非功能,其逻辑函数表达式为

$$Y=\overline{AB}$$

3)使用注意事项

(1)输入端不能悬空。这是因为 MOS 电路是一种高输入阻抗器件,若输入端悬空,易出现感应静电而击穿栅极,或受外界干扰,造成逻辑混乱。因此,多余输入端应根据逻辑功能或接高电平(如与门、与非门),或接低电平(如或门、或非门)。

(2)电源不能接反,也不能超压。

三、组合逻辑电路的分析与设计

门电路的基本逻辑功能是与、或、非,相对简单。实际应用中,常需要功能相对复杂的数字逻辑电路,这些数字逻辑电路由若干门电路组成,具有特定逻辑功能。按电路输出量与原来的状态有无关系可以分为组合逻辑电路和时序逻辑电路。

若任一时刻数字电路的稳定输出只取决于该时刻输入信号的组合,而与这些输入信号作用前电路原来的状态无关,则该数字电路称为组合逻辑电路。组合逻辑电路通常由

多种门电路组成，且电路中不含有记忆功能的逻辑部件（如触发器、计数器等）。

将研究一个已知逻辑电路的工作特性和逻辑功能的过程称为分析。反过来，将已经确定要完成的逻辑功能，要给出相应的逻辑电路的过程称为设计，也称为综合。分析和综合是两个相反的过程。

（一）组合逻辑电路的分析

1. 组合逻辑电路的分析方法

组合逻辑电路的分析一般可按照图 5-14 所示步骤进行。

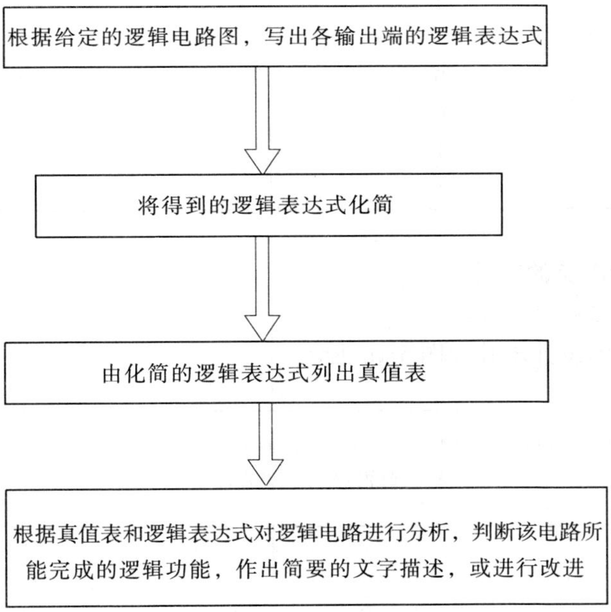

图 5-14　组合逻辑电路的分析步骤

2. 组合逻辑电路分析举例

【例 5-4】　分析图 5-15 所示逻辑电路的逻辑功能。

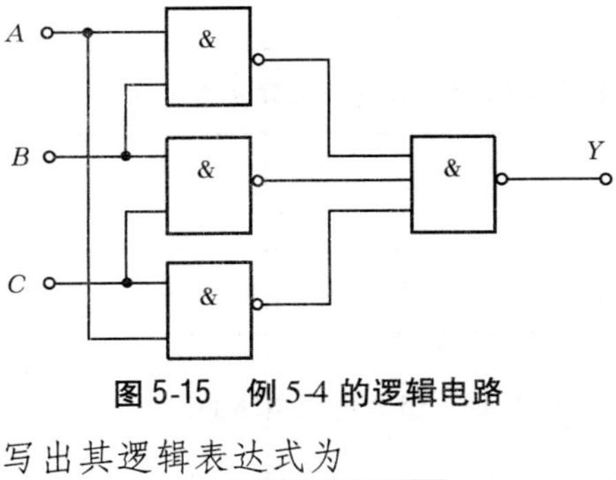

图 5-15　例 5-4 的逻辑电路

解：根据逻辑电路图，写出其逻辑表达式为

$$
\begin{aligned}
F &= \overline{\overline{AB}\cdot\overline{BC}\cdot\overline{CA}} \\
&= \overline{\overline{AB}} + \overline{\overline{BC}} + \overline{\overline{CA}} \\
&= AB + BC + CA
\end{aligned}
$$

列真值表(逻辑状态表)如表 5-12 所示。分析此表可知该电路的逻辑功能是:当三个输入变量中,有两个或两个以上为 1 时,输出为 1,否则为 0,因此常称它为“多数电路”或“表决电路”。

表 5-12　例 5-4 逻辑电路的真值表

A	B	C	Y
0	0	0	0
0	0	1	0
0	1	0	0
0	1	1	1
1	0	0	0
1	0	1	1
1	1	0	1
1	1	1	1

(二)组合逻辑电路的设计

1. 组合逻辑电路的设计步骤

组合逻辑电路的设计步骤如图 5-16 所示。

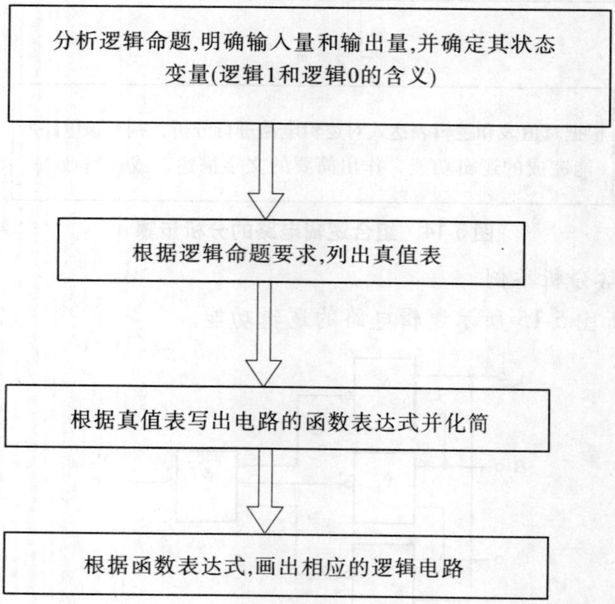

图 5-16　组合逻辑电路的设计步骤

2. 组合逻辑电路设计举例

【例 5-5】　设计一个楼上、楼下开关控制的逻辑电路,用于控制楼梯上的路灯,要求在上楼前,用楼下开关打开电灯,上楼后,用楼上开关关灭电灯;或者在下楼前,用楼上开关打开电灯,下楼后,用楼下开关关灭电灯。

解:(1)分析给定的逻辑要求,根据逻辑要求列出真值表。

设楼上开关为 A,楼下开关为 B ,灯泡为 Y。同时,设 $A = B$ 时表示电路闭合,闭合时为 1,断开时为 0;灯亮时 Y 为 1,灯灭时 Y 为 0。根据逻辑要求列出真值表,如表 5-13 所示。

表 5-13　例 5-5 电路的真值表

A	B	Y
0	0	0
0	1	1
1	0	1
1	1	0

(2)根据真值表写出逻辑函数表达式并化简。

$$Y = \overline{A}B + A\overline{B}$$

此式已是最简表达式。

(3)画出逻辑电路图(用与非门实现)(见图 5-17)。

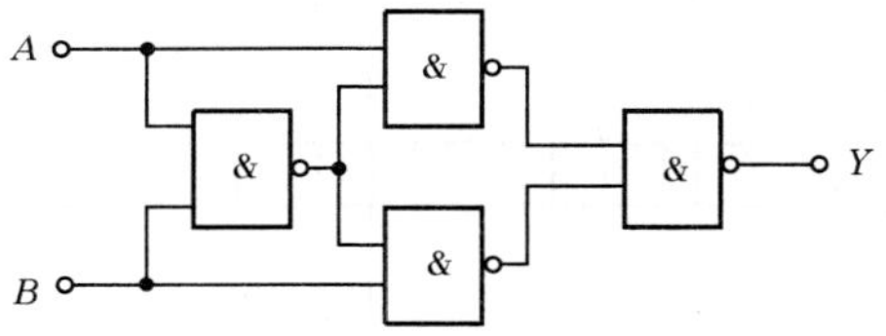

图 5-17　例 5-5 的电路

(三)常用组合逻辑电路

1. 编码器

编码是将符号或数码按规律编排,使其代表某种特定的含义。比如电信公司给每台电话机编上号码的过程就是编码。在数字电路中,将若干个 0 和 1 按一定规律编排在一起,编成不同代码,并将这些代码赋予特定含义,这就是二进制编码。

在编码过程中,要注意确定二进制代码的位数。一位二进制数只有 0、1 两个状态,可表示两种特定含义;两位二进制数,有 00、01、10、11 四个状态,可表示四种特定含义;三位二进制数,有八个状态,可表示八种特定含义。一般 n 位二进制数有 2^n 个状态,可表示 2^n 种特定含义。

1)二进制编码器

将输入信号编成二进制代码的电路称为二进制编码器。由于 n 位二进制代码可以表示 2^n 个信息,所以输出 n 位代码的二进制编码器,最多可以有 2^n 个输入信号。

图 5-18 所示是三位二进制编码器示意图。I_0 、I_1、…I_7 是 8 个编码对象,分别表示十进制数 0、1 、…、7 这 8 个数字,编码的输出是三位二进制代码,用 A 、B 、C 表示。

图 5-19 所示是普通三位二进制编码器的一个例图。

由图 5-19 可写出输出 A、B、C 的逻辑表达式

$$A = \overline{\overline{I_4}\,\overline{I_5}\,\overline{I_6}\,\overline{I_7}} = I_4 + I_5 + I_6 + I_7$$

$$B = I_2 + I_3 + I_6 + I_7$$

图 5-18　三位二进制编码器示意图

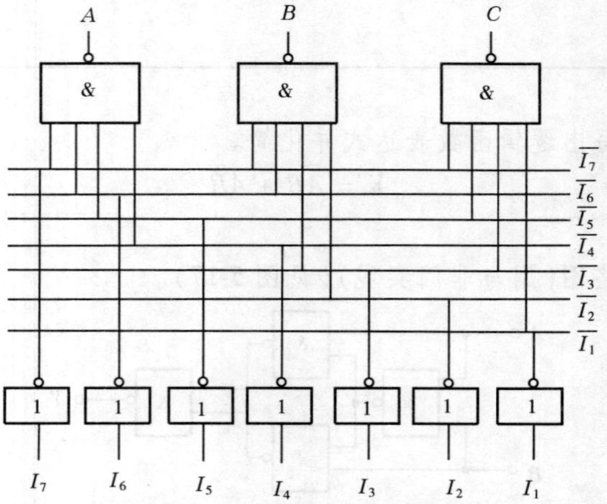

图 5-19　三位二进制编码器

$$C = I_1 + I_3 + I_5 + I_7$$

在任何时刻,编码器只能对一个输入信号进行编码,由于该电路对高电平有效,所以要求在输入的 I_0、I_1、…、I_7 这 8 个变量中,任何一个为 1 时,其余 7 个均应为 0,否则将发生混乱。例如,要对 I_5 进行编码,则 $I_5=1$,其他输入均为 0 时,A、B、C 编码输出为 101,其真值表(也称编码表)如表 5-14 所示。

表 5-14　三位二进制编码器真值表

I_7	I_6	I_5	I_4	I_3	I_2	I_1	I_0	A	B	C
0	0	0	0	0	0	0	1	0	0	0
0	0	0	0	0	0	1	0	0	0	1
0	0	0	0	0	1	0	0	0	1	0
0	0	0	0	1	0	0	0	0	1	1
0	0	0	1	0	0	0	0	1	0	0
0	0	1	0	0	0	0	0	1	0	1
0	1	0	0	0	0	0	0	1	1	0
1	0	0	0	0	0	0	0	1	1	1

在图 5-19 中,I_0 的编码是隐含的,即当 $I_0 \sim I_7$ 均为 0 时,电路的输出就是 I_0 的二进制编码。为了克服上述电路的局限性,实际集成电路产品常设计成优先编码方式。采用优

先编码方式的电路称为优先编码器。在优先编码器中，允许同时向一个以上输入端输入1，由于在设计时预先对所有的编码输入按优先顺序排队，因此当几个编码输入同时为1时，将只对其中优先级最高的一个输入进行编码，这样就不会产生混乱了。常见的优先编码器74LS148的符号和引脚如图5-20所示，其功能表见表5-15。

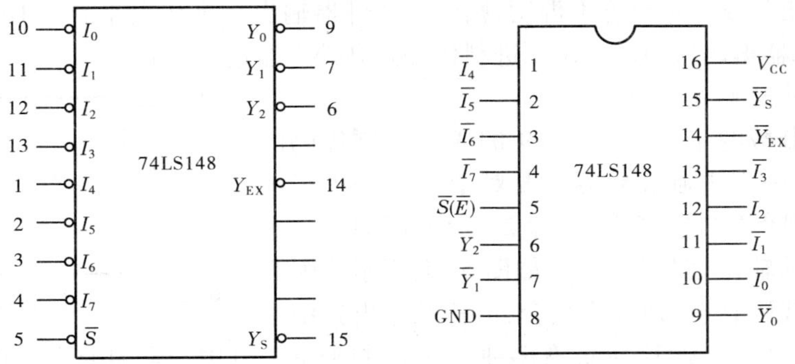

(a)符号　　(b)引脚

图5-20　优先编码器74LS148

表5-15　优先编码器74LS148的功能表

使能输入端	输入								输出			扩展输出	使能输出端
$\overline{S}$	$\overline{I_7}$	$\overline{I_6}$	$\overline{I_5}$	$\overline{I_4}$	$\overline{I_3}$	$\overline{I_2}$	$\overline{I_1}$	$\overline{I_0}$	$\overline{Y_2}$	$\overline{Y_1}$	$\overline{Y_0}$	$\overline{Y_{EX}}$	$\overline{Y_S}$
1	×	×	×	×	×	×	×	×	1	1	1	1	1
0	1	1	1	1	1	1	1	1	1	1	1	1	0
0	0	×	×	×	×	×	×	×	0	0	0	0	1
0	1	0	×	×	×	×	×	×	0	0	1	0	1
0	1	1	0	×	×	×	×	×	0	1	0	0	1
0	1	1	1	0	×	×	×	×	0	1	1	0	1
0	1	1	1	1	0	×	×	×	1	0	0	0	1
0	1	1	1	1	1	0	×	×	1	0	1	0	1
0	1	1	1	1	1	1	0	×	1	1	0	0	1
0	1	1	1	1	1	1	1	0	1	1	1	0	1

在图5-20中，输入$I_0 \sim I_7$是低电平有效，I_7为最高优先级，I_0为最低优先级。即只要$I_7=0$，不管其他输入端是0还是1，输出只对I_7编码，且对应的输出为反码有效。所谓反码，是指如果原定为101，那么它的反码就是010。S为使能输入端，只有$S=0$时编码器工作，$S=1$时编码器不工作。Y_S为使能输出端。当$Y_S=0$允许工作时，如果$I_0 \sim I_7$端有信号输入，$Y_S=1$；若$I_0 \sim I_7$端无信号输入时，$Y_S=0$。Y_{EX}为扩展输出端，当$S=0$时，只要有编码信号，Y_{EX}就是低电平。

74LS148 编码器的应用是非常广泛的。例如，常用的计算机键盘，其内部就是一个字符编码器。它将键盘上的大、小写英文字母，数字，符号以及一些功能键（回车、空格）等编成一系列的七位二进制数码，送到计算机的中央处理单元 CPU，然后进行处理、存储、输出到显示器或打印机上。还可以用 74LS148 编码器监控炉罐的温度，若其中任何一个炉温超过标准温度或低于标准温度，则检测传感器输出一个 0 电平到 74LS148 编码器的输入端，编码器编码后输出三位二进制代码到微处理器进行控制。

2）二—十进制编码器

将十进制数的十个数字 0 ~ 9 编成二进制代码的电路，叫作二—十进制编码器。要对十个信号进行编码，至少需要四位二进制代码，即 $2^4 > 10$，所以二—十进制编码器的输出信号为四位，如图 5-21 所示。因为四位二进制代码有 16 种取值组合，可任意选出其中十种表示 0 ~ 9 这十个数字，因此有多种二—十进制编码，其中最常用的是 8421BCD 码。

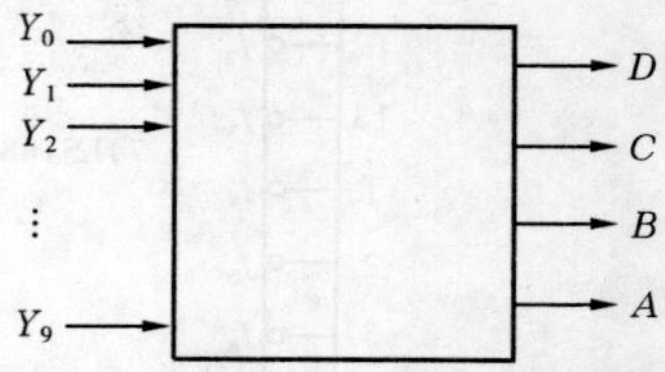

图 5-21　二—十进制编码器示意图

8421BCD 码即二进制代码自左至右，各位的“权”分别为 8、4、2、1。每组代码加权系数之和，就是它代表的十进制数。例如代码 0110，即 0 + 4 + 2 + 0 = 6。

8421BCD 码真值表如表 5-16 所示。由真值表可直接画出逻辑图，如图 5-22 所示。它是由与非门组成的，有 10 个输入端，用按钮控制，平时按键悬空相当于接高电平 1。它有 4 个输出端 A、B、C、D 输出 8421 码。如果按 1 键，与 1 键对应的线被接地，等于输入低电平 0，于是 D 门输出为 1，整个输出 0001。如果按下 7 键，则 B 门、C 门、D 门输出为 1，整个输出为 0111。

表 5-16　8421BCD 码真值表

十进制数	输入变量	8421BCD 码			
		A	B	C	D
0	Y_0	0	0	0	0
1	Y_1	0	0	0	1
2	Y_2	0	0	1	0
3	Y_3	0	0	1	1
4	Y_4	0	1	0	0
5	Y_5	0	1	0	1
6	Y_6	0	1	1	0
7	Y_7	0	1	1	1
8	Y_8	1	0	0	0
9	Y_9	1	0	0	1

把这些电路都做在集成电路内，便得到集成化的 10 线 - 4 线编码器，它的逻辑符号如图 5-23 所示。左侧有 10 个输入端，带小圆圈表示要用低电平，右侧有 4 个输出端，从上到下按由低到高排列，使用时可以直接选出。

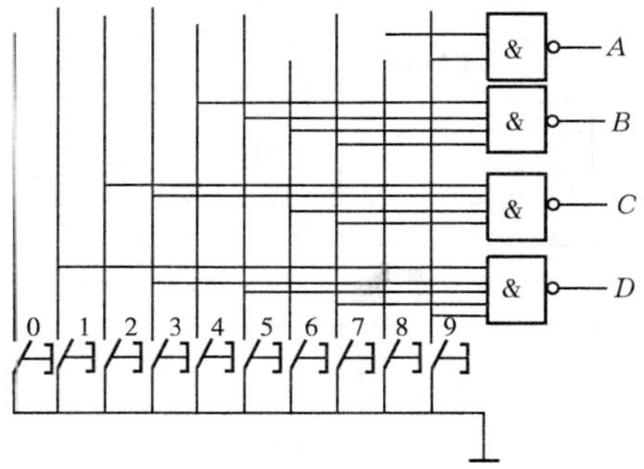

图 5-22　8421BCD 编码器逻辑图

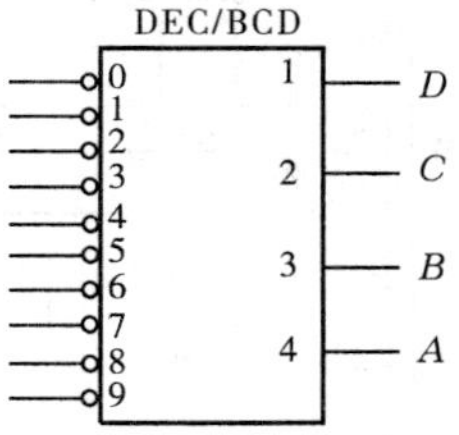

图 5-23　10 线－4 线编码器逻辑符号

除 8421BCD 码外，还有其他二—十进制编码器，如余 3BCD 码、2421BCD 码、余 3 循环码等。

2. 译码器

译码和编码的过程相反，它能将输入的二进制代码的含义翻译成对应的输出信号，用来推动显示电路或控制其他部件工作，实现代码所规定的操作。能实现译码功能的数字电路称为译码器。

译码器的种类很多，但是它们的工作原理是类似的。常用的译码器有二进制译码器、二—十进制译码器和显示译码器。

1) 二进制译码器

将二进制代码的各种状态，按其意愿翻译成对应的输出信号的电路，叫作二进制译码器。

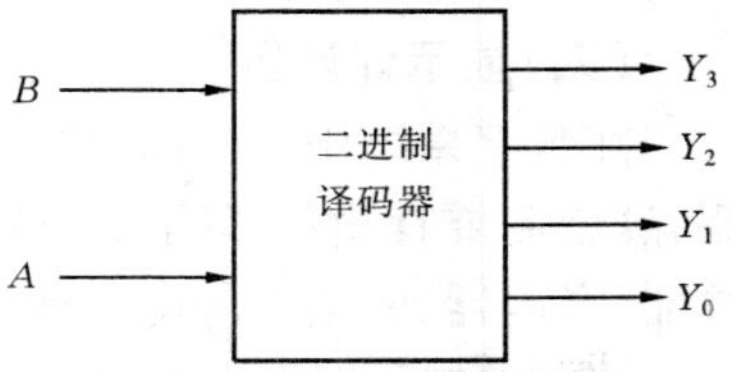

图 5-24　二进制译码器示意图

二位二进制译码器示意图如图 5-24 所示，其真值表如表 5-17 所示。

由真值表可写出逻辑函数表达式为

$$Y_0 = \overline{B}\,\overline{A} \qquad Y_1 = \overline{B}A \qquad Y_2 = B\overline{A} \qquad Y_3 = BA$$

表 5-17　二位二进制译码器真值表

B	A	Y_3	Y_2	Y_1	Y_0
0	0	0	0	0	1
0	1	0	0	1	0
1	0	0	1	0	0
1	1	1	0	0	0

图 5-25 即为二位二进制译码器的逻辑电路。图中若 B、A 为 0、1 状态，只有输出 Y_1 为高电平，即给出了代表十进制数为 1 的数字信号，其余 3 个与门，均输出低电平。其余依此类推(此译码器的输出为高电平有效)。

可见，译码器实质上是由门电路组成的“条件开关”。对各个门来说，输入信号的组合满足一定条件时，门电路就开启，输出线上就有信号输出；若不满足条件，门就关闭，没有信号输出。

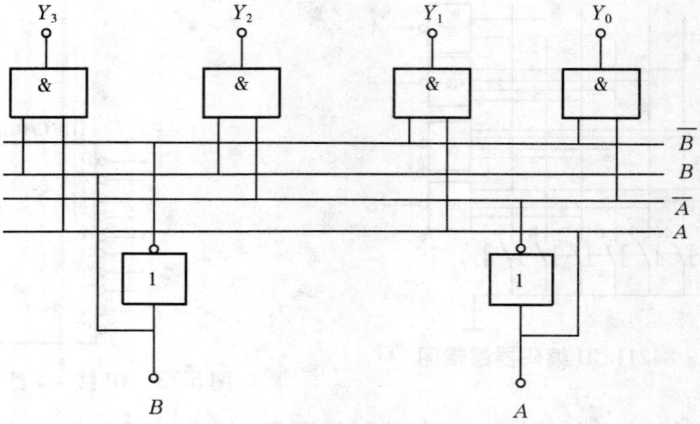

图 5-25　二位二进制译码器的逻辑电路

2)二—十进制译码器

将二—十进制代码(BCD 码)译成 10 个十进制数码信息的电路,叫作二—十进制译码器。这种译码器的输入是十进制数的二进制编码(BCD 码),共四位,即 $n=4$。应有 $2^n=16$种代码组合,其中有 6 种组合是无效的,没有信号输出,所以输入的有效组合状态只有 10 种,对应就只有 10 根输出线。因此,这种译码器称为 4 线 - 10 线译码器。

(四)显示译码器

在数字系统中,往往要求把测量和运算的结果直接用十进制数字显示出来,以便于观察,这就需要有显示译码器翻译出特定的信号去驱动显示器件。数字显示器一般应和计数器、译码器、驱动器等配合使用,如图 5-26 所示。

当前,广泛应用于袖珍电子计算器、电子钟表及数字万用电表等仪器设备上的显示器常采用分段式数码显示器,如图 5-27 所示。它是由多条能各自独立发光的发光二极管线段,按一定的方式组合构成的。

图 5-26　显示电路方框图

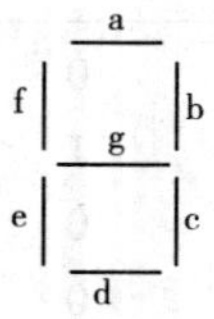

(a)发光线段及分数器

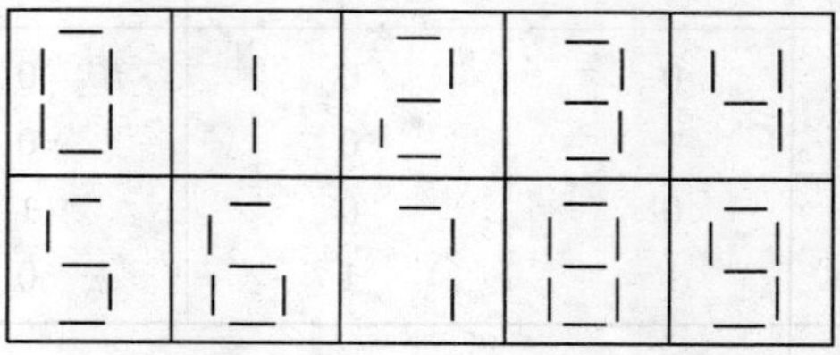

(b)发光线段组成的数字图形

图 5-27　七段数字显示器的字符

图 5-27(a)是七段数码显示器的排列形状。一定的发光线段组合,便能显示相应的十进制数字,如图 5-27(b)所示。例如,当 a、b、g、e、d 线段发光时,就能显示数字"2"。

表 5-18 列出了 a ~ g 发光段的十种发光组合情况,它们分别显示 0 ~ 9 这十个数字,表中 H 表示发光线段,L 表示不发光线段。

表 5-18　发光组合

数段	a	b	c	d	e	f	g
0	H	H	H	H	H	H	L
1	L	H	H	L	L	L	L
2	H	H	L	H	H	L	H
3	H	H	H	H	L	L	H
4	L	H	H	L	L	H	H
5	H	L	H	H	L	H	H
6	H	L	H	H	H	H	H
7	H	H	H	L	L	L	L
8	H	H	H	H	H	H	H
9	H	H	H	H	L	H	H

分段数码显示器有荧光数码管、半导体数码管及液晶显示器等几种，虽然它们结构各异，但译码显示的电路原理是相同的。

1. 半导体数码管

半导体数码管是将发光二极管（发光段）布置成“日”字形状制成的。按照高低电平的不同驱动方式，半导体数码管有共阳极型和共阴极型两种接法，如图 5-28 所示。

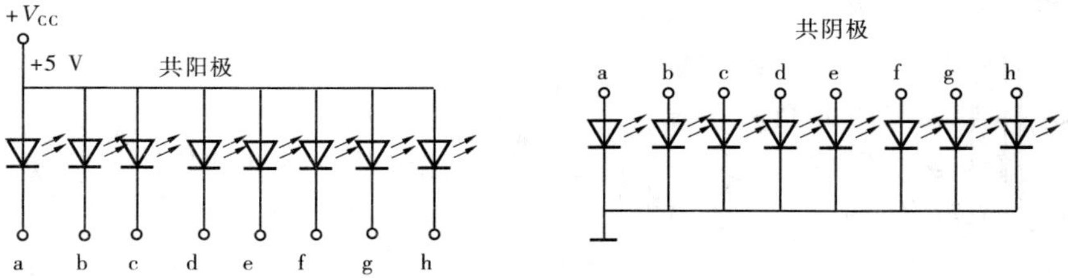

(a)共阳极型　　(b)共阴极型

图 5-28　半导体 LED 数码管的接法

在图 5-27 中，a ~ g 七段是数字形成发光段，h 是小数点发光段。译码器输出高电平驱动显示器时，需选用共阴极接法的半导体数码管；译码器输出低电平驱动显示器时，需选用共阳极接法的半导体数码管。

半导体数码管显示器可以用反相器驱动，也可以直接由 TTL 与非门驱动，驱动电路如图 5-29 所示，图中的发光二极管为半导体数码管中的一段。与非门导通（输出低电平）或晶体管饱和时，发光二极管亮；反之，不亮。为了防止二极管因过流而损坏，在每个二极管上均串接限流电阻 R，调节 R 还可调节二极管的发光亮度。

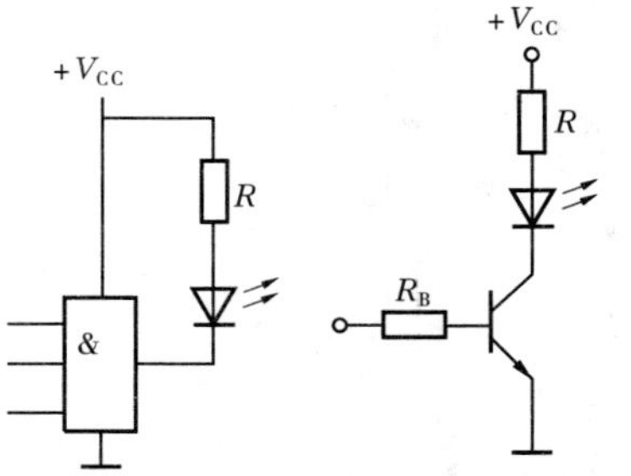

图 5-29　半导体数码管显示器驱动电路

半导体数码管显示器的优点是工作电压低（1.5 ~ 3 V）、清晰悦目、体积小、寿命长（大于 10 000 h）、工作可靠、颜色丰富、响应速度快等，它适用于与集成电路直接配合，应用十分广泛。

2. 液晶显示器

在电子手表、微型计算器等小型电子器件的数字显示部分，常采用液晶分段数码显示器。它是利用液晶在电场作用下光学性能发生变化的特性而制成的。

在涂有导电层的基片上，按分段图形灌注液晶并封装好，然后用译码器输出端与各管脚相连，被加上控制电压的液晶段，由于光学性能的变化，而显现反差（它的透明度和颜色随着电场的变化而改变），从而显示出相应数字。

液晶显示器工艺简单，体积小，功耗极低，但显示清晰度不如半导体数码管。

3. 荧光数码管

荧光数码管是一种分段式真空显示器件，其优点是工作电压低、电流小、寿命长、清晰悦目、稳定可靠、视距较大；缺点是需要灯丝电源、强度差、安装不便。

【任务实施】

组合逻辑电路的设计与测试

1. 设计半加器电路并测试

设计用与非门及用异或门、与门组成的半加器电路，要求按组合逻辑电路的设计步骤进行，直到测试电路逻辑功能符合设计要求。

2. 设计全加器电路并测试

(1)设计一个一位全加器，要求用异或门、与门、或门实现。

(2)设计一个一位全加器，要求用与或非门实现。

3. 设计比较器电路并测试

设计一个对两个两位无符号的二进制数进行比较的电路；根据第一个数是否大于、等于、小于第二个数，使相应的三个输出端中的一个输出为1，要求用与门、与非门及或非门实现。

四路 2—3—3—2 输入与或非门 74LS54 引脚排列与逻辑图见图 5-30，其逻辑表达式为

$$Y = \overline{AB + CDE + FGH + IJ}$$

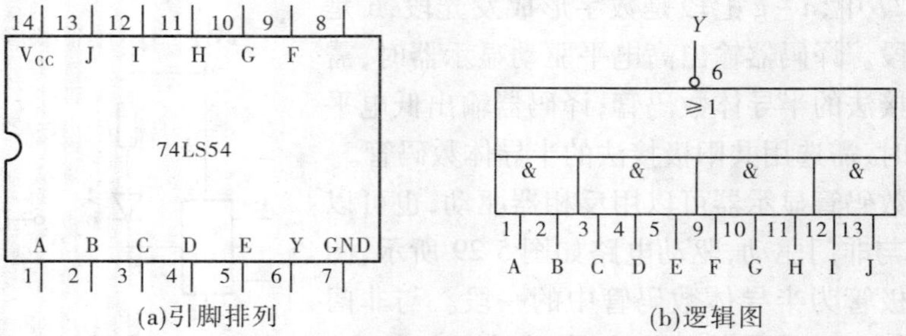

(a)引脚排列　　(b)逻辑图

图 5-30　74LS54 引脚排列及逻辑图

任务二　触发器与时序逻辑电路分析与测试

【任务描述】

触发器及由其组成的时序逻辑电路中，它的输出状态不仅取决于当时的输入状态，而且还与电路的原来状态有关，也就是时序逻辑电路具有记忆功能。本任务通过触发器与

时序逻辑电路的分析与测试,学习触发器的构成、工作原理和不同类型触发器之间的相互转换以及时序逻辑电路的基本分析方法和测试,讨论几种常用基本时序电路如计数器、寄存器的工作原理与应用。

【任务目标】

知识目标:

1. 了解时序逻辑电路的特点。
2. 理解触发器的概念及 RS、JK、D、T 触发器的工作原理和逻辑功能。
3. 理解寄存器、计数器的工作原理。

能力目标:

1. 学会时序逻辑电路的分析方法和测试方法。
2. 掌握触发器常用芯片的使用,常用中规模集成计数器、寄存器的逻辑功能及使用方法。
3. 理解数/模(D/A)和模/数(A/D)的基本转换原理。

【知识链接】

一、触发器

构成时序电路的基本单元电路是触发器,可以说触发器是功能最简单的时序逻辑电路。在数字电路中,基本的工作信号是二进制数字信号和两状态逻辑信号,而触发器就是存放这些信号的逻辑单元。由于二进制数字信号和两状态逻辑信号都只有 0、1 两种取值,即都具有两种状态性质,所以对作为存放这些信号的基本单元电路——触发器的基本要求是:

(1)应该具有两个稳定状态——0 状态和 1 状态,以正确表征其存储的内容。

(2)能够接收、保存和输出信号。

值得重视的是:①这里的 0 与 1 不表示信号的大小,只表示信号的状态。②触发器接收信号之前的状态叫作现态,用 Q^n 表示;触发器接收信号之后的状态叫作次态,用 Q^{n+1} 表示。现态和次态是两个相邻时间内触发器的状态。

触发器按结构可分为基本触发器、同步触发器、主从触发器和边沿触发器。按逻辑功能可以分为 RS 触发器、JK 触发器、D 触发器和 T 触发器等。按使用的开关元件可分为 TTL 触发器和 CMOS 触发器。

(一)基本 RS 触发器

1. 电路组成及逻辑符号

用两个与非门的输出端和输入端交叉反馈相接,就构成基本 RS 触发器,如图 5-31(a)所示。Q、$\overline{Q}$ 表示触发器的状态,有两种稳定状态,是两个互补的信号,即 $Q=0$, $\overline{Q}=1$,或 $Q=1$, $\overline{Q}=0$,所以也称双稳态触发器。$\overline{S}$、$\overline{R}$ 是信号输入端,字母上面的反号表示低电平有效,即 $\overline{S}$、$\overline{R}$ 端为低电平时表示有信号,为高电平时表示无信号。$\overline{S}$、$\overline{R}$ 分别称为置“0”端和置“1”端,即 $\overline{S}$ 端有效时, Q 端输出 1,$\overline{R}$ 有效时, Q 端输出 0。

图 5-31(b)是基本 RS 触发器的逻辑符号,输入端的小圆圈表示低电平有效,这是一种约定,只有当所加信号的实际电压为低电平时才表示有信号,否则就是无信号。两个输出端 Q、$\overline{Q}$,一个无圈,一个有圈,在正常工作情况下,两个信号状态是互补的,即一个是高电平,另一个就是低电平,反之亦然。

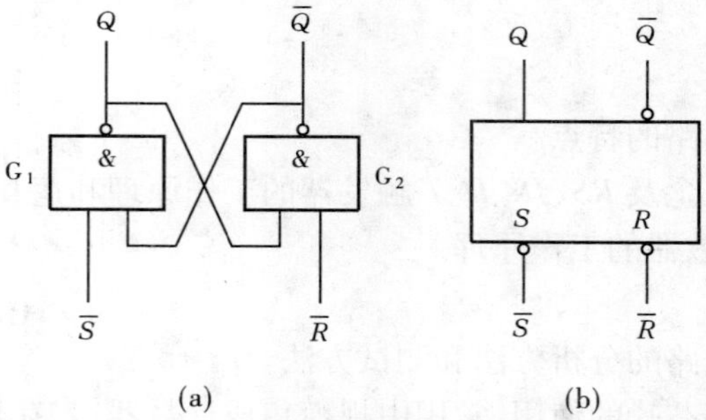

图 5-31　基本 RS 触发器的电路及逻辑符号

2. 工作原理

1)电路的两个稳定状态

在没有输入信号即 $\overline{R}=\overline{S}=1$ 时,电路有两个稳定状态——0 状态和 1 状态。将触发器输出 $Q=0$、$\overline{Q}=1$ 的状态称为 0 状态;输出 $Q=1$、$\overline{Q}=0$ 的状态称为 1 状态,即以触发器 Q 端的状态为触发器状态。

在 0 状态时,由于 $Q=0$ 送到 G_2输入端使其截止,保证了 $\overline{Q}=1$,而 $\overline{Q}=1$ 又反馈到 G_1 的输入端和 $\overline{S}=1$ 一起使门 G_1 导通,维持 $Q=0$,因此电路能自动保持 0 状态(无信号)。同理,电路在 1 状态时也能够自动保持。

2)接收信号的过程

假如触发器处在 0 状态时,在 $\overline{S}$ 端送一个信号——加一个负脉冲(低电平),则电路将迅速地转换,翻转到 1 状态。因为在 $\overline{S}$ 端加上负脉冲后,门 G_1 由导通变截止,Q 由 0 变为 1,而门 G_2 由截止变导通,$\overline{Q}$ 由 1 变为 0,触发器便完成了由 0 状态到 1 状态的转换。此时即使撤销信号,由于 $\overline{Q}=0$ 已经反馈送到 G_1 的输入端,触发器也能保持 1 状态,不会返回 0 状态。因此常把加在输入端的负脉冲叫作触发脉冲。假如触发器处在 1 状态时,在 $\overline{R}$ 端送入一个信号——一个负脉冲,则电路的工作情况类似,触发器由 1 状态翻转到 0 状态。

由于在 $\overline{S}$ 端加信号可将且仅可将触发器置成 1 状态,而 $\overline{R}$ 端加信号可将且仅可将触发器置成 0 状态,因此把 $\overline{S}$ 端称为置位端(或置 1 端),把 $\overline{R}$ 端叫作复位端(或置 0 端)。

3)不允许在 $\overline{R}$、$\overline{S}$ 端同时加信号

由与非门的基本特性可知,当 $\overline{R}=\overline{S}=0$,$\overline{Q}$、$Q$ 将同时为 1,作为基本存储单元来说,这既不是 0 状态,也不是 1 状态,没有意义。且当 $\overline{R}$、$\overline{S}$ 同时由 0 变为 1 信号撤销时,触发器转换到何种状态不能确定,可能是 0 状态,也可能是 1 状态。这取决于两个与非门动态特性的微小差异和当时的干扰情况等一些无法确定因素。当信号同时撤销时,触发器状态取决于后撤销的信号。

3. 逻辑功能

基本 RS 触发器的功能表如表 5-19 所示。

表 5-19 基本 RS 触发器的功能表

$\bar{S}$	$\bar{R}$	Q^{n+1}	备注
0	1	1	置 1
1	0	0	置 0
1	1	Q^n	保持
0	0	不定	不允许

4. 函数表达式

$$\begin{cases} Q^{n+1} = S + \bar{R}Q^n \\ RS = 0 \quad \text{约束条件} \end{cases}$$

5. 时序图

时序图是用波形图来描述触发器次态和现态及输入的关系。已知 $\bar{R}$、$\bar{S}$ 输入波形，画出 Q 和 $\bar{Q}$ 端对应的波形(见图 5-32)。

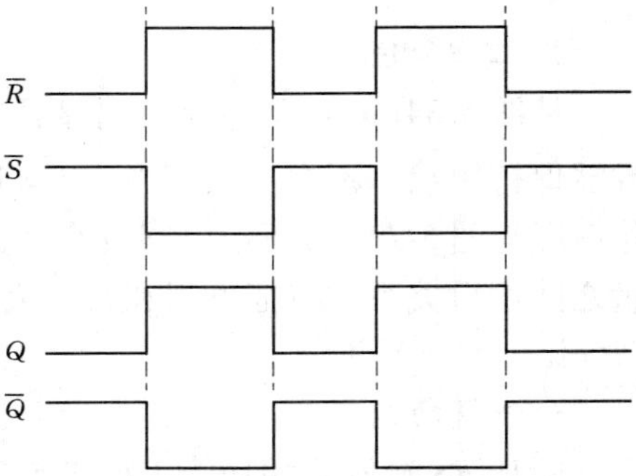

图 5-32 基本 RS 触发器波形图

6. 电路特点

基本 RS 触发器电路简单，可存储二进制代码，是构成各种性能更完善的触发器的基础。但是存在直接控制的缺点，即在信号存在期间直接控制着输出端的状态，使用局限性大，且输入信号 R 、S 之间有约束。

7. 集成基本 RS 触发器

74LS279 是在一个芯片中集成了 2 个如图 5-33(a)所示、2 个如图 5-33(b)所示共 4 个相互独立的由与非门构成的基本 RS 触发器单元。集成块引脚排列如图 5-33(c)所示。

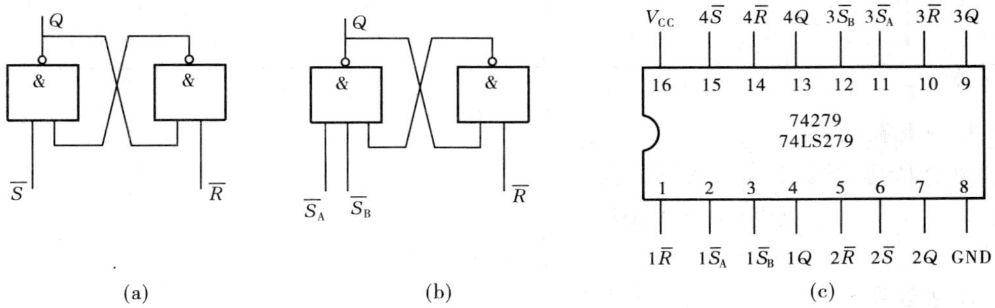

图 5-33 集成基本 RS 触发器 74LS279 引脚排列图

(二) 同步 RS 触发器

1. 电路组成及逻辑符号

基本 RS 触发器直接由输入信号控制着输出端的状态，这不仅使电路的抗干扰能力下降，而且也不便于多个触发器同步工作。同步触发器可以克服基本 *RS* 触发器直接控制的缺点。

如图 5-34(a)所示，G_1、G_2 构成基本 *RS* 触发器，G_3、G_4 是控制门，输入信号 *R*、*S* 通过控制门进行传送，*CP* 为时钟脉冲，是输入控制信号。图 5-34(b)为同步 *RS* 触发器逻辑符号。

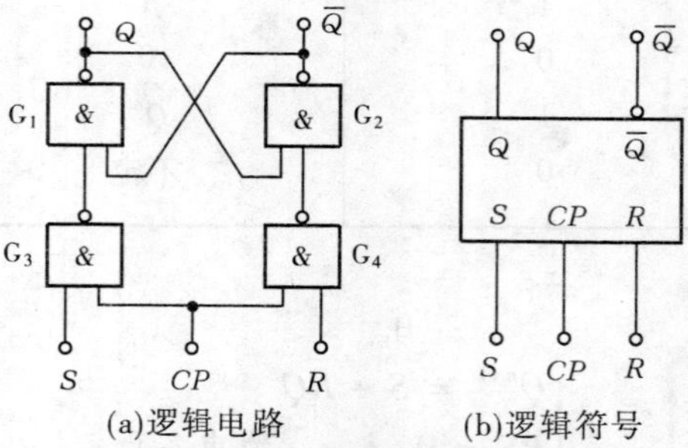

图 5-34　同步 *RS* 触发器电路与逻辑符号

2. 工作原理

从图 5-34(a)所示电路可明显看出，当 $CP=0$ 时，控制门 G_3、G_4 被封锁，基本 *RS* 触发器保持原状态不变。只有当 $CP=1$ 时，控制门被打开后，输入信号才会被接收，而且工作情况与图 5-29(a)所示电路没有什么区别。由此可知，反映 Q^{n+1} 的值和 *R*、*S*、Q^n 三个变量之间逻辑关系的特征方程和特性表，与基本 *RS* 触发器相同，只不过它们有效的条件是 $CP=1$。

3. 逻辑功能

同步 *RS* 触发器的功能表如表 5-20 所示。

表 5-20　同步 *RS* 触发器的功能表

R	S	Q^{n+1}	说明
0	0	Q^n	记忆、存储
1	0	0	置 0、复位
0	1	1	置 1、置位
0	0	不定	不允许

4. 函数表达式

同步 *RS* 触发器的函数表达式为

$$\begin{cases} Q^{n+1} = S + \overline{R}Q^n \\ RS = 0 \end{cases} \qquad \text{约束条件}(CP = 1 \text{ 期间有效})$$

5. 电路特点

1) 时钟电平控制

在 $CP=1$ 期间触发器接收信号，$CP=0$ 时触发器保持状态不变。多个这样的触发器可在同一个时钟脉冲控制下同步工作，这给用户带来了方便，而且其抗干扰能力比基本 *RS* 触发器好得多。

2) R、S 之间有约束

同步 RS 触发器在使用过程中，如果违反了 $RS=0$ 的约束条件，则可能出现以下情况：在 $CP=1$ 期间，若 $R=S=1$，则将出现 Q 和 $\overline{Q}$ 同时输出高电平的不正常情况；若 R、S 分时撤销，则触发器的状态取决于后撤销者；若 R、S 同时从 1 跳变到 0，则会出现输出结果不能确定的情况；若 $R=S=1$，CP 脉冲突然撤销，即由 1 变到 0，也会出现输出结果不能确定的情况。

6. 时序图

已知 R、S 输入波形，画出 Q 和 $\overline{Q}$ 端对应的波形（见图 5-35）。

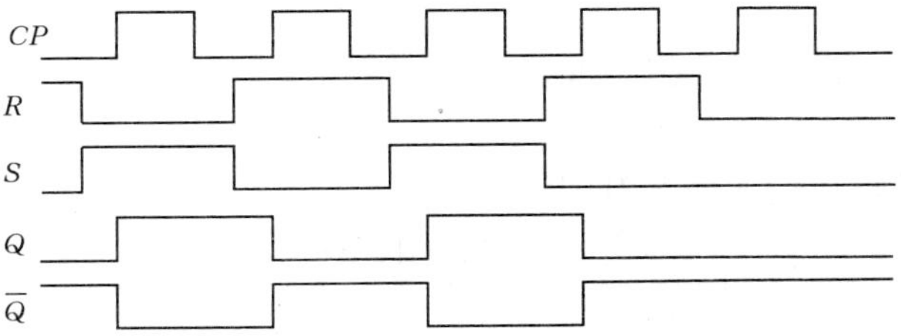

图 5-35 同步 RS 触发器波形图

（三）主从 JK 触发器

1. 电路与逻辑符号

图 5-36 中 $\overline{S}_D$、$\overline{R}_D$ 端是触发器直接置位、复位端。如令 $\overline{S}_D=0$，$\overline{R}_D=1$，则不管 J、K、CP 状态如何，触发器置 1；反之，令 $\overline{R}_D=0$，$\overline{S}_D=1$，触发器直接置 0，不受 CP 同步控制，可以用 $\overline{S}_D$、$\overline{R}_D$ 端预置触发器的初始状态。

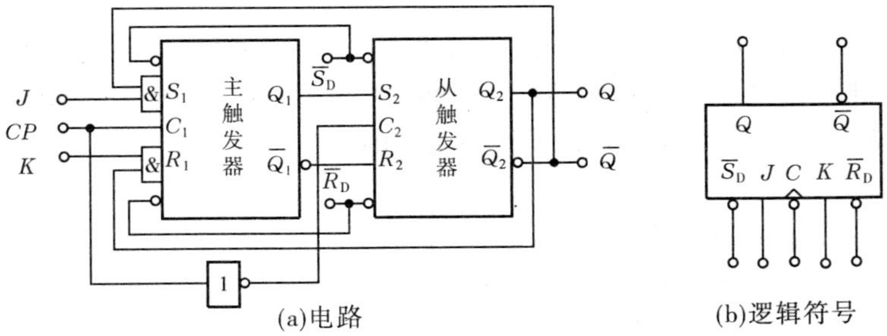

图 5-36 主从 JK 触发器

值得注意的是，触发器初态预置完成后，$\overline{S}_D$、$\overline{R}_D$ 端必须保持 1 状态（或悬空）。CP 输入端上的小圆圈表示触发器输出端状态的变化发生在 CP 脉冲的下降沿。$\overline{S}_D$、$\overline{R}_D$ 端上的小圆圈表示低电平有效。

顺便指出，有的 JK 触发器的 J、K 端可有多个 J、K，如 J_1 和 J_2，K_1 和 K_2，它们的关系为 $J=J_1J_2$，$K=K_1K_2$。

2. 工作原理

当 $CP=1$ 时，G_3、G_4 被封锁，从触发器保持原状态不变。同时 G_7、G_8 被开启，J、K

和 Q、$\overline{Q}$ 的状态决定主触发器的状态。主触发器状态一旦改变成与从触发器状态相反，就不会再翻转了。

当 CP 从 1 变成 0 时，G_3、G_4 开启，主触发器的状态决定了从触发器的 Q、$\overline{Q}$ 状态，同时 G_7、G_8 被封锁，J、K 输入信号无效。即在 $CP=0$ 期间，主触发器不动作，抑制了干扰信号。

可见，图 5-36(a)所示主从 JK 触发器是利用 $CP=1$ 和 CP 下降沿分别控制数据的存入和输出。这种触发方式称为主从方式。当将该触发器接成计数型时，不会造成空翻状态，因为 Q、$\overline{Q}$ 变化时 $CP=0$ 封锁了主触发器。

3. 函数表达式

$$Q^{n+1}=J\overline{Q^n}+\overline{K}Q^n \qquad CP\text{ 下降沿到来时有效}$$

4. 逻辑功能

JK 触发器的逻辑功能如表 5-21 所示。

表 5-21 JK 触发器的逻辑功能表

J	K	Q^{n+1}	说明
0	0	Q^n	不变、记忆
0	1	0	置 0
1	0	1	置 1
1	1	$\overline{Q^n}$	翻转、计数

5. 主要特点

(1)主从控制脉冲触发，功能完善，J、K 之间没有约束，是一种应用起来十分灵活和方便的时钟触发器。

(2)存在一次变化问题，因此抗干扰能力还需提高。一次变化问题即触发器的误反，指的是在主从触发器中触发器不按照 CP 下降沿时的 J、K 值而产生的错误反转(它是由 $CP=1$ 时，J、K 发生了变化或受到了干扰而引起的)。

6. 时序图

主从 JK 触发器的波形图如图 5-37 所示。

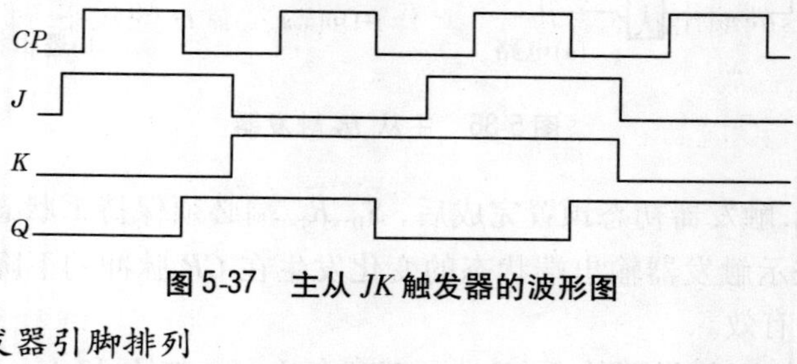

图 5-37 主从 JK 触发器的波形图

7. 集成 JK 触发器引脚排列

74LS112 为 TTL 双 JK 触发器，包含了两个独立的 JK 触发器，CP 下降沿触发有效，$\overline{S}_D$、$\overline{R}_D$ 预置端低电平有效，引脚如图 5-38 所示。

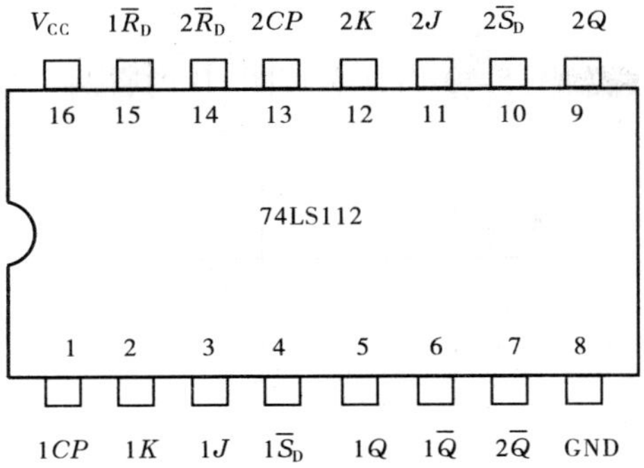

图 5-38　74LS112 引脚图

(四) D 触发器

在时钟脉冲控制下，凡仅具有置 0、置 1 功能的电路，都称为 D 触发器。

1. 电路与逻辑符号

JK 触发器有 J、K 两个输入端，需要两个控制信号。而 D 触发器只有一个信息输入端 D，故只需要一个控制信号，这样，在有些情况下，使用更加方便。图 5-39(a) 是将主从 JK 触发器改接成的 D 触发器。用一个非门将 J、K 两个输入端连接起来，并从 J 端引出作为 D 输入端。图 5-39(b) 是其逻辑符号。

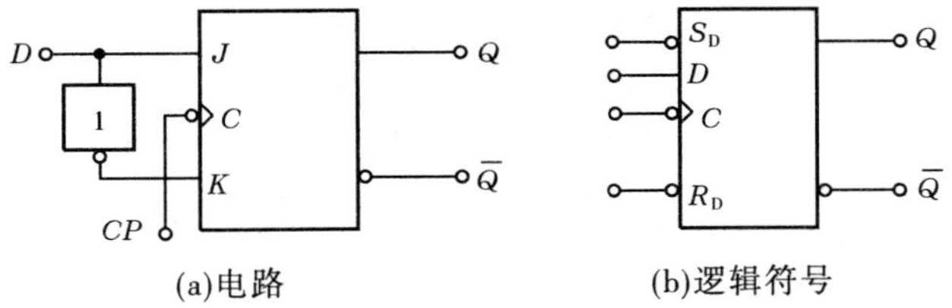

图 5-39　D 触发器

2. 工作原理及逻辑功能

根据 JK 触发器的逻辑功能，可以推出 D 触发器的逻辑功能。

当 $D = 1, J = 1, K = 0$ 时，CP 作用后 $Q = 1$；

当 $D = 0, J = 0, K = 1$ 时，CP 作用后 $Q = 0$。

可见，D 触发器的输出状态取决于 CP 作用前输入端 D 的状态，即

$$Q^{n+1} = D$$

D 触发器的逻辑功能如表 5-22 所示。

表 5-22　D 触发器的逻辑功能表

D	Q^n	Q^{n+1}
0	0	0
0	1	0
1	0	1
1	1	1

3. 集成 D 触发器

74LS74 为 TTL D 触发器，图 5-40 为其引脚图，片内有两个相互独立的 D 触发器，$\overline{S}_D$、$\overline{R}_D$ 预置端低电平有效。

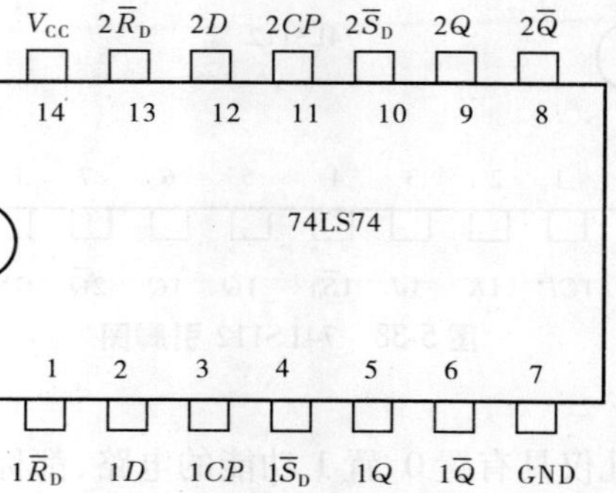

图 5-40　74LS74 引脚图

（五）T 触发器

在某些应用场合下，需要这样一种逻辑功能的触发器，当控制信号 $T=1$ 时，每来一个 CP 脉冲信号，它的状态就翻转一次；而当 $T=0$ 时，CP 信号到达后的状态保持不变。具备这种逻辑功能的触发器叫作 T 触发器。

T 触发器的电路及逻辑符号如图 5-41 所示。其函数表达式为

$$Q^{n+1}=T\overline{Q}^n+\overline{T}Q^n$$

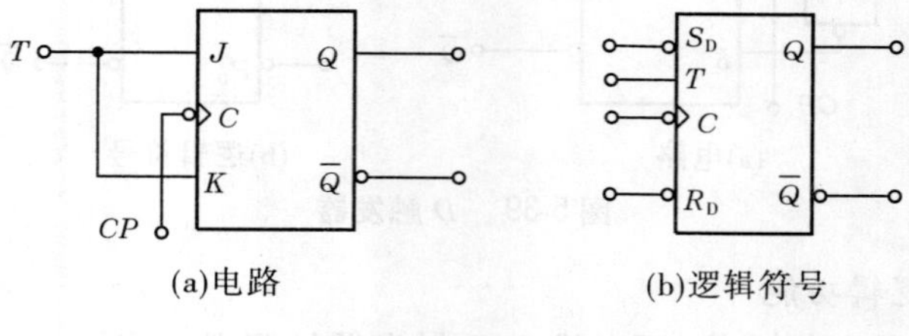

图 5-41　T 触发器

T 触发器的逻辑功能如表 5-23 所示。

表 5-23　T 触发器的逻辑功能表

T	Q^n	Q^{n+1}
0	0	0
0	1	1
1	0	1
1	1	0

T 触发器大多由其他类型的触发器改装而成，实际生产的集成电路比较少。此外还有 T' 型触发器，与 T 型触发器类似。但 T' 在时钟脉冲作用下只有翻转功能，即每来一个时钟脉冲就翻转一次。事实上在 T 型触发器中令 $T=1$ 即可成为 T' 型触发器。

早期集成触发器的品种和类型很多，后来逐渐归并成两大类，一种是 JK 型触发器，另一种是 D 型触发器。作为小规模集成触发器，它们已经能够满足各种情况下对时钟触发器的需求。而且，不同类型时钟触发器之间还可以互相转换，只要有这两种触发器，通过转换就可以得到其他类型触发器。

二、寄存器

在数字电路中，用来存放二进制数据或代码的电路称为寄存器。寄存器是一种基本时序电路。任何现代数字系统都必须把需要处理的数据和代码先寄存起来，以便随时取用。

寄存器是由具有存储功能的触发器组合起来构成的。一个触发器可以存储 1 位二进制代码，存放 n 位二进制代码的寄存器需用 n 个触发器来构成。

寄存器按其功能的不同，可以分为数码寄存器和移位寄存器两类。数码寄存器用来存放一组二进制代码。移位寄存器除存储二进制代码外，还具有移位功能，就是在移位脉冲作用下依次逐为右移或左移，数据既可以并行输入、并行输出，也可以串行输入、串行输出，还可以并行输入、串行输出，以及串行输入、并行输出，十分灵活，用途也很广。

（一）数码寄存器

一个触发器只能存储一位二值代码，N 个触发器构成的数码寄存器可以存储一组 N 位二值代码。由于数码寄存器是将输入代码存在其中，所以要求数码寄存器所存的代码一定要和输入代码相同。因此，构成数码寄存器的触发器必定是 D 触发器。集成数码寄存器常称为 N 位 D 触发器。如图 5-42 所示为四位数码寄存器。

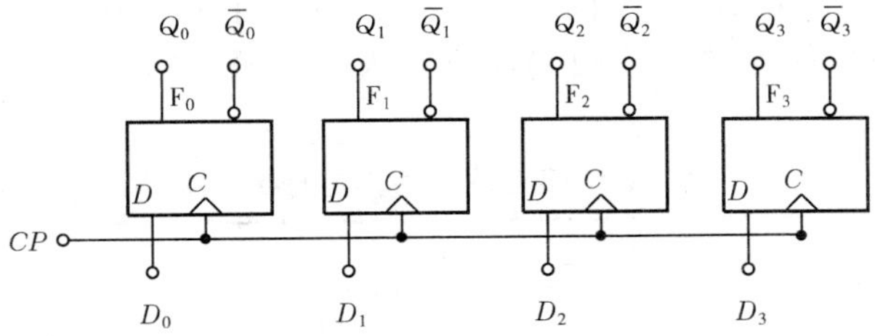

图 5-42 四位数码寄存器

若要将四位二进制数码 $D_0D_1D_2D_3=1101$ 存入寄存器中，只要在时钟脉冲输入端加 CP 时钟脉冲。当 CP 上升沿出现时，四个触发器的输出端 $Q_0Q_1Q_2Q_3=D_0D_1D_2D_3=1101$，于是这四位二进制数码便同时存入四个触发器中，当外部电路需要这组数据时，可从输出端读出。这种数码寄存器称为并行输入、并行输出数码寄存器。

（二）移位寄存器

由于移位寄存器不仅可以存储代码，还可以将代码移位，所以移位寄存器除存储代码外，还可用于数据的串行—并行转换、数据运算和数据处理等。

1. 四位右移寄存器

图 5-43 分别表示了四位右移移位寄存器的逻辑图。

由图 5-43 可写出驱动方程为

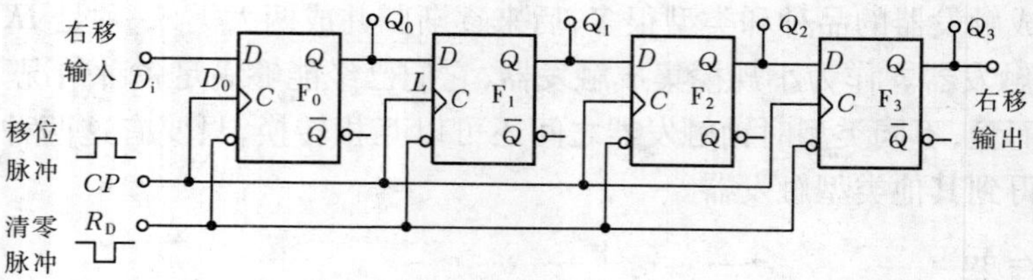

图 5-43　四位右移移位寄存器的逻辑图

$$\left.\begin{aligned} D_0 &= D_i \\ D_1 &= Q_0^n \\ D_2 &= Q_1^n \\ D_3 &= Q_2^n \end{aligned}\right\}$$

状态方程为

$$\left.\begin{aligned} Q_0^{n+1} &= D_i \quad CP\uparrow \\ Q_1^{n+1} &= Q_0^n \quad CP\uparrow \\ Q_2^{n+1} &= Q_1^n \quad CP\uparrow \\ Q_3^{n+1} &= Q_2^n \quad CP\uparrow \end{aligned}\right\}$$

在存数操作之前，先用 R_D（负脉冲）将各个触发器清零。当出现第 1 个移位脉冲时，待存数码的最高位和 4 个触发器的数码同时右移 1 位，即待存数码的最高位存入 Q_0，而寄存器原来所存数码的最高位从 Q_3 输出；出现第 2 个移位脉冲时，待存数码的次高位和寄存器中的 4 位数码又同时右移 1 位。依此类推，在 4 个移位脉冲作用下，寄存器中的 4 位数码同时右移 4 次，待存的 4 位数码便可存入寄存器。四位右移寄存器的状态表见表 5-24。

表 5-24　四位右移寄存器的状态表

输入		现态				次态				说明
D_i	CP	Q_0^n	Q_1^n	Q_2^n	Q_3^n	Q_0^{n+1}	Q_1^{n+1}	Q_2^{n+1}	Q_3^{n+1}	
1	↑	0	0	0	0	1	0	0	0	连续输入 4 个 1
1	↑	1	0	0	0	1	1	0	0	
1	↑	1	1	0	0	1	1	1	0	
1	↑	1	1	1	0	1	1	1	1	

2. 四位左移寄存器

左移寄存器与右移寄存器工作原理相同，只是寄存器的数码输入顺序自左向右，D_i 从 F_3 的 D_3 输入，先移入 F_3 再移入 F_2，信号从右边移入，从左边移出。其逻辑图如图 5-44 所示。

3. 双向移位寄存器

在电子计算机运算系统中，常需要一种把数据既能向左移位又能向右移位的双向功能寄存器。具有双向移位功能的寄存器称为双向移位寄存器。

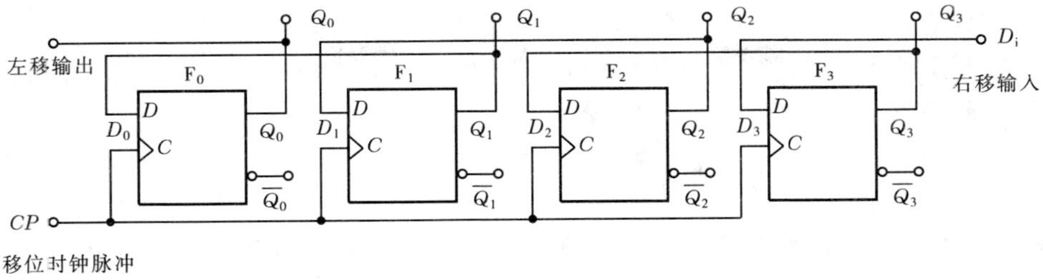

图 5-44　四位左移寄存器

74LS194 为四位双向通用寄存器。74LS194 组件的引脚排列如图 5-45 所示，图中的 M_1 、M_0 为工作方式控制端，M_1 、M_0 的四种取值(00、01、10、11)决定了寄存器的逻辑功能：保持、右移、左移和并行输入、并行输出(见表 5-25)。表中 $\overline{CR}$ 清除端为低电平 0 时，将寄存器清零。(见表 5-25 的第 1 行“ × ”号表示取任意值，即不管 M_1 、M_0 是高电平或低电平，只要 $\overline{CR}$ 为 0，则输出端全为 0)

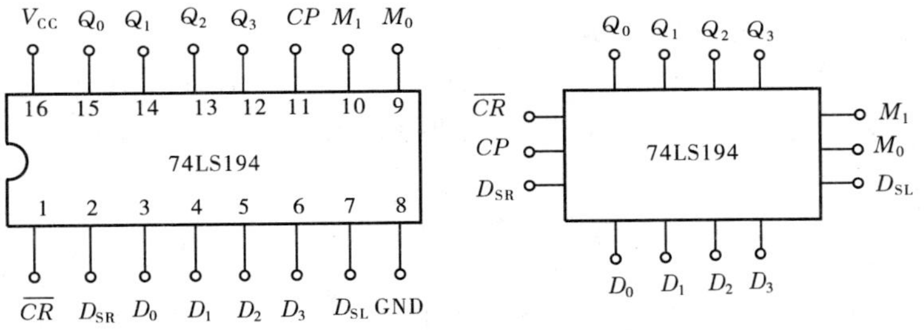

(a)引脚排列图　　(b)逻辑功能示意图

图 5-45　74LS194 双向移位寄存器

表 5-25　74LS194 功能表

$\overline{CR}$	M_1	M_0	CP	工作状态
0	×	×	×	异步清零
1	0	0	×	保持
1	0	1	↑	右移
1	1	0	↑	左移
1	1	1	×	并行输入并行输出

值得注意的是，寄存器工作时应将 $\overline{CR}$ 端接高电平或悬空。

具体操作为，在工作方式控制端 $M_1M_0 = 00$ 时，寄存器中的数据保持不变；在 $M_1M_0 = 01$ 时，寄存器处于向右移工作方式，在 CP 脉冲上升沿出现时，D_{SR} 右移输入端的串行输入数据依次右移；在 $M_1M_0 = 10$ 时，寄存器处于向左移位工作方式，在 CP 脉冲上升沿出现时，D_{SL} 左移输入端的串行输入数据依次左移；在 $M_1M_0 = 11$ 时，寄存器处于并行输入工作方式，在 CP 脉冲上升沿出现时，将并行输入数据传送到寄存器的并行输出端。

74LS194 四位双向通用移位寄存器是一种常用、功能较强的中规模集成电路，与它的逻辑功能和引脚排列都相容的组件有 CC40194 和 C422 等型号。74LS194 工作时，在电源 V_{CC} 和地之间应接入一只 0.1 μF 的旁路电容。

三、计数器

在数字电路中使用最多的时序电路是计数器。计数器不仅能用于对时钟脉冲计数，还可以用于分频、定时、产生节拍脉冲和脉冲序列以及进行数字运算等。

计数器的种类繁多，按触发信号可把计数器分为同步式和异步式两种。同步计数器中各触发器的触发信号是由同一信号同时触发的。而在异步计数器各触发器信号来源不同，被触发时刻也不同。按计数规律可把计数器分为加法计数器、减法计数器和可逆计数器。随着计数脉冲的不断输入而作递增计数的叫加法计数器；作递减计数的叫减法计数器；可增可减的叫可逆计数器。按数的进制可把计数器分为二进制计数器、十进制计数器、N 进制（除了二、十进制外的进制）计数器。

（一）二进制计数器

1. 三位异步二进制加法计数器

计数脉冲未加到组成计数器的所有触发器的 CP 端，只作用于其中一些触发器 CP 端的计数器称为异步计数器。现以三位异步二进制计数器为例进行分析。

1）逻辑电路

三位异步二进制加法计数器逻辑电路如图 5-46 所示。

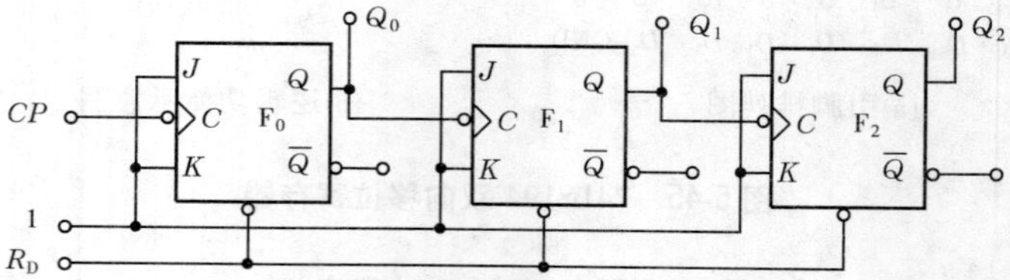

图 5-46　三位异步二进制加法计数器逻辑电路

由于 3 个触发器都接成了 T' 触发器，所以最低位触发器 F_0 每来一个时钟脉冲的下降沿（ CP 由 1 变 0）时翻转一次，而其他两个触发器都是在其相邻低位触发器的输出端 Q 由 1 变 0 时翻转，即 F_1 在 Q_0 由 1 变 0 时翻转，F_2 在 Q_1 由 1 变 0 时翻转。

2）波形图

三位异步二进制加法计数器的波形图如图 5-47 所示。

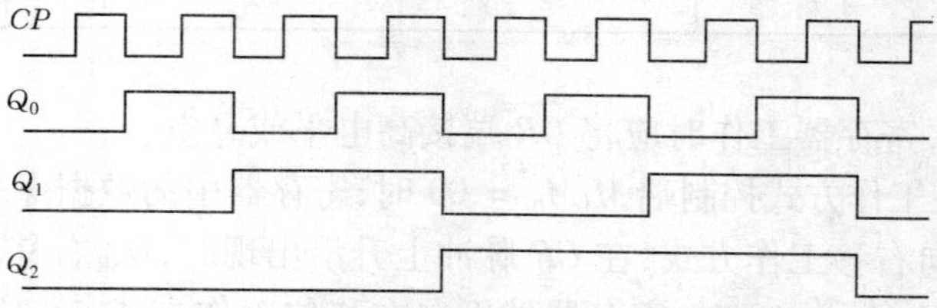

图 5-47　三位异步二进制加法计数器波形图

3）状态表

三位异步二进制加法计数器状态表见表 5-26。

表 5-26　三位异步二进制加法计数器状态表

计数脉冲	Q_2	Q_1	Q_0
0	0	0	0
1	0	0	1
2	0	1	0
3	0	1	1
4	1	0	0
5	1	0	1
6	1	1	0
7	1	1	1

从状态表或波形图可以看出，从状态 000 开始，每来一个计数脉冲，计数器中的数值便加 1，输入 8 个计数脉冲时，就计满归零，所以作为整体，该电路也可称为八进制计数器。

由于这种结构计数器的时钟脉冲不是同时加到各触发器的时钟端，而只加至最低位触发器，其他各位触发器则由相邻低位触发器的输出 Q 来触发翻转，即用低位输出推动相邻高位触发器，3 个触发器的状态只能依次翻转，并不同步，这种结构特点的计数器称为异步计数器。

2. 三位异步二进制减法计数器

1）逻辑电路

三位异步二进制减法计数器逻辑电路如图 5-48 所示。

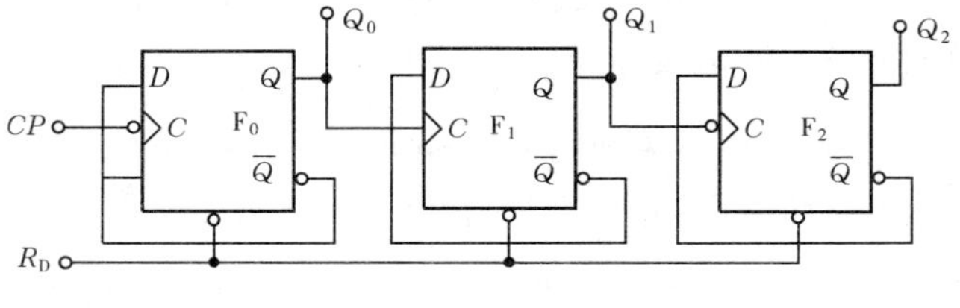

图 5-48　三位异步二进制减法计数器逻辑电路

2）波形图

三位异步二进制减法计数器波形图如图 5-49 所示。

3）状态表

三位异步二进制减法计数器状态表如表 5-27 所示。

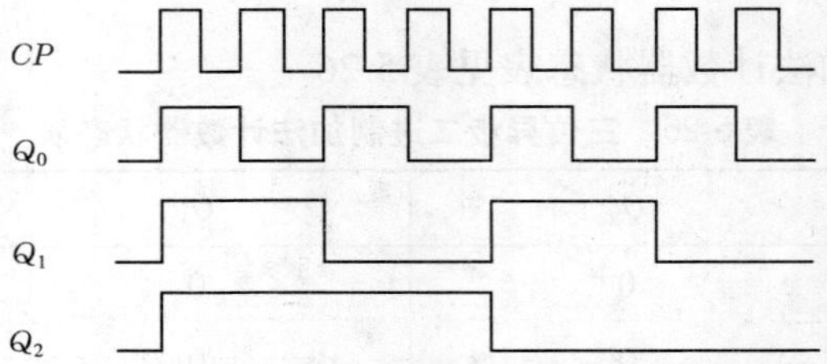

图 5-49　三位异步二进制减法计数器波形图

表 5-27　三位异步二进制减法计数器状态表

计数脉冲	Q_2	Q_1	Q_0
0	0	0	0
1	1	1	1
2	1	1	0
3	1	0	1
4	1	0	0
5	0	1	1
6	0	1	0
7	0	0	1
8	0	0	0

异步计数器电路结构简单,组成计数器的触发器的翻转时刻不同。由于异步计数器后级触发器的触发脉冲需依靠前级触发器的输出,而每个触发器信号的传递均有一定的延时,因此其计数速度受到限制,工作信号频率不能太高。

(二)十进制计数器

1. 同步十进制加法计数器

在二进制中使用 4 个触发器就组成四位二进制计数器,可以从 0 计数到 15,有 16 个状态。十进制是从 0 到 9 只有 10 个状态,必须附加电路进行约束。当计数到第十个脉冲时要归零,其状态图如图 5-50 所示。

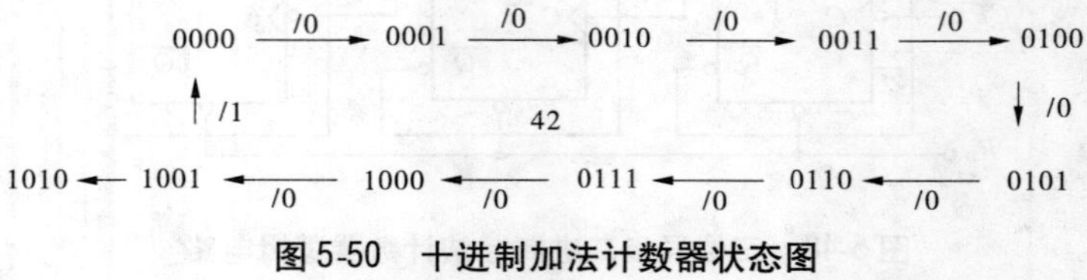

图 5-50　十进制加法计数器状态图

当计数到 1001 时,再来一个脉冲必须转换为 0000,不允许出现 1010,可以通过改变驱动方程进行约束。

如图 5-51 所示为同步十进制加法计数器,由 4 个 *JK* 触发器组成。图中触发器为多输入 *JK* 触发器,它们为与逻辑关系,增加了控制端。

由图 5-51 可得驱动方程为

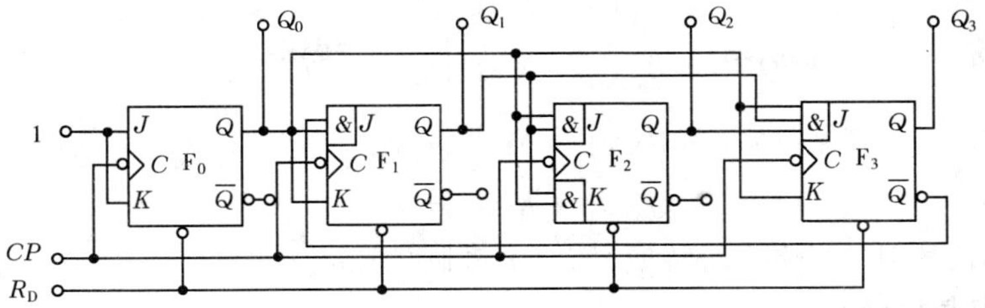

图 5-51 同步十进制加法计数器

$$\left.\begin{aligned} J_0 &= K_0 = 1 \\ J_1 &= Q_0^n \overline{Q_3^n} \qquad K_1 = Q_0^n \\ J_2 &= K_2 = Q_0^n Q_1^n \\ J_3 &= Q_0^n Q_1^n Q_2^n \qquad K_3 = Q_0^n \end{aligned}\right\}$$

在十进制计数器中要约束 $F_0 \sim F_3$ 从 1001 来一个脉冲后变为 0000，不要变为 1010，当 $Q_3^n = 1, Q_2^n = 0, Q_1^n = 0, Q_0^n = 1$ 变到第十个脉冲触发后就变为

$$\left.\begin{aligned} Q_3^{n+1} &= J_3 \overline{Q_3^n} + \overline{K}_3 Q_3^n = 0 \qquad CP\downarrow \\ Q_2^{n+1} &= J_2 \overline{Q_2^n} + \overline{K}_2 Q_2^n = 0 \qquad CP\downarrow \\ Q_1^{n+1} &= J_1 \overline{Q_1^n} + \overline{K}_1 Q_1^n = 0 \qquad CP\downarrow \\ Q_0^{n+1} &= J_0 \overline{Q_0^n} + \overline{K}_0 Q_0^n = 0 \qquad CP\downarrow \end{aligned}\right\}$$

因此，实现了十进制进位转换。

2. 异步十进制加法计数器

图 5-52 所示为异步十进制加法计数器。

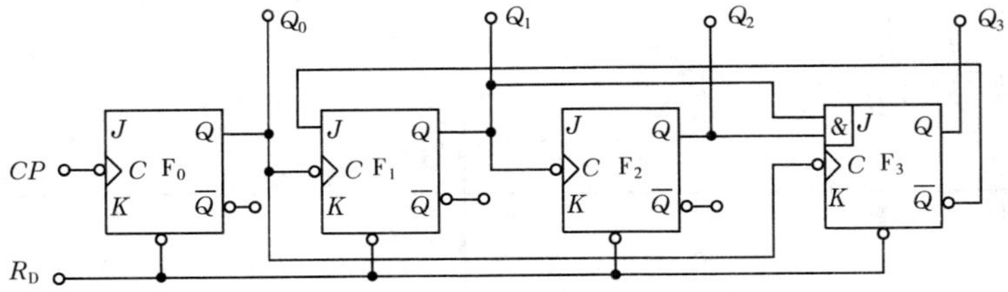

图 5-52 异步十进制加法计数器

驱动方程为

$$\left.\begin{aligned} J_0 &= K_0 = 1 \\ J_1 &= \overline{Q_3^n}(K_1 = 1) \\ J_2 &= K_2 = 1 \\ J_3 &= Q_1^n Q_2^n (K_3 = 1) \end{aligned}\right\}$$

当 $Q_3^n Q_2^n Q_1^n Q_0^n = 1001$ 时，第十个脉冲到来后，由于 $J_0 = K_0 = 1, J_1 = 0, K_1 = 1, J_2 = K_2 = 1, J_3 = 0, K_3 = 1$，可得

$$\left.\begin{aligned} Q_0^{n+1} &= J_0\overline{Q_0^n} + \overline{K_0}Q_0^n = 0 \quad & CP_0\downarrow \\ Q_1^{n+1} &= J_1\overline{Q_1^n} + \overline{K_1}Q_1^n = 0 \quad & CP_1\downarrow \\ Q_2^{n+1} &= J_2\overline{Q_2^n} + \overline{K_2}Q_2^n = 0 \quad & CP_2\downarrow \\ Q_3^{n+1} &= J_3\overline{Q_3^n} + \overline{K_3}Q_3^n = 0 \quad & CP_3\downarrow \end{aligned}\right\}$$

因此,可实现从1001到0000的转换,构成十进制计数。

(三)N进制计数器

由触发器组成的N进制计数器的一般分析方法是:对于同步计数器,由于计数脉冲同时接到每个触发器的时钟输入端,因而触发器的状态是否翻转只需根据其驱动方程判断。而异步计数器中各触发器的触发脉冲不尽相同,所以触发器的状态是否翻转除考虑其驱动方程外,还必须考虑其时钟输入端的触发脉冲是否出现。

【例5-6】 分析图5-53所示计数器为几进制计数器。

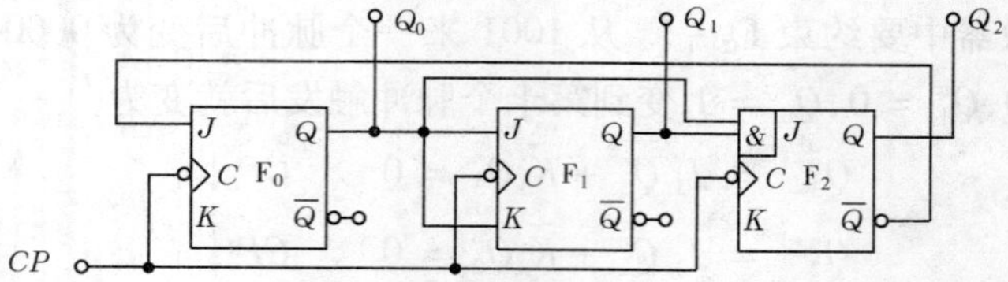

图5-53 例5-5逻辑电路

解:(1)列驱动方程。

由图可知,由于CP计数脉冲同时接到每个触发器的时钟输入端,所以该计数器为同步计数器。3个触发器的驱动方程分别为

F_0: $J_0 = \overline{Q_2}$、$K_0 = 1$

F_1: $J_1 = K_1 = Q_0$

F_2: $J_2 = Q_1Q_0$、$K_2 = 1$

(2)列状态表和波形图(见表5-28、图5-54)。

表5-28 例5-5状态表

计数脉冲	Q_2	Q_1	Q_0	J_0	K_0	J_1	K_1	J_2	K_2
0	0	0	0	1	1	0	0	0	1
1	0	0	1	1	1	1	1	0	1
2	0	1	0	1	1	0	0	0	1
3	0	1	1	1	1	1	1	1	1
4	1	0	0	0	1	0	0	0	1
5	0	0	0	1	1	0	0	0	1

首先假设计数器的初始状态,如000,并依此根据驱动方程确定J、K的值,然后根据J、K的值确定在CP计数脉冲触发下各触发器的状态。在第1个CP计数脉冲触发下各触发器的状态为001,按照上述步骤反复判断,直到第5个CP计数脉冲时计数器的状态又回到初始状态000。即每来5个计数脉冲,计数器状态重复一次,所以该计数器为五进制计数器。

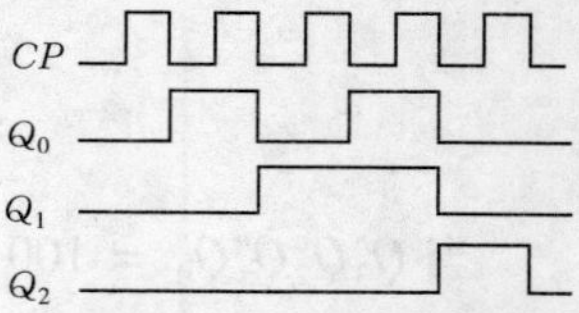

图5-54 例5-5波形图

(四)集成计数器

用触发器组成计数器,电路复杂且可靠性差。随着电子技术的发展,一般均用集成计数器构成具有各种功能的计数器。先以74LS161为例,介绍集成计数器。

74LS161为4位集成同步二进制加法计数器,其引脚排列和逻辑功能如图5-55所示。其中:$\overline{CR}$异步清零,低电平有效;$\overline{LD}$同步置数端,低电平有效;CT_T、CT_P计数允许控制端,$CT_T \cdot CT_P = 1$时允许计数,$CT_T \cdot CT_P = 0$时禁止计数,保持输出原状态。CO进位输出端,CP时钟脉冲输入端,上升沿触发。

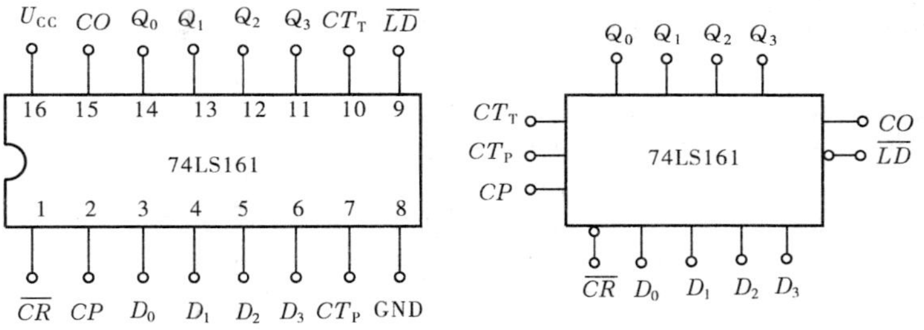

(a)引脚排列图 (b)逻辑功能图

图5-55 74LS161

四、数/模(D/A)与模/数(A/D)转换器简介

自然界中绝大多数物理量都是连续变化的模拟量,例如温度、速度、压力等。由这些模拟量经传感器转换后所产生的电信号也是模拟信号。当用数字装置或数字计算机对这些信号进行处理时,就必须首先将其转换成数字信号。将模拟量转换成数字量的过程称模/数转换,简称A/D转换。完成A/D转换的电路叫作模/数转换器(A/D转换器),简称ADC(Analog to Digital Converter)。

ADC转换所得到的数字信号经计算机处理,其输出作为数字信号。然而,一些过程控制装置往往需要模拟信号去控制,这时经计算机处理后得到的数字信号必须转换成模拟信号。把数字量转换成模拟量的过程叫作数/模转换,简称D/A转换。完成D/A转换的电路称为数/模转换器(D/A转换器),简称DAC(Digital to Analog Converter)。

(一)数/模转换器(DAC)

实现数/模转换的基本方法是:用电阻网络将数字量按着每位数码的权转换成相应的模拟量,然后用求和电路将这些模拟量相加,就完成了数/模转换。

求和电路通常用求和运算放大器实现。

数字系统处理的数字信号通常是多位二进制数,因此数/模转换器的输入信号是多位二进制数字量,输出是与输入数字量成正比的模拟信号。

1. D/A转换的基本原理

将输入的每一位二进制代码按其权的大小转换成相应的模拟量,然后将代表各位的模拟量相加,所得的总模拟量就与数字量成正比,这样便实现了从数字量到模拟量的转换。其原理如图 5-56 所示。

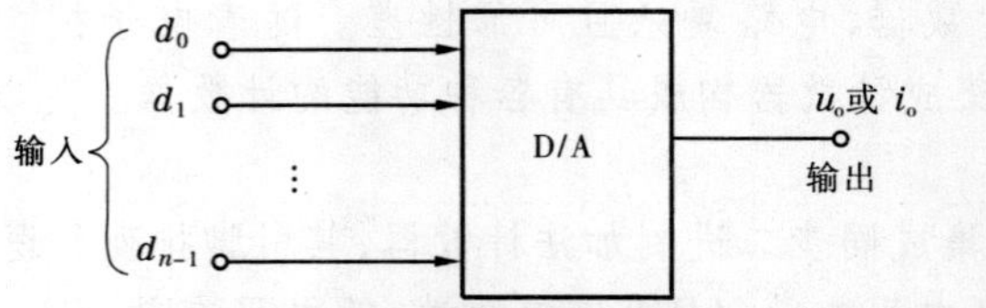

图 5-56　D/A 转换器的原理图

2. D/A 转换器的主要电路形式

1) 权电阻网络 D/A 转换器

权电阻网络 D/A 转换器的电路原理如图 5-57 所示。

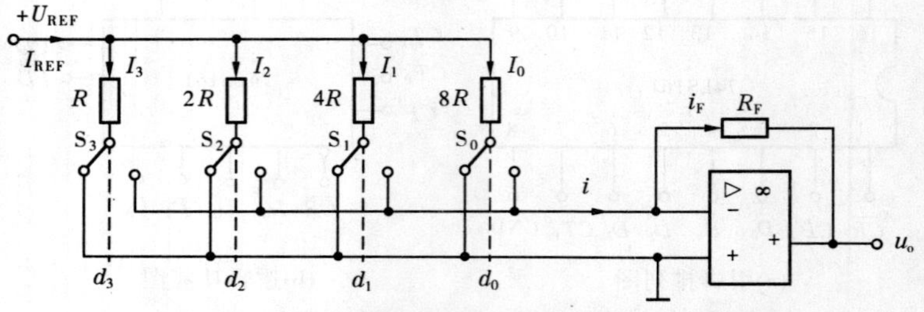

图 5-57　权电阻网络 D/A 转换器的电路原理图

电路中的电流为

$$I_0 = \frac{U_{REF}}{8R}$$

$$I_1 = \frac{U_{REF}}{4R}$$

$$I_2 = \frac{U_{REF}}{2R}$$

$$I_3 = \frac{U_{REF}}{R}$$

不论模拟开关接到运算放大器的反相输入端(虚地)还是接到地,即不论输入数字信号是 1 还是 0,各支路的电流不变。

$$\begin{aligned} i &= I_0 d_0 + I_1 d_1 + I_2 d_2 + I_3 d_3 \\ &= \frac{U_{REF}}{8R} d_0 + \frac{U_{REF}}{4R} d_1 + \frac{U_{REF}}{2R} d_2 + \frac{U_{REF}}{R} d_3 \\ &= \frac{U_{REF}}{2^3 R} (d_3 \cdot 2^3 + d_2 \cdot 2^2 + d_1 \cdot 2^1 + d_0 \cdot 2^0) \end{aligned}$$

则

$$u_o = -R_F i_F = -\frac{R}{2} \cdot i = -\frac{U_{REF}}{2^4} (d_3 \cdot 2^3 + d_2 \cdot 2^2 + d_1 \cdot 2^1 + d_0 \cdot 2^0)$$

即输出的模拟电压 u_o 正比于输入的数字量 D_n,从而实现了从数字量到模拟量的转换。

2) 倒 T 型电阻网络数模转换器

倒 T 型电阻网络数模转换器原理如图 5-58 所示。

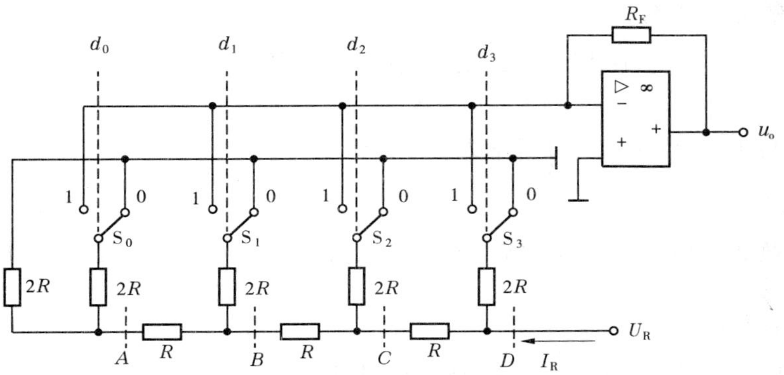

图 5-58 倒 T 型电阻网络数模转换器原理

电路中:①分别从虚线 A、B、C、D 处向左看的二端网络等效电阻都是 R。②不论模拟开关接到运算放大器的反相输入端(虚地)还是接到地,也就是不论输入数字信号是 1 还是 0,各支路的电流不变。

从参考电压 U_R 处输入的电流 I_R 为

$$I_R = \frac{U_R}{R}$$

各支路电流 I_R 为

$$I_3 = \frac{1}{2}I_R = \frac{U_R}{2^1 R} \qquad I_2 = \frac{1}{4}I_R = \frac{U_R}{2^2 R}$$

$$I_1 = \frac{1}{8}I_R = \frac{U_R}{2^3 R} \qquad I_0 = \frac{1}{16}I_R = \frac{U_R}{2^4 R}$$

则

$$I = I_0 d_0 + I_1 d_1 + I_2 d_2 + I_3 d_3$$

$$= \frac{U_{REF}}{2^4 R}(d_3 \cdot 2^3 + d_2 \cdot 2^2 + d_1 \cdot 2^1 + d_0 \cdot 2^0)$$

输出电压为

$$u_o = -R_F I = -\frac{U_{REF} R_F}{2^4 R}(d_3 \cdot 2^3 + d_2 \cdot 2^2 + d_1 \cdot 2^1 + d_0 \cdot 2^0)$$

即输出的模拟电压 u_o 正比于输入的数字量 D_n,从而实现了从数字量到模拟量的转换。

倒 T 型电阻网络数模转换器的优点与应用如下:

(1)优点:电阻种类少,只有 R 和 $2R$,提高了制造精度;而且支路电流流入求和点不存在时间差,提高了转换速度。

(2)应用:它是目前集成 D/A 转换器中转换速度较高且使用较多的一种,如 8 位 D/A 转换器 DAC0832,就是采用倒 T 型电阻网络。

3. D/A 转换器的主要技术指标

1)分辨率

分辨率用输入二进制数的有效位数表示。在分辨率为 n 位的 D/A 转换器中,输出电压能区分 2^n 个不同的输入二进制代码状态,能给出 2^n 个不同等级的输出模拟电压。

分辨率也可以用 D/A 转换器的最小输出电压与最大输出电压的比值来表示。10 位

D/A 转换器的分辨率为

$$分辨率 = \frac{\Delta U}{U_m} = \frac{1}{2^n - 1}$$

例如,8 位 D/A 转换器的分辨率为$\frac{1}{2^8-1}=0.004$。

2)转换精度

D/A 转换器的转换精度是指输出模拟电压的实际值与理想值之差,即最大静态转换误差。

3)输出建立时间

从输入数字信号起,到输出电压或电流达到稳定值时所需要的时间,称为输出建立时间。

(二)模数转换器(ADC)

在 A/D 转换器中,因为输入的模拟信号在时间上是连续的,而输出的数字信号是离散的,所以转换只能在一系列选定的瞬间对输入的模拟信号取样,然后把这些取样值转换成输出的数字量。

首先对输入的模拟电压信号取样,取样结束后进入保持时间,在这段时间内将取样的电压量化为数字量,并按一定的编码形式给出转换结果,然后开始下一次取样。

A/D 转换通常需经历取样、保持、量化、编码 4 个阶段。但这 4 个阶段并不是由 4 个电路来完成的。取样和保持两步由取样—保持电路完成,而量化与编码又常常在转换过程中同时完成。

1. 工作原理

1)取样与保持

取样(也称采样)是将时间上连续变化的信号,转换为时间上离散的信号,即将时间上连续变化的模拟量转换为一系列等间隔的脉冲,脉冲的幅度取决于输入模拟量。取样过程如图 5-59 所示。

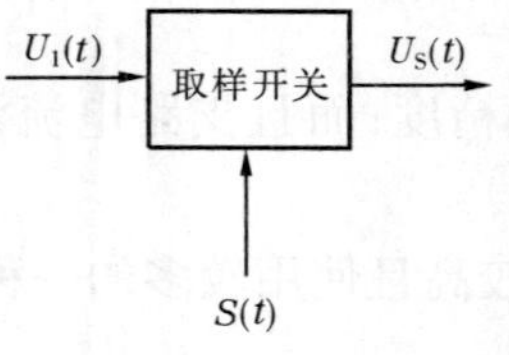

(a)原理图

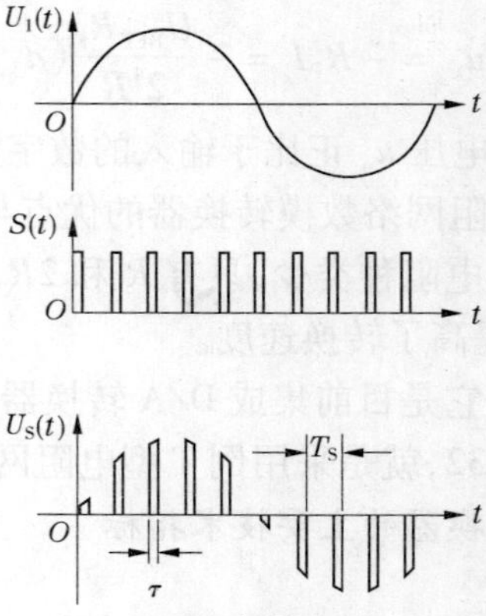

(b)波形图

图 5-59 取样过程原理图及波形图

模拟信号经采样后,得到一系列样值脉冲。采样脉冲宽度 τ 一般是很短暂的,在下一个采样脉冲到来之前，应暂时保持所取得的样值脉冲幅度，以便进行转换。因此，在取样电路之后须加保持电路。采样保持电路及输出波形如图 5-60 所示。

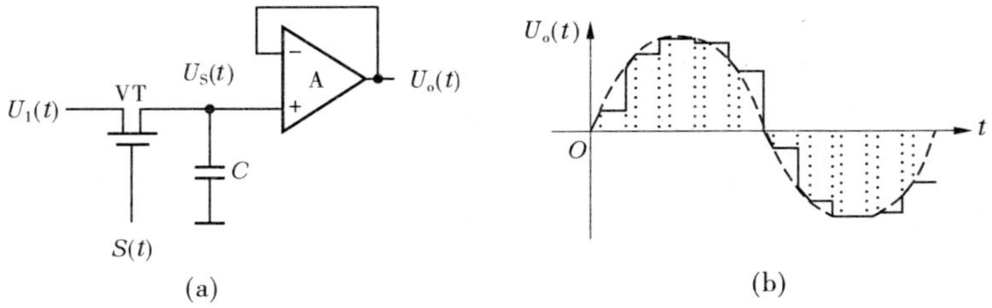

图 5-60 取样保持电路及输出波形

2）量化与编码

输入的模拟电压经过取样保持后，得到的是阶梯波。而该阶梯波仍是一个可以连续取值的模拟量，但 n 位数字量只能表示 2^n 个数值。因此，用数字量来表示连续变化的模拟量时就有一个类似于四舍五入的近似问题。

将采样后的样值电平归化到与之接近的离散电平上，这个过程称为量化。指定的离散电平称为量化电平 U_q。用二进制数码来表示各个量化电平的过程称为编码。两个量化电平之间的差值称为量化单位 Δ，位数越多，量化等级越细，Δ 就越小。取样保持后未量化的 U_o 值与量化的电平 U_q 值通常是不相等的，其差值称为量化误差 ε，即 $\varepsilon = U_o - U_q$。

2. A/D 转换器的主要电路形式

A/D 转换器有直接转换法和间接转换法两大类。

直接转换法是通过一套基准电压与取样保持电压进行比较，从而直接将模拟量转换成数字量。其特点是工作速度高，转换精度容易保证，调准也比较方便。直接 A/D 转换器有计数型、逐次比较型、并行比较型等。

间接转换法是将取样后的模拟信号先转换成中间变量时间 t 或频率 f，然后将 t 或 f 转换成数字量。其特点是工作速度较低，但转换精度可以做得较高，且抗干扰性强。间接 A/D转换器有单次积分型、双积分型等。

1）并行比较型 A/D 转换器

3 位并行比较型 A/D 转换器真值表如表 5-29 所示。

表 5-29 3 位并行比较型 A/D 转换器真值表

V_i	C_7	C_6	C_5	C_4	C_3	C_2	C_1	D_2	D_1	D_0
$0 \leqslant V_i < V_{REF}/14$	0	0	0	0	0	0	0	0	0	0
$V_{REF}/14 \leqslant V_i < 3V_{REF}/14$	0	0	0	0	0	0	1	0	0	1
$3V_{REF}/14 \leqslant V_i < 5V_{REF}/14$	0	0	0	0	0	1	1	0	1	0
$5V_{REF}/14 \leqslant V_i < 7V_{REF}/14$	0	0	0	0	1	1	1	0	1	1
$7V_{REF}/14 \leqslant V_i < 9V_{REF}/14$	0	0	0	1	1	1	1	1	0	0
$9V_{REF}/14 \leqslant V_i < 11V_{REF}/14$	0	0	1	1	1	1	1	1	0	1
$11V_{REF}/14 \leqslant V_i < 13V_{REF}/14$	0	1	1	1	1	1	1	1	1	0
$13V_{REF}/14 \leqslant V_i < V_{REF}$	1	1	1	1	1	1	1	1	1	1

并行比较型 A/D 转换器的特点如下：

（1）优点：转换速度很快，故又称高速 A/D 转换器。含有寄存器的 A/D 转换器兼有取样保持功能，所以它可以不用附加取样—保持电路。

（2）缺点：电路复杂，对于一个 n 位二进制输出的并行比较型 A/D 转换器，需 2^n-1 个电压比较器和 2^n-1 个触发器，编码电路也随 n 的增大变得相当复杂。且转换精度还受分压网络和电压比较器灵敏度的限制。

因此，这种转换器适用于高速、精度较低的场合。

2）逐次逼近型 ADC

逐次逼近型 ADC 技术的实现原理如图 5-61 所示，它由电压比较器、逻辑控制器、n 位逐次逼近寄存器和 n 位 D/A 转换器组成。

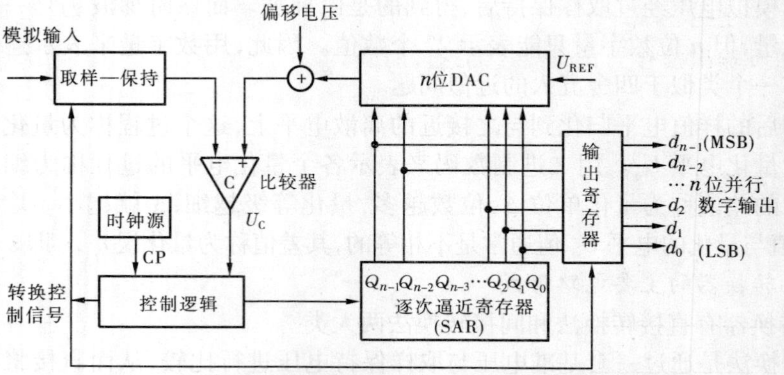

图 5-61 逐次逼近型 A/D 转换器原理图

逐次逼近型 A/D 转换器的工作原理如下：

（1）转换开始前先将逐次逼近寄存器 SAR 清“0”。

（2）开始转换以后，第一个时钟脉冲首先将寄存器最高位置成 1，使输出数字为 100…0。这个数码被 D/A 转换器转换成相应的模拟电压 u_0，经偏移 $\Delta/2$ 后得到 $u_0'=u_0-\Delta/2$，并送到比较器中与 u_I' 进行比较。若 $u_I'<u_0'$，说明数字过大，故将最高位的 1 清除置零；若 $u_I'\geq u_0'$，说明数字还不够大，应将这一位保留。

（3）按同样的方法将次高位置成 1，并且经过比较以后确定这个 1 是保留还是清除。这样逐位比较下去，直到最低位。比较完毕后，SAR 中的状态就是所要求的数字量输出。

3）双积分型 A/D 转换器

双积分型 ADC 的转换原理是先将模拟电压 U_I 转换成与其大小成正比的时间间隔 T，再利用基准时钟脉冲通过计数器将 T 转换成数字量。

这种 A/D 转换器具有很多优点。首先，其转换结果与时间常数 RC 无关，从而消除了由于斜波电压非线性带来的误差，允许积分电容在一个较宽范围内变化，而不影响转换结果。其次，由于输入信号积分的时间较长，且是一个固定值 T_1，而 T_2 正比于输入信号在 T_1 内的平均值，这对于叠加在输入信号上的干扰信号有很强的抑制能力。最后，这种 A/D转换器不必采用高稳定度的时钟源，它只要求时钟源在一个转换周期（T_1+T_2）内保持稳定即可。这种转换器被广泛应用于要求精度较高而对转换速度要求不高的仪器中。

3. A/D 转换器的主要技术指标

1) 分辨率

A/D 转换器的分辨率用输出二进制数的位数表示，位数越多，误差越小，转换精度越高。例如，输入模拟电压的变化范围为 0 ~5 V，输出 8 位二进制数可以分辨的最小模拟电压为 $5\ V \times 2^{-8} = 20\ mV$；而输出 12 位二进制数可以分辨的最小模拟电压为 $5\ V \times 2^{-12} \approx 1.22\ mV$。

2) 相对精度

在理想情况下，所有的转换点应在一条直线上。相对精度是指实际的各个转换点偏离理想特性的误差。

3) 转换速度

转换速度是指完成一次转换所需的时间，是指从接到转换控制信号开始，到输出端得到稳定的数字输出信号为止所经过的这段时间。

【任务实施】

触发器及其应用电路测试

1. 测试基本 *RS* 触发器的逻辑功能

测试 74LS279 集成基本 *RS* 触发器的逻辑功能，按表 5-30 要求测试，并记录。

表 5-30　基本 *RS* 触发器的逻辑功能

$\overline{R}$	$\overline{S}$	Q	$\overline{Q}$
1	1→0		
	0→1		
1→0	1		
0→1			
0	0		

2. 测试双 *JK* 触发器 74LS112 逻辑功能

(1) 测试 $\overline{R}_D$、$\overline{S}_D$ 的复位、置位功能。

$\overline{R}_D$、$\overline{S}_D$、J、K 端接逻辑开关输出插口，CP 端接单次脉冲源，Q、$\overline{Q}$ 端接逻辑电平显示输入插口。要求改变 $\overline{R}_D$、$\overline{S}_D$（J、K、CP 处于任意状态），并在 $\overline{R}_D=0$（$\overline{S}_D=1$）或 $\overline{S}_D=0$（$\overline{R}_D=1$）作用期间任意改变 J、K 及 CP 的状态，观察 Q、$\overline{Q}$ 状态，自拟表格并记录。

(2) 测试 *JK* 触发器的逻辑功能。

按表 5-31 的要求改变 J、K、CP 端状态，观察 Q、$\overline{Q}$ 状态变化，观察触发器状态更新是否发生在 CP 脉冲的下降沿（CP 由 1→0），并记录。

表 5-31　*JK* 触发器的功能表

J	*K*	*CP*	Q^{n+1}	
			$Q^n=0$	$Q^n=1$
0	0	0→1		
		1→0		
0	1	0→1		
		1→0		
1	0	0→1		
		1→0		
1	1	0→1		
		1→0		

(3)将 *JK* 触发器的 *J*、*K* 端连在一起，构成 *T* 触发器。

在 *CP* 端输入 1 Hz 连续脉冲，观察 *Q* 端的变化。

在 *CP* 端输入 1 kHz 连续脉冲，用双踪示波器观察 *CP*、*Q*、$\overline{Q}$ 端波形。

3. 测试双 *D* 触发器 74LS74 的逻辑功能

(1)测试 $\overline{R}_D$、$\overline{S}_D$ 的复位、置位功能。

(2)测试 *D* 触发器的逻辑功能。

按表 5-32 要求进行测试，并观察触发器状态更新是否发生在 *CP* 脉冲的上升沿（由 0→1），并记录。

表 5-32　*D* 触发器的功能表

D	*CP*	Q^{n+1}	
		$Q^n=0$	$Q^n=1$
0	0→1		
	1→0		
1	0→1		
	1→0		

(3)将 *D* 触发器的 $\overline{Q}$ 端与 *D* 端相连接，构成 *T'* 触发器。

4. 双相时钟脉冲电路

用 *JK* 触发器及与非门构成的双相时钟脉冲电路如图 5-62 所示，此电路是用来将时钟脉冲 *CP* 转换成两相时钟脉冲 CP_A 及 CP_B，其频率相同、相位不同。

分析电路工作原理，并按图 5-62 接线，用双踪示波器同时观察 *CP*、CP_A，*CP*、CP_B 及 CP_A、CP_B 波形，并进行描绘。

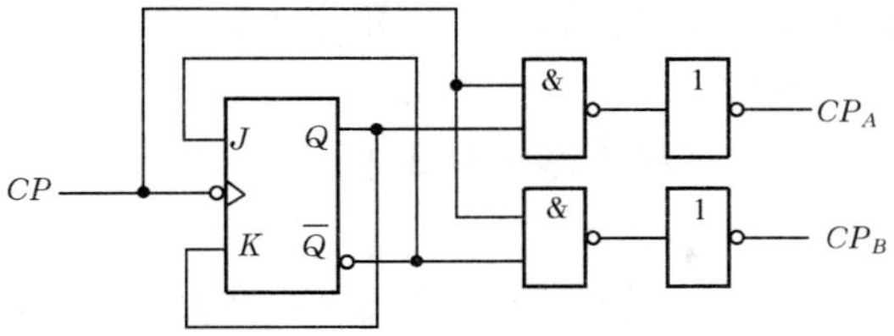

图 5-62 双相时钟脉冲电路

5. 乒乓球练习电路

电路功能要求：模拟两名运动员在练球时，乒乓球能往返运转。

提示：采用双 D 触发器 74LS74 设计试验线路，两个 CP 端触发脉冲分别由两名运动员操作，两触发器的输出状态用逻辑电平显示器显示。

项目检测

5-1 逻辑运算中的“1”和“0”是否表示两个数字？逻辑加法运算和算术加法运算有何不同？

5-2 画出与门、或门、非门、与非门、或非门、异或门、三态与非门的逻辑符号，并写出逻辑函数表达式。

5-3 将下列二、十进制数相互转换。

(1) $[11011]_B$　(2) $[110011]_B$　(3) $[100101]_B$　(4) $[101010]_B$

(5) $[23]_D$　(6) $[61]_D$　(7) $[75]_D$　(8) $[81]_D$

5-4 用代数法将下列逻辑函数化为最简表达式。

(1) $Y = AB + \overline{A}BC + BC$

(2) $Y = A + AB\overline{C} + ABC + BC + B$

(3) $Y = \overline{A}\,\overline{B}C + \overline{A}BC + ABC + AB\overline{C}$

(4) $Y = A(\overline{A} + B) + B(B + C) + B$

5-5 写出如图 5-63 所示各逻辑图的逻辑函数表达式。

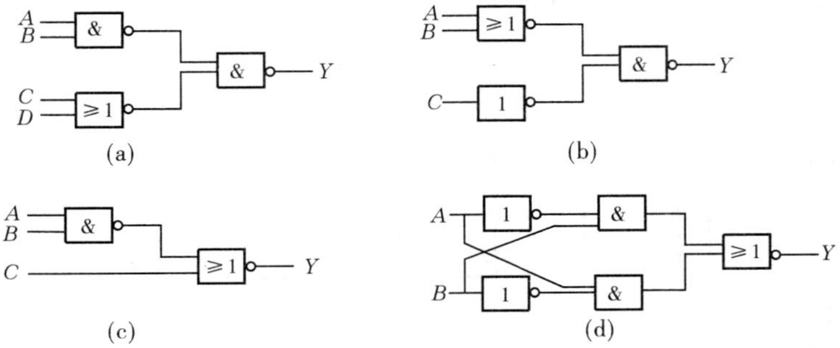

图 5-63 题 5-5 图

5-6 某组合逻辑电路有三个输入端，一个输出端，其逻辑功能是：在三个输入信号中有奇数个高电平时，输出也是高电平，否则输出是低电平，这个电路叫作判奇电路。请画出它的逻辑电路。

5-7　时序逻辑电路和组合逻辑电路的根本区别是什么？同步时序电路与异步时序电路有何不同？

5-8　根据图 5-64 所示波形，画出由与非门构成的基本 *RS* 触发器的输出 *Q* 和 $\overline{Q}$ 端的波形，设初态为 0 态。

5-9　由与非门构成的基本 *RS* 触发器的输入波形如图 5-65 所示，试画出输出 *Q* 和 $\overline{Q}$ 端的波形，设初态为 0 态。

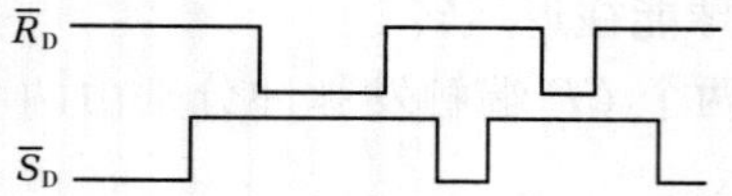

图 5-64　题 5-8 图

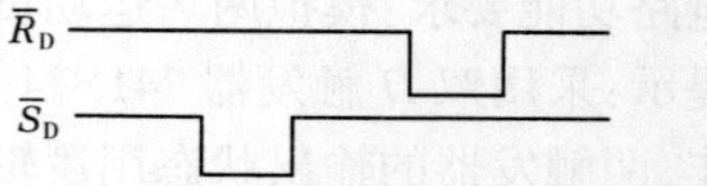

图 5-65　题 5-9 图

5-10　有一同步 *RS* 触发器，若其初态为 0 态，根据图 5-66 所示 *CP*、*R*、*S* 端的波形，画出与之相对应的 *Q* 和 $\overline{Q}$ 端的波形。

5-11　有一同步 *RS* 触发器，若其初态为 1 态，根据图 5-67 所示 *CP*、*R*、*S* 端的波形，画出输出 *Q* 和 $\overline{Q}$ 端的波形。

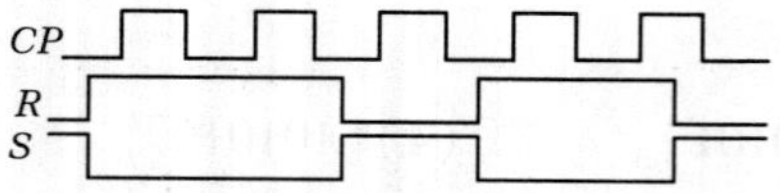

图 5-66　题 5-10 图

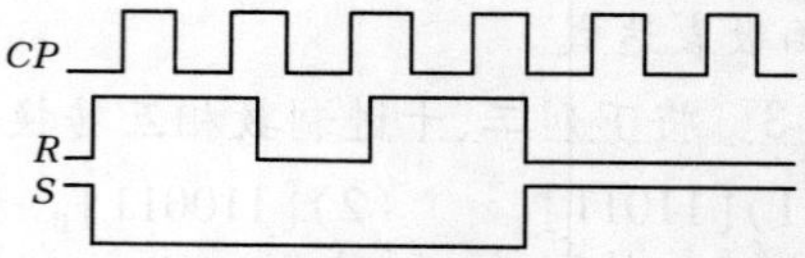

图 5-67　题 5-11 图

5-12　已知 *JK* 触发器的输入信号如图 5-68 所示，画出 *Q* 端相应的输出波形，设初态为 0。

5-13　由 *JK* 触发器组成的移位寄存器如图 5-69 所示，设初态全为零，且 D_{SR} 始终为 1，试分析第一个和第二个时钟脉冲 *CP* 作用后 $Q_0 \sim Q_3$ 的输出状态。

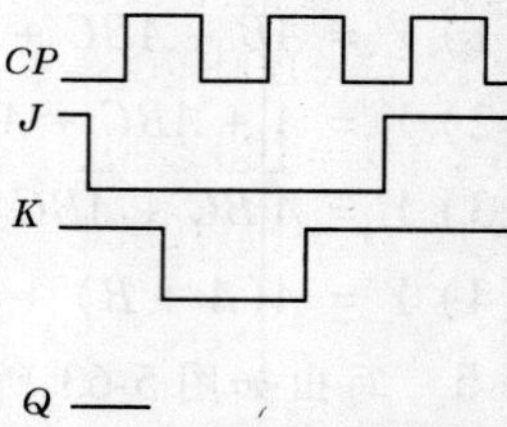

图 5-68　题 5-12 图

5-14　如图 5-70 所示是三个 *D* 触发器组成的二进制计数器，工作前由负脉冲先通过 $\overline{S}_D$（置 1 端）使电路呈 111 状态。

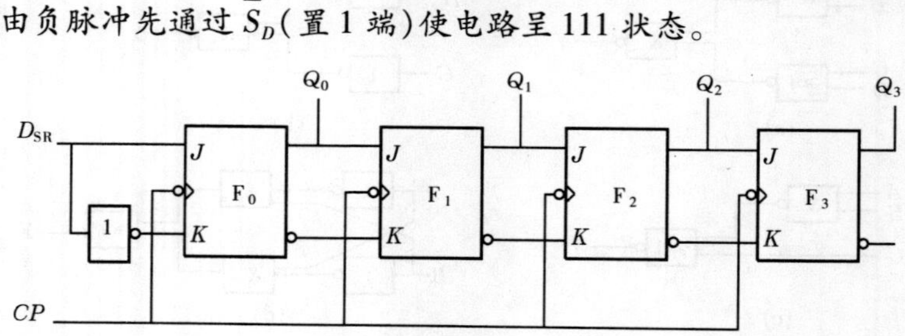

图 5-69　题 5-13 图

(1)按输入脉冲 CP 顺序在表 5-33 中填写 Q_2、Q_1、Q_0 相应的状态(0 或 1)。

(2)此计数器是二进制加法计数器还是减法计数器?

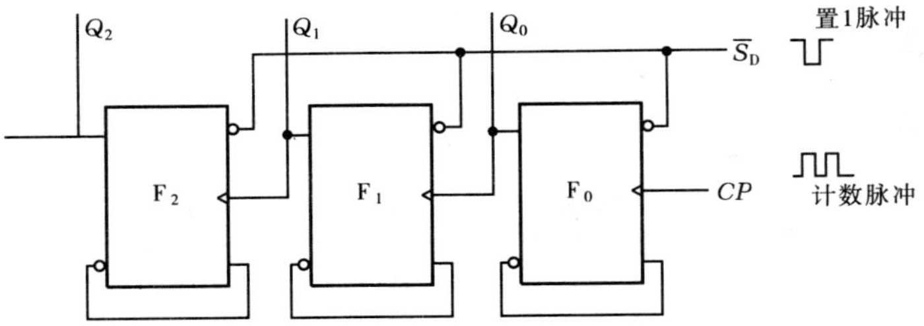

图 5-70　题 5-14 图

表 5-33　题 5-14 状态表

CP 个数	Q_2	Q_1	Q_0
0			
1			
2			
3			
4			
5			
6			
7			

5-15　如果要求 DAC 电路的分辨率小于 1%,至少需要用多少位的 DAC?

5-16　逐次逼近型 8 位 ADC 电路中,若参考电压 $U_{REF}=5$ V,那么,当 A/D 转换后所得到的数字量为下列值时,相应的输入电压值是多少?

(1) $D=00010000$;

(2) $D=10000001$;

(3) $D=11110000$。

附　录

附录 A　国产半导体分立器件型号命名法

第一部分		第二部分		第三部分		第四部分	第五部分
用数字表示器件电极数目		用汉语拼音字母表示器件的材料和极性		用汉语拼音字母表示器件类型			
符号	意义	符号	意义	符号	意义		
2	二极管	A	N 型锗材料	P	普通管		
		B	P 型锗材料	W	稳压器		
		C	N 型硅材料	Z	整流管		
		D	P 型硅材料	L	整流堆		
3	三极管	A	PNP 型锗材料	U	光电管		
		B	NPN 型锗材料	K	开关管		
		C	PNP 型硅材料	X	低频小功率管 截止频率 <3 MHz 耗散功率 <1 W		
		D	NPN 型硅材料				
				G	高频小功率管 截止频率≥3 MHz 耗散功率 <1 W	用数字表示器件序号	用汉语拼音字母表示规格号
				D	低频大功率管 截止频率 <3 MHz 耗散功率≥1 W		
				A	高频大功率管 截止频率≥3 MHz 耗散功率≥1 W		
				T	可控整流堆		

附录B 国际电子联合会半导体器件型号命名法

第一部分		第二部分				第三部分		第四部分	
用字母表示使用的材料		用字母表示类型及主要特性				用数字或字母加数字表示登记号		用字母对同一型号分挡	
符号	意义	符号	意义	符号	意义	符号	意义	符号	意义
A	锗材料	A	检波、开关和混频二极管	M	封闭磁路中的霍尔元件	三位数字	通用半导体器件的登记序号(同一类型器件使用同一登记号)	A B C D E	同一型号器件按某一参数进行分挡的标志
		B	变容二极管	P	光敏元件				
B	硅材料	C	低频小功率三极管	Q	发光器件				
		D	低频大功率三极管	R	小功率可控硅				
C	砷化镓	E	隧道二极管	S	小功率开关管				
		F	高频小功率三极管	T	大功率可控硅	一个字母加两位数字	专用半导体器件的登记序号(同一类型器件使用同一登记号)		
D	锑化铟	G	复合器件及其他器件	U	大功率开关管				
		H	磁敏二极管	X	倍增二极管				
R	复合材料	K	开放磁路中的霍尔元件	Y	整流二极管				
		L	高频大功率三极管	Z	稳压二极管即齐纳二极管				

附录 C　常用半导体二极管的主要参数

(1)检波与整流二极管。

参数		最大整流电流	最大整流电流时的正向压降	最高反向工作电压
符号		I_{CM}	U_F	U_{RM}
单位		mA	V	V
型号	2AP1	16	≤1.2	20
	2AP3	25	≤1.2	30
	2AP7	12	≤1.5	100
	2CP16	100	≤1.5	300
	2CP21	300	≤1.5	100
	2CP31	250	≤1.5	25
	2CZ11A	1000	≤1	100
	2CZ11C	1000	≤1	300
	2CZ12B	3000	≤0.8	100
	2CZ12C	3000	≤0.8	200
	2CZ12D	3000	≤0.8	300

(2)稳压二极管。

参数		稳定电压	稳定电流	耗散功率	最大稳定电流	动态电阻
符号		U_Z	I_Z	P_Z	I_{ZM}	r_Z
单位		V	mA	mW	mA	Ω
测试条件		工作电流等于稳定电流	工作电压等于稳定电压	-60 ~ +50 ℃	-60 ~ +50 ℃	工作电流等于稳定电流
符号	2CW11	3.2 ~ 4.5	10	250	55	≤70
	2CW12	4.5 ~ 5.5	10	250	45	≤50
	2CW15	7 ~ 8.5	5	250	29	≤15
	2CW16	8 ~ 9.5	5	250	26	≤20
	2CW17	9 ~ 10.5	5	250	23	≤25
	2CW18	10 ~ 12	5	250	20	≤30
	2DW7A	5.8 ~ 6.6	10	200	30	≤25
	2DW7B	5.8 ~ 6.6	10	200	30	≤15

附录 D　3DG100(3DG6)NPN 型硅高频小功率三极管的主要参数

原型号		3DG6				测试条件
新型号		3DG100A	3DG100B	3DG100C	3DG100D	
极限参数	P_{CM}(mW)	100	100	100	100	
	I_{CM}(mA)	20	20	20	20	
	$U_{CBO(BR)}$(V)	30	45	45	45	$I_C=100\ \mu A$
	$U_{CEO(BR)}$(V)	15	20	20	20	$I_C=200\ \mu A$
	$U_{EBO(BR)}$(V)	4	4	4	4	$I_E=100\ \mu A$
直流参数	I_{CBO}(μA)	≤0.1	≤0.1	≤0.1	≤0.1	$U_{CB}=10$ V
	I_{CEO}(μA)	≤0.1	≤0.1	≤0.1	≤0.1	$U_{CE}=10$ V
	I_{EBO}(μA)	≤0.1	≤0.1	≤0.1	≤0.1	$U_{EB}=1.5$ V
	U_{BES}(μA)	≤1.1	≤1.1	≤1.1	≤1.1	$I_B=1$ mA,$I_C=10$ mA
	h_{FE}	10~200	20~200	20~200	20~200	$U_{CB}=10$ V,$I_C=3$ mA
交流参数	f_T(MHz)	≥100	≥150	≥200	≥150	$U_{CE}=10$ V,$I_C=3$ mA,$f=30$ MHz
	G_P(dB)	≥7	≥7	≥7	≥7	$U_{CE}=10$ V,$I_C=3$ mA,$f=100$ MHz
	C_{od}(pF)	≤4	≤3	≤3	≤3	$U_{CE}=10$ V,$I_C=3$ mA,$f=5$ MHz

参考文献

[1] 人力资源和社会保障部教材办公室.维修电工(高级)[M].北京:中国劳动社会保障出版社,2015.
[2] 人力资源和社会保障部教材办公室.维修电工(中级)[M].北京:中国劳动社会保障出版社,2014.
[3] 王素霞.电工电子技术[M].郑州:黄河水利出版社,2013.
[4] 曾令琴.电工电子技术[M].北京:人民邮电出版社,2013.
[5] 刘文革.实用电工电子技术基础[M].北京:中国铁道出版社,2010.
[6] 张宪,张大鹏.电子电路实用手册:识读、制作、应用[M].北京:化学工业出版社,2012.
[7] 赵文博.常用集成电路速查手册[M].北京:机械工业出版社,2010.
[8] 符磊,王久华.电工技术与电子技术基础[M].3版.北京:清华大学出版社,2011.
[9] 林平勇,高嵩.电工电子技术(少学时)[M].3版.北京:高等教育出版社,2011.
[10] 韩英枝.电子元器件应用技术手册:元件分册[M].北京:中国标准出版社,2012.
[11] 陆荣.电工基础[M].2版.北京:机械工业出版社,2013.
[12] 陈粟宋.电工与电子技术基础[M].北京:化学工业出版社,2011.
[13] 吴广祥,王伟.电工电子技术[M].郑州:黄河水利出版社,2008.
[14] 郑凤翼.怎样识读电气控制电路图[M].2版.北京:人民邮电出版社,2010.
[15] 徐建俊.电机与电气控制[M].北京:机械工业出版社,2008.